ひとりで学べる！気象予報士試験 完全攻略テキスト

らくらく一発合格！
'13-'14年版

東京理科大学生涯学習センター
気象予報士試験対策講座●編著

ナツメ社

はじめに

　気象衛星やアメダスなどの観測技術の発達、コンピュータを用いての気象解析技術、予測技術・情報伝達技術などの天気予報の全般的な技術進歩には目を見張るものがあります。一方、社会の高度情報化は、従来の気象庁だけの一般的な天気予報だけでは満足できず、各地域や産業ごとに、よりきめ細かい天気予報が要求されるようになりました。

　このような背景から天気予報が自由化され、民間での天気予報が可能になり、それに伴って国家資格としての気象予報士制度が誕生しました。

　気象予報士は、かなり詳細な予想が可能になった数値予報や観測データをもとに、各地域や産業への付加価値サービスを行うことができる気象の専門家です。資格を生かして、民間気象会社、マスコミ関係、自治体などへの就職、独立して気象コンサルタントとなったり地域に密着した気象会社を営むなど、気象予報士の活躍の場は拡大しています。

　気象予報士試験は学科試験と実技試験からなります。本書では学科試験の対象である気象学と気象業務関連法令に関する**一般知識**、および気象業務に関する**専門知識**に重点をおき、実技試験については試験を受けるに際しての心構えと実技に不可欠な基礎知識を述べています。

　本書の構成は、公表されている試験の出題範囲に沿っていますが、一般知識の「気象現象」はスケールごとに分類して章立てし、その中には専門知識として出題される、台風を含めています。「専門知識」は観測方法について細かく章立てすると同時に、基礎中の基礎である天気図、気圧配置についての章を設けています。このように工夫された章立てにより、**試験範囲全体を網羅**すると同時に、**最近の出題傾向に対応しています。**

　本書は気象予報士試験に合格するために最低限必要な知識を、気象学の基礎知識をもたない人でも理解できるように、図表を用いながら簡潔に説明しています。また、数式は用いていますが、必要最小限にとどめ、図表を利用して、その式のもつ意味を理解できるように説明しています。

　本書が気象予報士試験合格の一助となり、気象予報士として活躍することを願ってやみません。

　　2012年4月　　　　　　　　　　　　　　　　　　編著者一同

本書の使い方

本書は、気象予報士に合格するための、気象学や予報技術を解説しています。その出題範囲は、多岐にわたるため、体系に沿って学習しても、そのすべてを一度に理解したり、覚えたりすることは非常に困難です。

そこで本書では、出題頻度の高い内容や、優先的に記憶しなくてはならない用語、苦手でも理解しなくてはならない数式などを、効率よく学習できるように、さまざまなアイテムを配置しました。

ぜひ、積極的に活用してください。

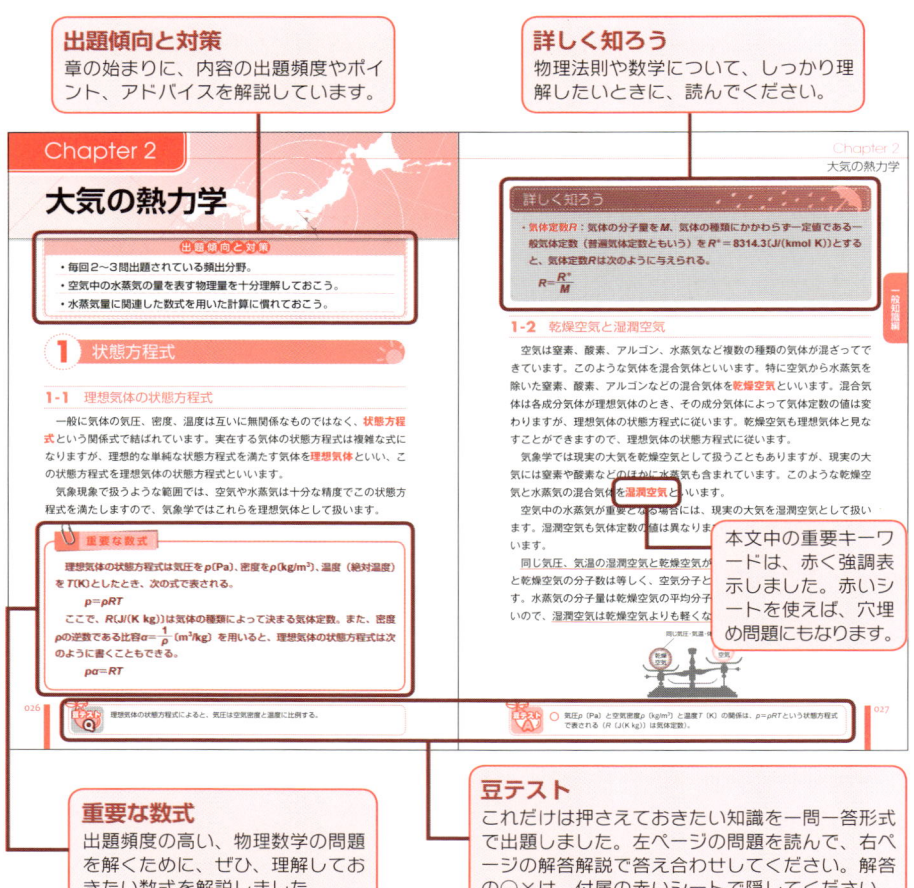

本書の使い方

Chapter 10 気候変動と地球環境

風によって上空に吹き上げられたエーロゾル（砂塵）が上空の風で多量に運ばれ、それが地表に落下して被害をもたらす現象を**黄砂現象**と呼びます。

黄砂として舞い上がる量は風の強さに依存しますが、その他、積雪、地面の凍結、土壌水分量、土壌粒子の粒径などに依存します。

日本では春先から初夏にかけて黄砂現象が多く発生します。黄砂現象が起こると視程が悪化し、交通機関に影響すると同時に、呼吸器・循環器・眼を中心とした健康被害をもたらすことがあります。

- 火山噴火に起因する成層圏エーロゾルは1年間以上滞留し、散乱日射量を増やし直達日射量を減らすが、後者の寄与が大きいので地上気温を下げる効果をもつ。
- 化石燃料の消費により発生する硫酸エーロゾルは太陽光を散乱し、地球気温を下げる効果をもつと考えられる。
- 黄砂現象は、春先にアジア大陸の砂漠からの土壌粒子が日本に落下し、視程や健康などへの被害をもたらす。

ここで学んだこと
節の終わりに、重要なポイントを復習してください。

理解度Checkテスト

Q1 大気中の二酸化炭素について述べた次の文(a)〜(d)の正誤の組み合わせとして正しいものを、下記の①〜⑤の中から一つ選べ。

大気中の主な温室効果気体には、メタン・二酸化炭素や水蒸気がある。このうち二酸化炭素の大気中の濃度の変化を長期的に見ると、18世紀以降増加し始め、20世紀以降には増加の傾向が一層明瞭になっている。増加の主な原因は、(a)化石燃料の消費や土地の利用形態の変化など人為起源によるものである。また、大気中の二酸化炭素は季節変化しており、(b)日本付近では南極大陸上に比べて変動の幅が大きく、(c)日本付近では秋に極大となっている。(d)この季節に極大となる主な理由は、日本付近の海面温度が最も高くなり、海水中の二酸化炭素が大気

A1 極夜渦が強いと成層圏下層に氷の粒からなる極成層圏雲が発生し、その表面で化学反応が加速され、オゾン破壊の触媒となる塩素分子が多く放出されるためとされている。

理解度Checkテスト
章の終わりに、例題を用意しました。自分の理解度を確認してください。

これだけは必ず覚えよう！
- 地球温暖化に関連した温室効果気体には、二酸化炭素のほか、メタン、一酸化二窒素、オゾン、フロンなどがある。
- 二酸化炭素の地球温暖化係数は小さいが、温暖化への寄与率は60％に及ぶ。
- 赤道域において、通常は対流活動の主体が西部太平洋であるが、エルニーニョが起こると対流活動域が東に移動する。
- 南極上空のオゾンホールは、南半球の春に生じる。
- 最も顕著なヒートアイランド現象は、冬の夜間の最低気温を上げることである。
- 雨滴は大気中の二酸化炭素を吸収して弱酸性（pH5.6）になっている。
- 硫酸エーロゾルは地球気温を下げる効果をもつ。
- 日本での黄砂現象は、春先から初夏にかけて多く発生する。

これだけは必ず覚えよう！
章の終わりに、どうしても暗記しておきたい最重要項目を列記しました。何度も読んで、覚えるようにしてください。

コラム

「地球環境の脆弱性」

地球は、人間を含めた生物にとって、非常に快適な環境、気候に保たれています。しかし、この状態は気候に関係する種々の量の微妙で、綱渡り的な状態での平衡が成り立っている結果です。ですから、何らかのきっかけで平衡が崩れ、たとえば、地球の気温が少し高まると両極の氷が融け始め、太陽光の地表反射率が減少してさらに温暖化が進むといった、加速度的な気候変動が起こる可能性があります。

そのきっかけになるとして現在注目されているのが地球環境問題です。人間活動は地球大気の気温を直接高めるだけの量のエネルギーを出しているわけではありませんが、二酸化炭素などの温室効果気体を放出し、地球の気候システムのひとつである温室効果をとおして気候を変えることが懸念されています。

また、地球生物にとって不可欠な上空のオゾン層の破壊の問題も、人類が作り出して人間生活に欠かせなくなったフロンという物質が成層圏に達し、オゾン層でのオゾンの生成・消滅の平衡関係を乱すことによって生じています。

われわれ人間は、微妙な平衡が成り立っている脆弱な地球環境に暮らしていることを認識し、その保全に心がけましょう。

コラム
たまには息抜き。リラックスも必要ですね。

 気象業務法でいう「予報」とは、観測の成果に基づく現象を予想することである。

気象予報士試験ガイド

　気象予報士試験は気象庁長官が行う試験ですが、その実施は（財）気象業務支援センター（http://www.jmbsc.or.jp）が行っています。

- ◆受験資格：年齢や学歴などの制限はなく、誰でも受験できる
- ◆試験日程：8月と1月の年2回
- ◆試験地：北海道・宮城県・東京都・大阪府・福岡県・沖縄県
- ◆試験手数料：11,400円（平成24年度現在）
- ◆試験の概要：学科試験と実技試験
    - 学科試験：「予報業務に関する一般知識」と「予報業務に関する専門知識」があり、試験時間は各60分。原則として5つの選択肢から1つを選ぶ多肢選択式
    - 実技試験：「実技1」と「実技2」があり、試験時間は各75分。ともに文章や図表で解答する記述式
- ◆試験の一部免除：学科試験の「一般知識」「専門知識」のいずれか、または両方に合格すると、申請により合格発表日から1年以内に行われる当該学科試験が免除される

試験科目

予報業務に関する一般知識
①大気の構造　②大気の熱力学　③降水過程　④大気における放射
⑤大気の力学　⑥気象現象　⑦気候の変動
⑧気象業務法その他の気象業務に関する法規

予報業務に関する専門知識
①観測の成果の利用　②数値予報　③短期予報・中期予報
④長期予報　　　　　⑤局地予報　⑥短時間予報
⑦気象災害　　　　　⑧予想の精度の評価　⑨気象の予想の応用

実技試験
①気象概況及びその変動の把握　　②局地的な気象の予報
③台風等緊急時における対応

受験準備の進め方

⦿学科試験対策

　気象予報士試験は気象現象を取り扱うので理科系特有の分野かというとそうでもありません。確かに天気予報を行う手順として、気象現象をモデル化し、多くの方程式をスーパーコンピュータで解く作業を行っています。しかし、予報士試験で問われるのは、その計算結果を解釈するための知識なので、特に理系の勉強をした人でなくても理解でき、合格できるのです。

　気象現象は私たちの身近に起こっている現象ですが、その現象が生じる原因についてちょっと深く考えてみることです。たとえば、風が吹くのは大気が動くからで、力が働く結果です。ではどのような力が働くのか？

　このような疑問に対して答えを得るには、参考書を読むことです。こうして自問自答できるように勉強することが最も有効です。このようにして理解したことは身につきます。また、試験では直感を働かせなければならないことがありますが、そんなときに適切に対応できるようになります。

⦿計算問題対策

　気象現象を説明するのに本書でも若干の数式を用いていますが、気象予報士試験では難しい方程式を解くような問題は出題されないので、恐れる必要はありません。数式といっても、AとBの量はどのような関係にあるか、比例関係にあるのか、それとも反比例か、2乗に比例するのか、といった程度のものです。数式を日本語に置き換えて理解するのも有効かもしれません。また、計算問題が出題されますが、細かい数値を求めるというより、桁数を求めるものがほとんどですので、概算の力をつけましょう。

　本書を含めて書籍を一度読んで理解できない部分があっても、気にしないで進むことが肝要です。理解できない部分を自覚し、再度読み、それでも理解できない場合は、他の著者の参考書を読むのが有効です。著者により、同じ現象を違った視点から説明している可能性があるからです。

　気象予報士試験も回を重ねるにしたがい、出題範囲内でより詳細な知識を問う問題など、出題傾向に変化がありますが、基本的なことを十分理解して

いれば対応できます。

⦿実技試験対策

　気象予報士試験では、実技試験は学科試験に合格しないと採点してもらえないシステムになっています。このことからわかるように、実技は学科の上に成り立っていますので、学科の知識が十分に備わっていることが第一です。そのうえで、日常的にあまり目に触れることのない各種天気図や予想図などの見方と、それを解釈する能力を養う必要があります。つまり、学科で学習した知識が総合化されてはじめて天気を解明でき、予報できるのです。

　したがって、まずは**天気図類に慣れ親しみ、特に三次元的な構造としてみる眼をもつ必要があります。**まったく同じ天気はありませんが、天気現象はパターン化されるので、典型的なパターンについて、その構造を理解し、それに伴う現象を把握することです。具体的には、

（1）気象状況を読む・予想する
（2）前線・ジェット気流・気圧の谷・等値線などの天気図解析をする
（3）予報文・情報文を書く・解説する

などです。

　受験者数は4000～5000名で、合格率は5％程度です。このようにかなりの難関ですが、出題範囲が限定された試験なので、基礎からコツコツと粘り強く勉強すれば、恐れる必要はありません。

　健闘を祈ります。

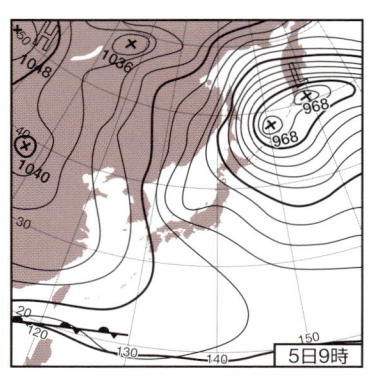

contents

はじめに……1
本書の使い方……2
気象予報士試験ガイド……4
　　試験科目／4　　受験準備の進め方／5

予報業務に関する 一般知識 編

Chapter 1　地球大気 …………………… 16

1. 地球大気の組成……16
2. 地球大気の変遷……17
3. 大気の鉛直構造……19
   理解度Checkテスト／23

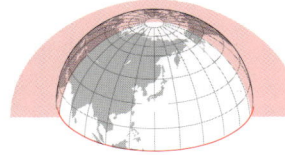

Chapter 2　大気の熱力学 ………………… 26

1. 状態方程式……26
2. 静力学平衡……28
3. 水の相変化と潜熱……31
4. 飽和と飽和水蒸気圧……32
5. 大気中の水蒸気量の表し方……34
6. 熱力学第一法則と断熱過程……39
7. エマグラム……44
8. 大気の鉛直安定度……50
9. 逆転層……55
   理解度Checkテスト／57

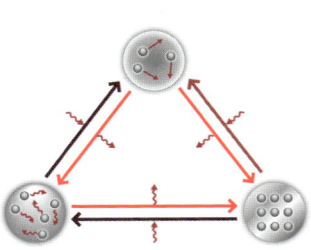

Chapter 3 　降水過程 ……………………………… 63

1. 雲の生成……63
2. 雨の降る仕組み……65
3. 水滴の落下速度……68
4. 雲と霧の種類と特徴……70
   理解度Checkテスト／72

Chapter 4 　大気における放射 ………………… 75

1. 放射と放射の物理法則……75
2. 太陽定数と太陽高度角……77
3. 放射の散乱・吸収・反射……79
4. 地球の放射収支と温室効果……82
   理解度Checkテスト／85

Chapter 5 　大気の力学 ……………………………… 88

1. 大気に働く力……88
2. 風と力の釣り合い……90
3. 大気の流れ……97
4. 運動のスケール……101
5. 大気境界層……101
   理解度Checkテスト／104

Chapter 6 　大気の大規模な流れ ……………… 108

1. エネルギーの流れ……108

contents

- **2** 大気大循環……109
- **3** 偏西風帯の波動と前線……116
- **4** 温帯低気圧……121
  理解度Checkテスト／127

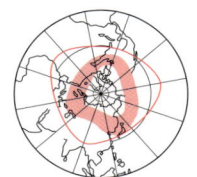

Chapter 7　メソスケール(中小規模)の現象 …… 130

- **1** メソスケール現象と積乱雲……130
- **2** 局地風……137
  理解度Checkテスト／142

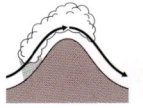 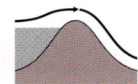

Chapter 8　台　風 …………………………… 145

- **1** 台風の定義と台風の発生……145
- **2** 台風の構造と発達……146
- **3** 台風についての統計……150
- **4** 台風の階級と台風による災害……151
  理解度Checkテスト／153

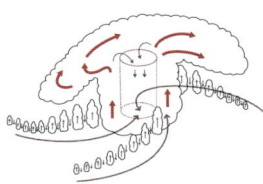

Chapter 9　中層大気の大規模な運動 ……… 156

- **1** 中層大気……156
- **2** 成層圏……158
  理解度Checkテスト／160

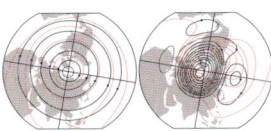

Chapter 10　気候変動と地球環境 …………… 163

- **1** 過去の気候変化……163

009

- ② 地球温暖化……164
- ③ エルニーニョ現象……168
- ④ オゾンホール……169
- ⑤ 都市気候……170
- ⑥ 酸性雨……171
- ⑦ エーロゾルと黄砂の気候への影響……172
  理解度Checkテスト／173

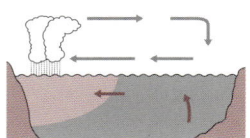

Chapter 11　気象法規 …………………… 177

- ① 気象業務法……177
- ② 気象業務法施行令と施行規則の関連事項……192
- ③ 災害対策基本法……194
- ④ 水防法……197
- ⑤ 消防法……200
  理解度Checkテスト／201

予報業務に関する専門知識編

Chapter 1　地上気象観測 ………………… 210

- ① 地上気象観測……210
- ② アメダスとライデン……217
  理解度Checkテスト／218

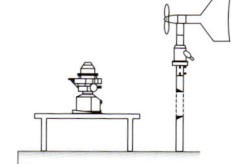

contents

Chapter 2　海上気象観測 …………………… 221

1. 波浪の観測……221
   理解度Checkテスト／224

Chapter 3　気象レーダー観測 ……………… 226

1. 気象レーダー観測の基礎知識……226
2. 気象ドップラーレーダー観測の基礎知識……232
   理解度Checkテスト／235

Chapter 4　高層気象観測 …………………… 239

1. ラジオゾンデ観測とウィンドプロファイラ観測……239
2. その他の高層気象観測……244
   理解度Checkテスト／245

Chapter 5　気象衛星観測 …………………… 248

1. 気象衛星観測の基礎……248
2. ひまわり6号・7号が観測する画像……250
3. 気象衛星画像の特徴……252
4. 衛星雲画像の利用……257
   理解度Checkテスト／272

Chapter 6　数値予報 ………………………… 274

1. 予報と数値予報……274

- 2 アンサンブル予報……290
- 3 数値予報資料利用上の留意事項……295
  理解度Checkテスト／298

Chapter 7　週間天気予報と長期予報 …… 304

- 1 週間天気予報……304
- 2 長期予報……307
- 3 平均図と偏差図……309
  理解度Checkテスト／313

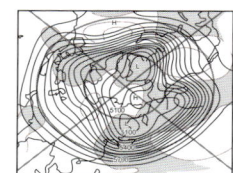

Chapter 8　天気図 ………………………… 316

- 1 地上天気図……316
- 2 高層天気図……320
- 3 数値予報予想図……325
  理解度Checkテスト／328

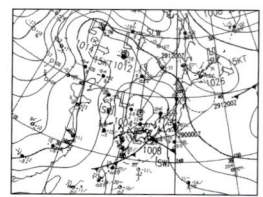

Chapter 9　気圧配置 ……………………… 334

- 1 気圧配置と天気……334
  理解度Checkテスト……341

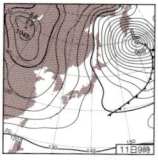

Chapter 10　天気翻訳と確率予報　344

- 1 天気翻訳とガイダンス……344
- 2 確率予報……349
  理解度Checkテスト／355

contents

Chapter 11　降水短時間予報 …………… 358

1. 降水短時間予報……358
2. ナウキャスト……363
   理解度Checkテスト／367

Chapter 12　防災気象情報 …………… 371

1. 防災気象情報……371
2. 台風情報……376
3. 海上警報と航空気象予報・警報……379
4. 指定河川洪水予報と流域雨量指数……382
5. 土砂災害警戒情報と土壌雨量指数……384
6. 新しい防災気象情報「高温注意情報」……386
   理解度Checkテスト／386

Chapter 13　気象災害 …………… 390

1. 気象災害とは……390
   理解度Checkテスト／395

Chapter 14　予報精度の評価 …………… 398

1. 天気予報の精度評価……398
2. 評価の方法……399
   理解度Checkテスト／406

contents

実技の基礎編

Chapter 1　実技試験への対応 …………… 410

1. 実技試験の科目……410
2. 問題に用いられる天気図・予想図・資料など……411
3. 試験のテーマと出題傾向……422
4. 出題パターンとその対策……423
5. 解析操作……424

Chapter 2　例題と解答解説 ………………… 428

0. 実技試験への準備……428
   - 例題1　各種実況資料による実況の把握に関する問題……429
   - 例題2　前線通過前後の大気の鉛直構造の特徴に関する問題……437
   - 例題3　低気圧と前線の解析に関する問題……447

参考文献……457
索引……458

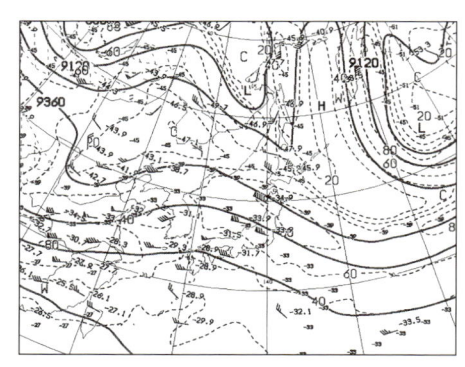

予報業務に関する
一般知識編

Chapter 1

地球大気

出題傾向と対策

◎ほとんど毎回1問出題されており、大気放射や中層大気の大規模な運動との混合問題も出題されている。

◎地球大気の組成と鉛直構造は十分に把握しておこう。

1 地球大気の組成

　表：般1・1に示すように、水蒸気などを除く地球大気（乾燥空気）の組成（容積比）は、窒素78％、酸素21％、アルゴン0.9％の3つの分子で99.9％を占め、その割合は高度約80kmまでほとんど一定です。表に示すように、残りは二酸化炭素など多種の気体が存在しますが、全体に対する割合は0.1％以下です。

　水蒸気の量は場所ごと時間ごとに大きく変化し、一般的には、気温が高い熱帯では4％まで達するのに対して、気温が低い北極では1％程度です。この水蒸気は極めて重要な気体で、雲や降水をもたらすと同時に、水蒸気が液体の水や固体の氷に相変化するときに潜熱（p.31参照）と呼ばれる大量の熱を放出します。

　大気中での容積比は0.038％と少ない二酸化炭素は、地球規模で増加傾向にあります。この二酸化炭素と水蒸気は、地球が放出する地球放射を吸収する**温室効果気体**であり、地表面付近の気温を約33℃高め、平均気温15℃という生物にとって快適な環境を作っています。

　また、大気中には**エーロゾル**と総称される小さな固体または液体粒子が浮遊しています。エーロゾルは火山噴火や海水のしぶきなど自然の要因でもできますが、人為的な要因が大きく、上空より地表、海洋より陸上に多く存在します。

 地球大気の組成は、容積比（水蒸気を除く）の大きい順に、窒素、酸素、二酸化炭素、アルゴンとなる。

Chapter 1
地球大気

表：般1・1　乾燥空気の地球大気組成

成　分	分子式	容積比（％）	重量比（％）
窒素	N_2	78.088	75.527
酸素	O_2	20.949	23.143
アルゴン	Ar	0.93	1.282
二酸化炭素	CO_2	0.038	0.0456
一酸化炭素	CO	1×10^{-5}	1×10^{-5}
ネオン	Ne	1.8×10^{-3}	1.25×10^{-3}
ヘリウム	He	5.24×10^{-4}	7.24×10^{-5}
メタン	CH_4	1.4×10^{-4}	7.25×10^{-5}
クリプトン	Kr	1.14×10^{-4}	3.30×10^{-4}
一酸化二窒素	N_2O	5×10^{-5}	7.6×10^{-5}
水素	H_2	5×10^{-5}	3.84×10^{-6}
オゾン	O_3	2×10^{-6}	3×10^{-6}
水蒸気	H_2O	不定	不定

ここで学んだこと

- 乾燥空気の大気組成は窒素、酸素、アルゴンで99.9％を占めている。
- 水蒸気の量は場所や時間で大きく変化する。
- 水蒸気と二酸化炭素は温室効果をもち、地表面付近の気温を高めている。

2　地球大気の変遷

　惑星としての地球は特別な存在とはいえませんが、地球大気の組成は地球に近い惑星である火星や金星の大気と大きく異なります（表：般1・2参照）。前述したように地球大気は窒素と酸素が主成分ですが、火星と金星の大気の大部分は二酸化炭素です。この違いは、地球の大気が特別な変遷を経た結果

✕　地球大気の組成は、容積比（水蒸気を除く）の大きい順に、窒素が約78％、酸素が約21％、アルゴンが約0.9％、二酸化炭素が約0.04％である。

表：般1・2 惑星大気の組成

	水　星	金　星	地　球	火　星
質量($\times 10^{23}$kg)	3.29	48.7	59.8	6.43
表面気圧(hPa)	10^{-2}以下	9×10^4	10^3	6
表面温度(K)	560	720±20	280±20	180±30
大気組成(%)	—	CO_2(96.4)	N_2(78.1)	CO_2(95.32)
		N_2(3.41)	O_2(20.9)	N_2(2.7)
		H_2O(10^{-3})	Ar(0.93)	Ar(1.6)
		SO_2(10^{-3})	CO_2(0.04)	O_2(0.13)
		O_2(70ppm)	O_3(0.5ppm)	CO(0.07)
		Ar(20ppm)	H_2O(0.1〜1)	O_3(0.03ppm)
		—	—	H_2O(0.03)

生じたものです。

　地球が生まれた当時の大気（原始大気）は太陽の組成と同じで水素とヘリウムでしたが、それらは太陽風などで吹き払われ、現在の大気の源は、地球の冷却後に火山爆発などの**脱ガス**によって地球からしみ出た気体であり、その主な成分は水蒸気、二酸化炭素、窒素、アルゴンなどと考えられています。

　太陽からの太陽放射エネルギー量によって決まる地球の気温条件は、水蒸気を液体や固体に変えることができます。そのため、大気中にあった大量の水蒸気は水となり、海を作ることになりました。その海に二酸化炭素が溶け込んで石灰石として固定し、大気中から二酸化炭素が減りました。地中から出た窒素の量は相対的に多くはありませんが、不活性な気体であるため大気中に残り、主成分になりました。地球に海ができたことで、そこに生命体が発生し、光合成を行う藍藻類などの植物が出現し、酸素を作り、現在にいたっています。この酸素の生成が、地球生物にとって大変重要な存在である大気上空の**オゾン層**をつくりました。

　このように大量にあった水蒸気や二酸化炭素は減少し、不活性な窒素やアルゴン、植物が作った酸素が大気の主成分になりました。

 地球大気の乾燥空気の組成は、中間圏の上端までほぼ一様である。

Chapter 1
地球大気

ここで学んだこと
・金星と火星の大気の主成分は二酸化炭素であり、地球大気の組成とは異なる。
・現在の地球大気の源は脱ガスによって地中から出てきた気体である。
・地球に海ができたことが現在の大気組成になった最も大きな要因である。
・酸素は長い期間にわたって植物が作り出した。

3 大気の鉛直構造

気温を地上から上空に向けて観測すると、下降したり上昇したりします（図：般1・1参照）。上昇、下降の分岐点を境に大気層に名前がつけられ、それぞれの層に特徴があります。

3-1 対流圏

地上から約11kmの高度までは気温が約6.5℃/kmの割合で減少します。この大気層は<u>対流圏</u>と呼ばれ、その名のごとく、下降流・上昇流ができ、よくかき混ぜられています。この層には<u>大気中の水蒸気のほとんどが含まれ</u>、上昇流ができやすいこともあり、雲や雨ができて日々の天気変化が生じます。

大気の主成分である窒素、酸素、アルゴンなどは、太陽からの波長の短い放射エネルギーを吸収できません。それゆえ大気は、太陽エネルギーを吸収して暖められた地表面から対流などによりエネルギーをもらっています。そのために、<u>対流圏では気温が高度とともに低下しています</u>。

3-2 対流圏界面

高度約11kmより上の数kmは高度が上昇しても気温が変わらない薄い層です。そこを<u>対流圏界面</u>と呼び、成層圏の始まりとなります。この層は対流圏の天井であり、上昇流を止める役割を果たします。この薄い層は、<u>高・低</u>

○ 地球大気の組成は、中間圏上端（約80km）までは地表面付近と同じでほぼ一様である。

019

図：般1・1　地球大気の鉛直分布

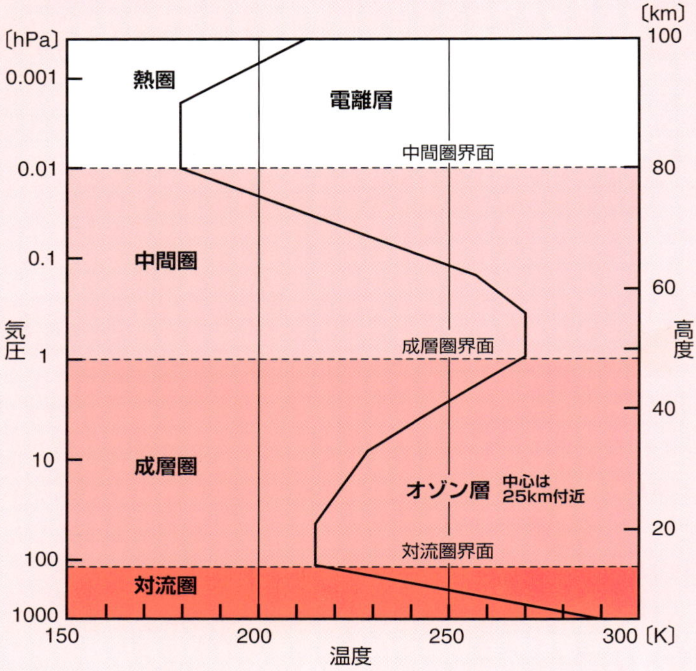

気圧によって高度が変わり、また赤道で高度が高く、極に近づくほど高度が低くなり、夏に高く、冬に低くなります。

3-3　成層圏

　対流圏界面から高度とともに気温は約50kmまで上昇します。この層を**成層圏**と呼びます。気温が高度とともに上昇するということは、非常に安定な層で上昇流ができにくく、対流圏の上昇流が成層圏に広がるのを阻止しています。しかし、まったく空気の混合がないわけではなく、大気組成は地表面付近と同じになっています。

 対流圏界面の高さは、赤道付近で高く、両極で低い。

3-4 オゾン層

　成層圏で高度とともに気温が上昇するのは、エネルギーを吸収して暖めている物質があるからです。それが<u>高度25kmを中心に分布する</u>**オゾン層**です。オゾンが太陽からの紫外線（0.24μm以下の波長）を吸収し、成層圏の気温を高めています。

　ただし、<u>オゾン濃度が最大である高度は約25km</u>ですが、<u>気温は高度約50kmで極大</u>になっています。このずれは、<u>高度50kmのほうがより紫外線の強度が強くて暖める効果が大きいこと、空気分子の数が高度の増加とともに少なくなるので上空ほど1分子当たりが受け取るエネルギーが多いこと</u>などによります。

3-5 中間圏

　中間圏が始まる成層圏界面の空気は極端に希薄であり、気圧は地表面の1000分の1の約1hPaです。中間圏には多量の紫外線放射がきますが、それを吸収する物質がないので、<u>気温は高度とともに低下</u>します。

　なお、中間圏の上限である約80kmまでは、大気組成の窒素、酸素、アルゴンの割合は地表面付近と同じです。

3-6 熱圏

　中間圏の上の気温が高度とともに上昇する高度約500kmまでの大気を**熱圏**と呼びます。熱圏では、窒素や酸素の分子が波長の短い紫外線（0.1μm以下）を吸収して空気を暖めると同時に窒素・酸素原子をつくっています。この層では分子や原子が極めて少なく、ここに達する太陽エネルギーは<u>太陽活動の影響を大きく受ける</u>ために、気温は日ごとに大きく変わります。

　分子や原子の数が少ない熱圏では、分子・原子同士が衝突する機会が少なく、重力による分離が起こり、酸素や窒素のような重い気体は下層に、水素やヘリウムのように軽い気体は上方に分離されます。それゆえ、大気組成は地表面とは違ったものになります。

 ○ 対流圏界面の高度は、緯度や季節や高気圧・低気圧によって変化し、赤道付近で約18kmと高く、両極で約8kmと低い。

3-7 電離層

電離層は高度80kmから上空に広がり、熱圏の中にあります。電離層は、イオンと自由電子の濃度が非常に高い領域です。これは、窒素・酸素を主とした空気成分が紫外線により電離され、イオンや自由電子ができた結果です。

この電離層は無線通信において大切な役割をもっています。

3-8 高度と気圧

地表面で1cm²の断面積をもつ大気の頂上までの空気の柱の重さは、約1kgになります。この1cm²当たりの重さは気圧を表すひとつの方法ですが、地上天気図ではhPa（ヘクトパスカル）が使われています。海面上での気圧の標準値は約1013hPaです。

空気の重さである気圧は、高度が増すにつれて常に減少します。下層の大気では高度が100m増すと気圧が約10hPa下がります。高度5.5km上空では気圧は約1/2になり、大気の重心の高度になります。成層圏上端の50kmでは約1hPaと空気の99.9%がこの高度以下にあることになります。

ここで学んだこと

- 大気には、地表から対流圏、成層圏、中間圏、熱圏という大気層がある。
- 対流圏では**1km**上昇すると気温が平均で約**6.5℃**下がる。
- 対流圏の大気は、太陽放射によって暖められた地表面から対流などにより熱エネルギーを得ているので、温度は高度とともに低下している。
- 成層圏ではオゾンが、熱圏では窒素・酸素分子が太陽からの紫外線を吸収し、高度が増すと気温が上がる。
- 高度約**80km**まで大気組成は一定である。
- 高度約**5.5km**で気圧は地表面の**1/2**となり、成層圏上端（高度約**50km**）で**1hPa**となる。

 成層圏の温度は、オゾン濃度が最大の高度約25km付近で最高となっている。

Chapter 1
地球大気

理解度checkテスト

 気温の鉛直分布をもとに高度およそ300kmまでの大気をいくつかの層に分けると、下から対流圏、成層圏、中間圏、熱圏とに分けられる。これら各層の一般的な性質について述べた次の文（a）～（d）の下線部の正誤について、下記の①～⑤の中から正しいものを一つ選べ。

(a) 対流圏では様々な運動により大気が上下によく混合されており、気温は平均して1kmについて約6.5℃の割合で高度とともに減少する。

(b) 成層圏において気温が上層に行くほど高くなるのは、太陽からの紫外線をオゾンが吸収して大気を加熱するからである。

(c) 中間圏では高度が上がるとともに重力による分離が始まり、大気の成分は軽い分子や原子の割合が増えてくる。

(d) 熱圏では太陽からの紫外線などの作用により気体分子の一部が解離または電離して、原子、電子やイオンに分離している。

① （a）のみ誤り　　④ （d）のみ誤り
② （b）のみ誤り　　⑤ すべて正しい
③ （c）のみ誤り

 地球型惑星である金星・地球・火星の大気に関する次の文（a）～（d）の正誤について、下記の①～⑤の中から正しいものを一つ選べ。

(a) 金星では高温のために水は液体として存在せず、水蒸気として大気中にわずかに存在する。

(b) 金星と火星では、共に大気組成の大部分を二酸化炭素が占めている。

(c) 地球では海洋中に溶けた二酸化炭素が石灰岩に固定され、金星や火星の大気組成に比べて二酸化炭素の占める割合が少ない。

 ✕ 成層圏の温度は高度とともに上昇しており、成層圏の上端（高度約50km）で最高になっている。

(d) 地球では植物の光合成によって酸素が生成され、金星や火星の大気組成に比べて酸素の占める割合が多い。

① (a)のみ誤り
② (b)のみ誤り
③ (c)のみ誤り
④ (d)のみ誤り
⑤ すべて正しい

解答と解説

Q1 解答③（平成17年度第2回一般・問1）

(a) 正しい。対流圏の大気にとっての熱源は地表であり、基本的には高度が増すことは熱源から離れることで、気温は下がります。その他の原因もありますが、平均して1km上昇すると6.5℃気温が下がります。

(b) 正しい。成層圏には高度約25kmに最大濃度を有するオゾン層が存在します。そこではオゾンが0.24μm以下の波長の太陽からの紫外線を吸収するため、上空へ行くほど気温は上昇します。

(c) 誤り。高度約80kmの中間圏上端までは比較的空気の混合がなされ、窒素、酸素、アルゴンの組成比は一定です。それより高度の高い熱圏は、窒素・酸素分子が波長0.1μm以下の紫外線を吸収して原子になる大気層ですが、大気が薄いために気体分子は互いに衝突する機会が減り、重力による分離が起こります。

(d) 正しい。熱圏では酸素や窒素などの分子は太陽からの0.1μm以下の紫外線やX線などによって光解離または電離して原子やイオンの状態になり、電離層を作っています。

Q2 解答⑤ （平成20年度第2回一般・問1）

(a) 正しい。金星は地球より太陽に近く、表面温度が480℃で液体の水として存在できず、水蒸気の形で存在しています。地球より太陽から遠い火星は、平

豆テスト Q　地球型惑星の金星と火星の大気の主成分は、木星型惑星（木星・土星・天王星・海王星）と同じ水素とヘリウムである。

均気温が−60℃で液体の水として存在できず、氷として存在しています。

(b) 正しい。地球と同じ地球型惑星の金星と火星の大気は地球大気と異なり、二酸化炭素が主成分です。地球大気だけが変化し、特殊性をもつようになりました。

(c) 正しい。地球は水の惑星といわれるように、地球誕生後比較的早い段階で海ができました。最初の海は大気中の硫黄や塩素の化合物を吸収して酸性の海でしたが、雨や河川が金属イオンを海に運び中性の海になりました。中性の海に大気中の二酸化炭素が吸収され、吸収された二酸化炭素は石灰岩をつくり、固定されました。

(d) 正しい。地球に海ができたことは海に生命の誕生をもたらし、光合成を行える植物ができ、徐々に酸素を増やし続けた結果、現在の酸素濃度になりました。

> **これだけは必ず覚えよう！**
>
> ・対流圏の高度は、赤道付近で高く（約18km）、両極で低い（約8km）。また、夏に高く、冬に低い。
> ・対流圏と中間圏では、高度とともに気温が下がり、成層圏と熱圏では高度とともに気温が上がる。
> ・オゾン層は成層圏内の高度約25kmを中心に分布するが、成層圏の気温は上端の高度約50kmで極大となっている。

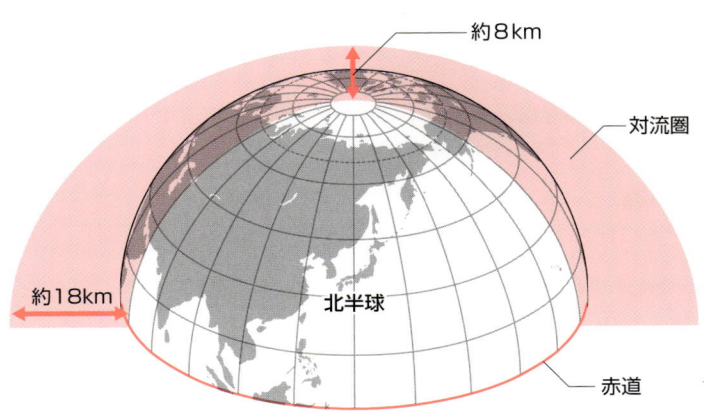

 × 木星型惑星の大気の主成分は水素とヘリウムだが、金星と火星の大気の主成分は二酸化炭素である。

Chapter 2
大気の熱力学

出題傾向と対策

- 毎回2～3問出題されている頻出分野。
- 空気中の水蒸気の量を表す物理量を十分理解しておこう。
- 水蒸気量に関連した数式を用いた計算に慣れておこう。

1 状態方程式

1-1 理想気体の状態方程式

　一般に気体の気圧、密度、温度は互いに無関係なものではなく、**状態方程式**という関係式で結ばれています。実在する気体の状態方程式は複雑な式になりますが、理想的な単純な状態方程式を満たす気体を**理想気体**といい、この状態方程式を理想気体の状態方程式といいます。

　気象現象で扱うような範囲では、空気や水蒸気は十分な精度でこの状態方程式を満たしますので、気象学ではこれらを理想気体として扱います。

重要な数式

　理想気体の状態方程式は気圧を p〔Pa〕、密度を ρ〔kg/m³〕、温度（絶対温度）を T〔K〕としたとき、次の式で表される。

$$p = \rho R T$$

　ここで、R〔J/(K kg)〕は気体の種類によって決まる気体定数。また、密度 ρ の逆数である比容 $\alpha = \dfrac{1}{\rho}$〔m³/kg〕を用いると、理想気体の状態方程式は次のように書くこともできる。

$$p\alpha = RT$$

理想気体の状態方程式によると、気圧は空気密度と温度に比例する。

詳しく知ろう

- **気体定数R**：気体の分子量をM、気体の種類にかかわらず一定値である一般気体定数（普遍気体定数ともいう）を$R^* = 8314.3 \text{[J/(kmol K)]}$とすると、気体定数$R$は次のように与えられる。

$$R = \frac{R^*}{M}$$

1-2 乾燥空気と湿潤空気

　空気は窒素、酸素、アルゴン、水蒸気など複数の種類の気体が混ざってできています。このような気体を混合気体といいます。特に空気から水蒸気を除いた窒素、酸素、アルゴンなどの混合気体を乾燥空気といいます。混合気体は各成分気体が理想気体のとき、その成分気体によって気体定数の値は変わりますが、理想気体の状態方程式に従います。乾燥空気も理想気体と見なすことができますので、理想気体の状態方程式に従います。

　気象学では現実の大気を乾燥空気として扱うこともありますが、現実の大気には窒素や酸素などのほかに水蒸気も含まれています。このような乾燥空気と水蒸気の混合気体を湿潤空気といいます。

　空気中の水蒸気が重要となる場合には、現実の大気を湿潤空気として扱います。湿潤空気も気体定数の値は異なりますが、理想気体の状態方程式に従います。

　同じ気圧、気温の湿潤空気と乾燥空気があったとき、同体積中の湿潤空気と乾燥空気の分子数は等しく、空気分子と水蒸気分子の比率が異なっています。水蒸気の分子量は乾燥空気の平均分子量よりも小さく、水蒸気分子は軽いので、湿潤空気は乾燥空気よりも軽くなります。

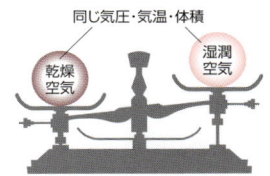

 気圧p〔Pa〕と空気密度ρ〔kg/m³〕と温度T〔K〕の関係は、$p=\rho RT$という状態方程式で表される（R〔J/(K kg)〕は気体定数。

詳しく知ろう

- **混合気体の気体定数**：混合気体の場合は、分子量として混合気体の平均分子量$\bar{M}$を用いる。乾燥空気を窒素、酸素、アルゴンの混合気体とみなすと、その平均分子量は$M_d = 28.96$なので、気体定数は$R_d = 287$〔J/(K kg)〕となる。

ここで学んだこと
- 状態方程式は、気圧、密度、温度の間の関係を表している。
- 乾燥空気は水蒸気を除いた空気である。
- 湿潤空気は現実の空気と同じで、乾燥空気と水蒸気の混合気体である。

2 静力学平衡

2-1 静力学平衡

　ある高さにある空気塊（ある大きさをもった空気の塊）を考えたとき、空気にも重さがあるので、鉛直方向（上下方向、縦方向のことです。ちなみに、横方向は水平方向といいます）下向きに重力を受けています。さらに、空気塊の上と下にある空気の気圧により、それぞれ下向き、上向きに力を受けています。

　通常の大気ではこれらの力が釣り合って、空気塊はその高さに留まっています。この状態を**静力学平衡**または**静水圧平衡**の状態といいます。また、この関係を表した式を**静力学方程式**または**静水圧平衡の式**といいます。

　風が吹いていることからわかるように、大気は絶えず動いていますが、低気圧や高気圧、さらに大規模な運動の場合には、鉛直運動は水平運動と比べると非常に小さくて鉛直加速度を無視できるため、大気は静力学平衡の状態にあると考えられます。

 同じ気圧、同じ気温、同じ体積の乾燥空気と湿潤空気は重さが等しい。

Chapter 2
大気の熱力学

重要な数式

図：般2・1のように、大気中に地表面から大気上端まで達する単位面積の底面をもつ鉛直の気柱をとり、この気柱の高度zと$z+\Delta z$の2つの水平面に挟まれた直方体部分の空気を考える。この直方体の空気塊の密度をρ、重力加速度をgとすると、空気塊に働く重力は$\rho g \Delta z$となる。さらにこの空気塊には、高度zの水平面で上向きに気圧pが、高度$z+\Delta z$の水平面で下向きに気圧$p+\Delta p$が働いているとすると、空気塊の重さとその上下の気圧差が釣り合っていることを表す次のような静力学方程式が得られる。

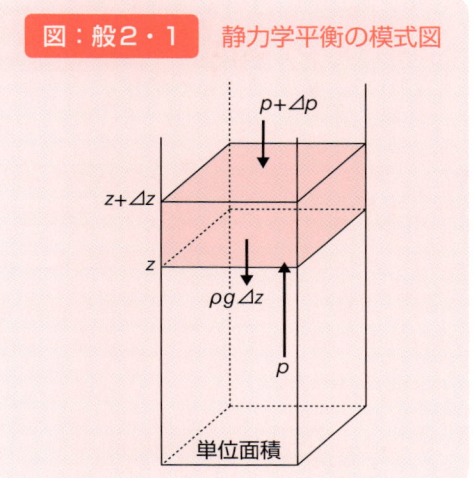

図：般2・1　静力学平衡の模式図

$$\Delta p = -\rho g \Delta z \quad 微分形式で書くと、\frac{dp}{dz} = -\rho g$$

2-2　気圧と高度の関係

　大気が静力学平衡にあるとき、空気塊の下にある空気の気圧は、空気塊の重さに加えてその上にある空気の気圧を支えていることから、<u>ある高さでの気圧は、その高さより上にある空気の重さ</u>であることがわかります。普段空気の重さは感じませんが、地表面での気圧は1000hPa程度なので、1cm^{2}あたり約1kgという空気の重さがかかっています。

　その高さより上にある空気の量は高度が高くなるほど少なくなるので、高度が高くなると気圧は低くなっていきます。このように、高度と気圧は1対1の関係にあり、高さを表すのに高度の代わりに気圧を用いることができ、気象学では高さを気圧で表すこともあります。

 ✕ この条件のとき、湿潤空気は、重い乾燥空気の分子（平均分子量28.96）の一部が、軽い水蒸気分子（分子量18.02）に置き換わっており、乾燥空気よりも軽い。

> ## 詳しく知ろう
>
> - **気圧と高度の関係**：静力学方程式を高度z_0（気圧p_0）から$z=\infty$（$p=0$）まで積分すると、次のような気圧と高度の関係式が得られる。
>
> $$p_0 = \int_{z_0}^{\infty} \rho g dz$$
>
> これより、高度z_0における気圧p_0がその高さz_0より上にある空気の重さであることがわかり、空気の密度ρの高度分布がわかれば気圧を知ることができる。さらに、この式は乾燥空気の状態方程式を用いて密度の代わりに温度で表すこともでき、対流圏では通常、気温は高さとともに減少するが、簡単のために気温が高さによらず一定値$\bar{T}$とすると、高度zでの気圧pは次の式で表される。
>
> $$p = p_0 \exp\left(-\frac{g}{R_d \bar{T}} z\right)$$
>
> この式から、気圧は高さとともに指数関数的に減少することがわかる。

2-3　層厚（シックネス）

気圧p_1（高度z_1）の面と、それより上にある気圧p_2（高度z_2）の面に挟まれた空気層の厚さ、つまり高度差$\Delta z = z_2 - z_1$を**層厚（シックネス）**といい

図：般2・2　層厚の概念図

> 豆テストQ：静力学平衡とは、空気塊の重さとその空気塊の上下の気圧差が釣り合っている状態をいう。

ます。暖気（平均気温が相対的に高い）と寒気（平均気温が相対的に低い）とでは、下と上の面の気圧p_1とp_2が同じでも層厚Δzは異なり、暖気では厚く、寒気では薄くなります。この関係を模式的に図：般2・2に示します。

この関係は、気圧が空気の重さであることからわかります。暖気と寒気で気圧p_1とp_2の値が同じならば、この2つの気圧の面に挟まれた空気層の重さは同じです。ところが、暖気は寒気よりも軽いので、同じ重さになるためには暖気は寒気よりも多くの空気が必要になり、層厚が厚くなるのです。

ここで学んだこと
- 大気は空気塊の重さとその上下の気圧差が釣り合った静力学平衡の状態にある。
- 気圧は高さとともに指数関数的に減少する。
- 上下の気圧差が同じ空気層の厚さは、寒気より暖気のほうが厚い。

3 水の相変化と潜熱

水（液体）は冷やすと氷（固体）になり、暖めると水蒸気（気体）になります。このようにその温度によって固体、液体、気体へと変化することを**相変化**といいます。0℃の氷に熱を加えて氷が融けると0℃の水になるように、相変化の過程において熱の出入りがありますが、物質の温度は変わりません。このとき出入りする熱のことを**潜熱**といいます。それぞれの相変化に際して出入りする潜熱の名前や量を図：般2・3に示します。

一方、水を暖めるとお湯になるように、温度を変化させる熱のことを**顕熱**といいます。

 静力学平衡の状態は、気圧差をΔp、高度差をΔzとすると、$\Delta p = -\rho g \Delta z$で表せる。この式を静力学平衡の式という（$\rho$は空気密度、$g$は重力加速度）。

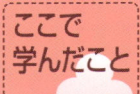

図:般2・3 水の相変化と潜熱

| ここで学んだこと | ・水は温度によって固体、液体、気体に相変化する。
・相変化するときには潜熱の出入りがある。 |

飽和と飽和水蒸気圧

4-1　飽和

　容器の中に水を入れて全体を一定の温度に保つと、空気中を飛び回っている水蒸気の分子が水面にぶつかって水の分子になったり、逆に活発ではないが動いている水の分子が空気中に飛び出して水蒸気の分子になったりします。

　時間の経過とともに、水面を出入りする分子の数が同じになってきます。このとき出入りする分子の数は温度だけで決まります。この状態のことを平衡状態に達した、または空気が水蒸気で**飽和**したといいます。飽和した状態

 強い上昇流が生じている積乱雲の中では、静力学平衡の式が近似的に成り立つ。

で水面を出入りする水分子の様子を図：般2・4に示します。

空気が水蒸気で飽和しているときは水面を出入りする分子の数は等しいのですが、空気中の水蒸気の量が飽和しているときよりも少ないと、水面から出る分子の数よりも水面に入る分子の数のほうが少ないため、空気中の水蒸気は増えます。つまり**蒸発**が起こります。

しかし空気中の水蒸気の量が飽和しているときよりも多いと、水面から出る分子の数よりも水面に入る分子の数のほうが多くなり、空気中の水蒸気が減ります。つまり**凝結**が起こります。

このことから、飽和とは空気中にその温度で含むことができる最大量の水蒸気が入っている状態であるということができます。

4-2 飽和水蒸気圧と飽和水蒸気密度

空気が水蒸気で飽和したときの水蒸気の密度を**飽和水蒸気密度**といい、このときの水蒸気の圧力を**飽和水蒸気圧**といいます。水に出入りする分子の数は温度だけで決まるので、飽和水蒸気圧と飽和水蒸気密度は温度だけで決まり、他の気体の存在には無関係です。氷の飽和水蒸気圧と飽和水蒸気密度も同じように考えることができます。

飽和水蒸気圧と温度との関係を図：般2・5に示します。この図の右側の「水の飽和」と書いてある曲線は水に対する飽和水蒸気圧で、右側の目盛で読みます。この図から、飽和水蒸気圧は温度とともに指数関数的に増加することがわかります。つまり、温度の高い空気は低い空気よりもたくさんの水蒸気を含むことができます。

一般に、0℃は水が氷になる温度とされていますが、水の温度をゆっくり

豆テストA ✗ 静力学平衡の式が成立するのは鉛直方向の加速度がない場合であり、積乱雲の中のように鉛直方向の加速度が無視できない場合には静力学平衡近似を適用できない。

下げていくと0℃以下でも水はなかなか凍らないため、0℃以下でも凍っていない水が存在し、これを**過冷却水**といいます。このため0℃以下では過冷却水と氷に対する飽和水蒸気圧があります。図：般2・5の左側の「過冷却水の飽和」と書いてある曲線と「氷の飽和」と書いてある曲線（破線）は、それぞれ0℃以下の過冷却水と

図：般2・5　温度と飽和水蒸気圧の関係

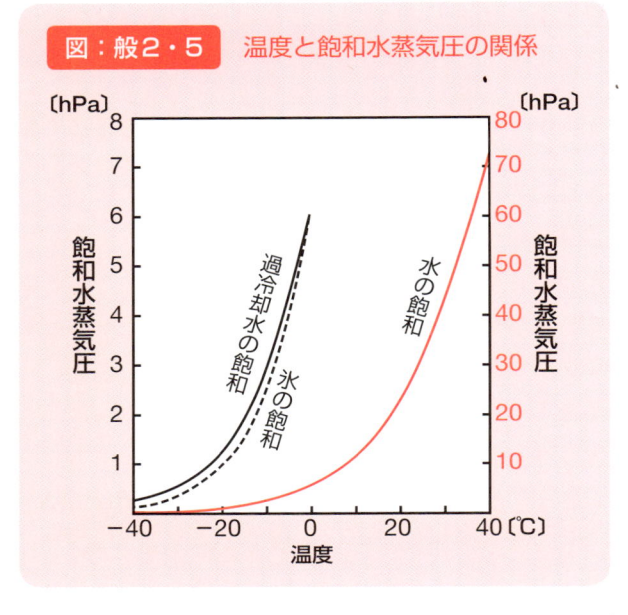

氷に対する飽和水蒸気圧であり、右側の目盛を10倍に拡大した左側の目盛で読みます。この図から、過冷却水よりも氷の飽和水蒸気圧のほうが小さいことがわかります。

> **ここで学んだこと**
> ・飽和とは、空気中にその温度で含むことのできる最大量の水蒸気を含んでいる状態である。
> ・飽和水蒸気圧は温度とともに指数関数的に増加する。

5　大気中の水蒸気量の表し方

5-1　水蒸気圧〔Pa〕

　空気中の水蒸気の圧力、つまり湿潤空気中の水蒸気の分圧を**水蒸気圧**といいます。単位は〔Pa〕です。湿潤空気の気圧は乾燥空気の気圧と水蒸気の分

豆テストQ：ある2つの等圧面に挟まれた空気層の上面と下面の高度差である層厚は、その空気層の平均温度に比例する。

圧を足したものなので、普通、気圧という場合には水蒸気圧も含まれています。

5-2 絶対湿度（水蒸気密度）〔kg/m³〕

単位体積の湿潤空気に含まれる水蒸気の質量、つまり水蒸気の密度を**絶対湿度**といいます。単位は〔kg/m³〕です。

ある空気塊を考えたとき、周囲の空気と混ざったり、水蒸気の凝結や蒸発がなくても（空気中の水蒸気の量を変化させることが起こらなくても）、空気塊の体積が変化すると、水蒸気密度は変化します。たとえば、空気塊は上昇すると膨張するので、周囲の空気と混ざったり、水蒸気の凝結や蒸発がなくても、水蒸気密度は減少します。

詳しく知ろう

・**水蒸気密度と水蒸気圧の関係**：理想気体の状態方程式によって、水蒸気密度ρ_vは、気温をTとして、水蒸気圧をeとすると次のような関係にある。

$$\rho_v = 0.217 \frac{e〔hPa〕}{T}$$

5-3 混合比〔kg/kg〕〔g/kg〕

湿潤空気に含まれる水蒸気の質量と乾燥空気の質量の比（密度の比でもよい）を**混合比**といいます。混合比の単位は無次元ですが、気象学では通常、質量比であることを明示するために〔kg/kg〕が使われます。また、乾燥空気の質量に比べて水蒸気の質量が小さいために混合比の数値が小さくなるので、水蒸気の質量の単位を〔g〕として、〔g/kg〕もよく使われます。

湿潤空気の運動によってその気圧や気温、体積が変わっても、周囲の空気と混ざったり、水蒸気の凝結や蒸発がなければ、混合比は保存されます。つまり、混合比は変化しません。これは混合比が単位体積ではなく、単位質量中の水蒸気の質量を考えているからです。

○ 気圧は空気の重さであり、同じ等圧面に挟まれた暖気と寒気では、その重さは等しいが、暖気は軽いので、層厚は暖気では厚く、寒気では薄くなる。

> ### 詳しく知ろう
>
> ・**混合比の求め方**：乾燥空気の質量（密度）を m_d〔kg〕（ρ_d〔kg/m³〕）、水蒸気の質量（密度）を m_v〔kg〕（ρ_v〔kg/m³〕）としたとき、混合比 w は次の式で与えられる。
>
> $$w = \frac{m_v}{m_d} = \frac{\rho_v}{\rho_d}$$
>
> また、水蒸気圧 e と気圧 p を用いて、近似的に次の式で混合比を求めることができる。
>
> $$w \fallingdotseq 0.622 \frac{e}{p}$$

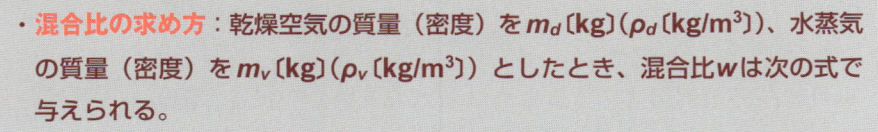

5-4　比湿〔kg/kg〕〔g/kg〕

　湿潤空気に含まれる水蒸気の質量と湿潤空気の質量の比（密度の比でもよい）を**比湿**といいます。比湿と混合比との違いは質量比をとるときの分母に水蒸気の質量を含めるかどうかです。乾燥空気の質量と比べると水蒸気の質量は小さいので、混合比と比湿の値はほぼ同じ大きさになります。単位は混合比と同様に〔kg/kg〕や〔g/kg〕が用いられます。

　湿潤空気の運動によってその気圧や気温が変わっても、周囲の空気と混ざったり、水蒸気の凝結や蒸発がなければ、混合比と同様に比湿は保存されます。

> ### 詳しく知ろう
>
> ・**比湿の求め方**：湿潤空気の質量（密度）を m_w〔kg〕（ρ〔kg/m³〕）、乾燥空気の質量（密度）を m_d〔kg〕（ρ_d〔kg/m³〕）、さらに水蒸気の質量（密度）を m_v〔kg〕（ρ_v〔kg/m³〕）としたとき、比湿 s は次の式で与えられる。
>
> $$s = \frac{m_v}{m_w} = \frac{m_v}{m_d + m_v} = \frac{\rho_v}{\rho} = \frac{\rho_v}{\rho_d + \rho_v}$$

> 豆テストQ　氷に熱を加える（暖める）と融けて水になるが、このような変化を相変化といい、相変化の際に出入りする熱のことを顕熱という。

5-5 相対湿度〔％〕

　水蒸気圧とそのときの気温における飽和水蒸気圧との比を**相対湿度**といいます。普通、相対湿度は百分率で表し、単位は〔％〕です。ただし、小数点以下までは求めずに整数で表すので、たとえば、相対湿度の比が0.678となった場合は67.8％ではなく68％です。また、水蒸気圧と水蒸気密度の間には関係があるので、水蒸気圧の代わりに水蒸気密度と飽和水蒸気密度の比で表すこともできます。天気予報などで湿度何％というときの湿度は、この相対湿度です。

　飽和水蒸気圧はその温度で空気中に含むことのできる水蒸気の最大量であり、水蒸気圧はそのとき実際に空気中に含まれている水蒸気の量なので、相対湿度は、空気中に含むことのできる最大の水蒸気量のうち何％の水蒸気を含んでいるかを表します。空気が飽和しているときの相対湿度は100％です。飽和水蒸気圧は温度が高いほど大きいので、空気中の水蒸気圧が一定でも、相対湿度は温度が変われば変化し、温度が高いほど小さくなります。

　さらに、混合比と飽和混合比の比として近似的に相対湿度を求めることもできます。断熱図（エマグラムなど）を用いて同一等圧面での相対湿度を求める場合には、気温、露点温度から飽和混合比、混合比を求め、近似的に相対湿度を計算できます。

詳しく知ろう

- **相対湿度の求め方**：水蒸気圧をe〔Pa〕、飽和水蒸気圧をe_s〔Pa〕、水蒸気密度をρ_v〔kg/m³〕、飽和水蒸気密度を$\rho_{v,s}$〔kg/m³〕としたとき、相対湿度rは次の式で与えられる。

$$r = \frac{e}{e_s} = \frac{\rho_v}{\rho_{v,s}}$$

　混合比wは近似的に水蒸気圧と湿潤空気の気圧の比で表すことができるので、飽和混合比をw_sとして、相対湿度は近似的に次式のようになる。

$$r \fallingdotseq \frac{w}{w_s}$$

豆テストA　✗　相変化で出入りする熱は潜熱といい、このときに温度は変化せず、0℃の氷が融けると0℃の水になる。顕熱は水がお湯になるように温度が変わるときの熱である。

5-6　露点温度〔℃〕

　気圧一定のもとで空気を冷やしていき、その空気が水蒸気で飽和して露が発生する（水蒸気が凝結して水になる）ときの気温を**露点温度**といいます。つまり露点温度とは、気圧一定のもとで空気を冷やしていったときの飽和水蒸気圧がその空気の水蒸気圧と同じ値になる温度です。

　湿潤空気の気温は常に露点温度以上となり、飽和しているときは気温と露点温度が等しくなります。また、露点温度が高いほど空気中の水蒸気の量が多く、ある温度に対しては露点温度が高いほど相対湿度は高くなります。

5-7　湿数〔℃〕

　気温T〔℃〕と露点温度T_d〔℃〕の差$T-T_d$〔℃〕を**湿数**といいます。湿数が小さいほど空気は湿っています。飽和している空気では気温と露点温度が等しいので、湿数は0℃になります。

5-8　湿球温度〔℃〕

　2本の水銀温度計を並べ、一方はそのままで、他方は水銀溜に水で濡らしたガーゼ（寒冷紗）を巻き付けてある乾湿温度計という測器があります。そのままのものを乾球温度計、ガーゼが巻き付けてあるものを湿球温度計といいます。乾球温度計の値が乾球温度で、ふつうの気温です。湿球温度計の値が**湿球温度**です。単位は〔℃〕です。

　湿球温度計はガーゼから水の蒸発があり、そのときに潜熱を奪われるので、湿球温度は乾球温度より低くなります。空気が乾燥しているほど水の蒸発が盛んになり、より多くの熱を奪われ、乾球温度と湿球温度の差は大きくなります。これにより空気中の水蒸気の量を知ることができます。

　周囲の空気の混合比をw、湿球温度計のごく近傍で十分に水が蒸発した空気の混合比をw'とすると、wを飽和混合比とする温度が露点温度T_d、w'を飽和混合比とする温度が湿球温度T_wとなります。気温をTとするとき、ガーゼからの水の蒸発により$w<w'$の関係があるので、$T_d<T_w<T$となります。

豆テストQ　温度が同じであれば、どんな混合気体の飽和水蒸気圧も同じである。

Chapter 2
大気の熱力学

ここで学んだこと

- 湿潤空気の気圧は、乾燥空気の気圧と水蒸気の分圧の和である。
- 混合比は、湿潤空気中の水蒸気の質量と乾燥空気の質量の比（または密度同士の比）である。
- 比湿は、湿潤空気中の水蒸気の質量と湿潤空気の質量の比（または密度同士の比）である。
- 相対湿度は、飽和水蒸気圧に対する水蒸気圧の比（％）、または飽和水蒸気密度に対する水蒸気密度の比である。
- 露点温度は、気圧一定のもとで空気を冷やしていき、その空気が水蒸気で飽和して露が発生する（水蒸気が凝結して水になる）ときの気温である。
- 湿数は、気温と露点温度の差である。

6 熱力学第一法則と断熱過程

6-1 熱力学第一法則

熱力学第一法則とは、物体に熱エネルギーを加えると、そのエネルギーの一部は仕事に使われ、残りのエネルギーは物体自身の内部エネルギーになるという、エネルギー保存則です。空気に対する熱力学第一法則を考えることにより、出入りする熱量と気圧および気温の変化の関係がわかります。

重要な数式

物体に熱量 ΔQ を加え、その熱が ΔW だけの仕事をし、Δu だけ内部エネルギーが増加するとき、熱力学第一法則は次の式で表される。

$$\Delta Q = \Delta W + \Delta u$$

豆テスト A ○ 飽和水蒸気圧は水蒸気に関する物理量であり、温度のみによって決まる。なお、混合気体の圧力は各気体の圧力（分圧）の和である。これをドルトンの法則という。

> ### 詳しく知ろう
>
> - **単位質量の空気に対する熱力学第一法則**：単位質量の空気に気圧pが働いて比容（つまり体積）が$\Delta\alpha$だけ変化し、単位質量の空気の温度がΔTだけ変化した場合、定容比熱（定積比熱）をC_vとすると、単位質量の空気に対する熱力学第一法則は次のようになる。
>
> $\Delta Q = C_v \Delta T + p \Delta \alpha$
>
>   さらに、状態方程式を用いると、この式は次のようになる。
>
> $\Delta Q = C_p \Delta T - \alpha \Delta p$
>
>   ここで、$C_p = C_v + R$は定圧比熱で、乾燥空気の場合$C_v = 717 〔J/(K\ kg)〕$、$C_p = 1004 〔J/(K\ kg)〕$で、$C_p - C_v$は乾燥空気の気体定数$R_d = 287 〔J/(K\ kg)〕$と等しくなる。この式から、加えられた熱量（ΔQ）、温度変化（ΔT）、気圧変化（Δp）の関係がわかる。

6-2 乾燥断熱減率

　空気塊が外（周囲の空気）との間で熱のやり取りをしない（暖められたり冷やされたりしない）で変化することを**断熱変化**、**断熱過程**といいます。空気塊が水蒸気の凝結なしに断熱的に上昇するときに、気温が減少する割合を**乾燥断熱減率**といいます。その値は約10℃/kmです。つまり、乾燥空気は1km断熱上昇するごとに気温が約10℃下がり、下降すると同じ割合で気温が上がります。湿潤空気でも空気塊が未飽和の場合には高さとともに乾燥断熱減率で気温が下がります。

　空気塊が断熱的に上昇すると気温が下がるのは、高さとともに気圧が低くなるからです。空気塊は上昇すると周りの大気よりも気圧が高いので膨張します。このとき周りの空気を押し広げる仕事をすることになり、そのためのエネルギーが必要になります。断熱的に上昇しているので熱エネルギーの供給はなく、空気塊自身のもつ内部エネルギーが使われます。その結果、内部エネルギーが減少し、空気塊の気温が下がります。

湿潤空気に含まれる水蒸気の質量と乾燥空気の質量の比を比湿という。

Chapter 2 大気の熱力学

6-3 湿潤断熱減率（飽和断熱減率）

飽和している空気塊が断熱的に上昇するときに気温が減少する割合を**湿潤断熱減率**、または**飽和断熱減率**といいます。飽和している空気塊では、上昇して気温が下がると水蒸気の凝結によって潜熱が放出され、それにより空気が暖められるので、この値は空気塊に含まれる水蒸気量によって異なります。温度が高いほどたくさんの水蒸気を含んでいるので凝結する水蒸気の量が多く、湿潤断熱減率は小さくなります。大気下層の暖かい空気では4℃/1km程度、対流圏中層での典型的な値は6～7℃/1km、対流圏上層では水蒸気量が少ないので乾燥断熱減率10℃/1kmに近い値となります。通常、対流圏中下層では5℃/1kmが用いられます。

6-4 温位〔K〕

乾燥した空気塊を1000hPaの高さまで断熱的に移動させたときの空気塊の温度が**温位**で、単位は〔K〕です。乾燥断熱変化では温位は保存されます。

図：般2・6のように、地表面にある30℃の乾燥空気塊Ⓐと高度5kmにある−15℃の乾燥空気塊Ⓑの気温を比較すると、地表にある空気塊Ⓐのほうが気温は高いので暖かい空気です。しかし、地表の空気塊Ⓐを空気塊Ⓑと

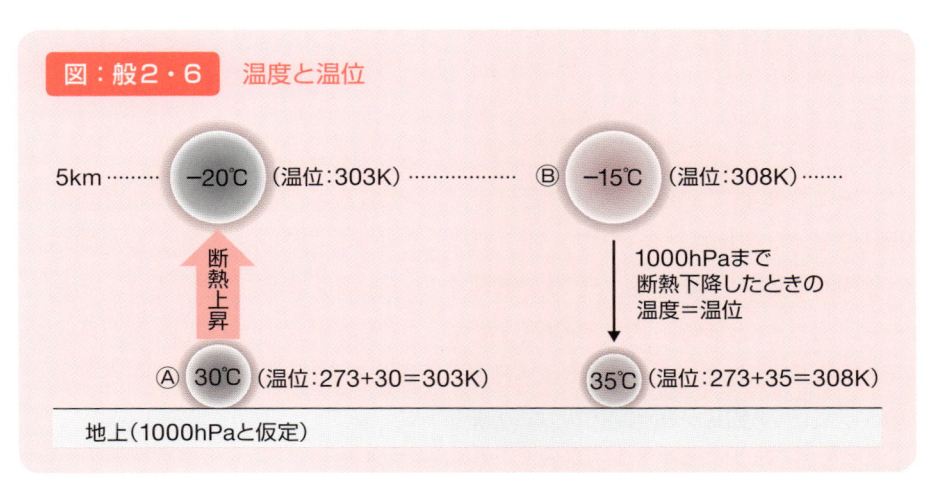

図：般2・6　温度と温位

5km ……… −20℃（温位：303K） ……………… Ⓑ −15℃（温位：308K）

Ⓐ ↑断熱上昇　　　　　　　　　　　　↓1000hPaまで断熱下降したときの温度＝温位

Ⓐ 30℃（温位：273+30=303K）　　　　35℃（温位：273+35=308K）

地上（1000hPaと仮定）

✗ これは混合比の定義である。比湿は水蒸気の質量と湿潤空気の質量の比（比湿＝水蒸気の質量／湿潤空気の質量）である。

同じ高度の5kmまで断熱的に上昇させると、乾燥断熱減率で気温が減少するので、Ⓐの気温は30℃−10℃/1km×5km＝−20℃となり、地表にあったⒶのほうが冷たい空気となってしまいます。空気塊が遠く離れた状態ではなく、すぐ近くにある状態で空気が暖かいか冷たいかを比較したい場合には、断熱的な気圧変化による気温の変化までを考えた同じ気圧（普通は1000hPaとします）の高さでの気温である温位を使うと便利です。上の例で、簡単のために地表面の気圧が1000hPaであると仮定すると、

　　Ⓐの温位：30℃+273＝303K

　　Ⓑの温位：（−15℃+10℃/1km×5km）+273＝308K

となり、温位で比較するとⒶのほうが冷たい空気となります。

　対流圏の平均的な気温減率は6.5℃/kmであり、乾燥断熱減率は10℃/kmなので、温位は高度1kmでは3.5K、2kmでは7Kほど地上より大きくなります。このように、温位は上空ほど高くなっているのが普通です。

詳しく知ろう

- **温位を表す式**：温位 θ の式は次のようになる。

$$\theta = T \left(\frac{p_0}{p}\right)^{\kappa}$$

ここで、T は気圧 p 〔hPa〕での気温〔K〕、$p_0 = 1000$ hPa、$\kappa = \dfrac{R_d}{C_p} = 0.286$。

6-5　相当温位〔K〕

　空気に含まれている水蒸気の凝結による潜熱のことまでを考えた温位が**相当温位**です。単位は〔K〕です。図：般2・7に示すように、飽和した空気塊を湿潤断熱的に上昇させ、その空気塊中の水蒸気をすべて凝結させ、そのときに放出された潜熱によって空気を暖め、できた水滴のすべてを取り除いた乾燥空気塊の温位、つまり1000hPaの高さまで乾燥断熱的に下降させたときの空気塊の温度が相当温位となります。

　未飽和湿潤空気塊の相当温位は、空気塊を飽和するまで乾燥断熱的に上昇

豆テスト　湿潤空気の露点温度は常に気温より高く、露点温度と気温の差を湿数という。

Chapter 2
大気の熱力学

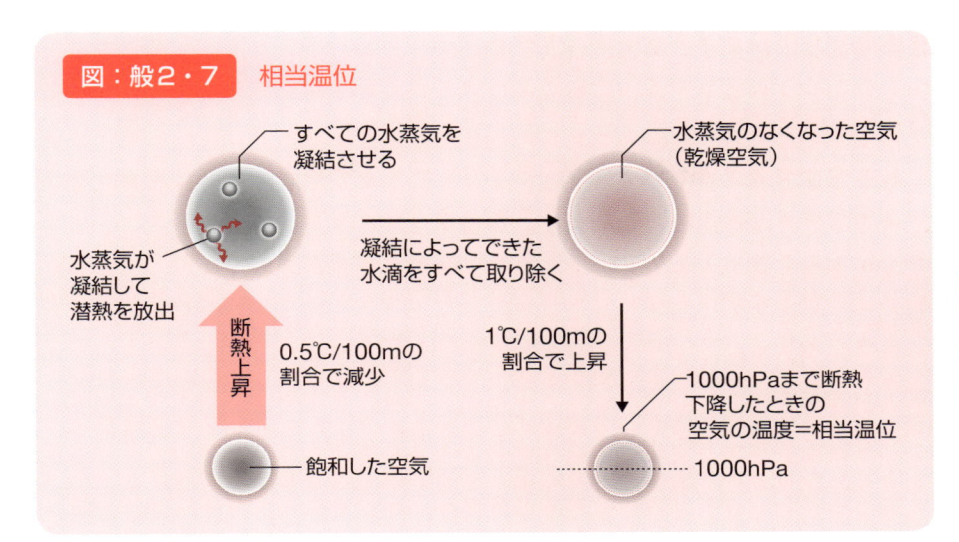

図：般2・7　相当温位

- すべての水蒸気を凝結させる
- 水蒸気が凝結して潜熱を放出
- 断熱上昇
- 0.5℃/100mの割合で減少
- 飽和した空気
- 凝結によってできた水滴をすべて取り除く
- 水蒸気のなくなった空気（乾燥空気）
- 1℃/100mの割合で上昇
- 1000hPaまで断熱下降したときの空気の温度＝相当温位
- 1000hPa

させ、その後は湿潤断熱的に上昇させることによって求めます。水蒸気の凝結がある場合には、潜熱が放出されるので温位は保存されませんが、相当温位は保存されます。<u>相当温位は、空気塊がはじめに飽和していてもいなくても、断熱変化では保存されます</u>。また、湿潤空気塊の相当温位は、その中に含まれている水蒸気の潜熱の分だけ、温位よりも大きな値になります。

詳しく知ろう

・**相当温位を表す式**：潜熱を L、飽和混合比を w_s とすると、相当温位 θ_e は次のようになる。

$$\theta_e = \theta \exp\left(\frac{Lw_s}{C_p T}\right) \fallingdotseq \theta + \frac{L}{C_p}\left(\frac{p_0}{p}\right)^\kappa w_s$$

ここで、右辺第2項の w_s の係数は気圧 p によるが、近似的に $\theta_e = \theta + 2.8 w_s$ で相当温位を計算することができる。ただし、w_s の単位は〔g/kg〕。

6-6　飽和相当温位〔K〕

飽和していない空気塊が、飽和していると仮定したときの相当温位を**飽和**

豆テストA　✕　露点温度は、気圧一定で空気を冷やし、飽和したときの温度であり、未飽和なら気温より低く、飽和した空気では気温と等しい。「湿数＝気温－露点温度」である。

相当温位といいます。単位は〔K〕です。

6-7　湿球温位〔K〕

ある湿球温度の空気塊を1000hPaのところまで湿潤断熱的に移動させたときの温度を湿球温位といいます。単位は〔K〕です。

> **ここで学んだこと**
> - 熱力学第一法則から、空気塊に出入りする熱量と気圧および気温の変化の関係がわかる。
> - 未飽和空気塊が断熱的に上昇するときの気温減率を乾燥断熱減率、飽和している場合の気温減率を湿潤断熱減率という。
> - 温位は乾燥空気塊を**1000hPa**の高さまで断熱的に移動させたときの空気塊の温度であり、乾燥断熱変化では保存される。
> - 相当温位は空気塊に含まれている水蒸気の凝結による潜熱のことまで考えた温位であり、水蒸気の凝結がある場合でも保存される。

7　エマグラム

7-1　エマグラム

エマグラムは空気塊が断熱変化するときの熱力学的変数の変化を示す断熱図の一種であり、複雑な計算が必要な空気塊の断熱上昇による温度や混合比の変化を作図で容易に求めることができるので、非常に便利です。

エマグラムの一部を図：般2・8に示します。横軸に気温を〔℃〕の単位でとり、縦軸に高さを気圧の自然対数（およそ高度に比例）でとっています。エマグラム上には乾燥断熱線、湿潤断熱線、等飽和混合比線の3種類の線が

> **豆テストQ**　乾燥空気塊は断熱的に上昇すれば、外から暖められたり冷やされたりしないので、温度は変化しない。

図：般2・8　エマグラム

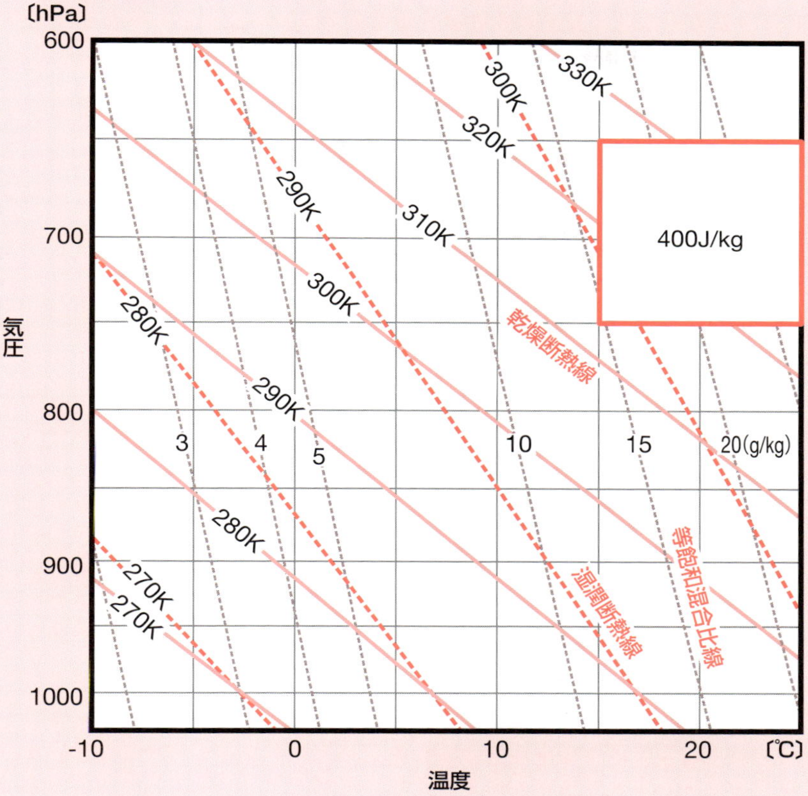
〔hPa〕
600
700
800
900
1000
気圧
-10
0
10
20
〔℃〕
温度
330K
300K
320K
290K
310K
300K
280K
290K
280K
270K
270K
3
4
5
10
15
20(g/kg)
400J/kg
乾燥断熱線
湿潤断熱線
等飽和混合比線

描かれています。左上がりのほぼ45°の傾きをもつたくさんのピンク色の実線が**乾燥断熱線**で、温位の値で10Kごとに描かれた等温位線です。これよりも傾きの大きいオレンジ色の破線が**湿潤断熱線**で、湿球温位の値で10Kごとに描かれた等湿球温位線です。さらに傾きの大きい目の細かい破線が**等飽和混合比線**で、〔g/kg〕の単位で混合比の値が書かれています。なお、右側の正方形は、エマグラム上の閉じた線で囲まれた面積が表すエネルギーの大きさを〔J/kg〕の単位で表しており、図のオレンジ色の線で囲む四角形の面積が400J/kgです。

豆テストA　×　乾燥空気塊が断熱的に上昇すると、乾燥断熱減率（約10℃/km）で気温が下がる。

7-2 エマグラムによる物理量

エマグラムからいろいろな熱力学的量などを知るために、ある場所で測定した気圧と気温がそれぞれ p と T で、混合比が w のとき、図：般2・9に示すように、エマグラム上にプロットします（A点）。この図は、複雑にならないように必要な線だけを描いています。

このA点の空気塊が飽和していなければ、断熱的に変化させたときの気圧と気温はA点を通る乾燥断熱線（飽和していれば湿潤断熱線）に沿って変化します。A点を通る乾燥断熱線を下にたどって気圧が1000hPaとなったときの温度が温位 $θ$ です。この温位の値が乾燥断熱線に書かれています。

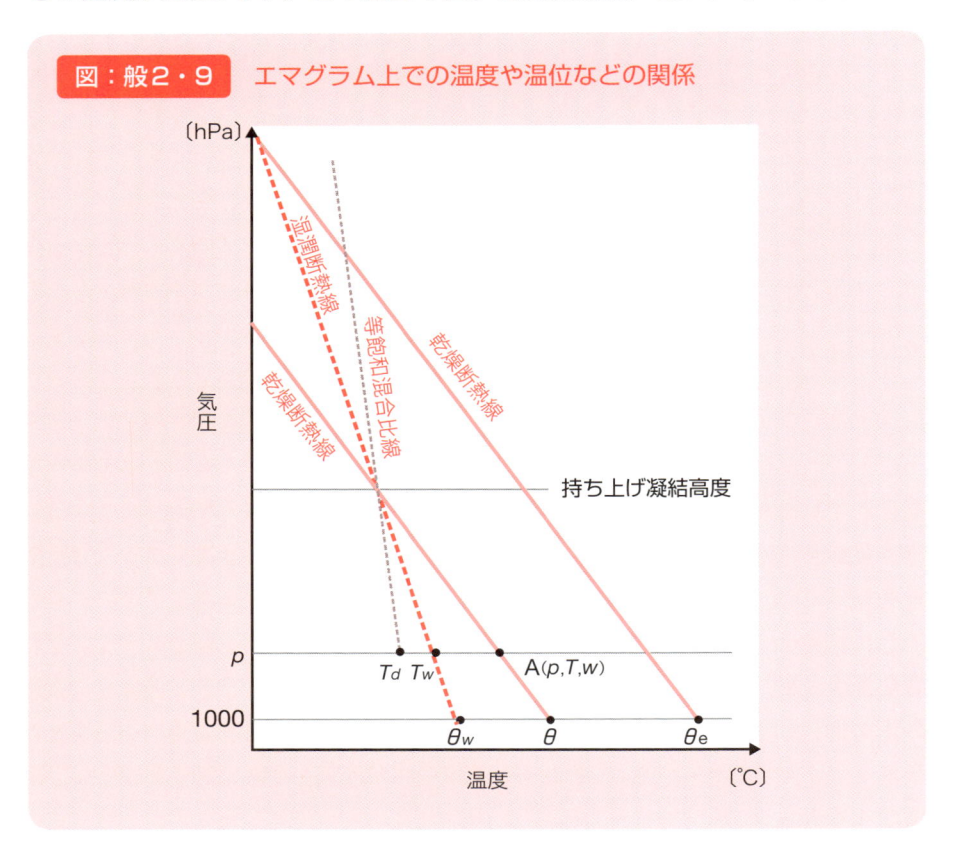

図：般2・9 エマグラム上での温度や温位などの関係

豆テストQ：飽和していない湿潤空気塊を断熱的に上昇させた場合、空気塊の温度は湿潤断熱減率で低下する。

A点の空気塊を断熱的に持ち上げると、乾燥断熱線に沿って変化し、測定した混合比w（乾燥断熱変化では保存されます）と同じ値をもつ等飽和混合比線と交わった点から空気塊が飽和する気圧（高度）と温度がわかります。この高度を**持ち上げ凝結高度**（Lifted Condensation Level：LCL）といい、ほぼ**雲底高度**に相当します。

持ち上げ凝結高度を越えて持ち上げると、空気塊は飽和しているので、その点を通る湿潤断熱線に沿って変化します。この線を下にたどって気圧がpとなったときの温度が湿球温度T_w、気圧が1000hPaとなったときの温度が湿球温位θ_wです。この湿球温位の値が湿潤断熱線に書かれています。

湿潤断熱線をさらに上にたどっていき、すべての水蒸気が凝結した（実際には飽和混合比が0.1〔g/kg〕くらいまで小さくなった）ときに、その点を通る乾燥断熱線を下にたどっていき、気圧が1000hPaとなったときの温度が相当温位θ_eです。図には示していませんが、A点を通る湿潤断熱線を上にたどっていき、すべての水蒸気が凝結したときに、その点を通る乾燥断熱線を下にたどって気圧が1000hPaとなったときの温度が飽和相当温位θ_e^*です。

持ち上げ凝結高度から等飽和混合比線を下にたどって気圧がpとなったときの温度が露点温度T_dです。もしも、混合比ではなく露点温度を測定していれば、その露点温度を通る等飽和混合比線の値から混合比がわかります。

ここまでの説明では、「A点を通る乾燥断熱線」などとしてきましたが、エマグラム上に観測データをプロットしたときに必ずしも線上にくるとは限りません。たとえば、A点の温位が295Kだと、図：般2・8には295Kの乾燥断熱線は描かれていません。このような場合には、エマグラム上に引かれている線（たとえば290Kと300Kの乾燥断熱線）から、必要な線（たとえば295Kの乾燥断熱線）を自分で描く必要があります。

7-3　空気塊の上昇とエマグラム

エマグラム上に実際に観測した気温の鉛直分布を記入した曲線を**状態曲線**といい、これを描きこんだエマグラムから空気塊が断熱的に上昇した場合の様子がわかります。

✗　未飽和の湿潤空気塊を断熱的に上昇させた場合、飽和するまでは乾燥断熱減率で温度が下がり、飽和後は湿潤断熱減率で温度が低下する。

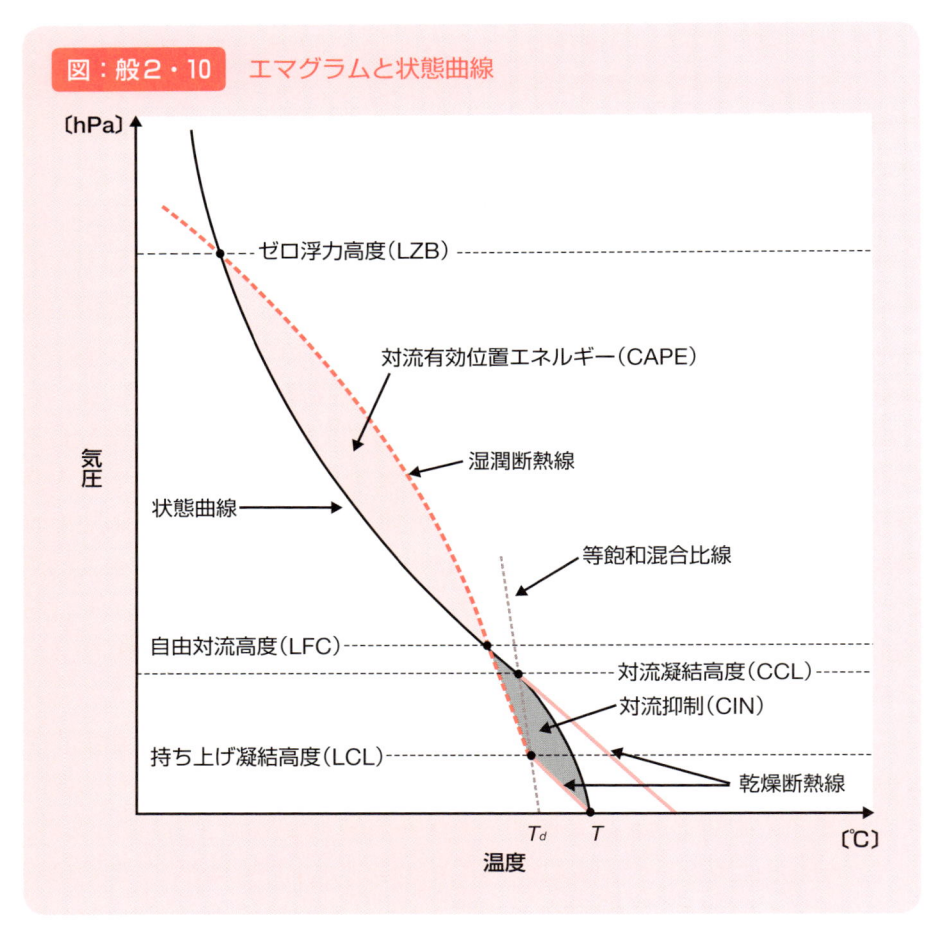

図：般2・10　エマグラムと状態曲線

図中のラベル：
- ゼロ浮力高度（LZB）
- 対流有効位置エネルギー（CAPE）
- 湿潤断熱線
- 状態曲線
- 等飽和混合比線
- 自由対流高度（LFC）
- 対流凝結高度（CCL）
- 対流抑制（CIN）
- 持ち上げ凝結高度（LCL）
- 乾燥断熱線
- 縦軸：気圧〔hPa〕
- 横軸：温度〔℃〕、T_d、T

　たとえば、状態曲線が図：般2・10の黒い太実線のような場合を考えます。地表で観測した気温と同じ気温の仮想的な空気塊を断熱上昇させると、地表で空気塊が飽和していなければ、乾燥断熱線に沿って変化し、持ち上げ凝結高度（LCL）に達し、さらに湿潤断熱線に沿って変化していきます。やがて空気塊の気温は周囲の空気の温度と等しくなります（湿潤断熱線と状態曲線が交わります）。この高度を**自由対流高度**（Level of Free Convection：LFC）といいます。LFCより上では、空気塊は周囲の空気よりも気温が高くなり、自力で上昇できます（p.50の8-1を参照）。

豆テストQ　乾燥空気塊が断熱的に上昇した場合、その空気塊の温位は保存される。

LFCを越えて上昇を続けると、ある高度で湿潤断熱線は再び状態曲線と交わります。この高度を**ゼロ浮力高度**（Level of Zero Buoyancy：LZB）または**中立浮力高度**（Level of Neutral Buoyancy：LNB）といい、ほぼ**雲頂高度**に相当します。この高度より上では空気塊は周囲の空気よりも気温が低くなるので上昇は止まります。

　LFC以下の高度では、空気塊は周囲の空気よりも気温が低く、自力では上昇できないので、外部からの力で持ち上げられる必要があります。空気塊は地表からLFCまで上昇するときに負（下向き）の浮力により運動エネルギーを失います。このエネルギーの大きさは図の地表からLFCまでの状態曲線、乾燥断熱線、湿潤断熱線によって囲まれた部分の面積で表され、**対流抑制**（Convective INhibition：CIN）と呼ばれます。

　LFC以上の高度では、空気塊は周囲の空気よりも気温が高く、自力で上昇できます。LFCからLZBまでの状態曲線と湿潤断熱線によって囲まれた部分の面積は空気塊を上昇させる浮力によって獲得する運動エネルギーを表し、これを**対流有効位置エネルギー**（Convective Available Potential Energy：CAPE）といいます。

　LCLを通る等飽和混合比線、つまり地表の露点温度T_dを通る等飽和混合比線が状態曲線と交わる高度を**対流凝結高度**（Convective Condensation Level：CCL）といいます。地表の気温が強い日射の影響で上昇し、CCLを通る乾燥断熱線と交るところまで上昇すると、わずかな乱れでも空気塊は簡単に自発的に上昇するようになります。そして、乾燥断熱線に沿って対流凝結高度まで上昇して飽和し、さらに湿潤断熱線に沿って上昇します。このとき、上昇する空気塊は周囲の空気よりも常に気温が高いため、前述のように持ち上げられる必要はなく、浮力だけで上昇することができます。

ここで学んだこと

・エマグラムを用いると、空気塊が断熱変化するときの露点温度や温位、持ち上げ凝結高度などのさまざまな量を作図で容易に求めることができる。

豆テストA　○　温位は未飽和の空気塊を断熱的に1000hPaの高度へ移動したときの温度〔K〕なので、断熱的に上昇した場合には温位は一定に保たれる。

8 大気の鉛直安定度

8-1 大気の安定・不安定

　図：般2・11のように、大気中の空気の一部（図の赤い線で描いた丸い部分）を鉛直方向に少し動かしたときに、元の位置に戻る場合を**安定**、その位置に留まる場合を**中立**、さらにどんどん動いてしまう場合を**不安定**といいます。大気が不安定な場合には、対流現象が発生・発達しやすくなります。

　持ち上げた空気の一部（空気塊）が元の位置に戻るか上昇を続けるかは、その空気塊の密度と周囲の空気の密度の関係によって決まります。仮想的に持ち上げた空気塊が周囲の空気よりも軽ければ浮力（上向きの力）を受けて上昇を続け、逆に重ければ下降して元の位置に戻ることになります。

　上昇したときの空気塊の気圧が周囲の空気の気圧と等しくなることから、乾燥空気塊の密度は状態方程式によって気温に反比例するので、空気密度の代わりに気温を比較に使うことができます。つまり、周囲より暖かい空気塊は軽く、冷たい空気塊は重くなります。また、湿潤空気の場合には、温度だけでなく、空気分子よりも軽い水蒸気分子を考慮する必要があります。

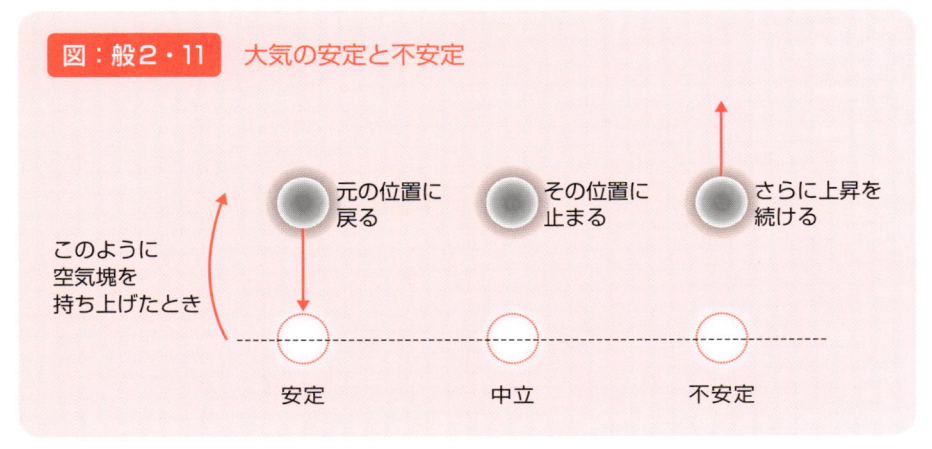

図：般2・11　大気の安定と不安定

このように空気塊を持ち上げたとき

- 元の位置に戻る → 安定
- その位置に止まる → 中立
- さらに上昇を続ける → 不安定

豆テストQ　対流圏では一般に上層ほど温位が高い。

Chapter 2 大気の熱力学

8-2 大気の静的安定度

静的安定度は、空気塊を少しだけ持ち上げて気層の安定性を判定します。

(1) 乾燥大気の静的安定度

乾燥大気の安定度は、仮想的に断熱上昇した空気塊の気温が周囲の空気より冷たければ安定、暖かければ不安定となります。

地表に周囲の空気と同じ気温の空気塊を考え、仮想的に断熱上昇させると、気温は乾燥断熱減率Γ_d（図：般2・12の黒い太実線）で下がっていきます。周囲の大気の（実際に観測された）気温減率$\Gamma = -\dfrac{dT}{dz}$が、図：般2・12aの安定と書いた線のようにΓ_dより小さい（図の赤網の領域にある）場合には、上昇した空気塊の気温（Γ_dの線）はその高さの周囲の気温（安定の線）よりも低いために安定です。反対に、Γが図：般2・12aの不安定と書いた線のようにΓ_dより大きい（図の灰色の領域にある）場合には、上昇した空気塊の気温はその高さの周囲の気温よりも高いため不安定です。また、$\Gamma = \Gamma_d$の場合には中立です。

これらの関係は温位θを用いるとより簡単に表現できます。温位は乾燥空気塊が断熱上昇しても高さによって変化しません。したがって、周囲の空気

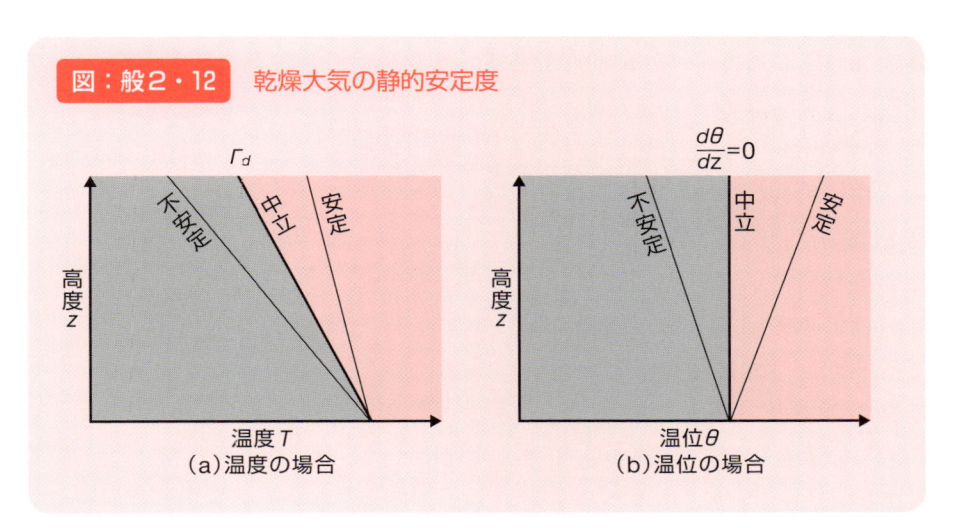

図：般2・12　乾燥大気の静的安定度

(a) 温度の場合 / (b) 温位の場合

豆テストA　○　対流圏の平均的な温度減率は6.5℃/kmで、乾燥断熱減率は10℃/kmなので、温位は高度1kmでは約3.5K だけ地上より高くなる。

の温位が図：般2・12(b)の安定と書いた線のように高さとともに増加している場合には、上昇した空気塊の温位はその高さの周囲の空気の温位（安定の線）よりも低く、これは空気塊の気温のほうが低いことを意味するので安定です。反対に温位が高さとともに減少している大気は不安定です。

以上の関係をまとめると次のようになります。

　　安定（図の赤網の領域）：$\Gamma < \Gamma_d$、$\dfrac{d\theta}{dz} > 0$

　　中立（図の中立の線の上）：$\Gamma = \Gamma_d$、$\dfrac{d\theta}{dz} = 0$

　　不安定（図の灰色の領域）：$\Gamma > \Gamma_d$、$\dfrac{d\theta}{dz} < 0$

(2) 湿潤大気の静的安定度

　湿潤大気の場合には、仮想的に断熱上昇した空気塊が水蒸気で飽和していれば湿潤断熱減率Γ_sで、飽和していなければ乾燥断熱減率Γ_dで気温が下がります。飽和していれば、周囲の空気の気温減率Γが図：般2・13の絶対安定の線のようにΓ_sより小さいと大気は安定で、Γ_sより大きいと大気は不安定です。飽和していなければ、乾燥大気と同様にΓ_dによって安定か不安定かが決まります。

　図：般2・13の絶対安定と書いた線のように、$\Gamma < \Gamma_s$の場合には、空気塊が飽和しているかどうかにかかわらず大気は安定で、これを**絶対安定**といいます。$\Gamma_s < \Gamma_d$なので、図：般2・13の条件付き不安定と書いた線のように$\Gamma_s < \Gamma < \Gamma_d$の場合には、空気塊が飽和していれば不安定、飽和していなければ安定です。このように空気塊が飽和しているかどうかに依存する場合を**条件付き不安定**といいます。$\Gamma > \Gamma_d$の場合には空気塊が飽和しているかどうかにかかわらず

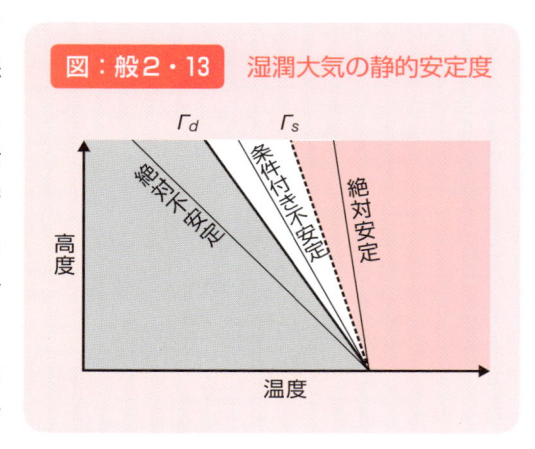

図：般2・13 湿潤大気の静的安定度

湿潤空気塊の相当温位は、その空気塊の温位よりも高い。

大気は不安定で、これを**絶対不安定**といいます。

8-3 潜在不安定

　潜在不安定は、空気塊を大きく持ち上げて気層の安定性を判定します。

　エマグラム上に表現されるCAPEは、LFCからLZBまで空気塊が自発的に上昇するときに獲得する運動エネルギーの大きさで、対流の発達しやすさ、つまり大気の安定性を示す指標となります。CAPE＞0の場合を**潜在不安定**といいます。さらに、地表からLFCまでの間に失う運動エネルギーの大きさがCINなので、空気塊が地表からLZBまで上昇する間に運動エネルギーを獲得するのか失うのか、つまりCAPEとCINの関係によって潜在不安定は次の3種類に分けられます。

　安定型潜在不安定：CAPE＝0
　偽潜在不安定：　　　CIN＞CAPE
　真正潜在不安定：　　CIN＜CAPE

8-4 ショワルター安定指数

　天気予報としては雷雨などの激しい対流現象が発生・発達するかどうかを予測することが重要です。このような大気の安定性を手軽に判定する実用的な指標がいろいろ提案されています。

　そのひとつが**ショワルター安定指数**（Showalter Stability Index：SSI）です。これは、500hPaで観測された周囲の気温T_{500}と、850hPaの空気塊を500hPaまで断熱上昇させたときの空気塊の気温$T^*_{500(850)}$との差を1℃単位で表したものです（図：般2・14）。

　　　$SSI = T_{500} - T^*_{500(850)}$

850hPaの空気塊が飽和していれば500hPaまで湿潤断熱的に上昇させます。また、850hPaの空気塊が飽和していなければ乾燥断熱的に上昇させ、途中でLCLに到達して飽和したら、それより上では湿潤断熱的に上昇させます。850hPaよりも下層に湿潤層がある場合は、900hPaや925hPaから空気塊を持ち上げることもあります。

○ 相当温位は、空気塊に含まれている水蒸気が凝結するときの潜熱の分だけ温位よりも高い。

SSIの値が負であれば、空気塊の気温（$T^*_{500(850)}$）が周囲の気温（T_{500}）より高いので、不安定な大気です。目安として、日本では一般に夏はSSI＜－3を雷雨発生の可能性ありとしています。米国の統計ではSSI＜－6となると激しい対流現象が発生しやすいとされています。しかし、

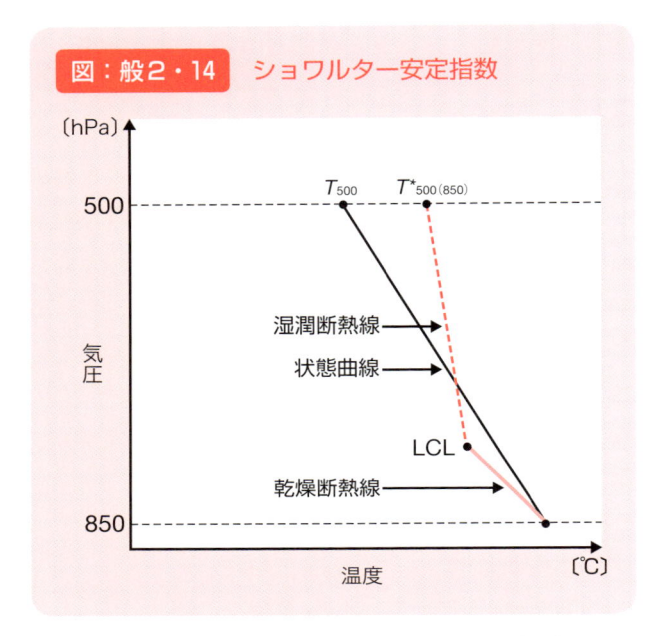

| 図：般2・14 | ショワルター安定指数 |

この条件は地域や季節により違いがあるので、SSIを実際に用いる場合には、あらかじめ長期間について対流現象発生との統計的関係を調べておく必要があります。

8-5　対流不安定

　対流不安定は気層全体を大きく持ち上げて気層の安定性を判定します。

　図：般2・15のように、ある厚さをもった安定な空気層（A－B、ピンクの層）全体が広範囲にわたって上昇し、その層が飽和して不安定（A'－B'、灰色の層）になることを**対流不安定**または**ポテンシャル不安定**といいます。

　下部（B点）が上部（A点）より湿っている安定な未飽和空気層（A－B）を考えます（直線A－Bの傾きは乾燥断熱減率より小さくて安定です）。

　この空気層が上昇して気温が下がると、より湿っている下部（もとのB点）のほうが先に飽和し、その後の上昇ではもとのA点は乾燥断熱減率、もとのB点は湿潤断熱減率で気温が下がります。A点が飽和するA'点まで上昇すると、A'－B'の空気層は条件付き不安定になりますが、飽和しているので不安

> 豆テストQ：エマグラム上で、持ち上げ凝結高度を通る湿潤断熱線を下にたどって気圧が1000hPaになったときの温度を湿球温位という。

Chapter 2 大気の熱力学

定となります。

A点、B点の湿球温位 θ_{wA}、θ_{wB} を比較すると、A点のほうがB点よりも低く（$\theta_{wA} < \theta_{wB}$）なっています。A点、B点の相当温位を θ_{eA}、θ_{eB} とすると、$\theta_{eA} < \theta_{eB}$ ですが、エマグラム上で相当温位を求めるのは手間がかかるので、対流不安定を

図：般2・15 対流不安定

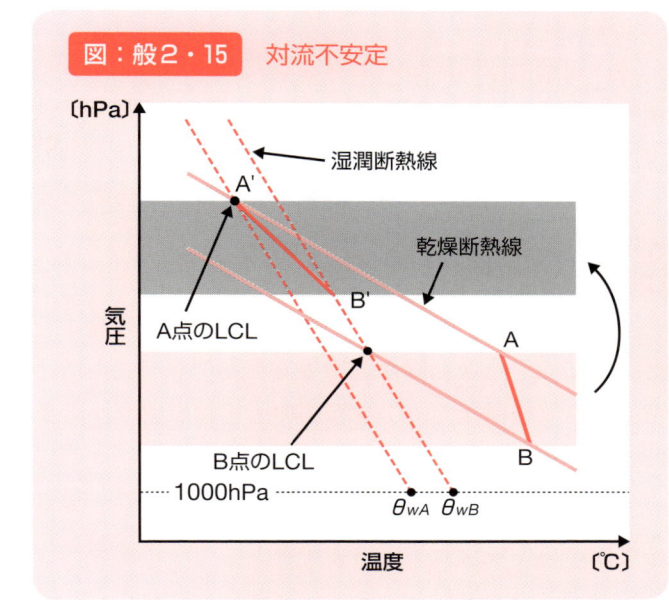

調べる場合には湿球温位を用いるほうが便利です。対流不安定の場合には、湿球温位が（相当温位も）下層(B)から上層(A)にかけて小さく、対流不安定の層では $\dfrac{d\theta_w}{dz} < 0$、$\dfrac{d\theta_e}{dz} < 0$ となっています。

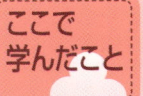

> **ここで学んだこと**
> ・仮想的に断熱上昇した空気塊の気温が周囲の空気より冷たければ安定、暖かければ不安定である。

9 逆転層

対流圏では通常、高度とともに気温は低くなりますが、ときにはこの関係が逆転して高度とともに気温が高くなる層が発生することがあります。このような層を**逆転層**といいます。

逆転層は非常に安定な層で、発生の仕方によって次の3種類に分類されています。

○ 湿球温位は、ある湿球温度の空気塊を1000hPaの高度まで湿潤断熱的に移動したときの温度であり、エマグラム上では湿潤断熱線をたどることで求められる。

（1）接地逆転層

冷たい地表面に接し、地表付近の空気が冷えることで生じた逆転層が**接地逆転層**です。放射冷却によって地面が冷やされる冬季の雲がない夜間に陸上で発生しやすい現象です（図：般2・16a）。

また、暖かい空気が冷たい海上を流れた場合にも発生しやすく、このときには霧も発生しやすくなります。

（2）沈降性逆転層

上層の空気が下降流で沈降し、断熱圧縮で昇温することで地表面から離れた高度にできた逆転層が**沈降性逆転層**です（図：般2・16b）。このときの露点温度の状態曲線では、逆転層の上で露点温度が急激に減少しています。

（3）移流逆転層

冷たい気団と暖かい気団の境である前線面で、暖気が寒気の上を滑昇するためにできた逆転層が**移流逆転層**で、**前線性逆転層**ともいいます。

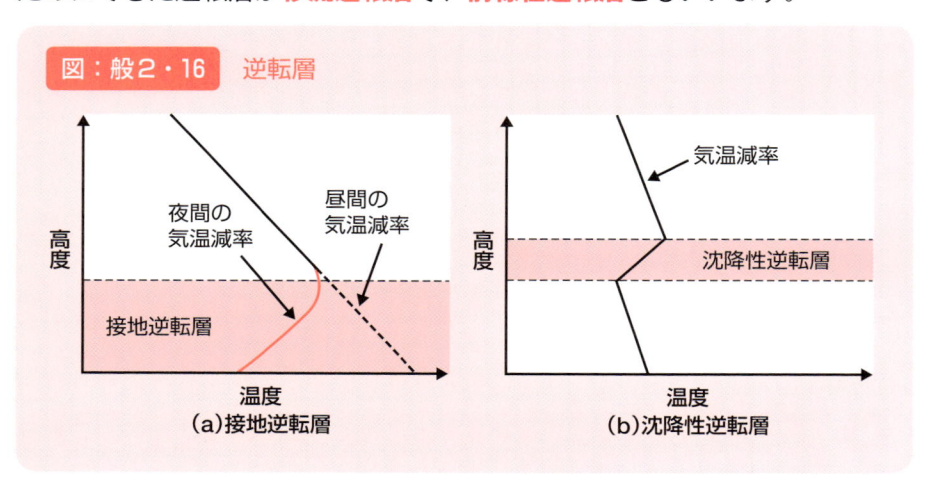

図：般2・16　逆転層

(a) 接地逆転層
夜間の気温減率／昼間の気温減率／接地逆転層

(b) 沈降性逆転層
気温減率／沈降性逆転層

ここで学んだこと

- 高度とともに気温が高くなる層を逆転層といい、非常に安定な層である。
- 逆転層には、接地逆転層、沈降性逆転層、移流逆転層の3種類がある。

豆テストQ　エマグラム上で、湿潤断熱線が状態曲線と交わる高度を自由対流高度といい、この高度より上では大気は安定である。

Chapter 2 大気の熱力学

理解度checkテスト

Q1 未飽和湿潤空気塊の熱的な性質を表す物理量に関する次の文(a)〜(c)の下線部の正誤の組み合わせとして正しいものを、下記の①〜⑤の中から一つ選べ。

(a) 水滴を含む未飽和湿潤空気塊が断熱的に下降し、含まれている水滴がこの空気塊内で蒸発するとき、この空気塊の相当温位は一定に保たれるが温位は高くなる。

(b) 未飽和湿潤空気塊が凝結を伴うことなく断熱的に大気中を上昇するとき、この空気塊の露点温度は一定に保たれる。

(c) 未飽和湿潤空気塊が圧力一定の状態で凝結を伴うことなく冷却されるとき、この空気塊の相当温位は一定に保たれる。

	(a)	(b)	(c)		(a)	(b)	(c)
①	正	正	誤	④	誤	正	誤
②	正	誤	正	⑤	誤	誤	誤
③	誤	正	正				

ヒント (b)「断熱的に大気中を上昇」、(c)「圧力一定の状態」に注意。

Q2 空気中の水蒸気の凝結について述べた次の文章の空欄(a)、(b)に入る最も適切な数値や語句の組み合わせを、下記の①〜⑤の中から一つ選べ。なお、飽和水蒸気密度としては表の数値を用いよ。

シリンダーの中に、圧力1000hPa、体積0.001m³、温度30℃、相対湿度60%の空気が入っている。体積を変えることなくこの空気を10℃に冷却すると、シリンダーの中では(a)mgの水が凝結する。凝結した水を取り除いた後、シリンダー

豆テストA ✕ 湿潤断熱線が状態曲線と交わる高度は自由対流高度というが、これより上では大気は不安定であり、下では安定である。

057

を使って温度を変えることなく空気の体積を1.1倍に増やして圧力を下げると、シリンダーの中では(b)。

温度(℃)	0	10	20	30
飽和水蒸気密度(g/m³)	4.8	9.4	17.3	30.4

	(a)	(b)		(a)	(b)
①	0.9	水が凝結する	④	8.8	水の凝結は起きない
②	0.9	水の凝結は起きない	⑤	21.0	水が凝結する
③	8.8	水が凝結する			

ヒント: 相対湿度の定義から現在のシリンダー中の水蒸気量を求めることができる。

Q3
空気塊を断熱的に持ち上げる過程について述べた次の文章の空欄(a)～(d)に入る適切な語句の組み合わせを、下記の①～⑤の中から一つ選べ。

夏期や梅雨期にみられる積乱雲が発達しやすい状態の大気を考える。この大気の下層にある空気塊を断熱的に持ち上げ続けると、持ち上げ凝結高度で水蒸気の凝結が始まり、それ以降、高度の増加に対する気温低下の割合が(a)する。空気塊をさらに上昇させて自由対流高度を超えると空気塊は周囲の大気より(b)なり、自力で上昇するようになる。空気塊はある高度で浮力を失いこの上昇は止む。この高度は(c)高度にほぼ相当し、上昇中の空気塊が周囲の大気と混合する場合には混合しない場合よりも(d)なる。

	(a)	(b)	(c)	(d)		(a)	(b)	(c)	(d)
①	増加	冷たく	雲底	低く	④	減少	暖かく	雲頂	低く
②	増加	暖かく	雲頂	高く	⑤	減少	暖かく	雲底	高く
③	減少	冷たく	雲頂	高く					

豆テストQ: 温位が高度とともに増加している大気は、上昇した乾燥空気塊の温位が周囲の大気の温位よりも低いので、安定である。

Chapter 2 大気の熱力学

> **ヒント**
> エマグラムの図を思いだそう。

解答と解説

Q1 解答⑤ （平成21年度第2回一般・問3）

　空気中の水蒸気量（5節参照）や温位（6-4参照）、相当温位（6-5参照）の変化や保存に関する知識を問う問題はよく出題されています。この問題の場合は、特に条件に注意しよう。

(a) 誤り。温位とは、未飽和の空気塊を1000hPaの高さまで乾燥断熱的に移動させたときの温度です。水滴を含む未飽和湿潤空気塊が断熱的に下降するとき、断熱圧縮により気温が上昇し、空気塊中の水滴が蒸発します。このときに潜熱を奪われるので、乾燥断熱減率よりも気温の上昇が小さくなります。その結果、1000hPaまで下降させたときの気温は乾燥空気の場合よりも低くなるので、1000hPaの気温である温位は低くなります。

(b) 誤り。露点温度とは、未飽和湿潤空気塊を、圧力を一定に保ったまま冷却していき、飽和したときの温度です。空気塊が断熱的に大気中を上昇するときには気圧が減少し、圧力一定での冷却ではありません。このため、水蒸気圧が減少することになり、露点温度は一定には保たれず減少します。

(c) 誤り。相当温位とは、空気塊に含まれている水蒸気をすべて凝結させたときに放出された潜熱によって空気を暖め、凝結によってできた水滴をすべて取り除いた後、1000hPaの高さまで乾燥断熱的に下降させたときの温度です。凝結があってもなくても断熱的な運動では相当温位は保存されますが、この過程では圧力を一定に保っており、断熱過程ではなく冷却されているので、相当温位は一定ではなく減少します。

Q2 解答④ （平成22年度第2回一般・問3）

　空気中の水蒸気量に関する計算問題です。水蒸気量の定義や状態方程式などを

> **豆テストA**　○　乾燥空気塊が断熱上昇しても温位は変化しないので、周囲の空気の温位が高さとともに増加すると、上昇した空気塊の温位のほうが低くなり、安定である。

用いた計算問題が最近出題されるようになってきました。水蒸気量の定義や状態方程式をきちんと理解しておけば、あとは算数の問題です。

飽和水蒸気密度（4-2参照）とは、空気中にその温度で含むことのできる最大量の水蒸気を含んでいるときの水蒸気密度です。空気を冷却していき、空気中の水蒸気密度がその温度での飽和水蒸気密度を超えると、余分な水蒸気は凝結して水になります。したがって、冷却することによって凝結する水の量を知るには、はじめの空気に含まれている水蒸気の量から、冷却した後の温度での飽和した状態の水蒸気の量を引けばよいことがわかります。

まず、圧力**1000hPa**、体積**0.001m³**、温度**30℃**、相対湿度**60%**の空気中の水蒸気量を求めます。相対湿度（5-5参照）は現在の空気の水蒸気密度とその温度での飽和水蒸気密度との比です。温度30℃の空気の飽和水蒸気密度は表から**30.4g/m³**なので、相対湿度60%（＝0.6）の空気中の水蒸気密度は次のようになります。

　　0.6 × 30.4g/m³ ＝ 18.2g/m³

これより、シリンダー中の水蒸気の量は次のようになります。

　　18.2g/m³ × 0.001m³ ＝ 0.0182g ＝ 18.2mg

次に、10℃に冷却したときの飽和水蒸気密度は表から**9.4g/m³**なので、シリンダー中に含むことができる水蒸気の量は次のようになります。

　　9.4g/m³ × 0.001m³ ＝ 0.0094g ＝ 9.4mg

したがって凝結した水の量（a）は、これらの差から求めることができます。

　　（a）＝ 18.2mg － 9.4mg ＝ 8.8mg

次に、凝結した水を取り除いた後、シリンダーを使って温度を変えることなく空気の体積を1.1倍に増やしたとき、温度は変わっていないので、飽和水蒸気密度は変化しません。しかし、体積が増加しているので、シリンダー中に含むことのできる最大の水蒸気量はその分だけ増加しています。したがって、(b)水の凝結は起きません。

Q3　解答④　（平成22年度第1回一般・問2）

空気塊を断熱的に持ち上げる過程（図：般2・10参照）に関する問題で、エマ

豆テストQ　貿易風帯にできる貿易風逆転層は、接地逆転層の一種である。

Chapter 2
大気の熱力学

グラム（7節参照）の問題です。エマグラム上の温度や温位、高度（**LCL**など）などを問う問題や、直接値を読み取る問題など、エマグラムに関する問題は最近よく出題されるようになってきました。

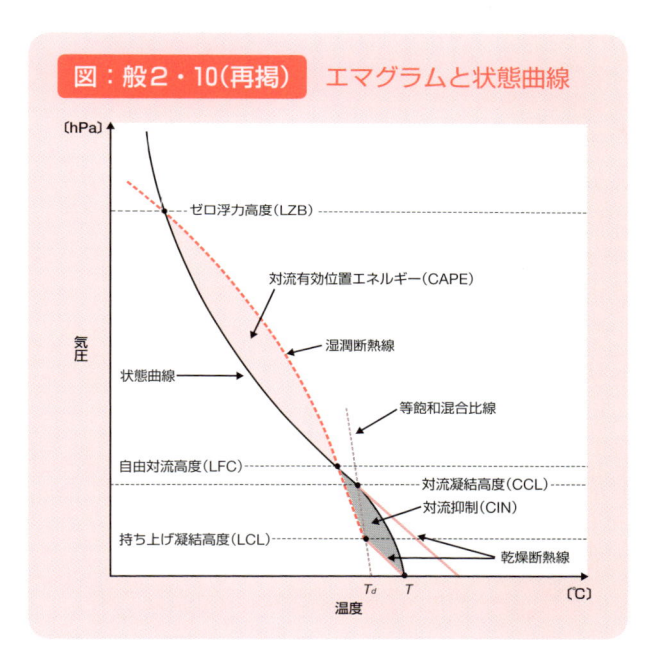

図：般2・10（再掲） エマグラムと状態曲線

未飽和の湿潤空気塊が断熱的に上昇するときには、気温が乾燥断熱減率（約10℃/km）で減少し、相対湿度が上昇します。ある高度（持ち上げ凝結高度）で相対湿度が100％になり、水蒸気の凝結が始まります。これ以降の上昇では空気塊は飽和しており、湿潤断熱減率（約5℃/km）で気温が減少するので、高度の増加に対する気温低下の割合は(a)減少します。

　さらに空気塊が上昇していくと、周囲の大気よりも冷たかった空気塊が、周囲の大気よりも(b)暖かくなります。この高度（自由対流高度）を超えると、空気塊は周囲の大気よりも暖かく軽いため、浮力を得て自力で上昇でき、さらに上昇を続けると、再び空気塊が周囲の大気よりも冷たくなり、浮力を失うため上昇が止まります。持ち上げ凝結高度からこの高度まで上昇してくる間は凝結が起こっているので、雲ができており、この上昇が止まる高度がほぼ(c)雲頂高度に相当します。もし、上昇中の空気塊において、空気塊よりも冷たい周囲の大気との混合が起これば、それだけ空気塊は冷たくなり、空気塊は混合しない場合よりも早く周囲の大気より冷たくなるので、この雲頂高度は(d)低くなります。

豆テストA ✗ 貿易風逆転層は沈降性逆転層の一種である。沈降性逆転層は上層の空気が下降流で沈降して断熱圧縮で昇温し、地表から離れた高度にできる逆転層である。

これだけは必ず覚えよう！

- 状態方程式：$p=\rho RT$
- 静力学平衡の式：$\Delta p = -\rho g \Delta z$
- 層厚は暖気で厚く、寒気で薄い。
- 混合比は、湿潤空気中の水蒸気と乾燥空気の質量比。
- 比湿は、湿潤空気の水蒸気と湿潤空気の質量比。
- 相対湿度は、水蒸気圧とそのときの温度における飽和水蒸気圧の比。
- 乾燥断熱減率は約1℃/100m、湿潤断熱減率は約0.5℃/100m、対流圏の平均的な気温減率は0.65℃/100m。
- 温位は、乾燥した空気塊を1000hPaまで断熱的に移動したときの気温。
- 相当温位は、湿潤空気中の水蒸気をすべて凝結させ、できた水滴のすべてを取り除いた乾燥空気塊の温位。
- 持ち上げ凝結高度（LCL）は、乾燥断熱線と等飽和混合比線との交点で、上昇した空気塊が飽和する高度であり、ほぼ雲底高度に相当する。

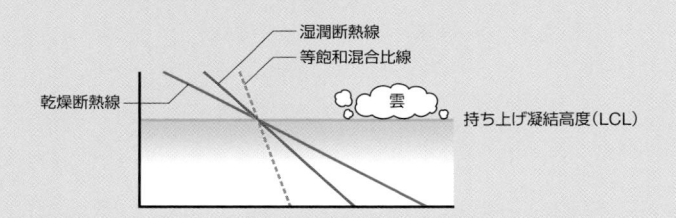

- 自由対流高度（LFC）は、湿潤断熱線と状態曲線の交点であり、空気塊が自力で上昇できるようになる高度。
- ゼロ浮力高度（LZB）は、空気塊がLFCよりさらに上昇して湿潤断熱線と状態曲線が再び交わる点であり、浮力がなくなる高度で、ほぼ雲頂高度に相当する。
- 絶対不安定：$\Gamma > \Gamma_d$ で、空気塊が飽和しているかいないかにかかわらず、大気は不安定。
- 条件付安定：$\Gamma_s < \Gamma < \Gamma_d$ で、空気塊が飽和していれば不安定。飽和していなければ安定。
- 絶対安定：$\Gamma < \Gamma_s$ で空気塊が飽和しているかいないかにかかわらず大気は安定。

豆テストQ　雲粒は、直径0.1～1μmほどのエーロゾル（凝結核）に水蒸気が凝結して形成される。

Chapter 3
降水過程

出題傾向と対策
◎毎回1問は出題され、雲や雨のでき方についてよく出題される。
◎暖かい雨と冷たい雨のできかたの違いを理解する。
◎雲や霧のでき方と種類を確実に理解しよう。

1 雲の生成

　雲は、**凝結核**と呼ばれる**エーロゾル**を含む空気が上昇し、冷却されて相対湿度が増大し、100％を超える**過飽和**の状態で生成されます。過飽和の状態では、直径0.1～1μm程度の大きさの凝結核に水蒸気が集まる凝結過程によって、平均で直径20μmの雲粒に成長します（図：般3・1）。

　小さい水滴ほど表面張力の働きが強いので、水滴から水蒸気分子が飛び出しやすい、つまり、飽和水蒸気圧が高くなります。水滴が蒸発しないためには大きな相対湿度が必要になります。図：般3・2に示すように、直径1μmの水滴を維持するには大気中の相対湿度が約100.2％、凝結が起こって成長するにはそれ以上の相対湿度が必要となります。逆に、相対湿度がその値以下では蒸発し、縮小します。

　小さい水滴は大きな飽和水蒸気圧をもつので凝結は起こりにくいのですが、吸湿性のエーロゾル、たとえば海面を源とする**海塩粒子**があると、飽和水蒸気圧が下がって凝結が起こりやすくなります。その結果、自然大気中で生ずるような相

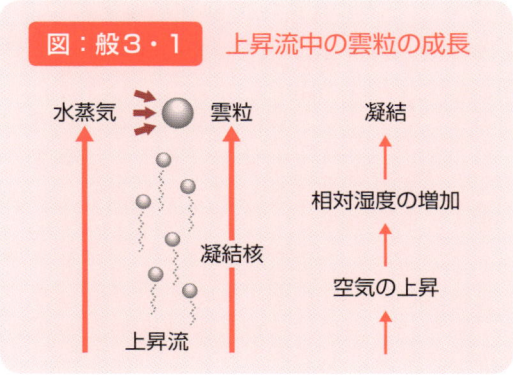

図：般3・1 上昇流中の雲粒の成長

豆テストA　○　雲粒は、凝結核を含む空気が上昇して温度が下がって過飽和状態になり、凝結核に水蒸気が集まる凝結過程によって形成され、平均で直径20μmに成長する。

対湿度が100%を少し超えた程度の水蒸気量でも雲が生成されます。

図：般3・2 水滴の直径と相対湿度の関係

（縦軸）相対湿度〔%〕：100.0、100.1、100.2、100.3
（横軸）水滴の直径：1、2、4、10、20〔μm〕
雲粒が成長／雲粒が縮小

　大気中に存在するエーロゾルのすべてが雲の生成に有効に働くわけではありません。吸湿性で大きなサイズのエーロゾルだけが雲粒に成長できます。一般にエーロゾルは、陸上の大気中で数密度が大きく、生成される雲粒の数は多くなりますが、サイズは小さくなります。逆に、海洋上の大気中ではエーロゾルの数が少なく、できる雲粒も少ないのですが、サイズは大きくなります。

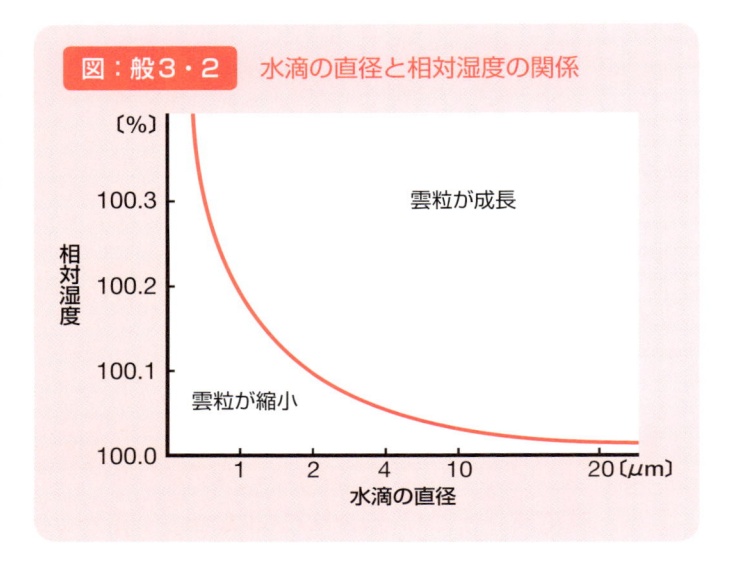

　凝結による雲粒の成長速度は、相対湿度（過飽和度）に比例し、直径に反比例します。小さい水滴ほど成長が早いので、成長した雲粒の大きさはそろってきます。

　なお、過飽和度は凝結が起こったときの相対湿度（通常は100％以上）から100を引いた値です。

ここで学んだこと

- 雲ができるには、エーロゾル（凝結核）と過飽和状態（大きな相対湿度）が必要である。
- 一般に、エーロゾルの数は陸上で多く、海上でより少ない。
- 凝結による雲粒の成長速度は、過飽和度に比例し、直径に反比例する。

豆テストQ 0℃以上の雲の中では、大きさのそろった雲粒がたくさんあると併合によって雨に成長しやすい。

2 雨の降る仕組み

2-1 併合過程

　直径約20μmの雲粒から直径約2mmの雨滴に成長するのに、前述した水蒸気の凝結によると仮定すると数日間を要します。通常、雲が発生してから、雨になるまでの時間は1時間程度なので、凝結以外に雲が急速に発達する仕組みが何かありそうです。

　<u>雲内の気温が0℃より高い雲では併合によって雨に成長します</u>。

　雲内では、海塩粒子のように大きな凝結核によって雲粒ができたり、雲粒同士の衝突によって他の雲粒よりも大きな雲粒ができたりします。それぞれの大きさの雲粒は大きさに応じた一定の速度で落下します。その速度を**終端落下速度**と呼びます。

　表：般3・1に示すように、半径10μmと50μmでは落下速度は27倍も違います。

表：般3・1　水滴の半径と終端落下速度

半径〔μm〕	落下速度〔m/s〕	粒の種類
0.1	1×10^{-7}	凝結核
10.0	0.01	雲粒
50.0	0.27	大きな雲粒
500.0	4.00	小さな雨粒
1,000.0	6.50	雨粒
2,500.0	9.00	大きな雨粒

図：般3・3　雲内での併合過程

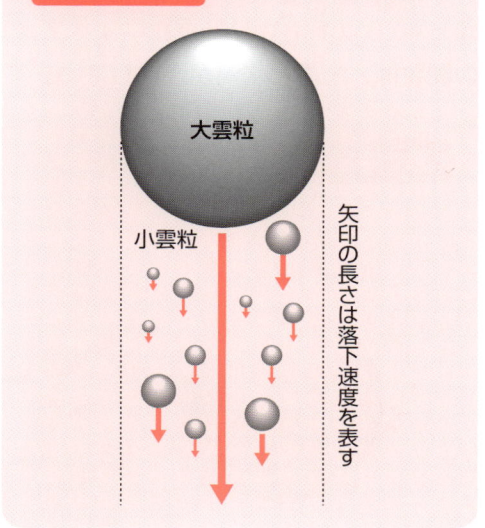

矢印の長さは落下速度を表す

豆テストA　✗　雲粒の大きさがそろっていると落下速度が同じになるので併合が起こらない。雲粒が併合によって雨滴に成長するには、さまざまな大きさの雲粒の存在が必要である。

さまざまな大きさの雲粒が存在する雲内では、落下速度の速い大きな雲粒は、落下中に落下速度の遅い小さな雲粒に衝突、合体します。この衝突、合体を繰り返し、雲粒が成長する過程を**併合過程**と呼びます。

　この併合過程で雨に成長する条件は、

① さまざまな大きさの雲粒が混在し、成長の中心となる大きな雲粒がある。
② 衝突しても合体しないこともあり、互いに逆の極性の電荷をもつことで電荷の作用が働く。
③ 衝突、合体が長く続けばそれだけ成長するので、雲粒が雲にとどまる時間が長い、つまり、雲が厚く、雲内の上昇速度が大きい。

などです。

　以上は雲内の気温が0℃以上で**暖かい雨**の場合ですが、雲内が氷点下になっている場合には、まったく異なった過程で冷たい雨が降ります。

2-2　氷晶過程

　垂直に発達した積乱雲のような雲の雲粒を観測すると、気温が0℃の高度より下では雲粒はすべて水滴ですが、高度約7,000〜8,000mよりも上空では−40℃以下になり、雲粒はすべて凍った**氷晶**です。0℃から−40℃の間の雲粒は、氷晶と水滴が混在しています。このように氷点下で凍らずにいる

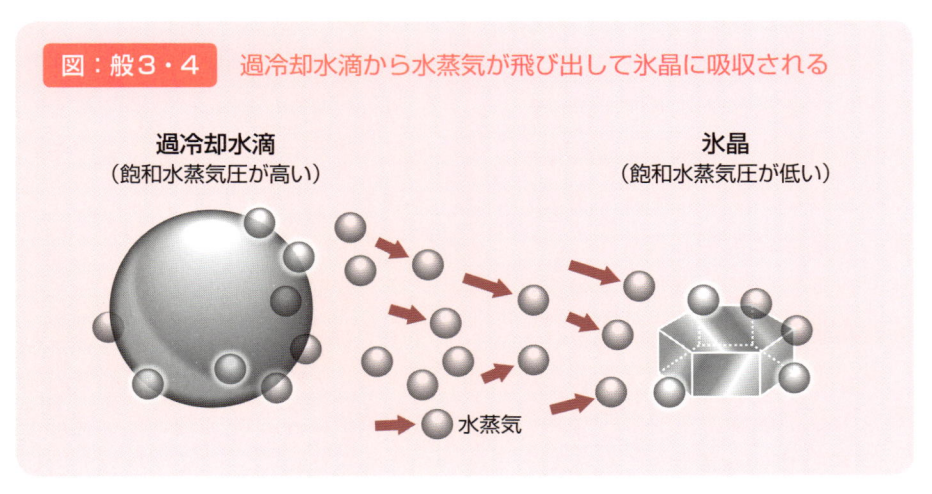

図：般3・4　過冷却水滴から水蒸気が飛び出して氷晶に吸収される

過冷却水滴
（飽和水蒸気圧が高い）

氷晶
（飽和水蒸気圧が低い）

水蒸気

豆テストQ　平均的な大きさの雲粒の落下速度は、1秒間に1cm程度なのに対して、平均的な雨粒の落下速度はその500倍以上である。

水滴を**過冷却水滴**といいます。

図：般3・5　典型的な雪の結晶

角板　　角柱　　樹枝状

水滴のような小さな粒は凍りにくく、純粋な水からなる水滴は－40℃くらいに冷えないと凍りません。ところが、粘土鉱物や黄砂のような核を形成する成分をもつエーロゾルが水滴に取り込まれると、比較的高温の－15℃程度で凍って氷晶になります。そのような特性をもつエーロゾルを**氷晶核**と呼んでいます。

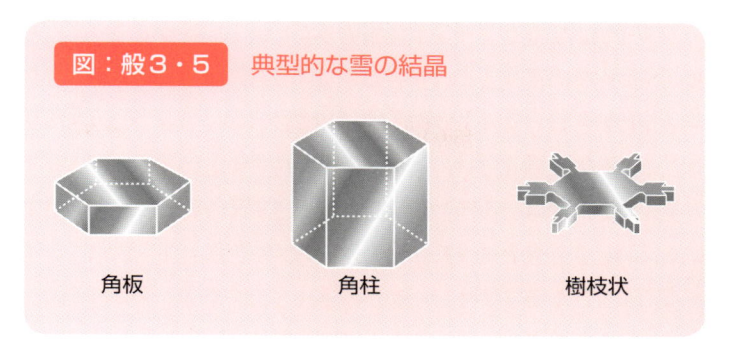

－20～－15℃の気温の雲内ではほとんどが過冷却水滴ですが、わずかながら氷晶を含んでいて両者が混在しており、サイズが小さいので、ほとんど落下せずに浮遊しています。

2-3　氷晶の成長

ここで、水と氷の非常に大きな性質の相違が作用します。つまり、氷晶と過冷却水滴では温度が同じでも飽和蒸気圧に違いがあり、常に過冷却水滴のほうが大きいことです（p.34の図：般2・5参照）。このことは、過冷却水滴から水蒸気分子が飛び出しやすい（蒸発しやすい）ことを意味します（図：般3・4参照）。ある気温の雲の中の水蒸気圧eが、氷の飽和水蒸気圧e_iと過冷却水の飽和水蒸気圧e_wの間の値、つまり$e_i<e<e_w$だとすると、氷に対しては凝結の条件を満たし、過冷却水滴に対しては蒸発の条件を満たしています。この飽和水蒸気圧の差により、水滴からの蒸発で絶えず水蒸気が供給され、氷晶はそれを吸収（凝結）して成長していきます。別の表現では、「氷晶は周囲の水滴を消費しながら次第に成長していく」ことになります。

成長した氷晶はやがて落下し始めます。比較的暖かい雲頂をもつ雲では、成長した氷晶はたくさんある過冷却水滴に衝突し、過冷却水滴が氷晶上で凍結します。これが繰り返されると「あられ」になります。

豆テストA　○　平均的な大きさの雲粒（半径10μm）の落下速度は0.01m/sなのに対し、平均的な大きさの雨粒（半径1mm）の落下速度は6.5m/sなので、650倍である。

比較的に冷たい雲では氷晶の数が多く、互いに衝突し、壊れた氷の破片が過冷却水滴に衝突し、過冷却水滴を氷晶に変えます。氷晶は落下しながら衝突と併合を繰り返し、最終的には**雪片**になります。これが溶けないで地上に達した場合が**雪**であり、溶けた場合は**冷たい雨**になります。雲底下で融けるか融けないかは、気温だけでなく、空気の乾燥の度合いにもより、湿度が低いと蒸発が活発となり、その潜熱で冷やされて融けにくくなります。

　落下してくる雪片は氷晶が成長した形です。樹枝状結晶（図：般3・5参照）が多く見られますが、それは樹枝状結晶が最も成長しやすい温度領域が－12～－16℃だからです。どのような結晶ができるかは、気温と同時に湿度（過飽和度）にも依存します。

ここで学んだこと

- 水滴の落下速度はその大きさに依存する。
- 雲内が0℃以上の場合は、併合過程で雲粒が成長し、暖かい雨になる。
- 同じ温度でも過冷却水と氷の飽和水蒸気圧には差があり、氷のほうが低い。
- －15℃程度で水滴が凍るには、氷晶核となるエーロゾルが必要である。
- 氷晶ができる－10～－15℃の雲では、氷晶が過冷却水滴から蒸発する水蒸気を取り込んで成長し、冷たい雨になる。

---

③ 水滴の落下速度

　雲粒を含めて水滴が落下するとき、水滴の大きさと落下速度に依存する空気抵抗が働きます。落下速度は、空気抵抗力（摩擦力）が雲粒に働く重力と等しくなるまで増加し、両者の釣り合いがとれた状態で一定の落下速度になります。その速度を**終端落下速度**といい、水滴の半径の2乗に比例します。

豆テストQ　過冷却水滴の飽和水蒸気圧は、同じ温度の氷晶の水蒸気圧よりも大きい。

なお、空気抵抗力と同じ向きに浮力が働きますが、一般に小さいので無視されます。

詳しく知ろう

- **終端落下速度**：空気抵抗力を f、雲粒に働く重力を mg（m は雲粒の質量、g は重力加速度）とすると、$f=mg$ のときに終端落下速度 V_t に達する。空気抵抗力は $6\pi r\eta V_t$ なので、次式が成り立つ。

$$f = 6\pi r\eta V_t = mg$$

ただし、r は雲粒の半径、η は空気の粘性係数。
　質量 m は密度 ρ と体積の積なので、雲粒を球体と考えると、上式は次のように表せる。

$$6\pi r\eta V_t = \frac{4}{3}\pi r^3 \rho g$$

この式から V_t は次式で表せる。

$$V_t = \left(\frac{2\rho g}{9\eta}\right)r^2$$

p.65の表：般3・1でみたように、典型的な雲粒のサイズの落下速度は0.01m/s（1cm/s）程度です。ただし上記の式が適用できるのは、半径50μm程度の雲粒よりも小さい水滴です。雨滴のように大きくなると抵抗力が急激に大きくなり、半径が2倍に増加しても終端速度は$\sqrt{2}$（約1.4）倍にしか増えません。

　水滴の形は表面張力が働くために球形をしていますが、雨滴のように大きな水滴は落下速度が大きくなり、表面張力の影響が相対的に小さくなるので扁平な形になります。

ここで学んだこと

- 小さな水滴（平均的な雲粒）の終端落下速度は、半径の2乗に比例する。
- 半径1mm程度以上の雨滴の終端落下速度は、半径の平方根に比例する。

豆テストA　○　記述の通り。飽和水蒸気圧が大きいほど水蒸気が飛び出しやすいので、過冷却水滴と氷晶が混在していると、氷晶は過冷却水滴からの水蒸気を取り込んで成長する。

4 雲と霧の種類と特徴

4-1 雲の種類

雲は上昇流の大小、色、形、現象などの特徴によって次の図（図：般3·6）のように10種類に分類されます。

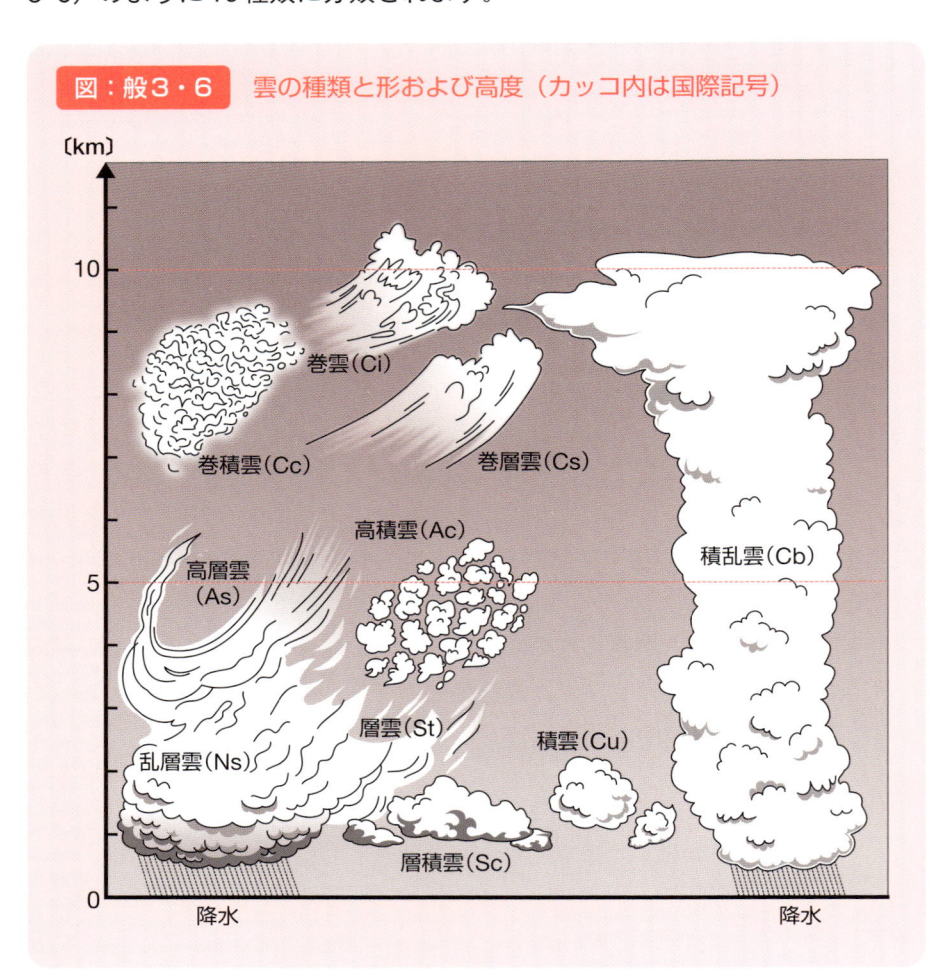

図：般3·6 雲の種類と形および高度（カッコ内は国際記号）

[km] 縦軸：0〜10以上

- 巻雲(Ci)
- 巻積雲(Cc)
- 巻層雲(Cs)
- 高積雲(Ac)
- 高層雲(As)
- 積乱雲(Cb)
- 乱層雲(Ns)
- 層雲(St)
- 積雲(Cu)
- 層積雲(Sc)

降水　　　　　　　　　　　　　降水

豆テストQ　太陽や月の暈（かさ）ができる雲は高層雲である。

Chapter 3 降水過程

(1) 上層にできる雲（高度5〜13km）
① **巻雲**（Ci）：薄くて白い、毛のような筋、氷晶
② **巻積雲**（Cc）：薄くて白い、さざなみ型、氷晶
③ **巻層雲**（Cs）：ベール状で薄く白い、かさ（暈）ができる、氷晶

(2) 中層にできる（高度2〜7km）
④ **高層雲**（As）：しまのある灰色、全天に広がる、水滴と氷晶
⑤ **高積雲**（Ac）：塊状、ロール状の雲片の集合、白または灰色

(3) 下層にできる雲（〜2km）
⑥ **層積雲**（Sc）：塊状、ロール状の雲片の集合、雲片が大きく灰色
⑦ **層雲**（St）：低く、一様な雲底、灰色、霧雨
⑧ **乱層雲**（Ns）：雲底が乱れた暗灰色、降雨

(4) 対流雲
⑨ **積雲**（Cu）：垂直に盛り上がり、丸い丘や塔の形、雲頂は白
⑩ **積乱雲**（Cb）：垂直に大きく延びる、山や大きな塔の形、強い雨、雷

4-2 霧の種類

霧は視程が1km以下に減少した気象現象です。視程は悪いが1km以上の場合を「もや」と呼びます。霧は吸湿性のエーロゾルに水蒸気が凝結した結果生じます。霧の凝結は大きく分けて次の２つの過程で起こります。

① 露点温度以下に冷却される。
② 蒸発や混合によって水蒸気が供給される。

そして、冷却と水蒸気供給の方法の違いによって、霧は次のように分類されます。

(1) **放射霧**：晴れた風が弱い日の夜から朝にかけて、地表面が放射冷却によって冷え、その上の空気も冷やされて発生する霧です。季節的には秋から冬、地形的には冷気が溜まりやすい盆地地形でしばしば出現します。
(2) **移流霧**：暖かい空気が温度の低い地表面や海面上に移動し、冷やされてできる霧です。日本付近の例では、暖かい黒潮上にあった空気が北上し、冷たい親潮海流の上で冷やされて北海道付近でできる霧です。

> ✗ 暈は光が氷（氷晶）を通過するときの屈折によって生じる現象である。暈ができるのは、氷晶でできている上層雲の巻層雲である。

(3) **蒸気霧**：暖かい海、川、湖面などがその上の冷たい空気に接し、水面から蒸発する水蒸気と混合して冷やされてできる霧で、**混合霧**とも呼ばれます。身近では温泉の湯けむりや寒い日に吐く息が白くなるのも蒸気霧です。
(4) **滑昇霧**：丘や山の斜面を暖かく湿った空気が上昇すると、断熱膨張により空気が冷えて発生する霧です。
(5) **前線霧**：温暖前線による長雨があって空気の相対湿度が増したところへ、上空から比較的高温の雨粒が落下し、水蒸気がさらに供給されてできる霧です。

> **ここで学んだこと**
> ・雲には**10種類**あり、上層雲、中層雲、下層雲、対流雲に大別できる。
> ・霧には暖気の冷やされ方などの違いにより、放射霧、移流霧、蒸気霧、滑昇霧、前線霧の**5種類**がある。

理解度checkテスト

Q1 降水過程について述べた次の文章(a)〜(d)の正誤について、下記の①〜⑤の中から正しいものを一つ選べ。

(a) 単位体積に含まれる大気中のエーロゾルの数は、一般に海上より陸上の方が多い。
(b) エーロゾルの一つである海塩粒子は吸湿性があり、水蒸気を吸収するため、雲粒の成長を抑制する働きがある。
(c) 温度0℃以上の暖かい雲の中では、さまざまな大きさの雲粒が混在している場合の方が、大きさがそろっている場合より雨滴の成長が速い。
(d) 過冷却の雲の中に水滴と氷晶が混在するとき、両者に対する飽和水蒸気圧の違いから、氷晶の方が速やかに成長する。

豆テストQ 冬の日本海で対馬海流の上を寒冷な季節風が吹き渡るときに発生する霧は移流霧である。

Chapter 3
降水過程

① (a)のみ誤り
② (b)のみ誤り
③ (c)のみ誤り
④ (d)のみ誤り
⑤ すべて正しい

Q2 終端速度で落下している降水粒子について述べた次の文章の空欄(a)〜(c)に入る適切な語句の組み合わせを、下記の①〜⑤の中から一つ選べ。

　雨滴、雪片、あられなどの降水粒子が終端速度で大気中を落下しているとき、降水粒子には重力、摩擦力、浮力が働いており、このうち、重力と（a）とがほぼ釣り合っている。一方、大気は降水粒子から（b）の力を受ける。質量が同じで形が異なる降水粒子が同じ大気中を異なる終端速度で落下しているときには、大気が降水粒子から受ける力は（c）。

	(a)	(b)	(c)
①	摩擦力	下向き	落下速度の大きい粒子の方が大きい
②	摩擦力	下向き	同じである
③	摩擦力	上向き	落下速度の大きい粒子の方が大きい
④	浮力	下向き	同じである
⑤	浮力	上向き	落下速度の大きい粒子の方が大きい

解答と解説

Q1 解答② （平成15年度第1回一般・問5）

（a）正しい。大気中にはエーロゾルと呼ばれる固体または液体粒子が浮遊しています。それらの自然発生源としては火山噴火、地表土壌の舞い上がり、海のしぶきなどがあり、人為的な発生源としては各種の燃焼過程があります。大気中のエーロゾルの数は人為的な要因によるものの寄与が大きく、海洋上より陸上のほうが多くなっています。

豆テストA ✗ このように相対的に暖かい水面上に冷たい空気が流れ込んで発生する霧は蒸気霧である。

(b) 誤り。海のしぶきである海塩粒子は凝結核として適しており、吸湿性が高く、比較的に低い相対湿度で凝結が起こり、雲粒の成長を促進します。

(c) 正しい。暖かい雲の中での雨滴の成長は、サイズが大きく終端落下速度の速い雲粒が、小さくて落下速度の遅い雲粒に追いついて併合することによります。それゆえ、さまざまな大きさの雲粒が混在しているほうが速く成長します。

(d) 正しい。雲の中の気温が0℃以下で－40℃以上の場合、過冷却水滴と氷晶が混在します。水の特性として同じ気温でも氷点下では、飽和水蒸気圧は凍っている場合よりも凍ってない過冷却水滴のほうが大きい値をとります。大気中の水蒸気圧が氷と水の飽和蒸気圧の間の値だとすると、水にとっては蒸発、氷にとっては凝結の条件となり、氷の氷晶だけが成長します。

Q2 解答② (平成22年度第2回一般・問4)

終端速度で落下する降水粒子に働く力は、下向きに重力、上向きに摩擦力（抵抗力）と浮力が働いて釣り合いがとれ、一定の速度で落下します。ただし、浮力は小さいので、重力と（a）「摩擦力」が釣り合っていると近似できます。摩擦力は降水粒子が空気から上向きに受ける力なので、作用反作用の関係から、空気は降水粒子から同じ大きさの（b）「下向き」の力を受けます。下向きの力の大きさは、降水粒子が受ける重力に等しくなります。重力は質量と重力加速度の積なので、質量が同じであれば重力も（c）「同じ」であり、落下速度には関係しません。

これだけは必ず覚えよう！

- 海塩粒子のような吸湿性のエーロゾルがあると凝結が起こりやすく、少しの過飽和度でも雲が生成される。
- 氷の飽和水蒸気圧は、同じ温度の過冷却水の飽和水蒸気圧よりも小さい。
- 典型的な大きさである半径10μmの雲粒の落下速度は0.01m/s程度なのに対して、半径1mmの雨滴は6.5m/s程度である。
- 雲粒程度の大きさの水滴は、大きさが2倍になると落下速度は4倍になる。
- 霧は視程が1km以下に減少した気象現象であり、視程が低下しても1km以上ある場合はもやである。

豆テスト Q　黒体の表面から単位面積、単位時間当たりに放射されるエネルギーは、その黒体の絶対温度の4乗に比例する。

Chapter 4
大気における放射

出題傾向と対策

◎毎回1問は出題されている。
◎地球のエネルギーの源である放射の物理法則と放射がもたらす現象を十分に理解しておこう。

1 放射と放射の物理法則

1-1 放射による熱の伝達

　エネルギーが運ばれる仕組みには、顕熱輸送、潜熱輸送、放射伝達があります。放射伝達は、物質を介さないで電磁波によってエネルギーが運ばれる仕組みであり、真空中でもエネルギーを運びます。**放射**とは、物質が電磁波でエネルギーを放出すること、電磁波でエネルギーが伝わること、電磁波で運ばれるエネルギーなどの意味で使われます。

　電磁波は、波長の違いによっていろいろな名前がつけられています。電波はもとより、可視光線、赤外線、紫外線もその仲間です。

図：般4・1　電磁波の波長域による名称

波長域	名称
10^{-12}～10^{-11} m	γ線
～10^{-8} m (Å)	X線
10^{-8}～10^{-7} m (1nm)	紫外線
10^{-7}～10^{-6} m (1μm)	可視光線 (0.38～0.77 μm)
10^{-6}～10^{-4} m	赤外線
10^{-4}～10^{-1} m (1mm)	マイクロ波
10^{-1}～10 m	VHF電波
10～10^{3} m	電波

可視光線：紫　藍　青　緑　黄　橙　赤

豆テスト A　○この関係をシュテファン・ボルツマンの法則といい、放射エネルギーを I^*、絶対温度を T とすると、$I^* = \sigma T^4$ で表される（σ はシュテファン・ボルツマン定数）。

大気の中で起こるさまざまな現象のエネルギー源は、地球が太陽から受ける莫大な放射エネルギーです。このエネルギーは、太陽から放射として地球に運ばれて来ます。

1-2　黒体と放射の物理法則

　すべての物質は、物質に固有な波長の放射を放出し、吸収する性質があります。ある波長の電磁波の放出率と吸収率は等しく、ある波長の電磁波を最もよく吸収する物体は、最もよく放射する物体です。この性質を**キルヒホッフの法則**といいます。物質のうちでも放出率（＝吸収率）が100％の仮想的な物質を**黒体**と呼んでいます。地球や太陽は近似的に黒体と考えることができます。

　黒体物質が放出する**放射エネルギー量**は、電磁波の波長λと物質の絶対温度Tによって決まります。これを**プランクの法則**と呼び、物質から単位面積・単位時間・単位立体角に放出される単位波長当たりのエネルギー量I_λ^*（＊印は黒体による値を示します）は、黒体の温度によって、エネルギーが分布する波長帯とエネルギー量が大きく異なります。

　プランクの法則によって、すべての波長についてエネルギーを加え合わせると、単位面積当たり1秒間に放出される全エネルギーI^*を求めることができます。I^*は、黒体の絶対温度Tの4乗に比例し、次式で表されます。

　　$I^* = \sigma T^4$

この関係式を**シュテファン・ボルツマンの法則**といい、σはシュテファン・ボルツマンの定数（＝5.67×10^{-8} Wm^{-2}K^{-4}）です。

　エネルギーが最大になる波長λ_m^*は黒体の絶対温度Tに反比例し、次の関係が導かれます（単位は〔μm〕）。

$$\lambda_m^* = \frac{2897}{T}$$

この関係式を**ウィーンの変位則**と呼びます。

　太陽の温度は約6000K、地球の温度は300Kなので、λ_m^*はそれぞれ0.5μm、10μmとなります。

> 豆テスト　太陽定数は、地球に直角に入射する単位面積、単位時間当たりの太陽放射エネルギーで、その値は1370Wm^{-2}である。

Chapter 4
大気における放射

大気現象にかかわる放射は、大別して地球外から入ってくる放射（**太陽放射**あるいは日射）と地球から宇宙空間に出ていく放射（**地球放射**）に分けられますが、エネルギーの範囲が0.5μm、10μmを中心とした波長帯に分けられるので、太陽放射は**短波放射**、地球放射は**長波放射**（あるいは**赤外放射**）とも呼ばれます。

> **ここで学んだこと**
> - エネルギーを吸収する効率と放射する効率が**100%**の理想的な物質を黒体という。
> - 単位面積当たり1秒間に放出される全エネルギーI^*は、黒体の絶対温度Tの4乗に比例する。
> - 太陽放射を短波放射といい、地球放射を長波放射または赤外放射という。

2 太陽定数と太陽高度角

2-1 太陽放射と太陽定数

実際に観測から求められた太陽表面（光球）の温度は約5790〔K〕で、黒体として広い波長範囲のエネルギーを放出しており、これを太陽放射といいます。

太陽光球面は、シュテファン・ボルツマンの法則から単位面積当たり$6.37 \times 10^7 \mathrm{Wm^{-2}}$のエネルギーを放射しています。放射の強さは、距離の2乗に反比例して弱まるので、地球の平均軌道距離（＝1.5×10^{11}m、これを1天文単位という）に到達したときのエネルギー量S_0は$1370 \mathrm{Wm^{-2}}$となっています。この値を**太陽定数**と呼びます。このうち、人間の目で見える**可視光**と呼ばれる波長領域（0.38～0.77μm）のエネルギーが全体の約半分（47%）を占めています。

豆テストA　○ 放射の強さは距離の2乗に反比例して弱まるので、地球に到達したときの太陽放射エネルギーは$1370 \mathrm{Wm^{-2}}$となり、この値を太陽定数という。

> ### 詳しく知ろう
>
> - 火星の太陽定数：太陽と火星の距離は**1.52**天文単位であり、放射の強さは距離の2乗に反比例するので、火星の太陽定数は次のように計算できる。
>
> $$\frac{1370}{1.52^2} ≒ 590 \mathrm{Wm^{-2}}$$

2-2 太陽高度角による太陽放射の変化

地球の太陽定数S_0は、太陽放射に対して直角な単位平面の受けるエネルギー量です。太陽高度角を$α$とすれば、単位面積の受けるエネルギー、つまり太陽放射フラックス$S_α$は、次のようになります（図：般4・2参照）。

$$S_α = S_0 \sin α$$

図：般4・2 太陽高度角と地表面の放射強度の関係

地球の自転により$α$は変化し、正午に最大となり（これを**南中高度角**$α_0$といいます）、日の出と日没時にゼロとなります。また、地球が球形のため、$α_0$は緯度によって変化し、地球は自転軸が公転面から23.5度傾いて太陽の周りを公転しているため、$α_0$は年周変化をし、北半球では夏至に最大となり、冬至に最小となります。

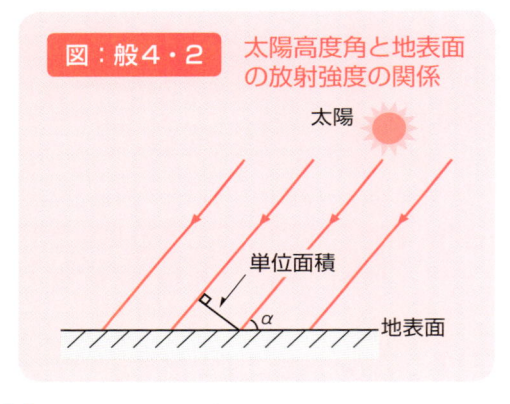

> ### 詳しく知ろう
>
> - **南中高度**：緯度$φ$にいる人の南中高度は、$α_0 = 90 - φ + δ$となる。ここで、$δ$は地球の赤道面と軌道面との間の角度で、春分・秋分では0度、夏至と冬至では＋23.5度と－23.5度となる。太陽高度が高いほうが日照時間は長くなり、地表面に達する単位面積当たりのエネルギーも多くなる。これが夏に気温が高く、冬に低くなる主な原因である。

豆テストQ 地球に到達する太陽放射エネルギーが最大となる波長帯は、紫外線領域である。

Chapter 4 大気における放射

3 放射の散乱・吸収・反射

3-1 散乱

　地球大気に入射した太陽放射は、大気中の空気分子やエーロゾルの粒子に衝突して二次的な放射が生じ、放射の方向が変わります。この現象を**散乱**といいます。

　光の波長の1/10以下の粒子（空気分子）の場合に起こる散乱は**レイリー散乱**と呼び、散乱の強さは波長の4乗に反比例する性質があります。この性質は青色光を強く散乱します。これが晴れた日の空が青く見える原因です。

　光の波長と同程度かそれより大きい粒子（エーロゾル）の場合に起こる散乱は**ミー散乱**と呼び、散乱の強さは波長に関係しない性質があります。この性質のために散乱によって色の分離が起こらず、エーロゾルを含む雲粒や排気ガスなどで汚染された大気が白く見える原因です。

> **詳しく知ろう**
>
> ・**レイリー散乱とミー散乱**：レイリー散乱では前方散乱と後方散乱の強さは同程度で、直角方向の散乱の強さは弱く、ミー散乱では前方散乱が最も強くなる。

3-2 吸収

　放射の性質により、大気中の特定の気体分子は、特定の波長の放射を吸収します。図：般4・3は、地球の大気上端に入射した太陽放射と大気中の気体分子からの放射が、(a) 対流圏界面と (b) 地表面に達するまでに、波長ごとにどの程度吸収されるかを、吸収率によって示したものです。

　約0.3μmより短い波長の紫外線領域では、熱圏や成層圏の酸素やオゾンによってほぼ100%吸収されます。赤外線領域では水蒸気、二酸化炭素、メ

豆テストA ✗ 太陽放射エネルギーが最大の波長帯は可視光域（波長0.38～0.77μm）であり、全体の約47%である。

図：般4・3 対流圏界面（上）と地表面（下）で見た大気の放射吸収特性
（R.M.Goody, *Atmospheric Radiation* I, Oxford University Press, 1964 より一部引用）

タン、オゾンなどによって吸収されます。特に、<u>対流圏の中では水蒸気による吸収が顕著です</u>。ただし、波長8～12μmの**大気の窓領域**と呼ばれる波長帯では、9.6μm付近のオゾンによる吸収以外は対流圏でほとんど吸収されませんが、雲があると雲粒による吸収が生じます。

　この窓領域の性質は気象衛星から地球を観測する際に利用されています。可視光線の波長帯は大気による吸収がほとんどなく、雲の上端や地表面まで達します。

3-3　反射

　雲の上端や地表面まで達した太陽放射は、一部は反射して放射の向きを変え、残りは雲や地表面に吸収されます。その反射率を**アルベド**といいます。<u>アルベドは色に依存し、白ければ大きく、黒ければ小さい値</u>になります。

　表：般4・1は地表面や雲のアルベドの値を示しています。

　地球全体のアルベドを**プラネタリーアルベド**といい、その平均値は約30％と見積もられています。この値が大きくなると、地球に入る太陽放射が減ることになるので、地球環境にとっては重要な値です。

豆テストQ：冬至の日に太陽が昇らない極夜となるのは、緯度60度以上の地域である。

Chapter 4
大気における放射

表：般4・1 地表面と雲のアルベド値

地表面・雲の状態	アルベド（％）
海（太陽高度角25度以上）	10以下
裸地・草地・森林	10～25
新雪	80～95
旧雪	25～79
厚い雲	70～80
薄い雲	25～50
地球全体	30

3-4 直達日射と散乱日射

　地表面に達する太陽放射は、直接地表面に達する**直達日射量**と途中の大気で散乱されて間接的に地表面に達する**散乱日射量**とに分けられます。それらを合わせた単位面積当たりの放射エネルギーを**全天日射量**といいます。

　大気中にエーロゾルが増加すると直達日射量は減少し（これを**日傘効果**といいます）、散乱日射量が増加します。

　気象観測では日照時間を観測しますが（専門知識編1章参照）、日照時間は一定の基準値（$0.12 kW/m^2$）以上の直達日射量がある時間のことであり、太陽が昇っている時間帯であっても雲や霧で日射が遮られている時間は日照時間に含めません。

ここで学んだこと

- 太陽放射は空気分子などによって散乱される。
- 大気の窓は、赤外放射をほとんど吸収しない波長帯である。
- アルベド（反射率）は、白ければ大きく、黒ければ小さい。
- 全天日射量は、直達日射量と散乱日射量の和である。

豆テストA ✕　南中高度角$α= 90 －φ＋δ$で決まり、極夜は$α= 0$を意味し、冬至は$δ＝－23.5$度、なので、$φ＝ 90 － 23.5 － 0 ＝ 66.5$度で、極夜になるのは66.5度以上の地域である。

4 地球の放射収支と温室効果

4-1 放射平衡温度

　地球に限らず、惑星に入射する放射エネルギーと惑星から出て行く放射エネルギーが等しい場合を**放射平衡**にあるといい、このような条件で決まる温度を**放射平衡温度**といいます。大気がないと仮定した場合の地球の放射平衡温度は255K（約−18℃）です。実際の地表面付近の平均気温は約15℃であり、その差（33℃）は4-4で述べる温室効果によるものです。

詳しく知ろう

- **地球の放射平衡温度**：地球の半径をRとすると、地球の断面積はπR^2、表面積は$4\pi R^2$である。太陽定数をS_0、地球のプラネタリーアルベドを$\alpha(=0.3)$とすると、地球の断面積を通って入って来る太陽放射エネルギーは、

$$S_0(1-\alpha)\pi R^2$$

で表される。
　一方、地球の温度をT_eとすると、シュテファン・ボルツマンの法則により、地球の表面積から放出されるエネルギーは、

$$\sigma T_e^4 \cdot 4\pi R^2$$

で表される。放射平衡のときはこれらが等しくなるので、

$$T_e^4 = S_0(1-\alpha)/4\sigma$$

となり（$\sigma = 5.67 \times 10^{-8} \mathrm{Wm^{-2}K^{-4}}$）、$T_e = 255K$が得られ、これが地球の放射平衡温度である。

4-2 地球の放射収支

　地球に入った太陽放射エネルギーがどのような経路をたどって最終的に宇宙に出て行くか、その内訳を示したのが図：般4・4です。

豆テスト：微粒子に入射する電磁波の波長が、微粒子の半径よりも十分に大きい場合（たとえば空気分子）の散乱をレイリー散乱という。

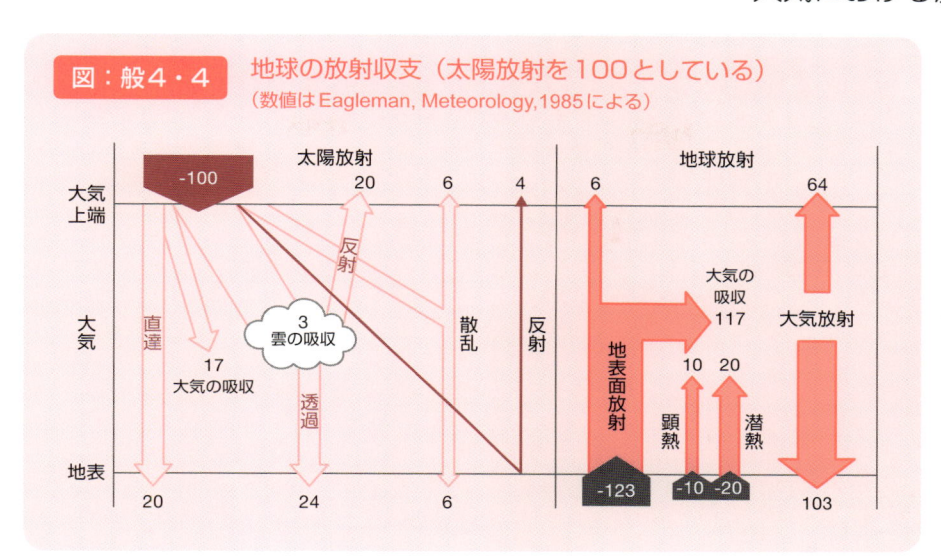

Chapter 4
大気における放射

図：般4・4 地球の放射収支（太陽放射を100としている）
（数値は Eagleman, Meteorology, 1985 による）

[図：太陽放射と地球放射の収支を示す模式図]
- 太陽放射：-100（大気上端入射）、反射20、6、4、直達20、大気の吸収17、雲の吸収3、透過24、散乱6
- 地球放射：大気上端6、64、大気の吸収117、地表面放射-123、顕熱10、潜熱20、-10、-20、大気放射103

　大気上端での太陽放射の入射量を100とすると、約半分の50は地表面が吸収し、残りの30は雲・大気・地表面の散乱と反射で宇宙空間に出て行き（これはプラネタリーアルベドに相当します）、20は大気と雲が吸収します。

　一方、大気と地表面が地球放射として赤外線を放出し、宇宙空間に70が出て行きます。これは太陽放射が地球に入射した量と同じであり、放射平衡が成り立っています。

　地表面と大気では放射エネルギーの釣り合いが取れていませんが、これは地表面から大気に潜熱と顕熱で移動する熱エネルギーによって補われています。潜熱は20、顕熱は10であり、合計の30は放射収支の中でも大きな役割を果たしています。

4-3　地球の放射収支の緯度変化

　前項で述べた、地球に入射する太陽放射量と地球から出て行く地球放射量は、地球全体としては釣り合っていますが緯度別では釣り合っていません。

　図：般4・5に示すように、太陽放射量は、地球放射と比べて緯度による変化が大きく、低緯度では高緯度よりもずっと多くなっています。

豆テストA ○ 正しい記述である。レイリー散乱の強さは波長の4乗に反比例する。また、レイリー散乱は青色光を強く散乱するので、晴れた日の空は青くみえる。

083

図：般4・5 地球−大気系の放射収支の緯度分布
（T.H.Vonder and V.E.Suomi,1969:*Sciece*,163)

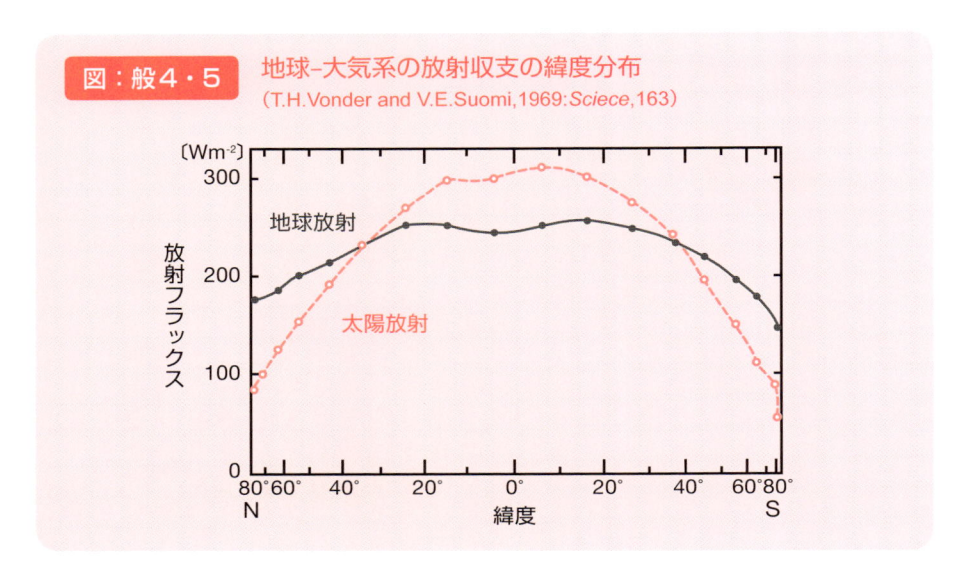

その結果、緯度約40度より低緯度では、地球が放出するエネルギーに比べて受け取る放射エネルギーが過剰になっており、逆に高緯度では不足しています。この低・高緯度での放射エネルギーの過不足が、大気や海洋の運動をもたらす原動力です（一般知識編6章参照）。

4-4　放射の温室効果

惑星の放射平衡温度を求めるとき、惑星には大気がないと仮定しましたが、大気がひとつの層しかない簡単な地球モデルによって地表面の温度を計算してみます。大気は太陽放射に対しては透明（完全透過）で、すべてが地表面に吸収され、地球放射にたいしては不透明（完全吸収）で、すべての赤外線を吸収する、と仮定します。

このモデルでは、地表面は地表面温度T_gで決まる赤外放射を出し、これを大気がすべて吸収すると同時に、大気は地表面と宇宙に向かって気温T_aで決まる赤外放射を放出します。地表面と大気でそれぞれ放射平衡を仮定すると、大気が存在することで、地表面は太陽放射と大気からの赤外放射の両方を受け、その結果$T_g=306K$（33℃）、$T_a=255K$（−18℃）になります。

豆テストQ：赤い夕焼け空がみられるのは、可視光のうち散乱しやすい青色光が強く散乱してしまい、波長が比較的長くて散乱しにくい赤色光が届くからである。

Chapter 4
大気における放射

このように大気が赤外線を吸収することによって $T_g > T_a$ となる特性を**温室効果**といいます。赤外線を吸収するのは、水蒸気や二酸化炭素などの温室効果気体です（図：般4・3参照）。

さらに精密な計算をするには、多層の大気を考え、大気中の温室効果気体の波長別吸収特性や濃度分布のほか、対流現象による熱の移動なども考慮する必要があります。最近は、二酸化炭素など人為的に排出された温室効果気体が増加しているとの観測から、地球の温暖化が懸念されています（一般知識編10章参照）。

> **ここで学んだこと**
> - 惑星に入射する放射エネルギーと出て行く放射エネルギーは放射平衡の状態にある。
> - 地表面と大気では放射エネルギーの収支が均衡していないが、地表面から大気への潜熱と顕熱の移動によって補われている。
> - 緯度別の放射収支の不均衡が大気や海洋の運動をもたらしている。
> - 地球大気の温度は温室効果によって保たれている。

理解度checkテスト

Q1 地球に入射する太陽放射に関して述べた次の文章①〜⑤の下線部の記述のうち、誤っているものを一つ選べ。

① 太陽定数とは、太陽と地球の平均距離において、大気上端で太陽光に対して垂直な単位面積の平面に単位時間に入射する太陽放射エネルギーをいう。

② 地球の公転軌道は楕円であり、近日点は1月初めである。また、地球の自転軸は公転軸に対して傾いている。したがって、1年を通して受ける太陽エネルギーの総量は、南半球の方が北半球よりも多い。

③ 大気上端における太陽放射のスペクトルは、太陽の光球の表面温度における黒

豆テストA ○ 夕方は太陽光が斜めに射すので地表までの道のりが長くなり、その間に波長が短くて散乱しやすい青色光は散乱してしまい、散乱しにくい赤色光が残って目に届く。

体放射のスペクトルとほぼ同じである。
④ 大気上端に入射する太陽エネルギーの大部分は、赤外線域と可視光線域に含まれる。このうち、赤外線域に含まれるエネルギーは可視光線域のそれの<u>2倍以上</u>である。
⑤ 大気上端に入射する太陽放射エネルギーのうち、紫外線域に含まれるエネルギーは数%であるが、紫外線は<u>成層圏のオゾン層の生成</u>に重要な働きをしている。

Q2 太陽からの短波放射の大気中での散乱について述べた次の文(a)〜(c)の下線部の正誤の組み合わせとして正しいものを。下記の①〜⑤の中から一つ選べ。

(a) 空気分子による散乱は、散乱体の大きさが波長より非常に小さく（レイリー散乱）、散乱の強さは<u>波長の4乗に比例するため</u>空は青く見える。

(b) レイリー散乱における散乱の強さは、<u>入射光の方向に対してどの方向にもほぼ同じ</u>である。

(c) 大気中のエーロゾルや雲粒による散乱は、散乱体の大きさが波長と同程度かそれより大きく（ミー散乱）、散乱の強さは<u>波長の4乗に反比例するため</u>雲は白く見える。

	(a)	(b)	(c)		(a)	(b)	(c)
①	正	正	正	④	誤	誤	正
②	正	誤	誤	⑤	誤	誤	誤
③	誤	正	誤				

解答と解説

Q1 解答④ （平成14年度第2回一般・問6）

①正しい。太陽定数は大気の放射における基本的な量であり、観測値は1370W/m²です。

豆テストQ 地球放射（赤外放射）はすべて大気によって吸収される。

Chapter 4 大気における放射

②正しい。地球の公転軌道は楕円であり、太陽地球間距離は季節によって1天文単位から約1.7％変化します。地球に届く太陽放射量は近日点で最大となり、近日点は北半球の冬（1月初め）に現れるので、南半球のほうが北半球より多くなります。

③正しい。太陽光球の表面は温度約6000Kの黒体で近似できると考えられています。

④誤り。太陽放射のうち約半分（47％）は可視光線の領域に含まれています。

⑤正しい。太陽放射の中の紫外線が成層圏で吸収されてオゾン層を生じています。

Q2 解答⑤ （平成19年度第1回一般・問2）

(a) 誤り。レイリー散乱の強さは、波長の4乗に反比例します。
(b) 誤り。レイリー散乱の強さの角度分布は、入射方向で強く、これと直角方向で弱くなります。
(c) 誤り。ミー散乱は波長依存性が小さいため、雲粒で散乱された光は色の分離が生じないので、雲は白く見えます。

これだけは必ず覚えよう！

- 単位面積当たり1秒間に放出される全エネルギーI^*は、黒体の絶対温度Tの4乗に比例する（シュテファン・ボルツマンの法則）。
- 太陽定数の値は1370W/m²である。
- レイリー散乱は、散乱体の大きさが光の波長の10分の1以下の場合の散乱である。
- レイリー散乱の強さは波長の4乗に反比例する。
- ミー散乱は、散乱体の大きさが光の波長と同程度以上の場合の散乱である。
- ミー散乱では色の分離が起こらない。
- 波長8〜12μmの赤外線領域は「大気の窓」といわれ、長波放射（地球放射）をほとんど吸収しない。
- プラネタリーアルベドの値は約0.3である。
- 放射収支では、顕熱・潜熱の効果が大きい。

豆テストA × 地球放射の一部は大気の窓領域から宇宙空間へ放出され、残りが大気によって吸収されている。ただし、雲があると大気の窓は塞がれる。

Chapter 5

大気の力学

出題傾向と対策

◎毎回2〜3問出題されている頻出分野。
◎大気に働く力と、それらによって吹く風について十分理解しておく。
◎渦度や収束・発散を理解し、これらの計算問題にも慣れておこう。

1 大気に働く力

1-1 気圧傾度力

　気圧は単位面積に働く力であり、場所により気圧が違うと等圧線と直角に気圧の高いほうから低いほうに向かって**気圧傾度力**という力が働きます。気圧傾度力は、**気圧傾度**（単位距離だけ離れた場所の気圧差）が大きいほど大きくなります。普通、天気図では等圧線（または等高度線）が一定の気圧差（高度差）ごとに描かれているので、等圧線（等高度線）の間隔が狭いほど気圧傾度力は大きくなります。

重要な数式

　等圧線間の距離が Δn で、その気圧差が Δp、密度が ρ の単位質量の空気に働く気圧傾度力 P_n は次の式で表される。

$$P_n = -\frac{1}{\rho}\frac{\Delta p}{\Delta n}$$

ここで、マイナスは力の向きが気圧の高いほうから低いほう（気圧傾度の向きとは逆向き）であることを示している。

　高層天気図には、等圧面上に等高度線が描かれているが、このような等高度線の場合の気圧傾度力は静力学平衡の関係から次のようになる。

> 豆テストQ　気圧傾度力は、気圧傾度と空気密度の積である。

$$P_n = -g \frac{\Delta Z}{\Delta n}$$
ここで、g は重力加速度、Z はジオポテンシャル高度。

1-2 コリオリ力

コリオリ力とは、地球の自転による見かけの力であり、北（南）半球では運動の方向に対して直角右（左）向きに働き、その大きさは風速と$\sin\varphi$（φは緯度）に比例します。つまり、コリオリ力は地球表面に対して相対的に動いている場合に働き、風速0では働きません。また、赤道上（緯度0度）では働かず、極（緯度±90度）で最大となります。

コリオリ力の向きは運動の向きと直交しているので、運動の向きを変えることはできますが、速さを変えることはできません。このためコリオリ力は**転向力**とも呼ばれます。

重要な数式

コリオリ力 C_o の大きさは、単位質量の空気塊が緯度 φ のところを風速 V で動いているとき次のようになる。

$$C_o = 2\Omega V \sin\varphi = fV$$

この $f = 2\Omega \sin\varphi$ を**コリオリパラメータ（コリオリ因子）**という。なお、$\Omega = 7.292 \times 10^{-5}$ rad/s $= 2\pi/1$ 日は、地球の自転の角速度である。

ここで学んだこと

- 気圧傾度力とは、気圧の高いほうから低いほうに向かって等圧線と直角に働く力で、その大きさは気圧傾度が大きいほど大きい。
- コリオリ力は、北（南）半球では運動の方向に対して直角右（左）向きに働き、その大きさは風速と$\sin\varphi$（φは緯度）に比例する。

豆テストA ✗ 気圧傾度力 P_n は、気圧傾度（単位距離当たりの気圧差：$\Delta p/\Delta n$）と空気密度 ρ の逆数の積〔$P_n = (-1/\rho)\Delta p/\Delta n$〕であり、気圧の高いほうから低いほうに働く。

2 風と力の釣り合い

2-1 地衡風

地衡風とは、直線の等圧線が平行にある場合に、気圧傾度力とコリオリ力が釣り合った状態で、等圧線と平行に北(南)半球では気圧の低いほうを左(右)にみるように吹く風のことです（図：般5・1）。北半球と南半球で風向が逆になるのは、コリオリ力が北半球と南半球で逆になるためです。

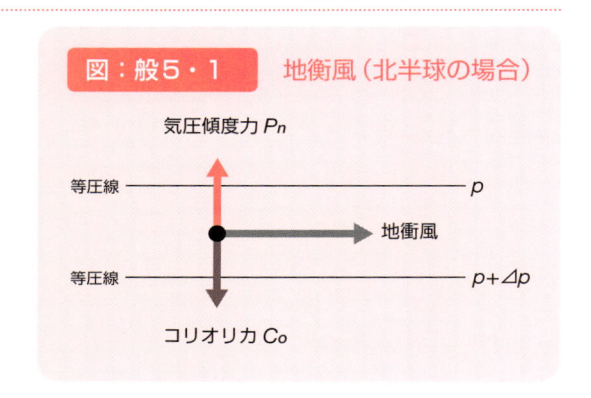

図：般5・1　地衡風（北半球の場合）

地衡風の風速は、緯度が同じなら気圧傾度が大きい（等圧線の間隔が狭い）ほど、気圧傾度が同じなら緯度が低いほど速くなります。この関係から、天気図の等圧線または等高度線から風向や風の強さを推定できます。

赤道ではコリオリ力が働かず、地衡風の考え方が成り立たないので、地衡風や次に述べる傾度風などは、コリオリ力が働く中高緯度での話です。

重要な数式

地衡風は気圧傾度力P_nとコリオリ力C_oが釣り合って吹いているので、その力の釣り合いの式から地衡風の風速V_gがわかる。

$P_n = C_o$

$$V_g = -\frac{1}{2\rho\Omega\sin\phi}\frac{\Delta p}{\Delta n} = -\frac{1}{f\rho}\frac{\Delta p}{\Delta n} = -\frac{g}{f}\frac{\Delta Z}{\Delta n}$$

この式の最後の項は、等高度線の場合の式である。

豆テストQ　コリオリ力は北半球では運動の方向に対して直角左向きに働き、赤道上で最大となる。

Chapter 5 大気の力学

2-2 傾度風

傾度風とは、低気圧や高気圧（それぞれ周囲と比較して相対的に気圧が低い所、高い所）のように曲率をもった（曲がっている）等圧線がある場合に、気圧傾度力とコリオリ力以外に遠心力も加えた3つの力が釣り合った状態で、等圧線に沿って北（南）半球では気圧の低いほうを左（右）にみるように吹く風のことです。このため、北半球では低気圧は左回り（反時計回り）、高気圧は右回り（時計回り）の風となり（図：般5・2）、南半球では北半球とは逆に低気圧は右回り、高気圧は左回りとなります。

重要な数式

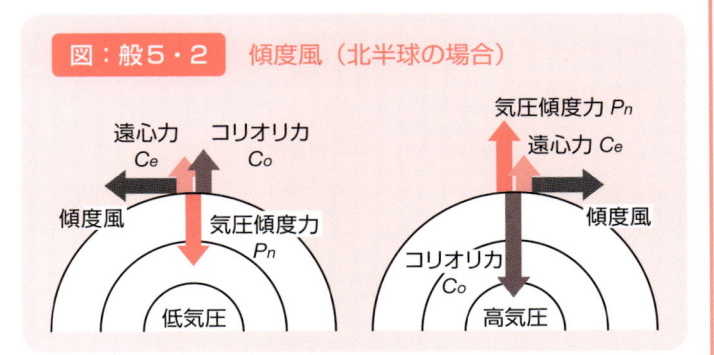

傾度風の例として、図：般5・2のように円を描いて風速Vで回転運動している場合を考える。このとき、気圧傾度力P_n

図：般5・2　傾度風（北半球の場合）

（低気圧側：遠心力C_e、コリオリ力C_o、気圧傾度力P_n／高気圧側：気圧傾度力P_n、遠心力C_e、コリオリ力C_o）

とコリオリ力C_o以外に外向きの遠心力C_eも働くため、傾度風の力の釣り合いの式は、低気圧、高気圧それぞれに対して次のようになる。

　　低気圧：$P_n = C_o + C_e$
　　高気圧：$C_o = P_n + C_e$

低気圧の場合の式が$C_o = P_n - C_e$となり、コリオリ力は緯度が同じならば風速に比例することから、**傾度風の風速は、気圧傾度力が地衡風と同じでも、低気圧性の風の場合には$-C_e$のために地衡風より弱く、高気圧性の風の場合には$+C_e$のために地衡風より強くなる**。また、等圧線が直線（半径無限大の円と考えられる）になると遠心力がなくなり$C_e = 0$となるので、傾度風の力の釣り合いの式は地衡風の力の釣り合いの式と同じになる。

豆テストA：× コリオリ力は北半球では運動の方向に対して直角右向きに働く。その大きさは風速と$\sin\phi$（ϕは緯度）に比例するので、赤道上では働かず、両極で最大となる。

詳しく知ろう

- **低気圧と高気圧の力の釣り合いの式**：低気圧と高気圧では V と P_n の向きが逆なので、低気圧の場合を $V>0$, $P_n>0$、高気圧の場合を $V<0$, $P_n<0$ とすることにより、まとめて次のように書くことができる。

$$\frac{V^2}{r}+fV=P_n$$

ただし、単位質量の空気が回転半径 r で円運動するときの遠心力の大きさを $C_e=\frac{V^2}{r}$ としている。この式から傾度風の風速は次のようになる。

$$V=\frac{1}{2}\left(-fr\pm\sqrt{f^2r^2+4rP_n}\right)$$

この式の複号（±）のうち「－」は気圧傾度がない（$P_n=0$）ときでも風が吹く（$V\neq 0$）ことになるので、「＋」のほうだけが傾度風を表している。風速 V は実数でなければならないので、高気圧性の風（$P_n<0$）の場合には根号の中が正となるために次のような条件が成り立つ必要がある。

$$-P_n\leq\frac{f^2r}{4}$$

これにより半径の小さい所では気圧傾度力（$-P_n$）がそれに応じて小さくなるため、高気圧の中心付近では等圧線の間隔が狭くなれず、強い風が吹くことはない。

ところが、低気圧性の風の場合には根号の中は常に正となり、このような制限はないため、台風のように低気圧の中心付近で気圧傾度力が大きくなることができ、強い風が吹くことができる。

2-3 旋衡風

旋衡風とは、竜巻のように小さい低気圧の場合、つまり半径が小さく等圧線の曲がり方（曲率）が極端に大きいために狭い範囲で気圧傾度が非常に大きい場合に、気圧傾度力と遠心力だけが釣り合った状態で吹く風のことです。

> **豆テストQ** 地衡風は、気圧傾度力とコリオリ力が釣り合って、等圧線と平行に、北半球では気圧の低い側を左にみて吹く。

Chapter 5
大気の力学

> **重要な数式**
>
> 高気圧では中心付近で気圧傾度が大きくなれないので、旋衡風は吹かない。低気圧の力の釣り合いの式において、気圧傾度力と風速が大きい場合には、コリオリ力は気圧傾度力や遠心力よりも相対的にきわめて弱くなり、旋衡風の力の釣り合いの式は次のようになる。
>
> $P_n = C_e$
>
> この式から旋衡風の風速は次のようになり、旋衡風では左回りの風（$V>0$）も右回りの風（$V<0$）も吹くことがわかる。
>
> $V = \pm\sqrt{rP_n}$

2-4 地表面付近の風

地表面付近に吹く風（<u>地上風</u>）は地表面との摩擦の影響を受けるので、<u>地衡風や傾度風の場合に働く力に**摩擦力**も加えた力が釣り合った状態で、等圧線をある角度で横切るようにして気圧の低いほうへ吹き込みます。</u>

摩擦力があると地衡風よりも風速は弱くなり、風向は等圧線を横切って吹くようになります。そして、摩擦力が大きいほど風は弱く、等圧線となす角度は大きくなります。摩擦力は海上よりも陸上のほうが大きいため、風向が等圧線となす角度は海上より陸上のほうが大きく、<u>海上では15～30°くらい、陸上では30～45°くらい</u>になります。

> **重要な数式**
>
> 簡単のために摩擦力Fが風向と逆向きに働くと仮定すると、等圧線が直線の場合に対する力の釣り合いは図：般5・3のようになる。風向が等圧線となす角をαとしたとき、風向と平行な方向と垂直な方向の力の釣り合いの式は次のようになる。
>
> $F = P_n \sin\alpha$
> $C_o = P_n \cos\alpha$

豆テスト A: ○ 記述の通り。地衡風の風速は、緯度が同じならば気圧傾度が大きいほど、気圧傾度が同じならば緯度が低いほど速くなる。

図:般5・3 地上風（北半球の場合）

気圧傾度力 P_n　低圧側　　　　　　　　　　p

地上風 V

摩擦力 F　α

α

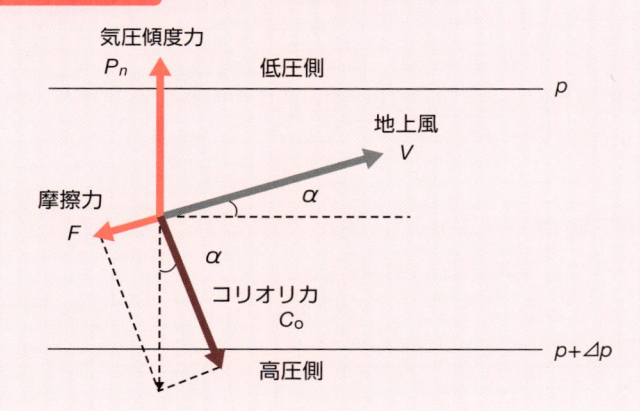

コリオリ力 C_0

高圧側　　　　　　　　　　$p+\Delta p$

図:般5・4 高・低気圧の地上風（北半球の場合）

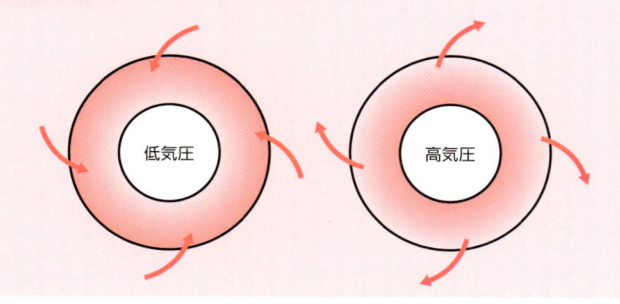

低気圧　　　　　　高気圧

地表面付近の風はこの2つの式を満足するような風速 V、角度 α で吹く。

これらの式から、摩擦力がある（$F\neq 0$）と $\alpha\neq 0$ なので、風は等圧線と平行には吹かないこと、さらに $\alpha\neq 0$ ならば、$\cos\alpha<1$ なので、C_0 つまり風速は地衡風よりも弱くなることがわかる。また、これらの式から $\tan\alpha=\dfrac{F}{C_0}$ となるので、角度 α は摩擦力とコリオリ力の比で決まることもわかる。

低気圧や高気圧のまわりに吹く風も地表面付近では地表面との摩擦の影響を受けて、図:般5・4のように等圧線をある角度で横切るように気圧の低いほうへ吹く。

> **豆テストQ**　北半球の低気圧の周りの風は、気圧傾度力がコリオリ力と遠心力の合力と釣り合って、等圧線に沿って反時計回りに吹く。

2-5 温度風

温度風は、実際に空気が動く普通の風とは違い、2つの高度の地衡風（上層の地衡風と下層の地衡風）のベクトル的な差です。

2つの高度に挟まれた空気層の鉛直方向の平均気温を考えたとき、その<u>平均気温の等温線と平行に北（南）半球では低温部分を左（右）にみるように吹き</u>、等温線の間隔が狭い（つまり、水平方向の温度傾度が大きい）ほど強くなります。

簡単のために図：般5・5の左図のように、地上での気圧はどこも同じ1000hPaで、南北方向には南側に暖気、北側に寒気という温度傾度があり、東西方向には温度傾度がない場合を考えます。このときの層厚は寒気側では薄く、暖気側では厚くなるため、たとえば1000hPaの等圧面が水平でも、900hPaの等圧面（図の赤の実線）は傾斜して暖気側の高度が寒気側よりも高くなります。

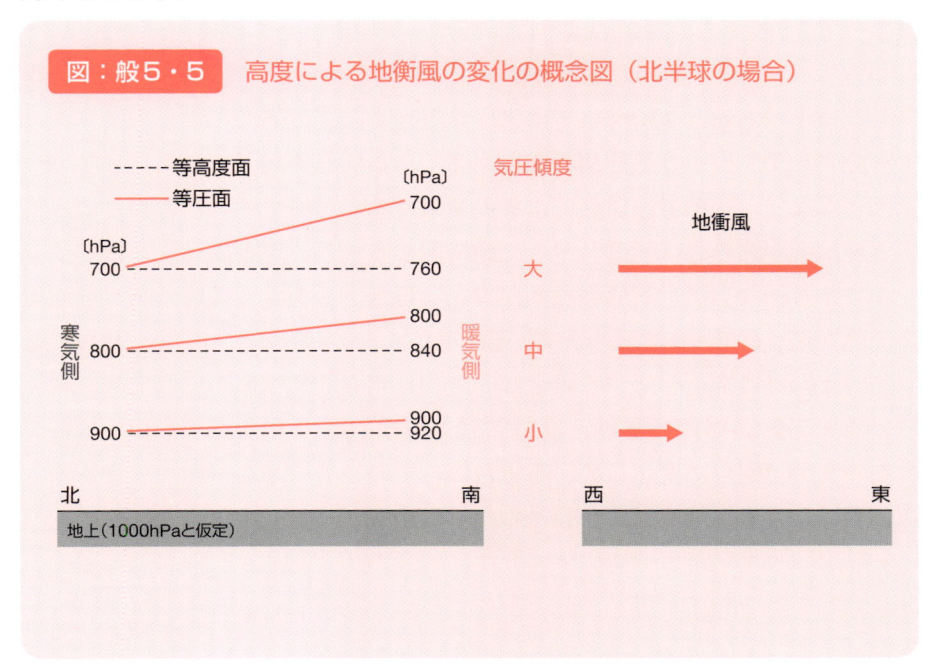

図：般5・5　高度による地衡風の変化の概念図（北半球の場合）

○ 気圧傾度力とコリオリ力と遠心力の3力が釣り合って吹く風を傾度風といい、高気圧の場合は、気圧傾度力と遠心力の合力がコリオリ力と釣り合って時計回りに吹く。

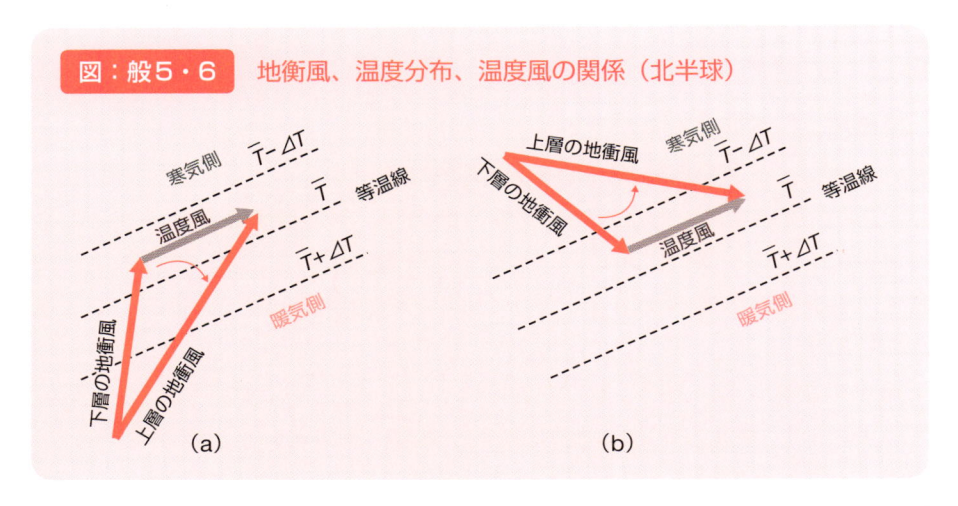

図：般5・6 　地衡風、温度分布、温度風の関係（北半球）

（a）／（b）の模式図（寒気側・暖気側・等温線、上層の地衡風・下層の地衡風・温度風）

　このことは等高度面上（図の破線）でみると、寒気側では900hPaでも暖気側では900hPaより大きな値（たとえば920hPa）になるということであり、南北方向に気圧傾度ができることになります。この南北方向の気圧傾度によって図：般5・5の右図のように、西から東に向かって地衡風が吹きます。

　つまり、1000hPaでは気圧傾度がなく地衡風が吹いていなくても、水平の温度傾度があると900hPaでは気圧傾度が生じて地衡風が吹きます。さらに800hPa、700hPaと等圧面の高さが高くなるほど等圧面の傾斜（気圧傾度）は大きくなり、その気圧傾度による地衡風も速くなります。このように<u>水平の温度傾度があると、高度とともに地衡風が増加し、温度風が吹きます</u>。

　より一般的な上層と下層の風向が異なる場合の地衡風、温度分布、温度風の関係を図：般5・6に示します。図：般5・6aのように、<u>高度とともに風向が時計回りに変化している場合は、平均して風が暖気側から寒気側に吹いているので</u>**暖気移流**があり、反対に図：般5・6bのように、<u>高度とともに風向が反時計回りに変化している場合は、平均して風が寒気側から暖気側に吹いているので</u>**寒気移流**があるとわかります。

豆テスト　地上付近に直線の等圧線がある場合に、風は、気圧傾度力とコリオリ力と摩擦力の3つの力が釣り合って吹く。

Chapter 5 大気の力学

ここで学んだこと

- 地衡風は、上層で気圧傾度力とコリオリ力が釣り合った状態で、等圧線と平行に北（南）半球では気圧の低いほうを左（右）にみるように吹く。
- 傾度風は、上層で曲がっている等圧線がある場合に、気圧傾度力、コリオリ力、遠心力が釣り合った状態で、等圧線に沿って北（南）半球では気圧の低いほうを左（右）にみるように吹く。
- 旋衡風は、上層の狭い範囲で気圧傾度が非常に大きい場合に、気圧傾度力と遠心力だけが釣り合った状態で吹く。
- 地上風は、地衡風や傾度風に働く力に摩擦力を加えた力が釣り合った状態で、等圧線をある角度で横切るようにして気圧の低いほうへ吹く。
- 2つの高度の地衡風のベクトル的な差である温度風は、鉛直方向の平均気温の等温線と平行に北（南）半球では低温部分を左（右）に見るように吹き、水平方向の温度傾度が大きいほど強い。
- 地衡風の風向が高度とともに時計回りに変化している場合は暖気移流があり、反時計回りに変化している場合は寒気移流がある。

3 大気の流れ

3-1 発散と収束

　ある場所から空気が周りに広がる（その場所の空気が少なくなる）ことを**発散**といい、ある場所に空気が周りから集まる（その場所の空気が多くなる）ことを**収束**といいます。気象学では多くの場合、水平方向の発散、収束を扱い、それぞれ水平発散、水平収束、あるいは単に発散、収束といいます。

○ 記述の通りである。地上付近では地面との摩擦の影響があり、風は等圧線に沿うのではなく、等圧線を横切って気圧の低いほうに吹き込む。

重要な数式

図：般5・7のように、x方向にΔxだけ離れた$x_1=x$と$x_2=x+\Delta x$でのx方向の風速がそれぞれ$u_1=u$と$u_2=u+\Delta u$、y方向にΔyだけ離れた$y_1=y$と$y_2=y+\Delta y$でのy方向の風速がそれぞれ$v_1=v$と$v_2=v+\Delta v$のときに、水平風速$V=(u, v)$の水平発散Dは次のようになる。

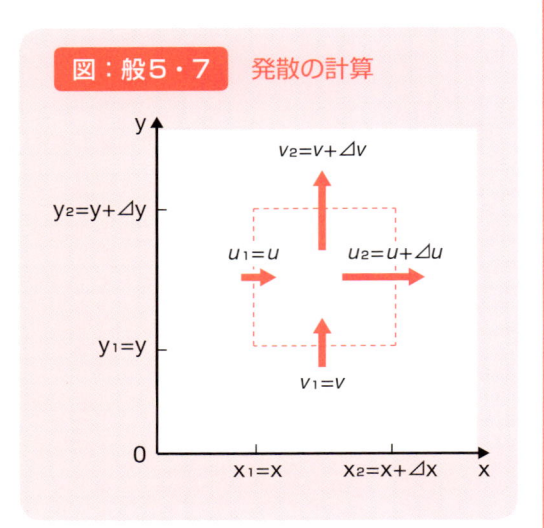

図：般5・7 発散の計算

$$D=\mathrm{div}V=\frac{u_2-u_1}{x_2-x_1}+\frac{v_2-v_1}{y_2-y_1}=\frac{\Delta u}{\Delta x}+\frac{\Delta v}{\Delta y}$$

（**div**は、「発散」を意味する数学記号。）

気象学では通常、x方向を東西方向東向き、y方向を南北方向北向き、z方向を鉛直方向上向きにとる。

発散について知るために、図：般5・7の破線で描いた四角の面積の変化を考える。x方向の風を見ると、u_1よりもu_2の矢印のほうが長く、x_1よりもx_2の風のほうが強いので、破線の四角はx方向に伸びて面積が増加する。このとき$\frac{\Delta u}{\Delta x}>0$である。$y$方向も同様に考えることができる。

このことから、<u>発散Dの値が正になるときは四角の面積が増加する発散となり、負になるときは四角の面積が減少する収束になる</u>ことがわかる。

3-2 渦度

低気圧や高気圧の風のような回転運動に関する量が**渦度**です。渦度は回転が速いほど大きく、反時計回り（北半球の低気圧と同じ）の回転のときに正、

> 温度風は、平均気温の等温度線に平行に、北半球では低温部を右にみるように吹く。

Chapter 5
大気の力学

時計回り(北半球の高気圧と同じ)の回転のときに負の値となります。気象学では多くの場合、水平面内の回転を扱い、回転の軸が鉛直方向を向いているので、渦度の鉛直成分、鉛直渦度、あるいは単に渦度といいます。

重要な数式

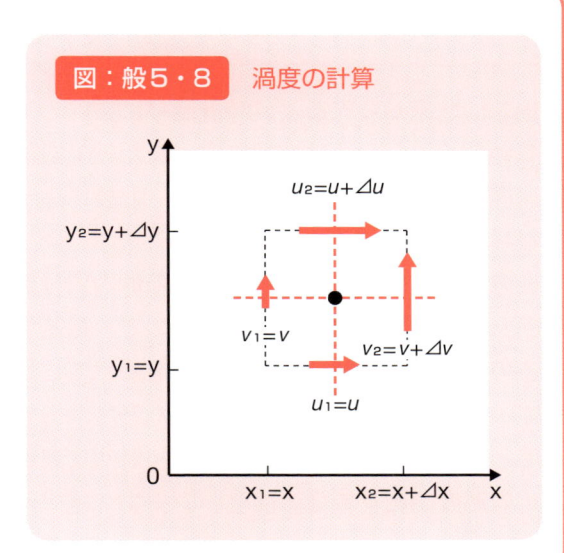

図:般5・8のように、x方向にΔxだけ離れた$x_1 = x$と$x_2 = x + \Delta x$でのy方向の風速がそれぞれ$v_1 = v$と$v_2 = v + \Delta v$、y方向にΔyだけ離れた$y_1 = y$と$y_2 = y + \Delta y$でのx方向の風速がそれぞれ$u_1 = u$と$u_2 = u + \Delta u$のときに、風速$V = (u, v, w)$(wは風速の鉛直(z)方向の成分)の渦度の鉛直成分ζは次のようになる。

図:般5・8 渦度の計算

$$\zeta = (\text{rot}V)_z = \frac{v_2 - v_1}{x_2 - x_1} - \frac{u_2 - u_1}{y_2 - y_1} = \frac{\Delta v}{\Delta x} - \frac{\Delta u}{\Delta y}$$

(rotは、「回転」を意味する数学記号。)

渦度は低気圧のように風が回転している場合だけではなく、水平方向に風速勾配がある(風速に違いがある)場合にも存在する。図:般5・8のy方向の風を見ると、v_1とv_2は同じ方向を向いているが、v_1よりもv_2の矢印が長いので、x_1よりもx_2の風のほうが強いことがわかる。このとき$\frac{\Delta v}{\Delta x} > 0$である。図に赤い破線で示したような中心の黒丸のところで固定された仮想的な十字の板(以後、風車と呼ぶ)を考えると、風車の左側(x_1)よりも右側(x_2)の部分にあたる風のほうが強い($v_1 < v_2$)ので、風車は反時計回りに回転することになる。このように渦度は、風の流れが回転しているかではなく、風

豆テスト A ✗ 上層の地衡風と下層の地衡風のベクトル的な差を温度風といい、北半球では低温部を左にみるように吹く。

の流れの中においた風車がどのように回転するかを表している。そして、風車の回転が速いほど、つまり風速勾配（$\frac{\Delta v}{\Delta x}$）が大きいほど渦度の絶対値は大きくなる。$x$方向の風も同様に考えることができるが、$y$方向の風の場合とは回転の向きが逆で時計回りに回転する。そこで、風車が反時計回りに回転するときに渦度の値が正になるように、x方向の風による項は引き算になっている。

　地球は北極から見ると反時計回りに自転しているので、地面に対して回転していなくても、人は北極に立っただけで鉛直軸の周りを地球の自転と同じ角速度で回転しています。つまり、北極に立っただけで鉛直渦度があることになります。
　一方、赤道に立った場合にも自転軸の周りを回転していますが、このときの回転軸が水平方向を向いているので、鉛直渦度はありません。
　このように、地球の自転の影響を受けて、地球上では地表面に対して回転していなくても、その緯度に応じた渦度があります。この渦度のことを**惑星渦度**といいます。また、地表面に相対的な渦度を**相対渦度**といい、惑星渦度と相対渦度の和を**絶対渦度**といいます。絶対渦度は発散、収束がなければ保存されます。これを**絶対渦度保存則**といいます。
　発散、収束がない状態で渦が高緯度のほうへ移動すると、惑星渦度が増加するため相対渦度は減少し、逆に、低緯度の方へ移動すると相対渦度は増加します。つまり、低気圧などは移動して緯度が変わるだけで相対渦度が変化するのです。

重要な数式

　惑星渦度 f は地球の自転の角速度を Ω とすると、緯度 ϕ では次のように表され、コリオリパラメータと同じ値である。

　　$f = 2\Omega \sin\phi$

　つまり、絶対渦度は $f + \zeta$ である。

豆テスト Q　下層の雲が南西から北東に向かって動き、上層の雲が南から北に動く場合、これら2つの層の間では暖気移流がある。

Chapter 5
大気の力学

> **ここで学んだこと**
> - 発散の値が正の場合は発散（空気が周りに広がっていく）、負の場合は収束（空気が周りから集まってくる）である。
> - 渦度は回転が速いほど大きく、反時計回りのときの渦度は正、時計回りの回転のときの渦度は負の値となる。

4 運動のスケール

　大気の運動の大きさをスケール（規模）といい、空間的な大きさなので**空間スケール**、また水平方向の大きさなので**水平スケール**ともいいます。
　時間に関しても、さまざまな寿命の運動があり、この時間の長さを**時間スケール**といいます。
　さまざまな気象現象の空間スケールと時間スケールの関係を、縦軸に空間（水平）スケール、横軸に時間スケールをとって次頁の図：般5・9に示します。さまざまな現象が図の左下の時間空間スケールの小さい部分から、右上の時間空間スケールの大きい部分に向かって対角線上に並んでいますが、これは空間スケールの大きな現象は時間スケールも長いことを表しています。また大きさによって現象のスケールを分類しており、その名称を図：般5・9の縦軸に示しています。静力学平衡、地衡風、傾度風などは、水平スケールが約2000km以上、時間スケールが約1週間以上の総観規模の現象です。

> **ここで学んだこと**
> - 空間スケールの大きな現象は時間スケールも長い。
> - 気象現象は空間スケールの大きさによって分類される。

5 大気境界層

　地表面からある程度の高さまでの大気層は、風や温度などの鉛直分布が地表面の影響を受けて上空の大気とは異なっています。この地表面の影響を受

豆テストA ✕ 雲の動き、つまり風は下層から上層に向かって反時計回りに変化しているので、寒気移流がある。

図：般5・9 運動のスケール

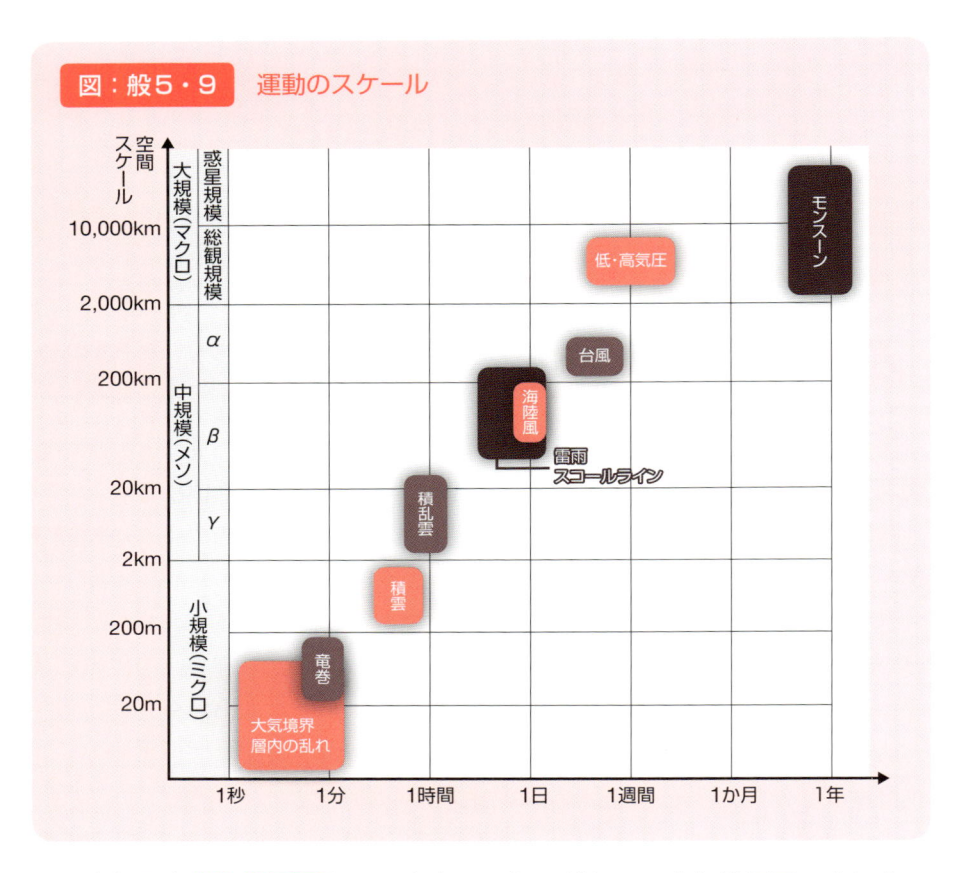

ける大気層を**大気境界層**といいます。これに対して、大気境界層の上にあって地表面の影響を受けない大気を**自由大気**といいます。

　大気境界層はさらに、地表面に接している**接地層**とその上にある**対流混合層（エクマン層）**に分けられます。これらを模式的に図：般5・10に示します。また、森林や都市では裸地の上の接地層とは違った性質の層となっていて、これを**キャノピー層**といいます。大気境界層の厚さは中緯度ではふつう1kmくらい、接地層の厚さは数十mくらいです。ただし、この厚さは時刻、地表面の状態、大気の状態によって大きく変化します。

　大気境界層で吹く風は、地表面との摩擦の影響のために等圧線をある角度で横切るようにして気圧の低いほうへ吹き、この角度は摩擦が大きいほど大

豆テストQ　地上に水平収束があると下降流が生じやすい。

Chapter 5 大気の力学

図：般5・10　大気境界層

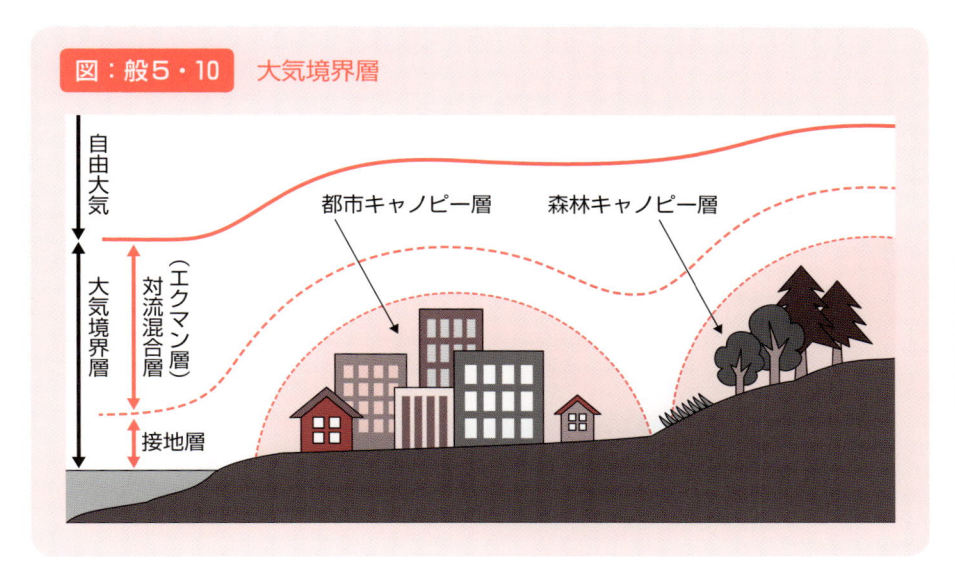

きくなります。地表面との摩擦は地表に近いほど大きいので、地表付近では等圧線との角度が大きく、上空ほど角度が小さくなり、自由大気に入ると角度が0°となって等圧線と平行に風が吹きます。したがって、風ベクトルの先端は高度が高くなるにつれてらせんを描くようにして地衡風に近づいていきます。これを**エクマンらせん**といいます。

　大気境界層内には大小さまざまな渦があり、大気の流れは乱れています。

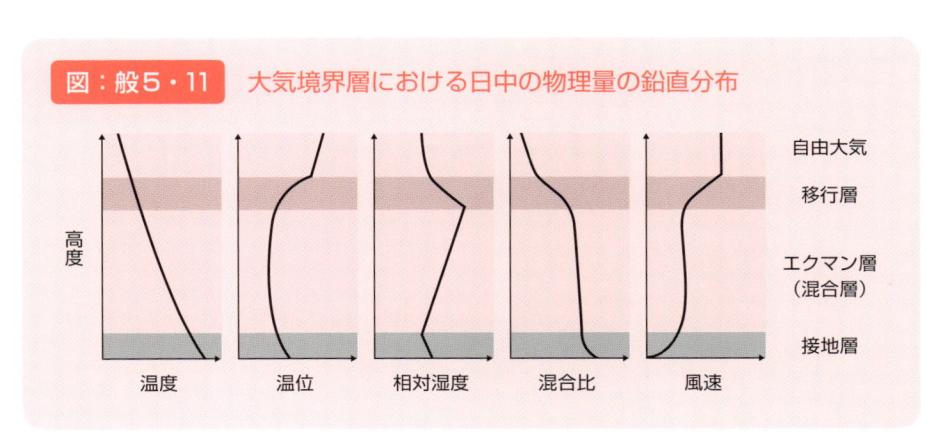

図：般5・11　大気境界層における日中の物理量の鉛直分布

× 地上で収束により集まった空気は上方に行くほかないので上昇流が生じ、上空で雲が発生しやすい。下降流が生じるのは地上に発散がある場合である。

この乱れた渦を**乱渦**といい、乱れた流れを**乱流**といいます。この乱流によって大気境界層内の空気はよくかき混ぜられており、特に日中は日射の影響もあって空気がよく混ざっており、さまざまな気象要素が図：般5・11に示すように特徴的な鉛直分布となっています。

ここで学んだこと
- 地表面の影響を受ける大気層のことを大気境界層といい、この層は接地層と対流混合層（エクマン層）に分けられる。
- 地表面の影響を受けない大気を自由大気という。
- 大気境界層内の空気はよくかき混ぜられており、さまざまな気象要素が特徴的な鉛直分布をしている。

理解度checkテスト

Q1 地衡風平衡について述べた次の文章の空欄（a）～（c）に入る適切な語句の組み合わせを、下記の①～⑤の中から一つ選べ。

中緯度の自由大気中と地上付近とでは、単位質量あたりの空気塊に同じ気圧傾度力が働くような気圧場であっても、摩擦の有無に伴って風向や風速に違いが生じる。

南半球中緯度の自由大気中で南西風が吹いているとき、気圧傾度力は（a）に向いており、その逆方向に（b）が働いている。地上付近での風向は自由大気中でのそれに比べて（c）回りに回転した方向になり、風速は自由大気中での値に比べて小さい。

	(a)	(b)	(c)		(a)	(b)	(c)
①	南東	コリオリ力	時計	④	北西	コリオリ力	反時計
②	南東	コリオリ力	反時計	⑤	北西	遠心力	時計
③	南東	遠心力	反時計				

豆テストQ 発散・収束がない状態で渦が高緯度側に移動すると、惑星渦度は増加し、相対渦度は減少する。

Chapter 5 大気の力学

> **ヒント**
> 北半球と南半球ではコリオリ力の向きが逆になります。

Q2 図のように、南北方向に伸びる東西幅100kmの帯状の領域の西側の境界線上では10m/sの西北西の風が吹き、東側の境界線上では10m/sの西南西の風が吹いている。領域内の風は南北方向に一様とするとき、この領域内の渦度の値として適切なものを、下記の①〜⑤の中から一つ選べ。ただし、領域内の渦度は一様とし、sin22.5°＝0.38, cos22.5°＝0.92とする。

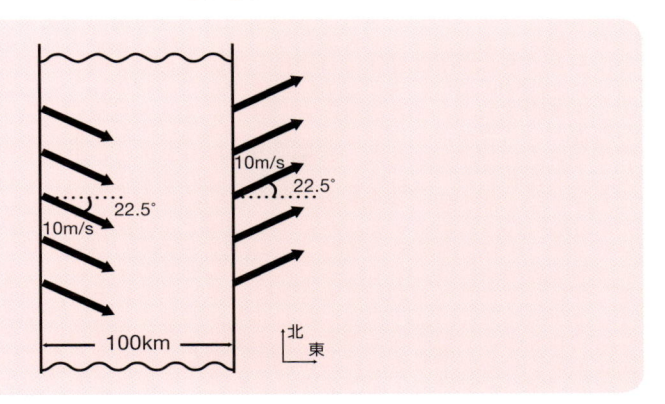

① $7.6 \times 10^{-5} s^{-1}$
② $-7.6 \times 10^{-5} s^{-1}$
③ $3.8 \times 10^{-5} s^{-1}$
④ $-3.8 \times 10^{-5} s^{-1}$
⑤ $0 s^{-1}$

> **ヒント**
> 渦度の計算式を思い出そう。

豆テストA ○ 発散・収束がない場合、絶対渦度（＝惑星渦度＋相対渦度）は保存されるので、高緯度側への移動により惑星渦度が増加すると相対渦度は減少する。

解答と解説

Q1 解答① (平成22年度第2回一般・問6)

　大気に働く力(気圧傾度力、コリオリ力)、およびそれらの力が働いて吹く風(地衡風など)に関する知識を問う問題は、よく出題されています。また、関連した計算問題が出題されることもあります。

　これは、自由大気中での地衡風(2-1参照)、および摩擦力が働いている地表面付近の風(2-4参照)に関する問題です。さらに、地衡風の風向は北半球と南半球とでは異なり、この問題では南半球なので注意が必要です。

　風向とは風が吹いて来る方向なので、南西風とは南西から北東に向かって吹いている風です。したがって、南半球での地衡風の力の釣り合いは下図の(A)のようになり、気圧傾度力は(a)南東を向いており、その逆方向に(b)コリオリ力が働いています。

　また、地上付近で摩擦の影響を受けた風は、北半球でも南半球でも等圧線と平行ではなく、気圧の低いほうに吹き込む風となります。ただし、気圧の低い方向は北半球と南半球では逆になるので、南半球では下図の(B)のようになり、地上付近での風向は自由大気中でのそれに比べて(c)時計回りに回転した方向になります。

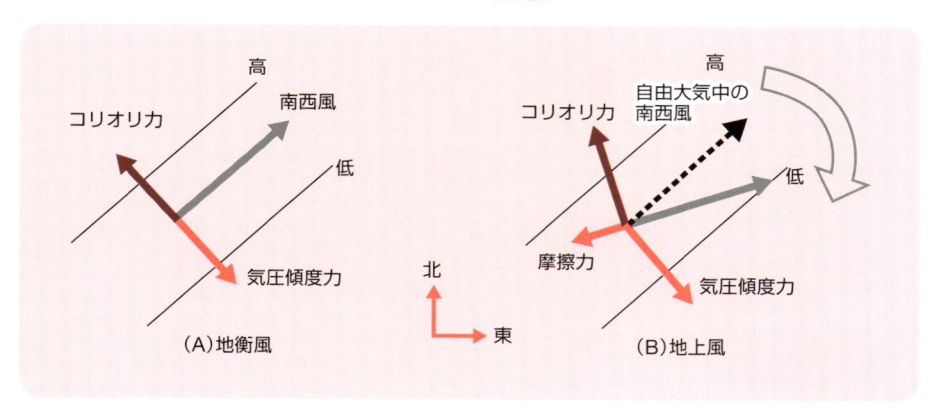

（図：(A)地衡風、(B)地上風）

Q2 解答① (平成21年度第2回一般・問9)

　発散・収束、渦度に関する知識を問う問題がよく出題されています。特に、渦

> **豆テストQ**　大気運動の水平スケールが大きいほど、地球の自転の影響は小さくなる。

度の値の計算問題はよく出題されます。

　渦度（鉛直渦度）は、東西方向をx方向、南北方向をy方向として、差分形式を用いた次の式で計算することができます。

$$\frac{\varDelta v}{\varDelta x} - \frac{\varDelta u}{\varDelta y}$$

　ここで、u, vはそれぞれx, y方向の風速の成分です。いま、風速をV（＝10m/s）、風速ベクトルがx軸となす角度を$α$（＝22.5°）とすると、第1項目は、

$$\frac{\varDelta v}{\varDelta x} = \frac{V\sinα-(-V\sinα)}{100\mathrm{km}} = \frac{2V\sinα}{10^5\mathrm{m}}$$

となり、第2項目は、$\varDelta u = V\cosα - V\cosα = 0$より0となるので、渦度は、

$$\frac{\varDelta v}{\varDelta x} - \frac{\varDelta u}{\varDelta y} = \frac{2V\sinα}{10^5\mathrm{m}} - 0 = \frac{2\times 10\mathrm{m/s}\times\sin22.5}{10^5\mathrm{m}} = 7.6\times 10^{-5}\mathrm{s}^{-1}$$

となります。

これだけは必ず覚えよう！

- コリオリ力は、北半球では運動の方向に対して直角右向きに働き、大きさは風速と$\sinφ$（$φ$は緯度）に比例する。
- 地衡風は、気圧傾度力とコリオリ力が釣り合った状態で、等圧線と平行に、北半球では気圧の低い側を左にみて吹く。
- 傾度風は、気圧傾度力とコリオリ力と遠心力が釣り合った状態で、曲率のある等圧線に沿って、北半球では気圧の低い側を左にみて吹くため、低気圧では反時計回り、高気圧では時計回りに風が吹く。
- 旋衡風は気圧傾度力と遠心力が釣り合って吹く。
- 地上風は地表面の摩擦の影響を受け、等圧線をある角度で横切って気圧が低いほうへ吹き、等圧線との角度は海上で15〜30°くらい、陸上で30〜45°くらい。
- 温度風は、等温線と平行に、北半球では低温部を左にみるように吹く。
- 発散：$D = \mathrm{div}V = \frac{u_2-u_1}{x_2-x_1} + \frac{v_2-v_1}{y_2-y_1} = \frac{\varDelta u}{\varDelta x} + \frac{\varDelta v}{\varDelta y}$
- 渦度：$ζ = (\mathrm{rot}V)_z = \frac{v_2-v_1}{x_2-x_1} - \frac{u_2-u_1}{y_2-y_1} = \frac{\varDelta v}{\varDelta x} - \frac{\varDelta u}{\varDelta y}$

✗　大気運動の水平スケールが大きいほど、地球の自転の影響は大きくなる。

Chapter 6
大気の大規模な流れ

出題傾向と対策
◎一般知識、専門知識のどちらかで毎回1問は出題されている。
◎地球全体の大気の流れと毎日の天気を支配することの多い温帯低気圧についてしっかり理解しておこう。

1 エネルギーの流れ

1-1 高緯度への熱輸送

　4章で学習したように、緯度別の放射エネルギー収支では、低緯度で過剰、高緯度で不足となり、極域と赤道域の温度差は80℃くらいになります。しかし、実際はおよそ40℃程度です。低緯度で過剰、高緯度で不足する緯度別の放射エネルギー収支の過不足分を緩和するために、低緯度帯の余分な熱量が高緯度帯に運ばれています。

　この低緯度から高緯度にエネルギーを運ぶのは、図：般6・1（長く太い矢印は輸送量が大きいことを示す）と図：般6・2に示すように、①大気（大気の大循環）による熱輸送、②海洋（海流）による熱輸送、③大気中の水蒸気の凝結（潜熱）による熱輸送です。熱の輸送量は、熱収支が過剰と不足の境になる緯度37度付近で最も大きくな

図：般6・1　地球の熱収支の概念図
浅井ほか、「大気科学講座2　雲や降水を伴う大気」東京大学出版会、1981）

豆テストQ　大気による顕熱エネルギーの極向き輸送は、低緯度ではフェレル循環の寄与が大きい。

Chapter 6
大気の大規模な流れ

図：般6・2 年平均でみた大気・海洋系における熱の南北輸送量の緯度分布
（浅井ほか、「大気科学講座2 雲や降水を伴う大気」東京大学出版会、1981）

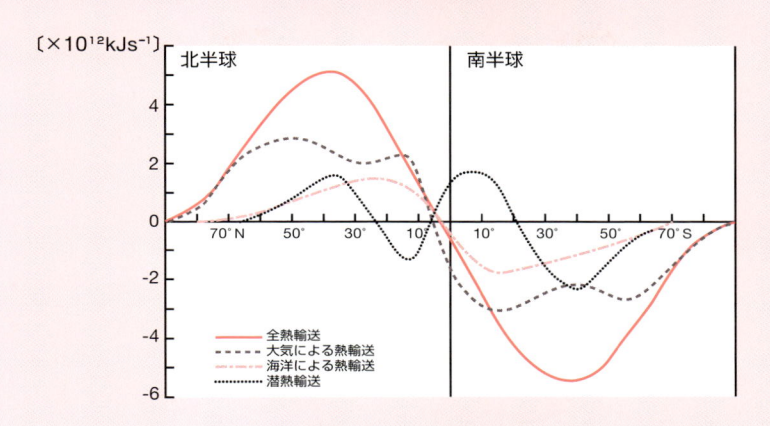

凡例：
— 全熱輸送
--- 大気による熱輸送
-·- 海洋による熱輸送
··· 潜熱輸送

っています（図：般6・2およびp.84の図：般4・5参照）。

　海洋による熱輸送は、暖流（日本付近では黒潮）が低緯度から高緯度へ、寒流（日本付近では親潮）が高緯度から低緯度へ流れた場合、高温の海水が高緯度地方に、低温の海水が低緯度地方に向かって流れ、平均して見れば熱を高緯度に輸送しています。

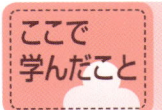

> **ここで学んだこと**
> ・緯度別の放射による熱の不均衡は、大気と海洋による熱輸送と潜熱輸送によって緩和されている。

2 大気大循環

2-1 大気の子午面循環（南北方向の循環）

　大気の流れを空間的・時間的に平均した地球規模の流れを**大気大循環**といいます。図：般6・3は、経度ごとに平均した緯度と高度（気圧）ごとの子

> **豆テストA** ✗ 大気の子午面循環において低緯度での熱輸送は、赤道付近の熱帯域で上昇して30度付近の亜熱帯高圧帯で下降するハドレー循環の寄与が大きい。

図：般6・3　対流圏を中心とした地球上の大気の流れの総合図

（浅井ほか、「大気科学講座2　雲や降水を伴う大気」東京大学出版会、1981）

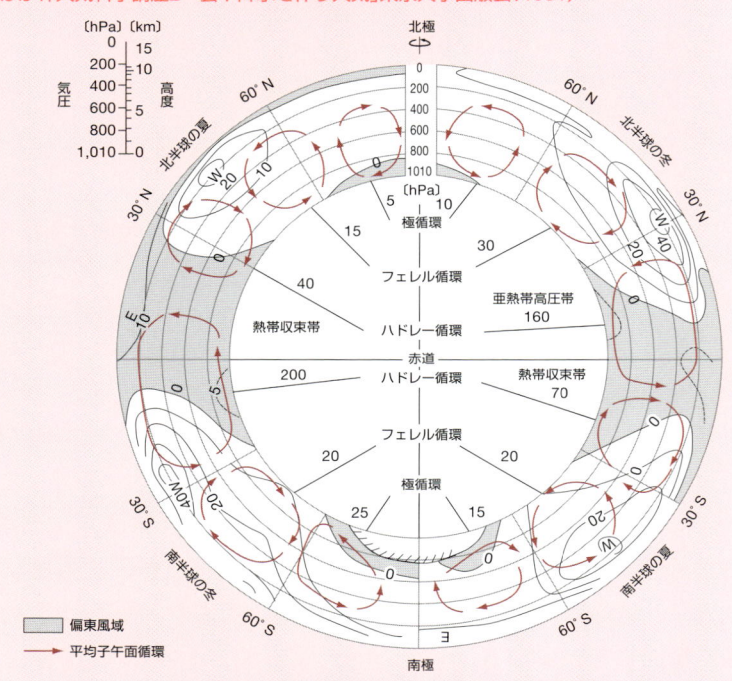

鉛直－緯度断面でみた帯状平均東西風と帯状平均子午面循環。3つの循環細胞は、それぞれ矢印で代表的な流れを示す。実線（一部破線）は東西方向帯状流の地衡風成分の等値線（コリオリパラメータを一定と仮定）。Wは西風、Eは東風（m/s）。

午面循環（南北方向の循環）をみたものです。

　赤道付近で上昇し30度付近で下降する循環を**ハドレー循環**といい、60度付近で上昇し極付近で下降する循環を**極循環**といいます。これらの循環は相対的に温度の高い空気が上昇し、温度の低い空気が下降している循環であり、これを**直接循環**といいます。

　これに対して、60度付近で上昇し30度付近で下降する循環を**フェレル循環**といいます。フェレル循環は相対的に低温域で上昇し、高温域で下降している循環であり、これを**間接循環**といいます。この循環は、緯度線に沿って

> **豆テストQ**　中・高緯度での熱の南北輸送は、傾圧不安定で生じる波動によって、暖気が高緯度へ、寒気が低緯度へ運ばれている。

ぐるりと平均をとると、60度付近では温帯低気圧に伴う上昇流が下降流を上回ることで統計上現出する見かけ上のものです。

30度付近の下降流域を**亜熱帯高圧帯**（通常**サブハイ**と略称されます）といいます。亜熱帯高圧帯から吹き出す下層の風はコリオリ力で**偏東風**となり、北半球では**北東貿易風**、南半球では**南東貿易風**となって赤道付近で収束し、**熱帯収束帯**（p.113～114参照）を形成します。

2-2　水蒸気の南北輸送

図：般6・4は、年平均した緯度別の降水量と蒸発量を示したものです。

降水量の極大は、熱帯収束帯にあたる対流活動の盛んな赤道付近と、温帯低気圧に伴って降水のある40～50度付近にあり、降水量のほうが蒸発量より多くなっています。

一方、亜熱帯高圧帯の30度付近では、蒸発量が降水量よりも多くなって

図：般6・4　年平均で見た降水量と蒸発量
(C.W.Newton ed.,Meteorological Monographs,13,No.35,197より一部引用・追加)

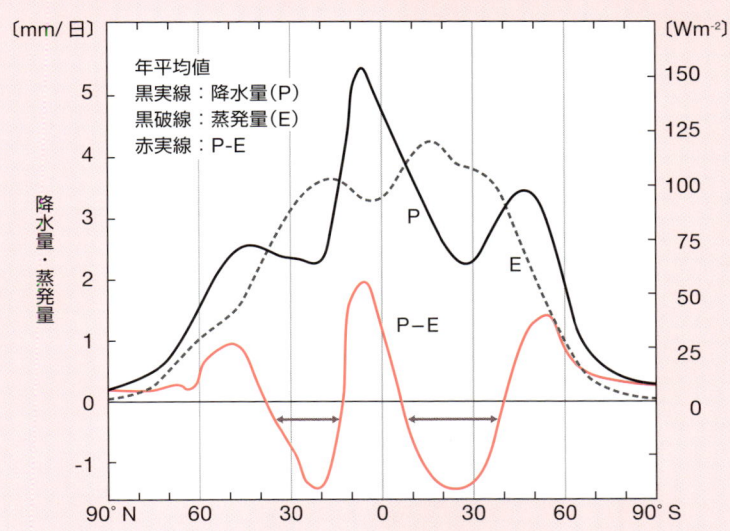

年平均値
黒実線：降水量（P）
黒破線：蒸発量（E）
赤実線：P-E

○ 中・高緯度では、傾圧不安定で生じる波動、つまり温帯低気圧によって寒気が低緯度へ、暖気が高緯度へ運ばれている。

います。図の矢印部分は、亜熱帯高圧帯での大気中の余分な水蒸気を示しています。その一部は熱帯収束帯に向かって輸送されて積乱雲の雨となり、一部は中緯度に輸送されて温帯低気圧・前線に伴う雨となります。

2-3 東西方向の循環

冬季の北半球500hPa等圧面高度分布図（図：般6・5）をみると、極域から高緯度で高度が低く、低緯度域で高度が高く、等高度線は南北に波打って（蛇行して）おり、大気は低高度側を左に見て等高度線に沿って流れており、西よりの風（**偏西風**）となっています。等高度線が込んでいるところで偏西風が強くなっています。

月平均図では、蛇行の振幅が小さく、緩やかに波打ち、周囲に比べて高度が低くなっている気圧の谷が3か所にみられます。これはチベット高原やロッキー山脈などの地形による力学的効果と、大陸と海洋による熱的効果による強制波です。これらは定常的にみられる停滞性の超長波であり、波長が地

図：般6・5　北半球1月における月平均500hPa等高度線
（図の中心は北極、線の間隔は80mごと、点線は強風帯）

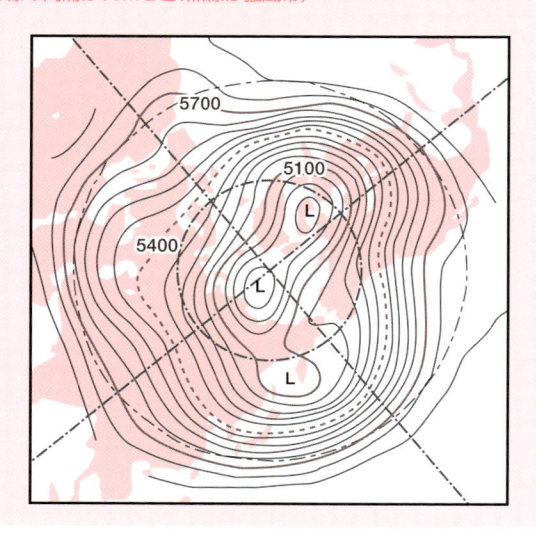

豆テストQ　緯度30度付近の下降流域である亜熱帯高圧帯から吹き出す下層の風はコリオリ力で偏東風となって赤道付近で収束し、熱帯収束帯を形成する。

球の半径より長い波であることから、**プラネタリー波**（惑星波）あるいは**ロスビー波**といわれます。

2-4 ジェット気流

中緯度の対流圏上層にみられる強い偏西風の軸をジェット気流といい、亜熱帯ジェット気流と寒帯前線ジェット気流に分類されます（図：般6・6）。

亜熱帯ジェット気流（Js）の軸は、南北両半球の30度付近の200hPa（高度およそ12000m）レベルで明瞭にみられ、時間的にも空間的にも変動が少ない流れです（図：般6・7）。

寒帯前線ジェット気流（Jp）の軸は、亜熱帯ジェット気流より高緯度側で、300hPa（高度およそ9000m）レベルで明瞭です（図：般6・7）。この寒帯前線ジェット気流は寒帯前線に伴っており、前線の動きや水平温度傾度の大きさによって位置や強さが変化するので、日々の500hPa高度分布図にはみられますが、時間的・空間的変動が大きいために1か月間を平均した月平均図では不明瞭になり、その存在がわかりにくくなります。

図：般6・6 ジェット気流の平均的な分布
(Jet Stream of the Atmosphere, U.S.Naval Weather Service, 発行年不詳)

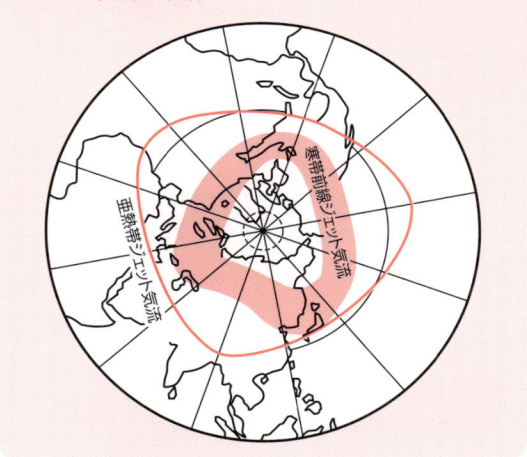

2-5 地表付近の大気の流れ

2-1で述べた子午面循環を地上付近の流れでみた1月と7月の月平均の海面気圧分布と風系を図：般6・8および図：般6・9に示します。赤道～南北緯度10度付近の間にあって南北両半球にまたがる**熱帯収束帯**（ITCZ）とい

○ この偏東風を貿易風（北半球では北東貿易風、南半球では南東貿易風）という。熱帯収束帯では上昇流によって積乱雲が発生しやすく、熱帯低気圧・台風の発生地帯である。

図：般6・7　ジェット気流の緯度－高度分布図（気象庁）

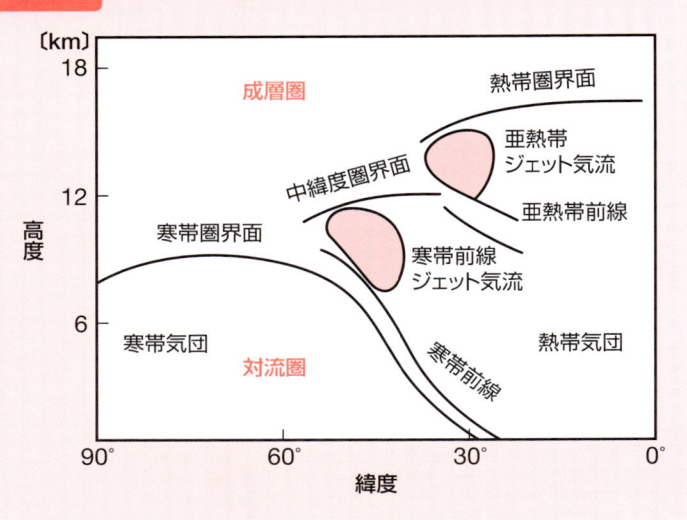

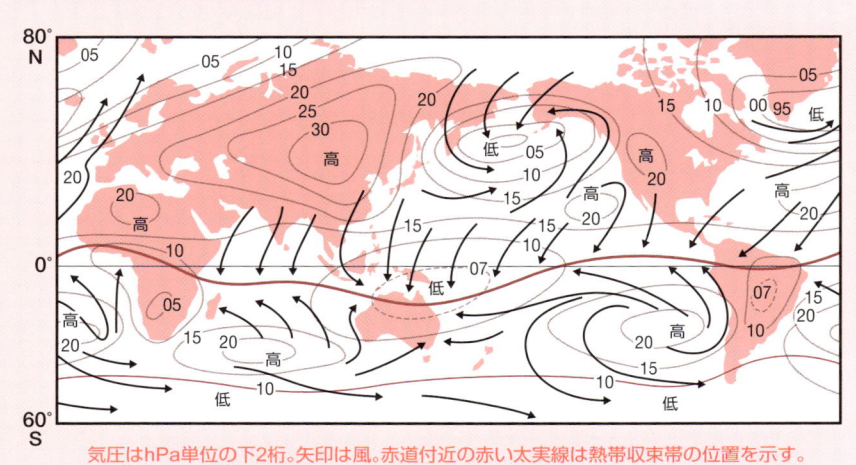

成層圏
熱帯圏界面
亜熱帯ジェット気流
中緯度圏界面
亜熱帯前線
寒帯圏界面
寒帯前線ジェット気流
寒帯気団
対流圏
寒帯前線
熱帯気団

図：般6・8　1月の月平均海面気圧と風系分布

（白木正規「百万人の天気教室」成山堂書店、2003）

気圧はhPa単位の下2桁。矢印は風。赤道付近の赤い太実線は熱帯収束帯の位置を示す。

豆テストQ　亜熱帯高圧帯では、降水量よりも蒸発量のほうが多い。

Chapter 6
大気の大規模な流れ

図：般6・9 7月の月平均海面気圧と風系分布

（白木正規「百万人の天気教室」成山堂書店、2003）

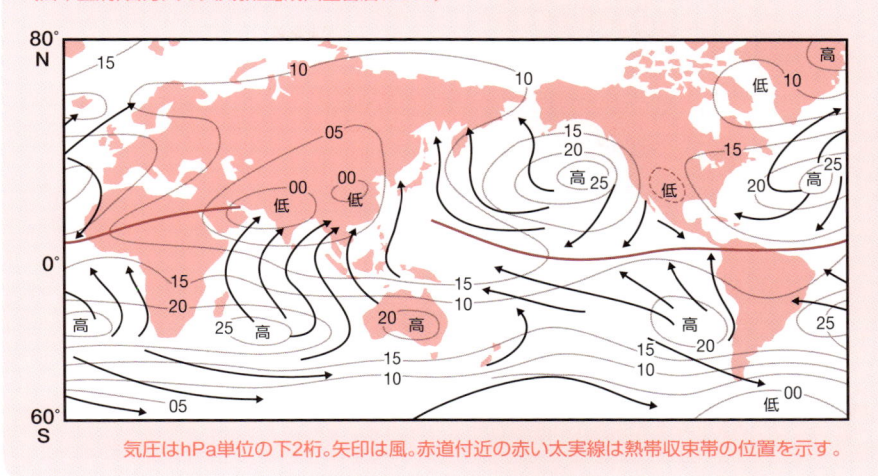

気圧はhPa単位の下2桁。矢印は風。赤道付近の赤い太実線は熱帯収束帯の位置を示す。

う、地球をほぼ一周するような風の収束帯がみられ、1月（南半球が夏）は赤道よりも南半球側で、7月（北半球が夏）は赤道よりも北半球側で顕在化します。

　この収束帯は、両半球の緯度20～30度に見られる亜熱帯高圧帯（いくつかの地域に分かれて、高気圧のセルとなっています）から吹き出す気流が収束して形成されます。

　1月の場合、大陸上にある**亜熱帯高圧帯**は、放射冷却によって生じる寒冷な高気圧に併合され、強力になります。図：般6・8のシベリア高気圧がそれです。

　亜熱帯高圧帯から熱帯収束帯に向かう流れは貿易風と呼ばれ、コリオリ力の影響を受けて偏東風となり、北半球では北東風、南半球では南東風となります。

豆テストA　○　亜熱帯高圧帯はハドレー循環の下降流域で天気がよくて降水量は少ないが、蒸発量は年間で1000mm以上の水の層が蒸発しており、降水量より蒸発量のほうが多い。

> **ここで学んだこと**
> - 大気の子午面循環には、直接循環のハドレー循環と極循環、間接循環のフェレル循環がある。
> - 亜熱帯高圧帯で蒸発した水蒸気は、熱帯収束帯や中緯度帯での降水となる。
> - 大気の南北方向の循環で熱が輸送され、水蒸気の南北方向の循環で水蒸気が輸送される。
> - 中・高緯度では、大気の東西方向の循環（偏西風波動）とジェット気流の存在で、熱が輸送される。
> - ジェット気流には、亜熱帯ジェット気流と寒帯前線ジェット気流とがある。

3 偏西風帯の波動と前線

3-1 偏西風帯の波動

　毎日の高層天気図を見ると、中緯度帯の大気は大小さまざまな波長をもって西から東に流れており、この流れを**偏西風**と呼んでいます。偏西風の強い緯度帯を**偏西風帯**と呼んでおり、南北に波打つ波動がみられます。この波動を**偏西風波動**といいます。

　偏西風波動のうち、高度が周囲より高くて高気圧性（北半球では時計回り）の曲率をもつ（高緯度側に凸になっている）山のところを**気圧の尾根（リッジ）**といい、反対に高度が周囲より低く低気圧性（北半球では反時計回り）の曲率をもつ（低緯度側に凸になっている）谷底のところを**気圧の谷（トラフ）**といいます。上層の気圧の谷に対応し、地上での気圧の谷にあたる**温帯低気圧**と結びつく波動を**傾圧不安定波**と呼びます。傾圧不安定波は、南北方向の水平温度傾度が大きくなり、鉛直シアがある臨界値を超えた場合に生じる不安定性の波です。その波長は2000〜6000kmで、最も発達しやすいのは波長4000km前後の波です。

豆テストQ　亜熱帯高圧帯で余った水蒸気は、すべて熱帯収束帯に向かって輸送され、積乱雲の雨となる。

3-2 気団と前線の形成

密度が一様な大規模な空気の塊を**気団**といい、日本付近の主な気団は次の4つです（図：般6・10）。

(a) **シベリア気団**：寒冷・乾燥の大陸性寒帯気団で、冬期の中国大陸、モンゴル、バイカル湖方面が発源地です。北西の季節風を伴い、日本海側の地方での雪、太平洋側の地方での晴天をもたらします。

図：般6・10　日本付近の気団

シベリア気団
大陸性寒帯気団
寒冷・乾燥

オホーツク海気団
海洋性寒帯気団
寒冷・湿潤

揚子江気団
大陸性熱帯気団
温暖・乾燥

小笠原気団
海洋性熱帯気団
温暖・湿潤

赤道気団
非常に暖湿

(b) **小笠原気団**：温暖・湿潤な海洋性熱帯気団で、北太平洋の亜熱帯高気圧が発源元です。夏季には日本に高温・多湿の晴天をもたらします。

(c) **オホーツク海気団**：寒冷・湿潤な海洋性寒帯気団で、オホーツク海付近を発源地とし、梅雨期や秋りん期に顕著となります。北日本・東日本の低温や霧・曇天をもたらします。

(d) **揚子江気団**：温暖・乾燥の大陸性熱帯気団で、長江（揚子江）流域が発源地です。主に春秋の移動性高気圧の気団です。

その他に、熱帯低気圧（台風）に伴う高温・湿潤な**赤道気団**があります。

2つの気団の境界を前線といい、立体的にみると、図：般6・11のような構造をしています。

密度（温度）の異なる寒気団と暖気団が接する層を**転移層**といい、その前面を**前線面**といい、前線面が地表面や特定の気圧面と交わる線を**前線**といいます。転移層を気圧面で切ると等温線が集中した帯状になっており、これを**前線帯**といいます。つまり、前線帯の暖気側の端（南縁）が前線となります。

豆テストA　✕　亜熱帯高圧帯で余った水蒸気の一部は熱帯収束帯に送られて積乱雲の雨となり、一部は中緯度に送られて温帯低気圧や前線に伴う雨となる。

前線帯では温度傾度が大きいので、地上や850hPaの天気図では等温線の集中帯になっており、その南縁が前線になります。

前線帯は温度傾度が大きいので温度風の関係から偏西風が強く、図：般6・11に見られるように、対流圏界面の下で最も強くジェット気流（寒帯前線ジェット気流）が存在します。温度傾度だけでなく、気圧傾度、風向・風速、湿度にも不連続がみられ、以前は前線を不連続線といっていました。温度傾度は、変形、収束、渦度などの大気の運動によって寒気と暖気が接近することで生じます。<u>この温度傾度が増大することで前線は形成・強化されます</u>。

図：般6・11　前線の立体構造
（「最新気象の事典」東京堂出版(1993)に加筆）
実線：等風速線〔m/s〕、破線：等温線〔℃〕

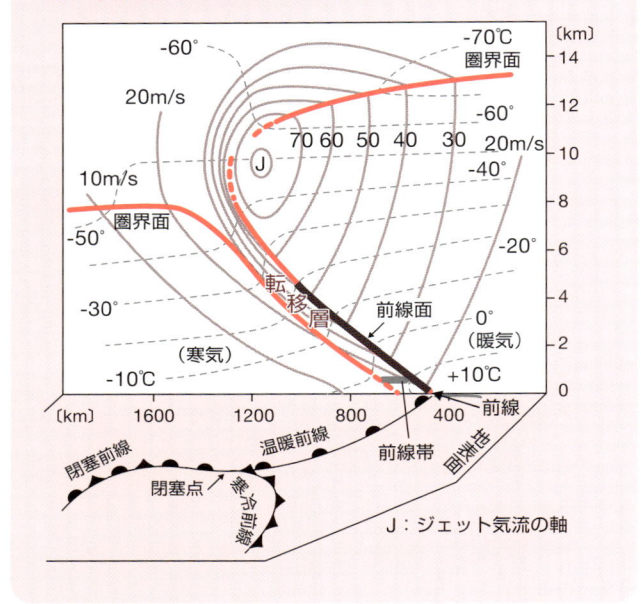

J：ジェット気流の軸

3-3　前線の種類と性格

前線には、寒冷前線、温暖前線、閉塞前線、停滞前線（梅雨前線を含む）の4種類があります。

(a) **寒冷前線**：寒気が暖気側に侵入してくる前線で、低気圧の中心から南西方向に伸びています。寒気と暖気の境界面の傾斜は1/50〜1/100であり、温暖前線に比べると急傾斜です。寒気が暖気の下にもぐり込んで暖気を押し上げるので、鉛直方向に発達する雲（**積雲、積乱雲などの対流雲**

豆テストQ　緯度30度付近を通る偏西風を亜熱帯ジェット気流といい、60度付近を通る偏西風を亜寒帯前線ジェット気流という。

Chapter 6
大気の大規模な流れ

が生じ、暖気側に移動し、寒冷前線の通過時には南西の風から北西の風に急変し、比較的狭い範囲で風速の強まりと強い降水をもたらし、雷を伴うこともあります。前線通過前の温暖・湿潤な空気から、通過後は寒冷・乾燥した空気に入れ替わるので、気温が急降下し湿度も下がります（図：般6・12）。

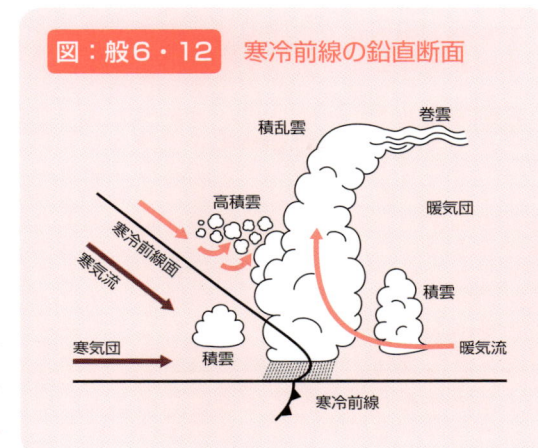

図：般6・12　寒冷前線の鉛直断面

(b) **温暖前線**：暖気が寒気の上を滑昇して寒気側に進んでくる前線で、低気圧の中心から南東（東南東）方向に伸びています。寒気と暖気の境界面は1/100～1/200程度の緩やかな傾斜なので、形成される雲は水平方向に広がった層状の雲です。温暖前線の接近に伴い、巻雲、巻層雲、高層雲が現れ、やがて雨雲といわれる乱層雲となって持続的な降水となります。前線の通過に伴って東寄りの風から南西の風に変わり、降水をもたらし、気温が上昇します（図：般6・13）。

(c) **閉塞前線**：寒冷前線は温暖前線より動きが速いので、いずれ寒冷前線は温暖前線に追いつきます。この2つの前線が一緒になったところが閉塞前線です。閉塞前線で、追いついた寒冷前線の後方の寒気

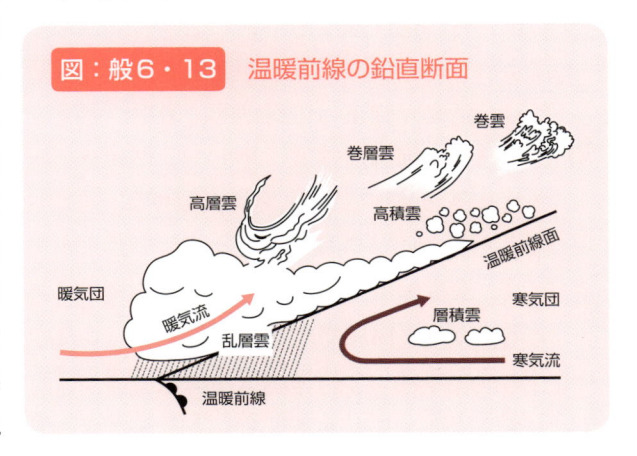

図：般6・13　温暖前線の鉛直断面

豆テストA　✕　ジェット気流は、中緯度の対流圏上層の強い偏西風の軸のことで、亜熱帯ジェット気流と寒帯前線ジェット気流がある。

図：般6・14 閉塞前線の鉛直断面（左：寒冷型、右：温暖型）

が、先行していた温暖前線の前方の寒気より冷たい場合を**寒冷型閉塞前線**といいます。反対に、追いついた寒冷前線の後方の寒気が、先行していた温暖前線の前方の寒気より暖かい場合を**温暖型閉塞前線**といいます。閉塞前線が寒冷前線と温暖前線に分岐する点を**閉塞点**といい、図：般6・14でみるように、発達した積乱雲がみられ、しばしば強い降水がみられます。

(d) **停滞前線**：等圧線が前線に平行なときは、前線に直角方向の風速成分がないか非常に小さいため、前線は移動しないか、非常に小さな動きしかしません。温度傾度も小さく活動も弱いですが、上層の気圧の谷の接近によって前線上に低気圧が発生すると、温暖前線や寒冷前線の性格に変わり、活動が強まって局地的に激しい悪天を伴うことがあります。

(e) **梅雨前線**：梅雨前線は、オホーツク海気団と小笠原気団との境界に形成される停滞前線ですが、寒冷前線や温暖前線とは性格がだいぶ違います。特に、オホーツク海気団の及ばない西日本～中国大陸にかけての梅雨前線は、温度傾度が小さく、等温線の集中はあまりみられず、下層での水蒸気量の水平傾度が大きいことです。したがって、梅雨前線は水蒸気量の多寡を考慮した相当温位傾度に着目して、850hPaの等相当温位線集中帯の南縁に850hPa面での前線を決め、それをもとに地上の前線を求

> **豆テストQ** 偏西風が南北に波打つ波動を偏西風波動といい、この波動のうち高気圧性の曲率をもつ山の部分をトラフ（気圧の谷）という。

めます。オホーツク海気団からなるオホーツク海高気圧から東日本や北日本に冷湿な気流が流入し、曇天、霧、弱い雨をもたらしますが、西日本では、前線上の小低気圧（波長1000km程度のメソαスケール）の通過に伴って多量の雨や集中豪雨をもたらすのが特徴です。梅雨前線の南側は高相当温位の気団のために対流不安定な気層になっており、ときには水蒸気量の多い突出域としての**湿舌**もみられます。大雨が生じている場所の付近で900〜700hPa（高度およそ1〜3km）に局部的な西南西〜南南西の強風（約35kt以上で**下層ジェット**といいます）がしばしば観測されます。気象衛星やレーダーによる観測では、前線沿いに発達した対流雲がみられ、ときには積乱雲の集団（**クラウドクラスター**といい、波長100km程度のメソβスケール）を形成します。

> **ここで学んだこと**
> - 偏西風波動において高緯度側に凸の部分を気圧の尾根（リッジ）といい、低緯度側に凸の部分を気圧の谷（トラフ）という。
> - 地上の温帯低気圧は、上層の気圧の谷に対応した傾圧不安定波である。
> - 日本付近の主な気団は、寒冷なオホーツク気団・シベリア気団と、温暖な小笠原気団・揚子江気団である。
> - 前線は寒気団と暖気団の境界であり、寒冷前線・温暖前線・閉塞前線・停滞前線がある。

4 温帯低気圧

4-1 低気圧の立体構造

　低気圧は図：般6・15に示すような構造をしており、上層の気圧の谷は地上の低気圧より西側にあって、地上の低気圧の中心と上層の気圧の谷を結ぶ気圧の谷の軸（地上低気圧の中心と上層の正渦度中心を結んだ渦軸）が西

> **豆テストA** ✗ 偏西風波動の高気圧性曲率（北半球では時計回り）をもつ山の部分はリッジ（気圧の尾根）である。トラフは低気圧性の曲率をもつ谷底部分である

> **図：般6・15** 温帯低気圧の立体構造
>
> 上層の実線：等高度線、上層の破線：等温線、地上の実線：等圧線、一点鎖線：地上低気圧の中心と
> 上層のトラフを結ぶ渦軸、太矢印：下降気流と上昇気流、C：寒気、W：暖気、H：高気圧、L：低気圧
>
> 地点Bでの地上(S)から上層(U)への風向の変化（反時計回りに変化している）
> 地点Aでの地上(S)から上層(U)への風向の変化（時計回りに変化している）

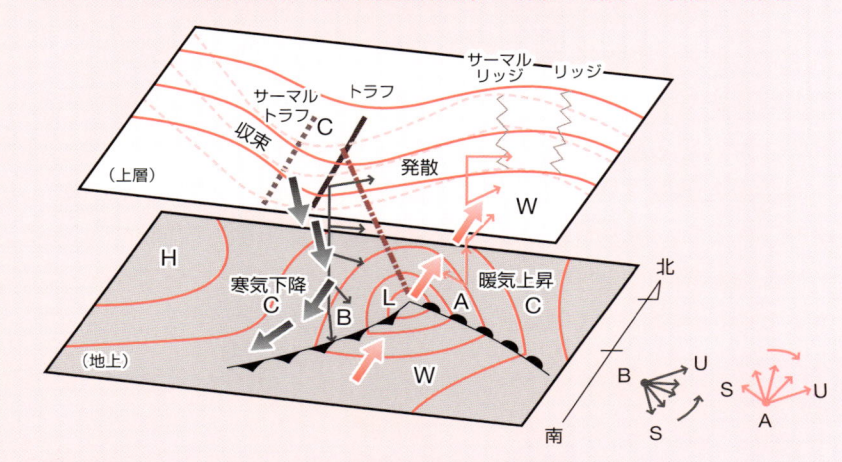

に傾いています。

上層のトラフの西方にサーマルトラフ（温度場の谷）があり、トラフの後面では北西風が吹いて**寒気移流**になっています。一方、トラフの東方にはサーマルリッジ（温度場の尾根）があり、トラフの前面では南西風が吹いて**暖気移流**になっています。

等高度線と等温線が交差している大気の状態を**傾圧大気**といい、トラフの前面（東側）では暖気を北に、後面（西側）では寒気を南に運ぶことができ、暖気は上昇し、寒気は下降します。つまり、暖気が上昇し、寒気が下降することで、（有効）位置エネルギーが減少し、運動エネルギーが増加することによって低気圧は発達します。傾圧大気では、位置エネルギーから運動エネルギーへの転換によって**傾圧不安定波**と呼ばれる**温帯低気圧**が発達します。

エネルギーの転換を模式的に示したものが図：般6・16です。現実に当てはめてみると、寒気（重い空気）は極側の寒冷な密度の大きい空気、暖気

傾圧不安定波は温帯低気圧を発生させて東に移動させるが、高気圧を発生させることはない。

Chapter 6 大気の大規模な流れ

図：般6・16 位置エネルギー減少の模式図

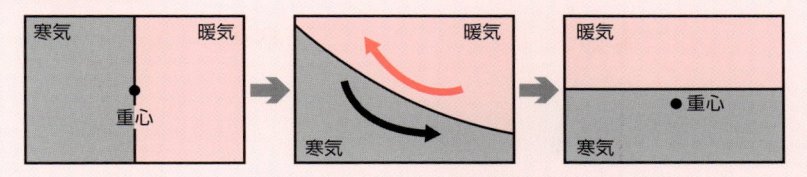

寒気（重い空気）が暖気（軽い空気）の下にもぐり込み、全体の重心が下がって位置エネルギーが減少する。

（軽い空気）は赤道側の温暖な空気と考えればよいことになります。

　低気圧の南東方向に温暖前線が、南西方向に寒冷前線が形成され、これらの前線に挟まれた南側の暖気団（W）内を暖域といい、北側は寒気団（C）です。図：般6・15において、温暖前線前方のAでは、矢印に見られるように下層Sから上層Uに向かって風向が時計回りに変化しており、**暖気移流**です。一方、寒冷前線後方のBでは、下層Sから上層Uに向かって風向が反時計回りに変化しており、**寒気移流**であることがわかります。

　なお、上層の気圧の尾根に対応し、地上での気圧の尾根にあたる高気圧が結びついています。

4-2　低気圧の発生・発達・衰弱過程

　低気圧の発生から衰弱までの過程を上層（500hPa面）・下層（850hPa面）・地上でモデル的に示すと、図：般6・17のように考えることができます。

(1) **発生期～発達初期**（aステージ）：上層には偏西風の大気の流れの中で気圧の谷ができ、谷の前面（東側）では南寄りの風とともに暖気が流入し、後面（西側）では寒気が流入しています。850hPaでは等温線が集中して波打ち、暖気・寒気の流入が見られます。地上でも暖気と寒気による南北方向の水平温度傾度が大きくなり、つまり等温線が集中し、鉛直シアがある臨界値を超えると前線上に波動が生じ、低気圧が発生します。地上の低気圧は上層の気圧の谷の東側にあって、地上の低気圧と上層の気圧の谷が結合（カップリング）すると低気圧は発達し始めます。

豆テストA　✕　傾圧不安定波は南北の水平温度傾度が大きく、鉛直シアがある臨界値を超えた場合に生じる波長2000~6000kmの波動で、低気圧や移動性高気圧を発生させる。

図：般6・17　温帯低気圧の発生・発達の模式図

一点鎖線：地上低気圧の中心と上層のトラフを結ぶ渦軸、太実線：トラフ、太破線：サーマルトラフ、実線：等高度線または等圧線、破線：等温線、L：低気圧、C：寒気、W：暖気、矢羽：風向

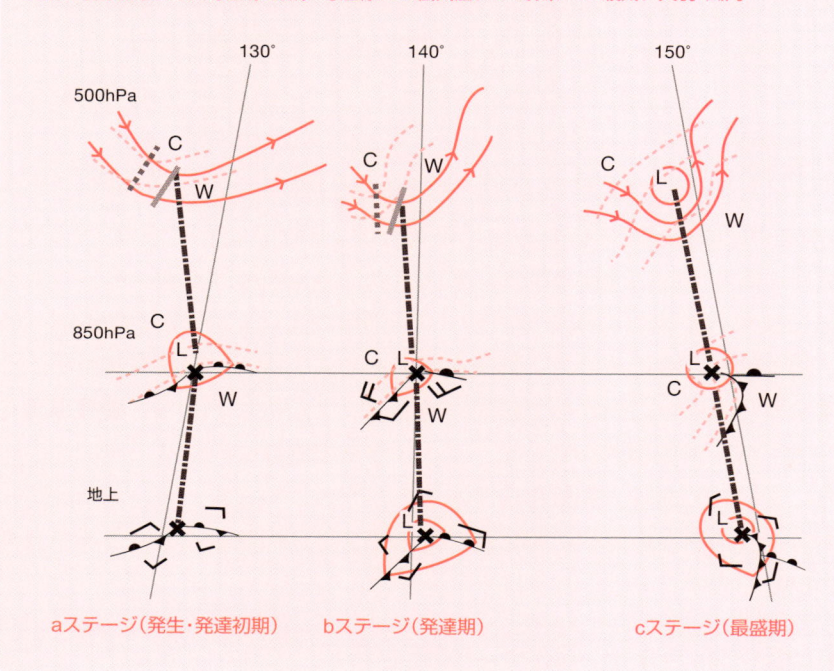

aステージ（発生・発達初期）　　bステージ（発達期）　　cステージ（最盛期）

つまり、上層の気圧の谷は地上の低気圧より西側にあって、上層の気圧の谷と地上の低気圧の中心を結ぶ気圧の谷の軸が高度とともに西に傾いています。この段階では、地上の低気圧に対して上層の気圧の谷は500〜1000km程度西にずれています。

(2) **発達期**（bステージ）：偏西風の波の振幅が増し、上層の気圧の谷が深まって谷の東側では南西風が、西側では北西風が強まってきます。寒気の中心は気圧の谷の西側にあり、谷の前面への暖気の流入が強まり、後面への寒気の流入が強まってきます。850hPa面では、500hPaの気圧の谷の東側に気圧の谷があり、その中心が低気圧です。暖気と寒気の境目にあたる温度集中帯の南縁に前線があり、低気圧の東南東方向に温暖

豆テストQ　西日本から中国大陸にかけての梅雨前線は、温度傾度が小さく、水蒸気の水平傾度が大きい。

前線が、南西方向に寒冷前線が強化されます。気圧の谷に沿う前線を挟んで風のシア、つまり温暖前線の寒気側の東〜南東風、暖気側の南西風と、寒冷前線の寒気側の北西風、暖気側の南西風がみられます。地上の低気圧は850hPa面の低気圧の東側にあり、地上低気圧に伴う温度分布と風分布は850hPa面と同じですが、摩擦の影響で風向は低圧側に横切ります。上層の気圧の谷と地上の低気圧の中心を結ぶ気圧の谷の軸の傾きは小さくなってきます。

(3) **最盛期**（cステージ）：偏西風の波の振幅がさらに増し、上層の気圧の谷が深まり、ときには上層の気圧の谷が切り離されて、**切離低気圧**となることもあります。この段階が、谷の前面での暖気の流入、後面での寒気の流入が最も強く、谷の前面にまで寒気の一部が流入しています。850hPaでは前面の暖気が低気圧の後面にまで流入し、後面の寒気が前面にまで流入してきます。地上の低気圧に伴う寒冷前線は温暖前線に追いついて閉塞前線を形成し、気圧の谷の軸はほとんど鉛直になってきます。

(4) **衰弱期**：上層の気圧の谷と地上の低気圧の中心を結ぶ気圧の谷の軸の西への傾きはなく、鉛直になります。暖気は谷の後面にまでに流入し、一方、寒気は谷の前面にまで流入してきます。850hPaでは、谷の後面への暖気、谷の前面への寒気の流入が進み、暖気・寒気の存在が次第に不明瞭化してきます。低気圧の閉塞化がさらに進み、低気圧は衰弱してきます。

4-3 低気圧の発生・発達過程における雲パターン

図：般6・18に、赤外画像による低気圧の発生・発達・衰弱過程の典型的な雲パターンの特徴を示します。

(1) **発生期**（A）〜**発達初期**（B）：中・下層雲よりなるリーフ（木の葉状）パターンで、ほぼ東西に伸びた雲域が極側に膨らんだ高気圧性曲率をもつ雲域（バルジ）となり、これに上層の気圧の谷が接近するとリーフの上に上層雲がかぶり、低気圧は発達を始めます。

○ 温度傾度が小さいために等温線の集中はみられず、前線上の小低気圧の通過に伴って多量の雨や集中豪雨をもたらす。

| 図：般6・18 | 低気圧の発生・発達・衰弱過程の雲パターンの変化（2005年11月） |

A：発生期　1016hPa　28日00時

B：発達初期　1010hPa　28日9時

C：発達期　1000hPa　28日21時

D：最盛期　984hPa　29日9時

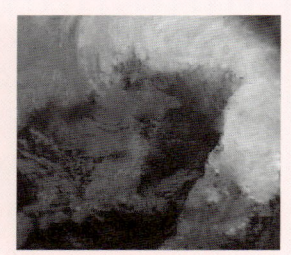

E：衰弱期　984hPa　29日21時

(2) **発達期**(C)：気圧の谷が深まり、低気圧の発達に伴って雲域は南北に立ち、バルジは高気圧性曲率を一層増すとともに、雲域の南西部での低気圧性曲率も示し、雲域全体としてS字型となります。暖気移流が強いと暖域内や前線付近の対流雲が発達します。

(3) **最盛期**(D)：**ドライスロット**（溝状の乾燥域）がみられ、低気圧後面から中心に乾燥した寒気が流入し、低気圧は閉塞段階に入り、コンマ状の雲パターンになります。

(4) **衰弱期**(E)：低気圧中心から閉塞前線が離れ、低気圧中心付近の雲域の雲頂高度が下がり、下層雲が主体の雲域になります。

豆テストQ　温帯低気圧を発達させるエネルギーは、主に地球の自転によって得られている。

Chapter 6
大気の大規模な流れ

ここで学んだこと

- 温帯低気圧は、下層で等温線が集中して鉛直シアが臨界値を超えると発生する。
- 発達中の地上低気圧は、地上と上層の気圧の谷を結ぶ軸が西に傾いている。
- 低気圧は、暖気が上昇し寒気が下降して位置エネルギーが運動エネルギーに変換されることで発達する。

理解度checkテスト

Q1 地球(地球大気と固体地球を合わせたもの)の熱収支について述べた次の文章の下線部(a)～(d)の正誤の組み合わせについて、下記の①～⑤の中から正しいものを一つ選べ。

　一年を通じてみると、地球が吸収する太陽放射の熱量と地球放射として地球から出ていく熱量は(a)ほぼ等しい。低緯度では太陽放射の熱量の方が地球放射の熱量より多く、高緯度ではこの逆となっているが、大気による顕熱・潜熱の輸送および海洋による熱輸送によって南北方向に熱が輸送され、この不均衡が調節されている。大気中の顕熱は、熱帯地方においては主にハドレー循環と呼ばれる(b)子午面循環によって、中・高緯度では(c)傾圧不安定により生じる波動によって、低緯度から高緯度に輸送される。

　大気中の潜熱は、蒸発量に比して降水量の少ない亜熱帯高圧帯で蒸発した水蒸気の一部が中緯度に向かって運ばれ、一部が(d)熱帯収束帯に運ばれて、それぞれ降水となることにより、南北に輸送される。

　また、黒潮、メキシコ湾流といった海流も、低緯度から高緯度方向への熱輸送に重要な役割を果たしている。

豆テストA ✗ 暖気が上昇し寒気が下降することで、エネルギー保存則により位置エネルギーが減少し、運動エネルギーが増加して低気圧は発達する。

	(a)	(b)	(c)	(d)			(a)	(b)	(c)	(d)
①	正	正	正	正		④	誤	正	誤	誤
②	正	誤	正	正		⑤	誤	正	正	正
③	正	誤	誤	正						

Q2

傾圧大気と傾圧不安定波について述べた次の文章(a)～(d)の正誤について、下記の①～⑤の中から正しいものを一つ選べ。

(a) 等圧面天気図上で等温線が描ける大気は、傾圧大気である。

(b) 発達中の傾圧不安定波の構造を見ると、上空の気圧の谷は地上低気圧の中心の西側にある。

(c) 傾圧不安定波である温帯低気圧は熱を南北に輸送し、全体として中・高緯度の南北温度差を強める働きをする。

(d) 温帯低気圧は、水蒸気の凝結を伴わなくても水平温度傾度が大きければ発達しうる。

① (a)のみ誤り
② (b)のみ誤り
③ (c)のみ誤り
④ (d)のみ誤り
⑤ すべて正しい

解答と解説

Q1 解答① （平成14年度第2回一般・問10）

　一年を通じ、地球が吸収する太陽放射の熱量と地球放射として地球から出ていく熱量はほぼ釣り合っています。しかし緯度別では、低緯度で過剰、高緯度で不足しているのですが、低緯度の温度が一方的に高くならず、高緯度の温度が一方的に低くならないのは、低緯度の余分な熱が高緯度に輸送されるからです。この南北の熱輸送には、図：般6・2に示す3つの輸送があります。大気による熱輸送は、低緯度で上昇し亜熱帯高圧帯で下降するハドレー循環と呼ばれる子午面循環（図：

> **豆テストQ** 上層の気圧の谷と地上の低気圧の中心を結ぶ渦軸は、低気圧の発達中は鉛直から東側に傾いてくる。

般6・3）によって、中・高緯度では傾圧不安定によって生じる波動、つまり温帯低気圧によって、暖気が高緯度に、寒気が低緯度に運ばれます。亜熱帯高圧帯で蒸発した水蒸気は、一部が中緯度に、一部が熱帯収束帯に運ばれ（図：般6・4）、それぞれ降水になって南北に輸送されます（本文p.108～112参照）。

Q2 解答③ （平成15年度第1回一般・問10）

　等圧面と等密度面（等温度面）が一致しない状態の大気を傾圧大気といい、両者が交わっている、つまり等圧面天気図で等温線が描ける大気は傾圧大気です。発達中の低気圧では、上空の気圧の谷は地上低気圧の西にあり、気圧の谷の前面に暖気が、後面に寒気が入り、熱を南北に輸送しています。これによって南北の温度差は弱まります。温帯低気圧は、南北の温度傾度がある臨界値を超えた場合に発生し、水蒸気の存在には関係しません。

これだけは必ず覚えよう！

- 亜熱帯ジェット気流は、200hPaレベルの緯度30度付近にあり、時間的にも空間的にも変動が少ない。
- 寒帯前線ジェット気流は、300hPaレベルの中・高緯度にあり、時間的・空間的変動が大きい。
- 定常的にみられる停滞性のプラネタリー波は、地形による力学的効果と、大陸と海洋の熱的効果による強制波である。
- 寒冷前線では対流性の雲が発生し、温暖前線では層状の雲が発生する。
- 前線は温度傾度が大きいが、梅雨前線は温度傾度が小さく、水蒸気量の傾度が大きいことが特徴である。
- 気圧の谷の東側（前面）では南から暖気が流入して上昇流となり、西側（後面）では北から寒気が流入して下降流となる。
- 温帯低気圧は、位置エネルギーから運動エネルギーへの転換によって発達する。
- 低気圧の中心の南西には寒冷前線、南東には温暖前線が延びる。

豆テストA　✕　上層の気圧の谷と低気圧の中心を結ぶ渦軸は、低気圧の発生期には西に傾いているが、最盛期から衰弱期へと進むにつれて鉛直になってくる。

Chapter 7

メソスケール（中小規模）の現象

出題傾向と対策

◎平均して毎回1問は出題されている。
◎頻繁に出題される積乱雲と局地風についてはしっかり学習しておこう。
　これらは専門知識の「局地予報」のジャンルでも出題されることがある。

1 メソスケール現象と積乱雲

1-1　メソスケール現象の種類

　主な気象現象の水平スケールと時間スケールの関係は、水平スケールの大きい現象ほど時間スケールも長いという特徴があります。このうち水平スケール約2000km以下、時間スケール約1日以下の現象を**中小規模現象（メソスケール現象）**と呼びます。メソスケール現象は、さらにメソα（水平スケール2000〜200km）、メソβ（200〜20km）、メソγ（20〜2km）に分類されています。ここでは主に、メソβ、γスケール現象について述べます。
　メソスケール現象発生のきっかけからみると、大気の鉛直不安定によって発達する積乱雲とそれらが組織化された現象と、熱的（地表面の温度差に起因）ないし地形的強制力（山岳などの障害物）が原因で引き起こされる現象とに分類されます。

1-2　対流現象

　大気の鉛直不安定に起因する現象には、その不安定を解消するために生じる対流運動があります。対流は降水を伴う激しい局地的な現象であるばかりでなく、大気の熱収支や大気の大循環にとっても重要な現象です。
　最も簡単な形の対流のひとつがベナール型対流です。**ベナール型対流**は、

豆テストQ　一般風の鉛直シアが弱い場に出現する孤立型積乱雲の寿命は、30分から1時間程度である。

Chapter 7
メソスケール(中小規模)の現象

大気下層を一様に加熱したときに起こる**不安定現象**であり、ある臨界値を超えると六角形状の細胞状対流が発現します。ベナール型対流は、衛星の雲画像において、寒気が吹き出す海洋上のオープンセル型（開細胞型）とクローズドセル型（閉細胞型）の雲としてしばしば見られます。**オープンセル型**は細胞の中心部で下降気流、周辺部で上昇気流となり、雲がドーナツ状に現れます。逆に**クローズドセル型**は中心部が上昇流で雲域となり、周辺は下降流となって雲がありません。

鉛直不安定な成層状態で鉛直シアのある流れ（風速が高さとともに変化している状態）の中で発生する対流は、流れに平行な縞模様のロール型になります。冬の日本海にみられる**筋状雲**は、シベリア気団から寒冷な空気が北西季節風として日本海に出たとき、下から暖められて対流が起こって発生した積雲が、北西季節風の鉛直シアの中で流れに沿って並んだものであり、ベナール型対流の一種です。

詳しく知ろう

- **オープンセルとクローズドセル**：通常、オープンセルは、寒気場内で大気と海面水温との差が大きい（寒気が強い）場合にみられ、クローズドセルは、寒気場内で大気と海面水温との差が小さい（寒気が弱まった）場合にみられる。

1-3 積乱雲

大気が水平方向に一様に加熱や冷却される場合と異なり、局所的に加熱された空気塊を**サーマル**（**熱気泡**）といいます。サーマルはその周りの大気との間に密度差が生じ、浮力によって上昇運動（対流）を生じます。一般に、大気中では水平に一様な加熱は実現しにくいので、サーマルが対流雲の有力な要因です。

対流雲の発生・発達は、小さな空気塊の断熱上昇運動（凝結高度までは乾燥断熱、その上では湿潤断熱）に伴う熱力学的過程によります。

水蒸気を多く含む空気塊が対流圏界面近くの高度まで上昇してできた雲を

豆テスト A ○ このような孤立型（単一セル）の積乱雲は、降水によって引きずりおろされる下降流が上昇流を抑制するために寿命が短い。

| 図：般7・1 | 積乱雲の発達期・成熟期・衰退期の構造 |

(H.R.Byers and R.R.Braham,Jr., *The Thunderstorm*, U.S.Weather Bureau, 1949)

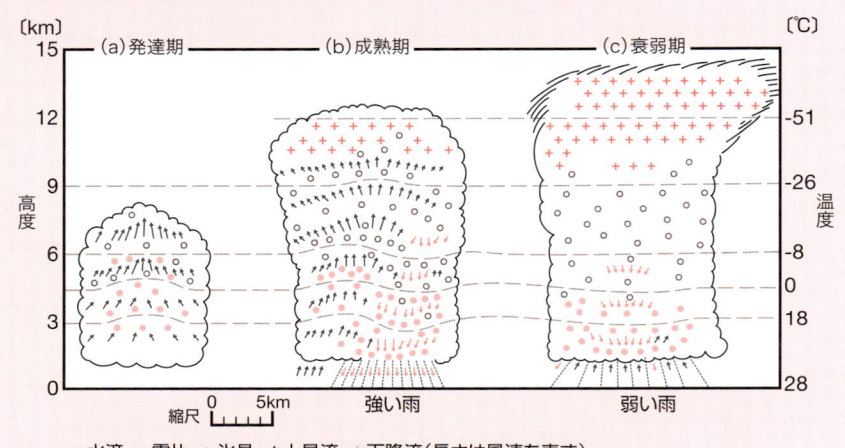

・水滴、。雪片、+ 氷晶、↑上昇流、↓下降流（長さは風速を表す）

(a) 発達期は強い上昇流
(b) 成熟期は上昇流と下降流
(c) 衰退期は下降冷気流

積乱雲（かなとこ雲）と呼びます。積乱雲は雷・ひょう・突風などの激しい現象をもたらし、**雷雲**とも呼ばれます。雷雲は外からは1個の大きな雲の塊に見えますが、しばしば内部では数個の積乱雲が共存しています。雷雲を構成する個々の積乱雲は、**降水セル**（または**雷雨細胞**）と呼ばれます。

観測から得られた積乱雲の構造は、（風の鉛直シアが弱い場合）図：般7・1のようになっており、発達期、成熟期、衰退期の3段階に分けられ、<u>寿命は30～60分程度</u>です

(a) 発達期（成長期）は、雲内全域が上昇流で占められ、中層に雨粒が形成される段階です。
(b) 成熟期（最盛期）は、地上に降水が達するとともに、数m/sの下降流が雲内の一部に現れる段階です。同じ高さの周りの空気と比べて上昇流中の気温は高く、下降流中の気温は低くなっています。

> 豆テストQ　積乱雲の発達期に降水がないのは、この段階ではまだ降水粒子が形成されていないためである。

(c) 衰弱期（消滅期）は、冷たい下降流がセルの下部に広がり、やがて弱まって消滅する段階です。

1-4　ダウンバースト

　積乱雲の成熟期に、雨粒が雲底下を落下するとき、そこは未飽和なので雨粒の一部が蒸発します。蒸発のための潜熱が奪われて空気は冷えるので重くなり、下降流が強まります。そして地表に達した下降流は地上で水平に発散します。雲底下にたまる冷気のために周囲よりも気圧が高くなり、局地的な**雷雨性高気圧**（メソハイと呼びます）を生じます。この高気圧から地表面に沿って放射状に流れ出す冷気を**冷気外出流**といい、その先端が周囲の暖かい空気と衝突するところが**ガストフロント**（**突風前線**）です。

　成熟期の積乱雲の下降流は、普通、数m/sですが、大気の不安定度が強いときには強烈な下降流となります。この下降流と、これに伴う冷気外出流を**ダウンバースト**といいます。冷気外出流の風速は10〜75m/sにも及ぶことがあります。

1-5　雷

　雷は、成熟期の積乱雲の中で正負に分かれた電荷間の大きな電位差による火花放電です。雲の中の正負電荷間で起こる空中放電と、雲と地面の間で起こる対地放電（落雷）があります。上層に主要な正電荷、中層に主要な負電荷、下層に二次的な正電荷が分布し、通常、積乱雲の雲頂が−20℃以下の高さまで発達すると発雷します。夏季、冬季ともに雷の起こり方は同じですが、電荷発生が雲内温度と関係するので、雷雲の高度は夏では約12〜16km、冬では3〜5km程度となっています。積乱雲を発生させる上昇流の原因によって、雷は熱雷、界雷、渦雷、熱界雷に分類されます。

　熱雷は主に夏に起こり、強い日差しを受けて地面付近の湿った空気が熱せられて、激しい勢いで上昇して雷雲になるものです。大きさは10km程度で移動距離も短く、影響範囲も比較的限られています。

　界雷は、寒冷前線付近で発生する雷で、前線雷とも呼ばれ、前線の移動に

豆テスト A　✗　発達期の積乱雲内では強い上昇流による断熱冷却が起きて降水粒子が形成されるが、降水がないのは、数十m/sの上昇流で降水粒子が落ちてこないからである。

つれて影響は広範囲に及びます。

渦雷は、発達した低気圧や台風などの中心付近で周囲から吹き込む気流が強い上昇流をもたらすために発生する場合が多い雷です。

熱界雷は熱雷と界雷が要因となって発生する雷で、上層に強い寒気が入っていることが多く、しばしば大雷雨になります。

1-6　積乱雲の組織化

　風の鉛直シアが弱い孤立した降水セルの場合には、寿命は30分から1時間程度ですが、鉛直シアが強いときには、次々に降水セルが発生・発達・衰弱して長続きすることがあります。

　風の鉛直シアが強いとき（図：般7・2a）、降水セルは雲を含む層全体の平均的な風で流されます。その結果、（移動中の降水セルからみた）降水セルに相対的な風は、下層では逆に右から左へ降水セルに吹きこむように吹いています（図：般7・2b）。降水セル（親雲）から流れ出る冷気外出流がこの下層の風と衝突するところでは、重い冷気外出流が湿った暖かい空気の下に潜り込んで暖気を上昇させます。この上昇流によって新たな雲（子雲）が発生します（図：般7・2c）。水蒸気を含んだ下層の一般風の気流は、上昇流のある子雲に吸い込まれ、親雲は衰弱し、子雲が成長します。これを**降水**

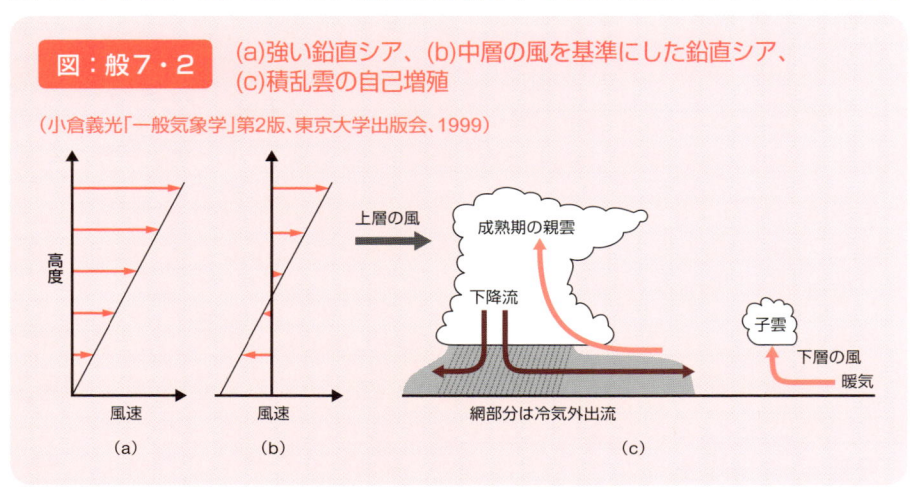

図：般7・2　(a)強い鉛直シア、(b)中層の風を基準にした鉛直シア、(c)積乱雲の自己増殖

（小倉義光「一般気象学」第2版、東京大学出版会、1999）

豆テスト：孤立型の積乱雲の最盛期には、雲内全体に下降流が卓越している。

セルの自己増殖または**降水セルの世代交替**といいます。2つの親雲が接近して存在する場合には、それぞれの冷気外出流から子雲が生まれることもあります。

　このように自己増殖や世代交替を繰り返すと、降水系全体としての寿命は単独の降水セルの寿命よりもずっと長くなります。世代交代を繰り返しながら進んでいく一つの巨大雷雨を**組織化されたマルチセル（多重セル）型雷雨**といい、その多くは10km～数百kmの中規模スケールに組織化されて出現します。こうして中規模に組織化されたものを**中規模対流系**といいます。

　数個の降水セルが線状に並んだ**雲バンド（降水バンド）**や降水セルが100km以上の長さで線状に組織的に並んだ**スコールライン**や、数個以上の積乱雲がかたまって発達した雲の集合体である**クラウドクラスター**を形成する場合もあります。これらは寿命が長いので、進行速度が遅い場合には集中豪雨（冬季には豪雪）の原因となります。

　一方、積乱雲の集合ではなく単一の上昇流域と下降流域をもった巨大な雲の塊を**スーパーセル（巨大単一細胞）型ストーム**（図：般7・3）と呼びます。

　この雷雨の特徴としては、大きなひょうが降ること、気象レーダーで上昇流の位置にカギ形をしたフックエコーが観測されること、ストーム全体が低

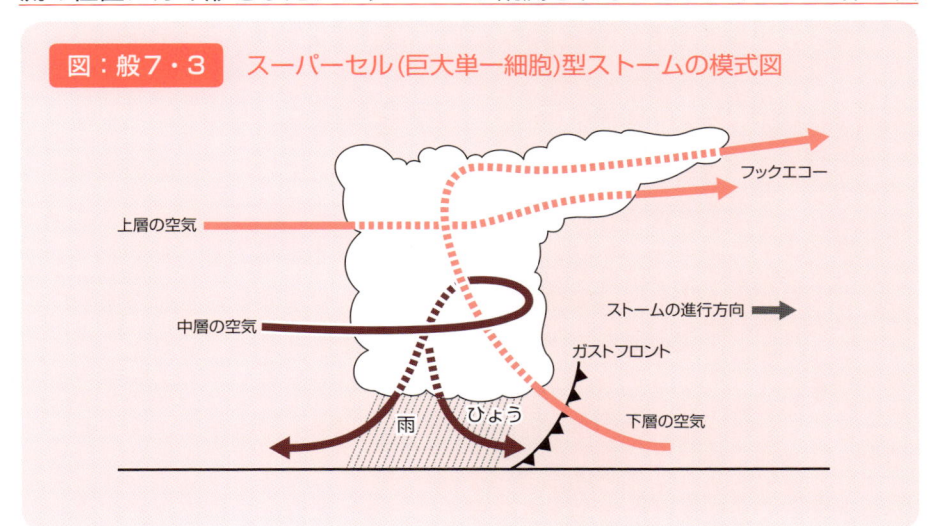

図：般7・3　スーパーセル（巨大単一細胞）型ストームの模式図

豆テストA　✗　下降流が卓越するのは衰弱期である。最盛期には主に雲内の上部は上昇流、下部が下降流となり、中層では上昇流と下降流が同居している。

気圧性回転をしていることです。上昇流の位置も回転しており、この上昇流域の回転は**メソサイクロン**と呼ばれています。スーパーセル型雷雨に伴って発生する**竜巻**（トルネード）は、しばしばフックエコーの付近で起きます。

1-7　竜巻（トルネード）

　竜巻（アメリカではトルネードと呼びます）は、スーパーセル型雷雨の中の強い上昇流と雲底付近の鉛直軸周りの回転（メソサイクロン）から発生する渦巻です。最大風速が中心から約100m以内にあり、風速の中心では遠心力がコリオリ力に比べて圧倒的に大きく、遠心力と気圧傾度力が釣り合う旋衡風平衡にあります（p.92参照）。中心付近では周辺より気圧が数十hPa低く、中心に吹き込んで上昇する空気は断熱膨張して冷え、水蒸気が凝結して特有の漏斗雲を生じます。

ここで学んだこと

- ベナール型対流は、オープンセル型の雲やクローズドセル型の雲を形成する。
- 積乱雲の寿命は **30〜60分程度** で、発達期・成熟期・衰弱期に分けられる。
- 成熟期の積乱雲の強烈な下降流と、それに伴う冷気外出流をダウンバーストといい、風速は **10〜75m/s** に及ぶ。
- 雷は、熱雷、界雷、渦雷、熱界雷に分類される。
- 組織化されたマルチセル型雷雨は世代交代を繰り返す積乱雲の集合である。
- 雲バンド（降水バンド）、スコールライン、クラウドクラスターなどは寿命が長いので、進行速度が遅い場合には集中豪雨の原因となる。
- スーパーセルは単一の巨大な雲の塊であり、竜巻はその強い上昇流と雲底付近の鉛直軸周りの回転（メソサイクロン）から発生する渦巻である。

豆テスト　一般風の鉛直シアが大きい場で発生する積乱雲が巨大化して長続きするのは、雲内で降水粒子の落下に伴う下降流が上昇流とは異なる領域に形成されるからである。

Chapter 7
メソスケール（中小規模）の現象

2 局地風

2-1 海陸風

　一般風が弱い、よく晴れた海岸では、太陽放射（日射）のために、熱容量の小さい陸地のほうが熱容量の大きい海面より早く高温になります。反対に夜間は、地球放射（赤外放射）による放射冷却によって陸地のほうが早く低温になります。

　この温度差で生じた気圧差が原動力となって、日中は海から陸へ**海風**が吹き、夜間は陸から海へと**陸風**が吹きます。この1日周期で繰り返される風系を**海陸風**といいます。大きな湖の湖岸で、これと同じ原因による局地風は湖陸風といいます。海陸風が影響を及ぼす範囲は、水平方向に10〜100km程度、鉛直方向に1km程度です。

　日中、陸上の気温が海上の気温より高くなると、陸上では上昇気流が起きて気圧が低下するので、海上の空気がこれを補う形で流入します。その先端で地上風の収束によって局地的な海風前線を形成し、積雲を生じることもあります。

　陸上で生じた上昇気流は上空で向きを転じ、海風の**反流**として海上へ向かいます。このような循環を海風循環といいます（図：般7・4a）。

　夜間にはこの状況が逆転し、陸風循環が形成されます（図：般7・4b）。

　一般に海風は200〜300mの高さで、最大風速は5〜6 m/s

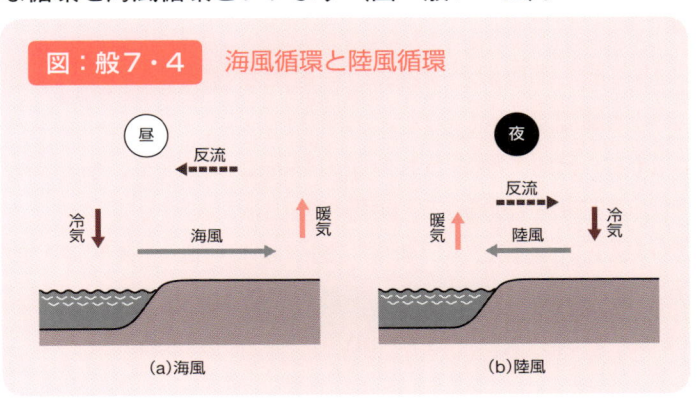

図：般7・4 海風循環と陸風循環

(a)海風　　(b)陸風

○ このような構造の積乱雲をスーパーセル型雷雨といい、ひょうが降ったり竜巻を伴ったりすることが多い。

137

程度です。これに対して陸風は50〜100mの高さで、最大風速は2〜3 m/s程度です。海風の反流の高さは約1000mに達し、陸風より高くなっています。

海風と陸風が交代する朝夕には、凪（なぎ）と呼ばれる無風状態が現れます。

海陸風は、一般場の風速に比べるとあまり強くないので、通常、風が強いときや曇雨天の日には観測されません。晴れた日でも、陸面が湿っているときは蒸発の潜熱で温度上昇が弱められ、陸面が乾燥しているときよりも海風は弱くなります。一般風が海から陸のほうへ向かう場合、海風に重なって海風は強く、海風層は厚くなり、逆に弱い陸風は打ち消されて観測されなくなります。

海陸風は地形の影響を大きく受け、複雑な地形をした地域では、海陸風と次項の山谷風が重なって観測されます。最近は、光化学スモッグなど大気汚染との関係で、たとえば京浜工業地帯から遠く長野県まで汚染物質を輸送する気流として海風が注目されています。

> ### 詳しく知ろう
>
> ・**海陸風**と**コリオリ力**：北半球のある地点の海陸風の風ベクトルは、通常、一日のうちに時計回りに回転する。これは海陸風のスケールの運動にコリオリ力の影響が見られるためである。

2-2 山谷風

山谷風も海陸風と同様に、一般風が弱い場合に吹く、風向の日変化が顕著な局地風です。

日中、日射で暖められた山の斜面上の空気と、同じ高さの平野部上空の空気との温度差が原因で、平野から山頂に向かってはい上がる風（**滑昇風：アナバ風**）を**谷風**といいます（図：般7・5a）。夜間は、放射冷却で冷やされた斜面の空気は重くなり、平野へと吹き降りる風（**滑降風：カタバ風**）を山風といいます（図：般7・5b）。

豆テストQ：積乱雲内での氷粒子の融解と雲底下での雨粒の蒸発で潜熱を奪われた冷気下降流が地上で水平発散し、周囲の暖かい空気と衝突するところをガストフロントという。

Chapter 7
メソスケール（中小規模）の現象

図：般7・5　谷風循環と山風循環

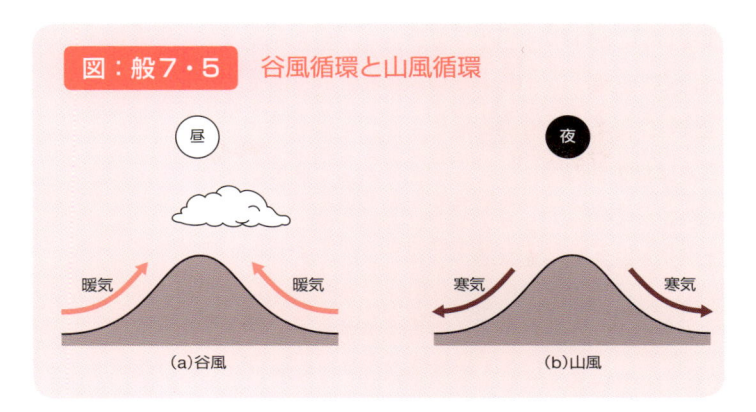

(a)谷風　　(b)山風

2-3　おろし（フェーンとボラ）

　おろしとは、山から吹き降りてくる強風のことで、吹き降りる空気がふもとの空気より暖かい場合を**フェーン**、冷たい場合を**ボラ**と呼びます。

　フェーンには、2つのタイプがあります。

　1つは図：般7・6aに示すように、山越えする気流が潜熱の放出によって風下で乾燥した高温の風になる場合です。風上側斜面を吹き上がる空気塊が水分を含む場合、凝結高度までは乾燥断熱減率で冷え、凝結が始まると湿潤断熱減率で冷えます。凝結した水分が降水として空気塊から除かれると、風下側を吹き降りるときには乾燥断熱減率で昇温するので、山麓風下に乾燥した高温の空気をもたらします。このタイプを**熱力学的フェーン**または**湿ったフェーン**といいます。

　もう1つは図：般7・6bのように、温位の高い上空の

図：般7・6　乾いたフェーンと湿ったフェーン

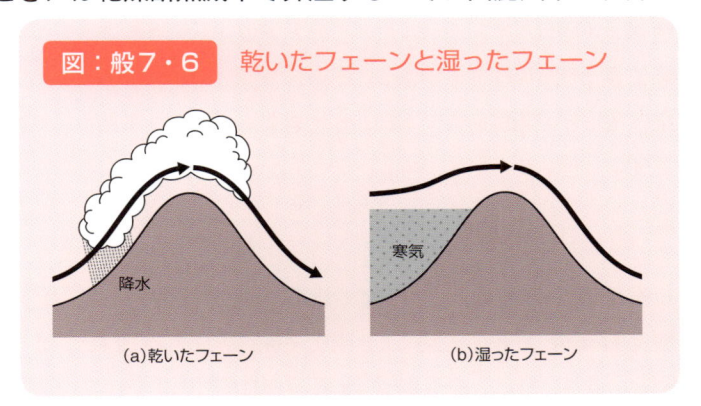

(a)乾いたフェーン　　(b)湿ったフェーン

> 地表面に発散する冷気を冷気外出流といい、風速が10〜75m/sに及ぶことがある。また、積乱雲からの強烈な下降流とそれに伴う冷気外出流をダウンバーストという。

空気が山麓風下に降りてきて、地上で乾燥した高温の空気になる場合です。これは降水を伴わないフェーンで、**力学的フェーン**または**乾いたフェーン**といいます。

図：般7・7　ボラが発生する仕組み

（a）：盆地に寒気が溜まる　（b）：寒気が尾根を越えて溢れ出る

　日本では、台風や低気圧が日本海で発達しながら通過するとき、太平洋側から湿潤な空気が中央山脈を越えて日本海側に吹き降りる場合に、しばしばフェーンが発生します。風下側の山麓では乾燥と異常高温が重なって、大火が発生することがあります。

　ボラは、海岸の背後に台地があるような地方で、冬季に台地から海岸に向かって乾燥した非常に冷たい風が突然吹き降りる現象です。図：般7・7はボラの仕組みを模式的に示したもので、風上側の台地に冷たい寒気が溜まり（図：般7・7a）、やがて溢れ出して山の尾根を越えて寒気が吹き降ります（図：般7・7b）。

　寒気が斜面を吹き降りるとき、フェーンと同じように断熱昇温します。しかし、もともと台地にあった寒気が非常に低温であれば、昇温しても山麓の気温より低いことがあり、このときの風がボラです。ボラは、山岳の尾根や峠に風が集中して吹き出すため、気流が集中する効果で強風になります。また、寒気が斜面を吹き降りるときに、重力の作用が重なることも強風の原因です。

2-4　山岳波

　気流が山に当たったとき、地表付近ではおろしのような強い風が吹くことがあります。そのとき、上空でも特徴のある流れが見られます。図：般7・8に示すように、山を越える気流が山頂付近や山の風下側で、上下方向に振

自己増殖（世代交代）を繰り返しながら進んでいく巨大雷雨を組織化されたマルチセル型雷雨といい、その水平スケールは数千kmに及ぶ。

Chapter 7
メソスケール（中小規模）の現象

動する現象を**山岳波**または風下波といいます。

山岳波のでき方は、山にあたる気流の鉛直方向の速度分布や大気の安定性によって異なります。図：般7・8は、風の鉛直シアが大きい場合の山岳波のでき方を示したものです。山を越えた空気は、断熱冷却しながら上昇して、周りの空気より冷えて重くなり、やがて下降しはじめます。ある程度下降すると断熱昇温のために周りの空気より軽くなり、再び上昇するようになります。

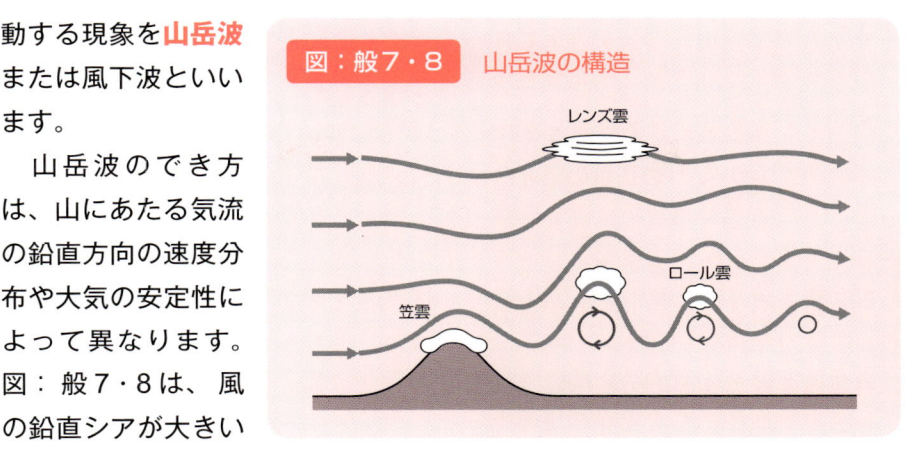

このようにしてできる山岳波の上昇気流の部分では、凝結による雲が発生します。山の上にできる雲を**笠雲**といい、それ以外の所にできるものを**吊るし雲**といいます。吊るし雲には**レンズ雲**や**ロール雲**などがあり、雲の形から気流の性質を知ることができます。

図：般7・8　山岳波の構造

（レンズ雲、ロール雲、笠雲）

ここで学んだこと

- 海風は陸風に比べて風速が大きく、到達距離は長く、反流も高い。
- 谷風（滑昇風：アナバ風）は、日中に平野から山頂に向かって吹き、山風（滑降風：カタバ風）は夜間に山頂から平野に向かって吹き降りる。
- おろしにはフェーンとボラがあり、フェーンには湿ったフェーンと乾いたフェーンがある。
- 山岳波は、山を越える気流が山頂付近や山の風下側で上下方向に振動する波動である。

豆テスト A　✕　組織化されたマルチセル型雷雨は、10km〜数百kmの中規模スケールの現象である。このように中規模に組織化されたものを中規模対流系という。

理解度checkテスト

Q1 積乱雲による雷雨とそれに伴う現象について述べた次の文章の下線部(a)～(d)の正誤の組み合わせとして正しいものを、下記の①～⑤の中から一つ選べ。

　雷を伴う発達した積乱雲を雷雲といい、雷鳴や電光を伴う激しい雨を雷雨という。雷雲の発達期にはカリフラワー状の雲塊がかなりの速さで成長し、雲内での上昇気流は数十m/sにも達する。発達期の雲内では雲粒や雪・あられなどの氷粒子が生成・成長するが、強い上昇気流の領域では落下しない。単一セルの雷雲は、(a)発生から数時間程度で最盛期を迎える。

　最盛期を過ぎると上昇気流に抗して大きな雨粒や氷粒子が落下をはじめ、地上で降水となる。雲内を落下する降水粒子によって周囲の空気が引きずられ、下降気流が形成される。さらに、あられ、雪やひょうが0℃以上の層を通過して融解すると、融解熱によって(b)周囲の空気が冷やされ、それによって下降気流が強くなる。また、雲底を離れた降水粒子からは蒸発が起こり、下降気流が一段と強められる。このようにしてできた(c)強い下降気流が一気に降りてきて地表付近で広がる現象をダウンバーストと呼んでいる。

　雷雲の上部には、しばしば(d)氷晶からなる水平に広がるかなとこ状の雲が見られる。このように水平に広がるのは圏界面より上で大気成層が非常に安定しており、上昇気流が抑えられるからである。

	(a)	(b)	(c)	(d)		(a)	(b)	(c)	(d)
①	正	正	正	正	④	誤	正	正	正
②	正	正	誤	誤	⑤	誤	誤	誤	誤
③	正	誤	正	誤					

豆テストQ 一般に海風は陸風よりも風速が大きく、反流の高さは陸風のほうが高い。

Chapter 7
メソスケール（中小規模）の現象

Q2 様々な風について説明した次の文(a)～(c)の下線部の正誤の組み合わせについて、下記の①～⑤の中から正しいものを一つ選べ。

(a) 局地循環の一種である海陸風循環は、<u>対流圏界面の高度</u>まで及んでいる。

(b) 山谷風で昼間に山の斜面を滑昇する風が吹くのは、山の斜面上の気温の方が同じ高度の谷や平地の上の気温より高くなって、その間に<u>気圧差が生じる</u>ためである。

(c) 地表面付近の冷却された空気が<u>重力によって斜面を吹き降りる風</u>をカタバ風という。

	(a)	(b)	(c)		(a)	(b)	(c)
①	誤	誤	正	④	正	正	誤
②	誤	正	正	⑤	正	誤	誤
③	誤	正	誤				

解答と解説

Q1 解答④ （平成18年度第2回一般・問8）

(a) 誤り。単一セルの雷雲の寿命は30分～1時間程度です。

(b) 正しい。氷の降水粒子が0℃より気温が高い空気層を通過して融ける際に周囲の空気から潜熱を奪うので、周囲の空域は冷やされて密度が大きくなり、下降気流は強まります。

(c) 正しい。ダウンバーストの生じるメカニズムが記述されています。

(d) 正しい。発達した積乱雲の雲頂は、普通、－40℃より低く、雲粒は氷晶で構成されています。鉛直安定性により、圏界面付近で雲の発達が抑えられ、水平風に流されて広がり、氷晶から成る雲に特有な繊維状または筋状のかなとこ雲が生じます。

豆テストA ✗ 海風の風速は最大で5～6m/sで、陸風の2～3m/sよりも大きいが、海風の反流の高さは約1000mに達し、陸風の反流よりも高い。

Q2 解答② (平成15年度第2回一般・問10)

(a) 誤り。海陸風循環は大気下層の現象で、対流圏界面にまでは及びません。

(b) 正しい。山谷風循環のうち昼間の谷風が生じる原因が正しく記述されています。

(c) 正しい。放射冷却で冷やされた山の斜面の空気が重くなり、平野へと吹き降りる風を滑降風またはカタバ風と呼びます。山谷風循環の夜間の山風が生じる原因にもなります。

これだけは必ず覚えよう！

- オープンセルは、大気と海面水温との差が大きい（寒気が強い）場合に見られ、クローズドセルはその差が小さい（寒気が弱い）場合に見られる。
- 積乱雲の発達期には上昇気流のみで、成熟期には下降気流が発生し、衰弱期には冷たい下降気流のみとなる。
- ダウンバーストは、積乱雲の成熟期に大気の不安定度が強いときに生じる強烈な下降流と、これに伴う冷気外出流であり、風速は10〜75m/sになる。
- 雷雲の高度は、夏は12〜16km程度、冬は3〜5km程度である。
- 熱雷は、夏の強い日差しで熱せられた地表付近の湿った空気が急上昇してできる雷雲である。
- 界雷は、寒冷前線付近で発生し、前線の移動に伴って影響は広範囲及ぶ。
- 風の鉛直シアが強い場合、降水セル（子雲）が次々に発生し、組織化されたマルチセル型雷雨となる。
- スーパーセル型ストームは、単一の上昇流域と下降流域をもつ巨大な雲の塊で、大きなひょうが降り、気象レーダーでフックエコーが観測される。
- 海風は、一般に200〜300mの高さで、最大風速5〜6m、反流の高さ約1000mであり、陸風に比べて規模が大きい。
- 湿ったフェーンは、水分を含む空気塊が凝結高度までは乾燥断熱減率で山の斜面を吹き上がり、凝結が始まると湿潤断熱減率で温度が低下し、凝結した水分が降水として除かれ、風下側を吹き降りるときに乾燥断熱減率で温度が上昇して乾燥・高温となるフェーンである。
- 乾いたフェーンは、温位の高い上空の空気（普通は上空ほど温位が高い）が、地上に降りて乾燥・高温となるフェーンである。

豆テストQ 台風の渦を形成する引き金となるのは、コリオリ力である。

Chapter 8 台風

出題傾向と対策

◎台風は、「一般」「専門」のどちらかで毎回出題されている。
◎台風の発生と発達、構造、進路、大きさと強さの階級などをしっかり学習しておこう。

1 台風の定義と台風の発生

1-1 台風の定義

　北西太平洋の熱帯・亜熱帯域で発生する熱帯低気圧のうち、中心付近の最大風速が34ノット（17.2m/s）以上になったものを**台風**といいます。台風と同じ性質をもつ仲間には、北大西洋および北東太平洋での「ハリケーン」、インド洋の「サイクロン」などがあります。

詳しく知ろう

・**最大風速**と**最大瞬間風速**：最大風速は10分間平均風速の最大値、最大瞬間風速は瞬間風速（風速計の測定値を3秒間平均した値）の最大値。
・**ハリケーン**と**サイクロン**：構造と発達のメカニズムは台風と同じだが、最大風速が64kt以上の熱帯低気圧をいう。
注：1ノット（kt）は1時間に1海里（約1852m）進む速さであり、1kt＝1.852km/h＝0.515m/s。つまり、1kt≒2km/h≒0.5m/s

1-2 台風の発生

　台風の発生条件は次の3つです。

豆テストA　✕　台風の渦が維持・発達するにはコリオリ力が必要だが、渦の形成の引き金となるのは熱帯収束帯の気流の乱れや偏東風波動である。

145

① 海面水温が約26℃以上の海域。
② コリオリ力が働く海域（北緯5度以北の海域）。
③ 熱帯収束帯の気流の乱れや偏東風波動が渦の形成の引き金となる。

　台風は水蒸気が凝結して積乱雲が形成されるときの潜熱がエネルギー源なので、海面水温が高く、水蒸気が多い熱帯・亜熱帯の海域で発生・発達します。台風の渦が発達するには、地球の自転によるコリオリ力が重要なので、赤道から5度以内のコリオリ力が小さい海域では発生しません。台風の渦を形成する引き金は、熱帯収束帯（ITCZ）の気流の乱れや偏東風波動です。

> **ここで学んだこと**
> - 台風は最大風速が**34kt**以上の熱帯低気圧である。
> - 台風は海面水温度が約**26℃**以上でコリオリ力が働く熱帯収束帯で発生する。
> - 台風のエネルギー源は、水蒸気が凝結する際の潜熱である。

2 台風の構造と発達

2-1 台風の構造

　図：般8・1の気象衛星画像でみるように、発達した台風の中心は下降流域で雲が発生しにくいために、**台風の眼**が存在します。眼の周りは、発達した背の高い積乱雲よりなる眼の**壁雲**が取り巻いています。

　眼の中の温度は、眼の周辺の活発な対流活動による水蒸気の凝結に伴う潜熱の放出と、下降流による断熱昇温によって周囲より高く、対流圏上層ほど周囲よりも高温になっています。これを**暖気核**といいます。暖気核が形成されることにより、台風の中心は気圧が低くなります。

　眼を含む中心域には、雲域をらせん状に取り巻いている積雲・積乱雲からなる雲バンド（**スパイラルバンド**）があります。図：般8・2にみるように、

豆テストQ　台風のエネルギー源は、水蒸気が凝結するときに放出される潜熱である。

Chapter 8 台 風

図：般8・1　最盛期の台風（1998年第10号）

中心域に明瞭な眼がみえ、積乱雲群よりなるスパイラルバンドが中心付近の雲域（CDO）を取り巻いている。

図：般8・2　台風と積雲対流群の相互作用（CISK）

（気象ハンドブック編集委員会編「気象ハンドブック」朝倉書店、1979、一部改変）

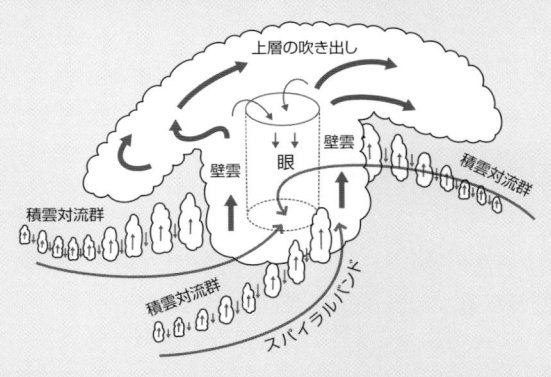

地表付近では反時計回りに回転しながら中心付近に気流が収束し、上層では時計回りに回転しながら周囲に気流が発散している。

暖湿な空気が地表付近では周辺から台風の中心に向かって反時計回りに回転しながら吹き込み、上昇して雲を形成し、対流圏界面に達した後は逆に時計回りに回転して吹き出しています。

○ 台風のエネルギー源は、水蒸気が凝結して積乱雲が形成されるときの潜熱なので、台風は海面水温が高く水蒸気が多い熱帯・亜熱帯の海域で発生する。

> **詳しく知ろう**
>
> - **ドボラック法**：気象衛星画像の雲パターンから、台風の中心付近の雲域（**CDO**）とそれを取り巻く雲バンド（スパイラルバンド）の特徴の変化に基づいて台風の勢力の強さを数値化して見積もる方法（**p.271**参照）。

2-2　台風の風速分布

　台風の等圧線は軸対称で、発達した台風ほど中心気圧が低く、中心に近づくほど等圧線の間隔が込んでいるので、中心に近づくほど風速は強まり、風速の極大域は眼の壁雲付近にみられます。ただし眼の中は風速が弱くなっています。

　台風が移動している場合、進行方向に向かって右側では、台風固有の風に台風の移動速度が加わるために風速が強まります。左側では、台風固有の風に対して台風の移動速度が反対方向を向いているために両者が打ち消しあうので風速は弱まります。この意味で、台風進行方向の右側を**危険半円**、左側を**可航半円**と呼びますが、可航半円でも船舶が安全に航行できるわけではないことに注意を要します。

> **詳しく知ろう**
>
> - **台風の通過に伴う風向の変化**：台風が観測点のどちら側を通過するかによって、風向の変化は異なる。台風が観測点の左側を通過すると、風向は順転（時計回りの変化）し、右側を通過すると、逆転（反時計回りの変化）する。

2-3　台風の発達と衰弱

　台風は、数百kmの水平スケールをもった渦循環と、数kmスケールの積雲対流群が互いに強め合って相互作用することで発達します（図：般8・2）。

> **豆テストQ**　台風の眼が存在するのは、強い回転風の遠心力で中心部の雲が吹き飛ばされて壁雲を形成するからである。

Chapter 8 台風

このような台風の発達を促すメカニズムを**第二種条件付不安定（シスク：CISK）**といい、図：般8・3はその流れを示します。

台風のエネルギー源は、水蒸気の凝結に伴う潜熱なので、緯度が高くて海面水温の低い海域に進んだり、上陸したりすると、水蒸気の補給が少なくなるために衰弱します。また、上陸すると、地表面摩擦の影響を受けるので、勢力が弱まります。

台風が中緯度の偏西風帯の気圧の谷の前面に進んでくると、中心部に乾燥した寒気が流入し、温帯低気圧に変わります（台風の**温低化**という）。温低化すると強風域が拡大することがあります。また、台風の構造を維持したまま衰弱して中心付近の最大風速が34kt未満になると**熱帯低気圧に格下げ**になります。この場合は大雨に対する注意を要します。

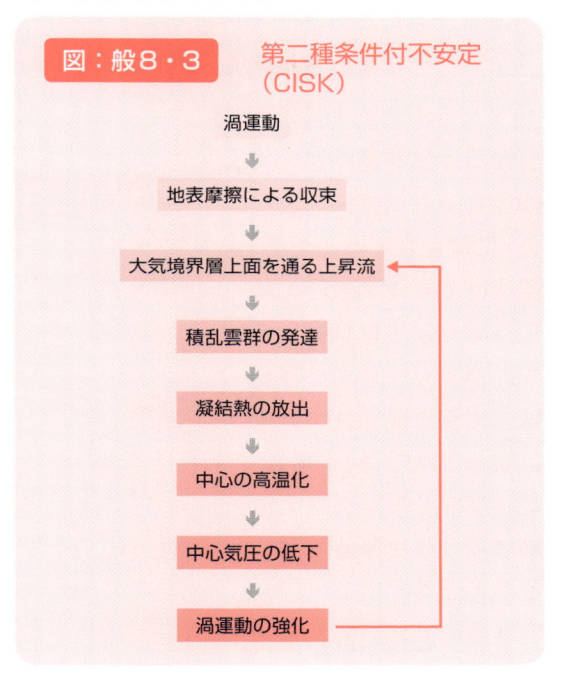

| 図：般8・3 | 第二種条件付不安定（CISK） |

渦運動
↓
地表摩擦による収束
↓
大気境界層上面を通る上昇流 ←
↓　　　　　　　　　　　　　│
積乱雲群の発達　　　　　　　│
↓　　　　　　　　　　　　　│
凝結熱の放出　　　　　　　　│
↓　　　　　　　　　　　　　│
中心の高温化　　　　　　　　│
↓　　　　　　　　　　　　　│
中心気圧の低下　　　　　　　│
↓　　　　　　　　　　　　　│
渦運動の強化 ───────────────┘

ここで学んだこと

- 発達した台風の中心には台風の眼が存在し、眼は背の高い積乱雲からなる壁雲に囲まれている。
- 台風の眼は周囲よりも気温が高く、気圧は低い。
- 台風の中心をらせん状に取り巻いている雲域（積雲・積乱雲）をスパイラルバンドという。
- 台風は第二種条件付不安定（CISK）によって発達する。

豆テストA　○ 台風の眼が形成されるのは、このほかに、台風の中心部では下降流域のために雲が発生しにくいからである。

3 台風についての統計

3-1 台風の移動

　台風は対流圏中層の大規模な流れ（**指向流**という）に流されて進むため、普通は太平洋高気圧の縁辺に沿うように移動します。つまり、台風の移動は、太平洋高気圧の動向に従うので、図：般8・4にみるように月別の移動経路はほぼ決まってしまいます。

図：般8・4　台風の移動経路の月変化

　進路が西寄りから東寄りに変わることを**転向**といいます。転向の直前頃が台風の最盛期であることが多く、眼の直径は20～40kmになっています。指向流が弱い場では、**β効果**というコリオリ力の影響によって台風は北上傾向を示します。

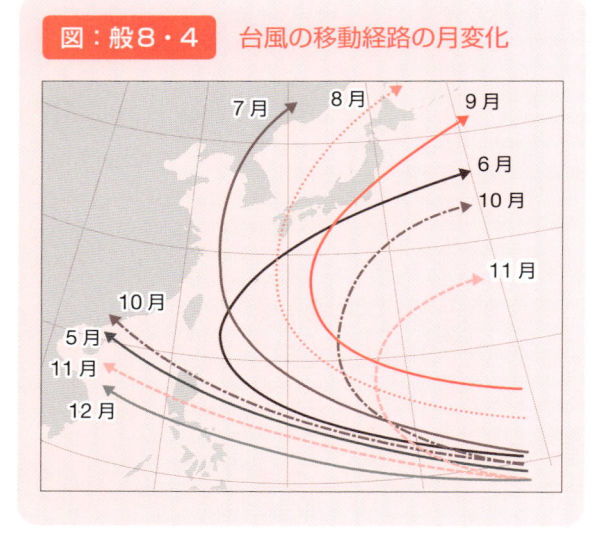

　複数の台風がおよそ1000km以内に接近すると、相互に影響し、反時計回りに回転しながら移動します。これを**藤原効果**といいます。

3-2 台風の発生・上陸・接近数

　台風の発生数は8月が最も多く、次いで9月が多く、年平均で約26個です。日本への接近数は、年平均約11個で、8月、9月が多く、発生数の約1割が上陸し、8、9月が約1個で最も多くなっています（表：般8・1）。

豆テストQ　地表付近では台風の周囲から中心に向かって時計回りに空気が吹き込み、上昇して雲を形成し、上層では逆に反時計回りに回転しながら吹き出る。

Chapter 8
台風

表：般8・1　月別にみた台風の発生、日本への接近、日本本土への上陸数

月	1	2	3	4	5	6	7	8	9	10	11	12	年間
発生	0.3	0.1	0.3	0.6	1.1	1.7	3.6	5.9	4.8	3.6	2.3	1.2	25.6
接近	−	−	−	0.2	0.6	0.8	2.1	3.4	2.9	1.5	0.6	0.1	11.4
上陸	−	−	−	−	0	0.2	0.5	0.9	0.8	0.2	0	−	2.7

注：「日本への接近」とは台風の中心が日本（島嶼を含む）の海岸線から300km以内に近づくこと。「本土への上陸」とは台風の中心が北海道、本州、四国、九州の海岸線に達したこと（短時間で海上に戻る場合は「上陸」ではなく「通過」）。（1981～2010年の30年間）

ここで学んだこと
- 台風は指向流に流されて進むので、太平洋高気圧の縁辺に沿うように移動する。
- 複数の台風が約**1000km**以内に接近すると相互に影響しあって反時計回りに回転しながら移動する（藤原効果）。
- 台風発生は**8月**が最も多く、日本に接近または上陸するものも9月より8月のほうが多い。

4　台風の階級と台風による災害

4-1　台風の階級

国際的な階級を表：般8・2に、日本式の階級（大きさ・強さ）を表：般8・3、表：般8・4に示します。

大きさは風速15m/s以上の強風域の半径の大きさで、強さは台風の中心付近の風速で分類されます。

なお、最大風速は10分間観測した平均値です。また、最大瞬間風速は文字通りの瞬間値であり、最大風速の1.5～2.0倍になります。

豆テストA　✕　地表付近では空気は反時計回りに回転しながら中心部に吹き込み、対流圏界面に達した後は時計回りに回転しながら吹き出る。

表：般8・2 最大風速による熱帯低気圧の国際的な階級分け

日本名	名　称	略　称	最　大　風　速
熱帯低気圧	Tropical Depression	TD	34kt未満
台　風	Tropical Storm	TS	34～48kt未満
	Severe Tropical Storm	STS	48～64kt未満
	Typhoon	T	64kt以上

表：般8・3 台風の大きさ

階　級	強風域（風速15m/s以上）の半径
表現しない	500km未満
大　型	500km～800km未満
超大型	800km以上

表：般8・4 台風の強さ

階　級	最　大　風　速
表現しない	64kt（33m/s）未満
強　い	64kt（33m/s）～85kt（44m/s）未満
非常に強い	85kt（44m/s）～105kt（54m/s）未満
猛烈な	105kt（54m/s）以上

4-2　台風による気象災害

台風は災害のデパートと呼ばれるくらい多種多様な災害をもたらします。主な気象災害としては次のものがあります。

① 大雨による浸水害、洪水害、土砂災害

> 豆テスト Q　台風は、数百kmの水平スケールの渦循環と、数kmスケールの積雲対流群が互いに強め合って相互作用することで発達する。

② 暴風・強風による風害
③ 波浪害
④ 高潮害

風害には、海の波しぶきの塩風によって植物や送電線が受ける被害もあります。

詳しく知ろう

- **高潮**：台風の接近に伴う気圧降下による海面の吸い上げ効果（気圧が1hPa下がると海面は1cm上昇する）と強風による吹き寄せ効果、さらに満潮による潮位の上昇の3つの効果によって引き起こされる。
- **台風による海面水温の低下**：台風の強い風で海面が吹き乱されて冷たい海水が湧昇してくることに加え、海面での蒸発が強いために熱が奪われて水温が下がる。

ここで学んだこと

- 台風の大きさは風速15m/s以上の半径の大きさによって決められ、強さは最大風速の強さによって決められる。

理解度checkテスト

Q1 台風の発生と衰弱について述べた①〜⑤の記述のうち、誤っているものを一つ選べ。

① 台風が発生するのは、熱帯収束帯と呼ばれる領域であることが多い。
② 赤道から北緯5度くらいまでの地帯では、台風が発生することは極めてまれである。
③ 台風が上陸すると、水蒸気の補給が減少し、地表の摩擦が増大して急速に衰弱する。

豆テストA ○ このようにして台風の発達を促すメカニズムを第二種条件付不安定（CISK）という。

④ 海面水温が26℃より低い海域では、熱と水蒸気の補給が少なくなり、台風は次第に衰弱する。
⑤ 台風が温帯低気圧に変わるときには、中心付近に寒気が流入し、急速に衰弱して風も弱くなる。

Q2 日本における台風に関する事項について述べた次の文章(a)～(d)の下線部の正誤について、下記の①～⑤の中から正しいものを一つ選べ。

(a) 台風が接近するとき、台風の予想進路の<u>右側に位置し風の吹いてくる方向に開いている港湾</u>は、高潮災害に対する警戒が特に必要である。

(b) <u>台風の強さは中心気圧の値で区分し</u>、もっとも強い台風を「猛烈な台風」という。

(c) 台風は眼の周辺とその外側を取り巻くように発達した雨雲を伴っており、強風や大雨に対する警戒が必要であるが、<u>前線が停滞しているところへ台風が接近すると、前線付近の雨が強化されることがあるので</u>、そのような地域でも大雨による災害の発生に対する警戒が必要である。

(d) <u>台風の大きさは平均風速15m/s以上の領域(強風域)の半径の大きさで区分し</u>、強風域の半径が800km以上の台風を「超大型の台風」という。

① (a)のみ誤り
② (b)のみ誤り
③ (c)のみ誤り
④ (d)のみ誤り
⑤ すべて正しい

解答と解説

Q1 解答⑤　(平成11年度第1回専門・問7)

①、② 正しい。台風が発生するのは、多くは熱帯収束帯と呼ばれる領域です。台風の発生には、地球の回転効果が必要で、コリオリ力の小さい赤道から北緯5度くらいの地帯では台風の発生は極めてまれです。

③ 正しい。上陸すると水蒸気の補給が減少し、地表の摩擦が大きくなるので衰弱

豆テストQ　台風が中緯度の偏西風帯の気圧の谷の前面に進んできて中心部に乾燥した寒気が流入すると温帯低気圧に変わり、強風域は縮小する。

④ 正しい。海面水温が26℃以下の海域では熱と水蒸気の補給が少なくなり、台風は衰弱します。
⑤ 誤り。台風が中・高緯度に移動してくると、偏西風帯の気圧の谷の影響を受け、中心付近に寒気が流入し、温帯低気圧の構造に変わり、傾圧不安定性によって再び発達して、強風域が広がることがあります。

Q2 解答② （平成13年度第2回専門・問13）

(a) 正しい。高潮は吹き寄せ効果と吸い上げ効果、満潮時の潮位の上昇で引き起こされますが、台風が接近するとき、台風の進路の右側に位置し、風の吹いてくる方向に開いている港湾は、湾の入り口から奥に向かって強風が吹き込むために、風速の2乗に比例する吹き寄せ効果が作用するので警戒が必要です。また、V字型の湾で遠浅の海岸では、高潮の危険性が増します。

(b) 誤り。台風の強さは、台風域内の最大風速によって区分されています（表：般8・4参照）。

(c) 正しい。前線が停滞しているところに台風が接近すると、台風からの暖湿空気が流入して前線付近の雨が強化されることがあり、大雨による災害に対する警戒が必要です。

(d) 正しい。台風の大きさは15m/s以上の強風域の半径の大きさによって区分されています（表：般8・3参照）。

これだけは必ず覚えよう！

- 台風は、中心付近の最大風速が34ノット（17.2m/s）以上になった熱帯低気圧。
- 台風の発生・発達条件は、約26℃以上の海面水温、コリオリ力、地表付近の空気の収束と上層での発散である。
- 台風のエネルギーは、吹き込んだ暖湿空気が上昇して凝結する際に放出する潜熱である。
- 台風の発達を促すメカニズムを第二種条件付不安定（CISK）という（図:般8・3）。

豆テストA ✕ 台風の中心部に乾燥した寒気が流入すると温低化するが、強風域が拡大することがあるので、引き続き風に対する注意が必要である。

Chapter 9

中層大気の大規模な運動

出題傾向と対策

◎日々の天気現象とは直接結びつかない対流圏より上の高層の大気の運動なので、出題頻度はあまり高くなく、2～3回に1問程度である。

1 中層大気

1-1 中層大気の温度分布

　対流圏より上の気層である高度約10～110kmの成層圏・中間圏・下部熱圏はひとつのまとまった風系を形づくっていることから、その大気を**中層大気**と呼んでいます。

　図：般9・1は、中層大気の1月の平均的な温度の緯度・高度分布です。図の右半分が北半球、左半分が南半球であり、1月なので、右半分は冬半球に、左半分は

図：般9・1 1月の中層大気の気温〔K〕
(COSPAR International Reference Atmosphere, 1986)

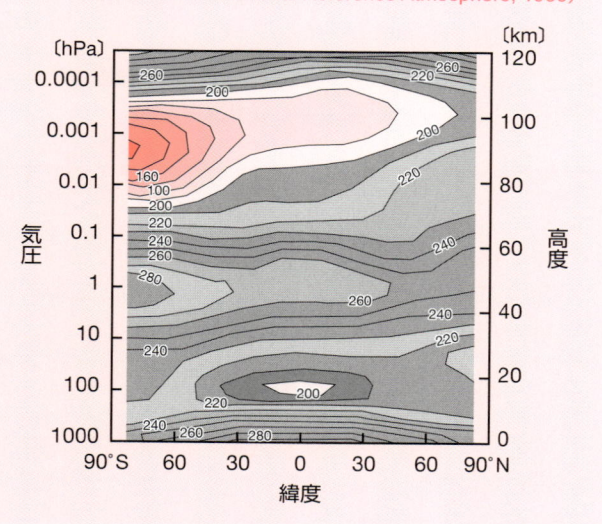

豆テストQ：ブリューワー・ドブソン循環は、低緯度で生成されたオゾンを中・高緯度へ輸送している。

156

Chapter 9
中層大気の大規模な運動

夏半球となります。7月の場合は、左右が入れ替わった図になります。この図から次のようなことがわかります。

① 地表面から高度約10kmの対流圏では、赤道を中心に両半球でほぼ対称になっている。
② 高度10～20kmでは、赤道上空の温度が最も低く、高緯度に行くほど上昇している。
③ 高度20～60kmでは、夏半球の極が最高気温で、そこから冬半球の極にかけて温度が下がり、冬半球の極が最低気温になっている。
④ 高度70km以上の温度は夏半球の極が最低気温で、冬半球の極が最高気温になっている。

1-2　中層大気の風の分布

図：般9・2は、中層大気の1月の平均的な東西方向の風速の緯度高度分布です。この図から次のことがわかります（1月なので、北半球が冬半球、南半球が夏半球です）。
① 対流圏では、中緯度帯に西風のジェット気流があり、赤道を中心に両

図：般9・2　1月の帯状平均東西風の緯度・高度分布
（COSPAR International Reference Atmosphere, 1986）
（風速はm/s、赤線部分は東風）

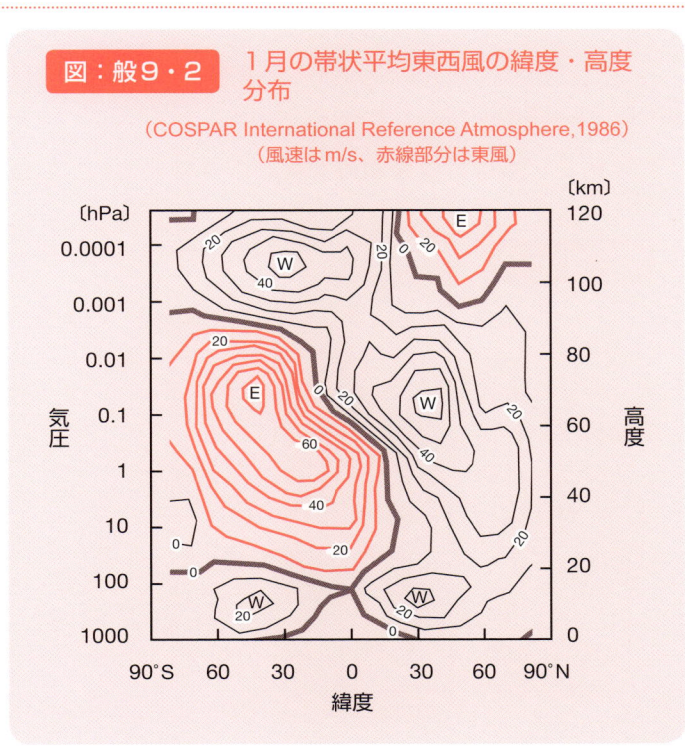

> 豆テストA：〇 熱帯域の対流圏界面付近で吹き出た空気が成層圏下部の両半球中・高緯度へ向かうブリューワー・ドブソン循環は、低緯度で生成されたオゾンを中・高緯度へ運ぶ。

半球でほぼ対称になっている。
② 高度90kmくらいまでは夏半球では全域で東風、冬半球では全域で西風となっている。
③ 高度90kmより上では、夏半球では全域で西風、冬半球では全域で東風になっている。

> **ここで学んだこと**
> ・成層圏・中間圏・下部熱圏の大気を中層大気という。
> ・夏半球と冬半球では中層大気の温度分布と風系が逆になっている。

2 成層圏

2-1 成層圏の気圧配置と気温・風の分布

　図：般9・3aは、成層圏の北半球の夏の典型的な気圧配置で、北極に高

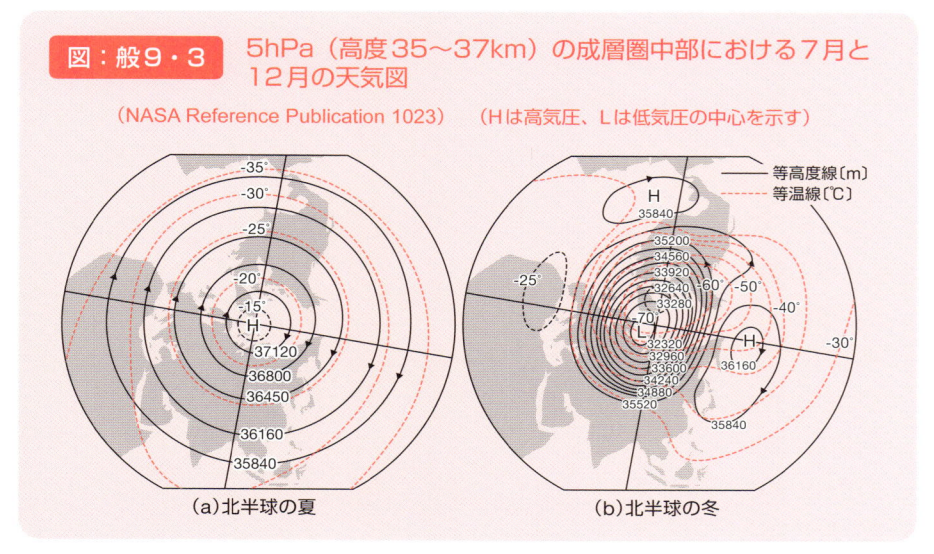

図：般9・3 5hPa（高度35〜37km）の成層圏中部における7月と12月の天気図
（NASA Reference Publication 1023）　（Hは高気圧、Lは低気圧の中心を示す）

(a) 北半球の夏
(b) 北半球の冬

凡例：
― 等高度線〔m〕
--- 等温線〔℃〕

豆テストQ　北半球の7月の成層圏の気温は赤道上が最も高く、高緯度に行くほど低くなる。

気圧があり、極域が最も高温で、全域で東風になっています。等高度線と等温線が北極を中心とした同心円になっています。

図：般9・3bは、成層圏の北半球の冬の典型的な気圧配置で、夏とは異なり複雑な分布になっています。極域が低温域で北極付近に低気圧があり、全体的に西風が吹いていますが、低気圧の中心は北極からずれており、等高度線、等温線とも同心円ではなく、波打っています。

2-2 成層圏の突然昇温

図：般9・3bにみられる冬の北半球成層圏の極域に存在する寒冷化された低気圧の渦を**極夜渦**と呼んでいます。春先、対流圏の超長波（プラネタリー波）が伝播してくると、この渦が崩れ、断熱下降運動が生じて数日で温度が40℃ほど上昇することがあり、**成層圏突然昇温**と呼んでいます。この異常な高温は成層圏の上部から始まり、次第に弱まりながら下部に移動してきます。

なお、対流圏のプラネタリー波が弱い南半球では、大規模な突然昇温が観測されたことはありません。

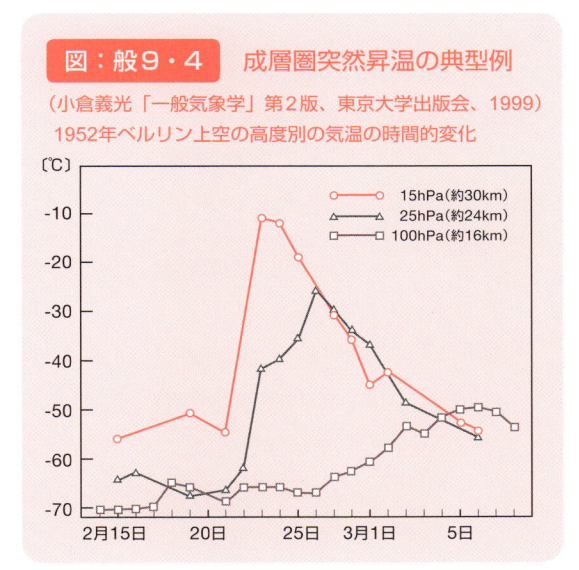

図：般9・4 成層圏突然昇温の典型例
（小倉義光「一般気象学」第2版、東京大学出版会、1999）
1952年ベルリン上空の高度別の気温の時間的変化

2-3 準2年周期振動

図：般9・5は、赤道域の下部成層圏にみられる月平均の東西風の時間・高度による変化を示したものです。これによると、東風（西風）が次の東風（西風）になるのに平均して準2年（約26か月）かかっています。これを**準2年周期振動**といいます。

✗ 成層圏の夏半球では、高緯度ほどオゾンの紫外線吸収による加熱が多いので、気温は高緯度のほうが高くなる。

図：般9・5　準2年周期振動：カントン島における月平均東西風の時間・高度変化
（R.J.Reed and D.G.Rogers, *Journal of the Atmospheric Sciences*, 19, 1962）
風速の単位はm/s、Wは西風、Eは東風

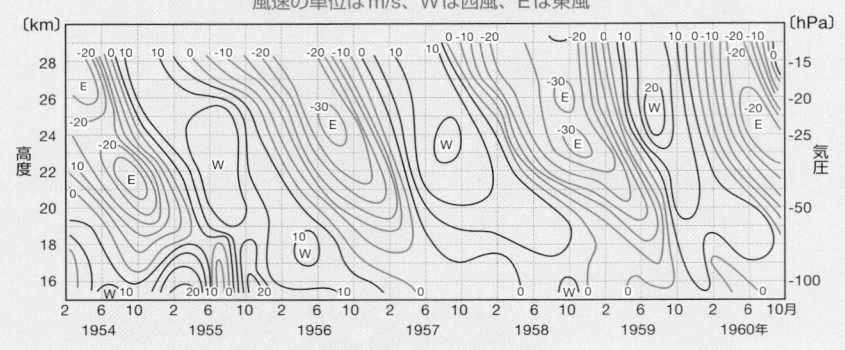

　東風も西風も上層の高度40〜50kmに始まって時間とともに下層に下りてきて、高度約25kmで変動が最大で、約18kmの高度に下がったころに次の風系が上層に生成されています。

ここで学んだこと

- 成層圏の気圧配置と気温・風の分布は夏と冬とでは対照的である。
- 成層圏の突然昇温は、春先に北半球の高緯度地方で起き、その現象は成層圏上層から下層に下りてくる。
- 準2年周期振動は赤道域の下部成層圏で起きる東風と西風の風系の交代であり、上層から始まって下層に及んでいる。

理解度checkテスト

Q1 成層圏の気温や風の平均的な分布について述べた以下の(a)〜(d)の文の正誤に関する次の①〜⑤の記述のうち、正しいものを一つ選べ。

豆テストQ　赤道域の成層圏の中下層では西風と東風が約2年周期で交代している。この交代は下層から始まって時間とともに上層に及んでいく。

Chapter 9
中層大気の大規模な運動

(a) 夏半球側の成層圏では、高緯度に向けて気温が高くなっている。
(b) 冬半球側の成層圏では、非常に強い東風の循環が存在する。
(c) 成層圏の温位の鉛直方向の変化は対流圏に比べて小さい。
(d) 成層圏で温度が高くなっているのはオゾンによる赤外線の吸収のためである。

① (a)のみ正しい　　④ (d)のみ正しい
② (b)のみ正しい　　⑤ すべて誤り
③ (c)のみ正しい

Q2 成層圏に関して述べた次の文(a)～(c)の下線部の正誤の組み合わせについて、下記の①～⑤の中から正しいものを一つ選べ。

(a) 冬の北半球の中・高緯度における上部成層圏では西風が卓越しており、対流圏から伝播してきたプラネタリー波によって、流れは大きく蛇行している。
(b) 夏の北半球の中・高緯度における上部成層圏では東風が卓越しており、対流圏のプラネタリー波はここに伝播できず、流れは極を中心にしたほぼ同心円となっている。
(c) 赤道域の下部成層圏ではほぼ2年周期で東風と西風が交代している。風系の交代は下層から始まり時間の経過とともに上層に及んでいく。

	(a)	(b)	(c)			(a)	(b)	(c)
①	正	正	正		④	誤	正	誤
②	正	正	誤		⑤	誤	誤	正
③	正	誤	正					

解答と解説

Q1 解答①　（平成10年度第2回一般・問10）

(a) 正しい。夏半球の成層圏では、高緯度のほうが太陽放射を多く受け、オゾン

豆テストA ✗ この風系の交代を準2年周期振動といい、交代は上層から始まって次第に下層に及んでいく。

の紫外線吸収によって加熱されるために、夏半球の高緯度の気温は高くなります（図：般9・1参照）。
(b) 誤り。冬半球の成層圏では、極域に極夜渦と呼ばれる低温の低気圧があって、極夜ジェットと呼ばれる強い西風が吹いています（図：般9・2、図：般9・3参照）。
(c) 誤り。成層圏は上層ほど気温が高い安定な成層で、鉛直方向の温位の変化は上層ほど大きくなり、その変化は対流圏に比べて大きくなっています。
(d) 誤り。成層圏で温度が高くなっているのは、成層圏にあるオゾンが紫外線を吸収し、空気を加熱するためです。

Q2 解答② （平成16年度第1回一般・問1）

(a) 正しい。冬の北半球の中高緯度における上部成層圏では、西風が卓越しており、対流圏から伝播してきたプラネタリー波によって、大きく蛇行しています。
(b) 正しい。一方、夏の北半球の中高緯度における上部成層圏では、東風が卓越しており、対流圏のプラネタリー波はここに伝播できず、流れは極を中心にしたほぼ同心円になっています（図：般9・3参照）。
(c) 誤り。赤道付近の下部成層圏では東風と西風が平均約26か月で交代する準2年周期振動（QBO）を起こします。対流圏から伝播してくる東進波のケルビン波と西進波の混合ロスビー重力波との相互作用によって東風と西風が交代しますが、風系の交代は上層（高度40〜50km）から始まり次第に下層（高度約17km）に及んでいきます（図：般9・5参照）。

これだけは必ず覚えよう！

・中層大気の温度分布と風分布は温度風の関係で説明されるが、夏半球・冬半球の温度分布（図：般9・1）と風分布（図：般9・2）を記憶しておこう。
・夏と冬の成層圏の気圧配置と気温・風の分布を記憶しておこう。
・成層圏の突然昇温は、春先に北半球の高緯度地方で起き、準2年周期振動は赤道域の下部成層圏で起きる東風と西風の風系の交代で、その現象はともに上層から下層に及んでくる。

豆テストQ　水蒸気や二酸化炭素などの温室効果気体は、太陽放射（短波放射）を吸収して地表面付近の大気を暖めている。

Chapter 10
気候変動と地球環境

出題傾向と対策
◎毎回1問は出題され、特に地球温暖化は50％の確率で出題されている。
◎二酸化炭素以外の温室効果気体にも着目しよう。
◎エーロゾルの気候への影響も確認しておこう。

1 過去の気候変化

　図：般10・1は、1万8千年前から現在までの平均気温の変化を示したものです。1万8千年前は現在よりも気温が平均約4℃低く、北米の北東部や北欧は氷河で覆われていました。その後現在より1℃ほど気温の高い時期もありましたが、気温の上下を繰り返し、現在の間氷期につながっています。

　これらの気候変動の主な原因は地球軌道の変動、つまり、①太陽を回る地球の軌道の形（離心率）の変化、②地軸の歳差運動、③地軸の傾きの変化などで、地球が受け取る太陽エネルギー量が変化したことが考えられます。

　また、太陽活動の変化、火山噴火によるエーロゾル量の変化なども気候を変える可能性が指摘されています。そして近年は、以上のような自然要因以外の人為的な気候変動が注目されています。

図：般10・1 過去1万8千年前から現在までの平均気温の変化

（J.T.Houghton *et.al.*,*Climate Change*,Cambridge University Press,2001ほか）

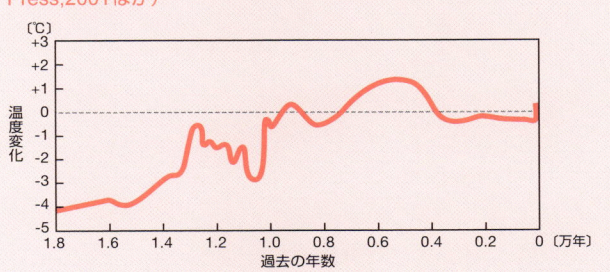

豆テストA ✕ 水蒸気や二酸化炭素などの温室効果気体は、太陽放射ではなく、地球放射（赤外放射）を吸収して地表付近の大気を暖めている。

> **ここで学んだこと**
> ・過去2万年弱の間に地球の平均気温は約5℃変化している。
> ・その気候変化の主な原因は、地球軌道の変動と考えられている。

2 地球温暖化

2-1 温室効果気体

　大気中に含まれる水蒸気や二酸化炭素は、太陽放射を吸収することなく透過します。しかし、それらの気体は地球放射（赤外放射）を吸収し、地表面近くの大気を暖めています。これを**温室効果**と呼びます。この温室効果により、地球大気の気温は約33℃暖められていると考えられています。

　現在、人為的な要因による**二酸化炭素**などの温室効果気体の経年的な増加が観測され、**地球温暖化**が懸念されています。温室効果気体の中では水蒸気の量が多く、温室効果に大きな役割を担っています。しかし、地域的な偏在はありますが、長期的な変動はないので、気候変動という面では原因物質から除外されています。

表：般10・1　温室効果気体の地球温暖化係数と寄与率
（IPCC特別報告（2001）による）

気　体	地球温暖化係数	寄与率（％）
二酸化炭素	1	60
メタン	24.5	20
一酸化二窒素	320	6
フロン11	4000	14
フロン12	8500	
その他のフロン	−	0.5以下
オゾン	−	−

注：地球温暖化係数は100年積算値。
　　−は定量的な評価ができないことを示す。

豆テスト 地球温暖化によって雪や氷に覆われる地表の面積が減少すると、地表面が受け取る太陽放射エネルギーは減少する。

Chapter 10
気候変動と地球環境

二酸化炭素以外の温室効果気体としては、メタン、一酸化二窒素、オゾン、そして本来自然界にはなく人間が作ったフロンなどがあり、いずれの気体も増加の傾向を示しています。

二酸化炭素1分子当たりの温室効果能力を1としたときの各気体1分子当たりの温室効果能力を**地球温暖化係数**と呼びます（表：般10・1）。温室効果能力としては二酸化炭素以外の気体のほうが大きいのですが、大気中の濃度を考えると、二酸化炭素の寄与率が過半数になります。

メタンの排出源は、化石燃料の採掘、バイオマスの燃焼、水田、湖沼、および畜産などです。このメタンについてはシベリア地方の永久凍土地帯から大量に排出され、温暖化を加速すると危惧されています。一酸化二窒素は、農耕地に施された窒素肥料の分解や有機物の分解などから排出されます。

2-2　二酸化炭素の収支と変化の傾向

温室効果の寄与が最も大きい二酸化炭素は、その収支および将来予測などの面で特に着目されています。大気中の二酸化炭素の濃度を変える要因には以下のものがあります。

① 二酸化炭素の発生：動植物の呼吸・火山の噴火・人間の化石燃料の消費・森林の伐採。

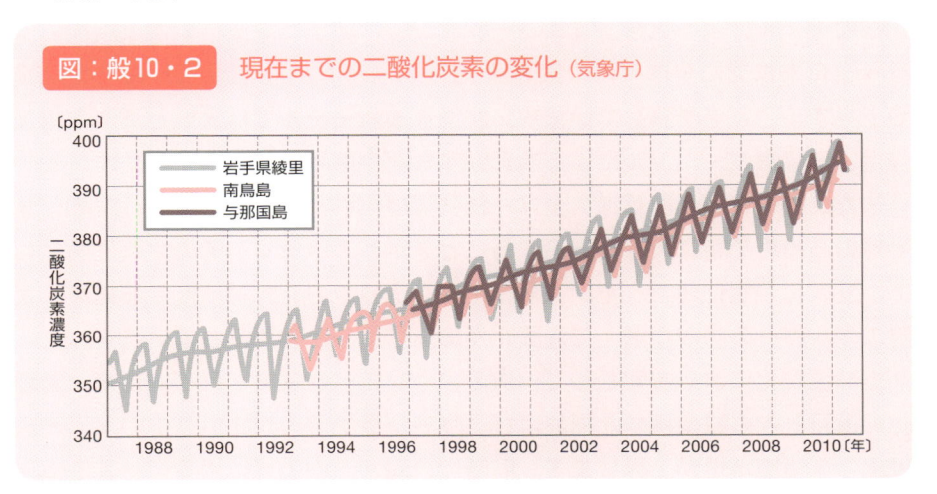

図：般10・2　現在までの二酸化炭素の変化（気象庁）

豆テストA　✗　地球表面のアルベド（反射率）は雪や氷よりも草地や裸地のほうが小さいので、地表面が受け取る太陽放射エネルギーは増加する。

② 二酸化炭素の消費：植物の炭酸同化作用（光合成）・海洋の吸収（海水温が高いと発生源になる可能性があります）。

北半球の中・高緯度における大気中の二酸化炭素濃度は、植物による光合成が暖候期に活発になる9月頃に極小、不活発な3月頃に極大という季節変化をしながら、毎年確実に約1.5ppm増加しています（図：般10・2参照）。

増加傾向の始まりは18世紀、産業革命の時期と考えられており、20世紀に入り増加傾向が大きくなりました。現在、大気中の二酸化炭素の増加量は、化石燃料の消費によって排出される二酸化炭素量の約半分と考えられています。この増加傾向は人為的な発生源が大きい北半球だけでなく、南半球や極地でも同様です。

上記のように、森林は大気中の二酸化炭素を消費して減らす役割をしていますが、現在、熱帯で起こっているような森林伐採は実質的には二酸化炭素の発生源になり、国際社会において重要な問題になっています。

2-3 地球温暖化の現状と予測

地表面の平均気温の値は年々変動しています。その傾向は、移動平均値（数年の平均値）をとるとはっきりわかります。温室効果気体の増加によって過去100年間に地表面気温は約0.68℃上昇したと考えられています。

数値モデルによる気候シミュレーションは、温室効果気体の濃度増加により今世紀末までに全球平均の気温は1990年の平均地上気温よりも1.4～5.8℃上昇することを予測しています。精密な最新モデルでは大気と海洋の相互作用、硫酸塩エーロゾルによる冷却効果などが取り入れられています。

また、このモデル計算は、全球一様に温暖化されるのではなく、冬季、北半球の高緯度で特に大きく昇温することを示しています。その主な理由として、温暖化が雪に覆われたツンドラ地帯を深緑色の北方林に変える結果、太陽エネルギーの吸収が増えて温暖化が加速されると考えられています。

地球温暖化による影響として、次のようなことが懸念されています。温暖化の進行とともに南極や北極およびグリーンランドの氷床、高山の氷河が融け出して海面水位が上昇します。同時に、海水温の上昇による熱膨張で体積

豆テストQ　北半球中・高緯度における大気中の二酸化炭素濃度は、夏に最小になる。

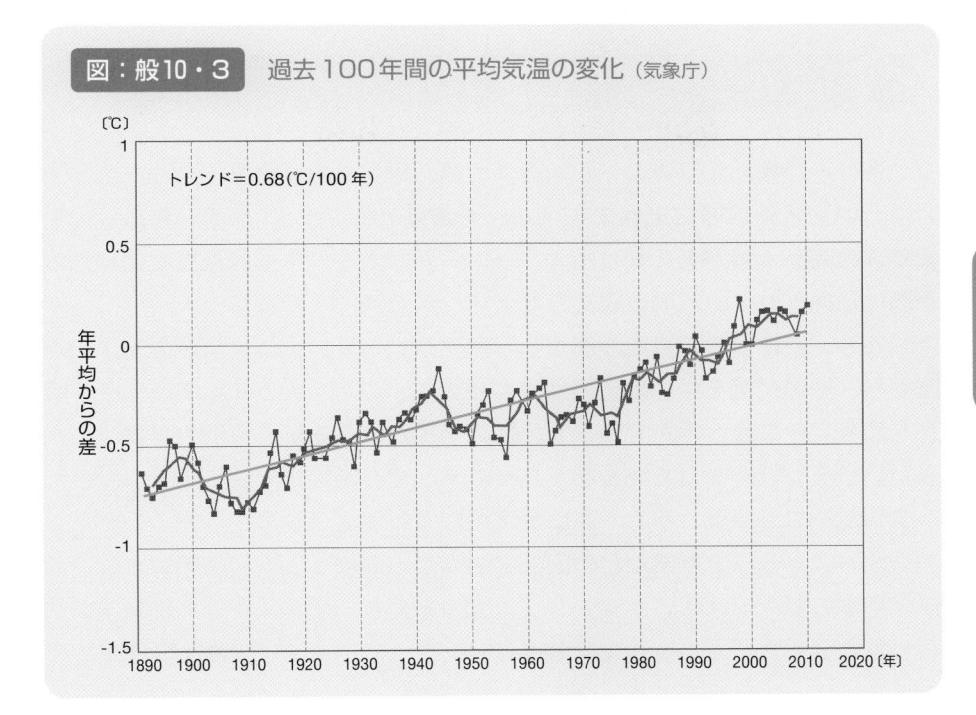

Chapter 10
気候変動と地球環境

図:般10・3 過去100年間の平均気温の変化（気象庁）

トレンド＝0.68（℃/100年）

（縦軸：年平均からの差 ℃、横軸：1890〜2020年）

が増え、海面水位はさらに上昇します。この海面水位の上昇については観測により実証されています。

また、急速な温暖化は、植生分布や穀物生産への影響、降水特性の変化、空気中に含まれる水蒸気が増えることで集中豪雨型降雨の頻度の高まり、といったことが懸念されています。

ここで学んだこと

- 地球温暖化に関連した温室効果気体は、二酸化炭素、メタン、一酸化二窒素、オゾン、フロンである。
- 大気中の二酸化炭素の量は、季節変化をしながら、地球全体で確実に増加している。
- 温暖化の将来予測では北半球の高緯度で気温の上昇が大きくなる。

豆テストA ○ 大気中の二酸化炭素濃度は、植物の活発な光合成（炭酸同化作用）によって二酸化炭素が消費される9月頃に最小となり、光合成が不活発な3月頃に最大となる。

3 エルニーニョ現象

　赤道に近い東部太平洋のペルー近海では、東よりの貿易風のために表層下の冷たい海水が海面に現れます（これを**湧昇**と呼びます）。そのため、東部太平洋の海面水温が低くなります。一方、西部太平洋では貿易風により海水が西に輸送されている間に暖められ、海水温が高くなります。

　しかし、東寄りの貿易風が弱まると湧昇が止まり、東部太平洋の海水温が上がり、赤道付近を中心に気候が変わります。この現象が1年間以上続く場合を**エルニーニョ**と呼んでいます。逆に東風が強くなり、東部太平洋の海水温がいっそう低くなった場合を**ラニーニャ**と呼んでいます。

　エルニーニョが現れると、高い海水温による対流活動の主体がインドネシア、オーストラリア東部などの西部太平洋から中部太平洋に移動します。西部太平洋の国々では降雨が減少し、干ばつを招き、農業に大きな打撃をもたらします。一方、ペルー沖などは湧昇が起こっている間は大変よい漁場ですが、エルニーニョが起こると漁業は大きな打撃を受けます。

　赤道付近の大気中では、通常は図：般10・4aのような**ウォーカー循環**と呼ばれる東西方向の循環ができていますが、エルニーニョが現れるとウォーカー循環は弱まります。このため、通常は西部（オーストラリア北部ダーウ

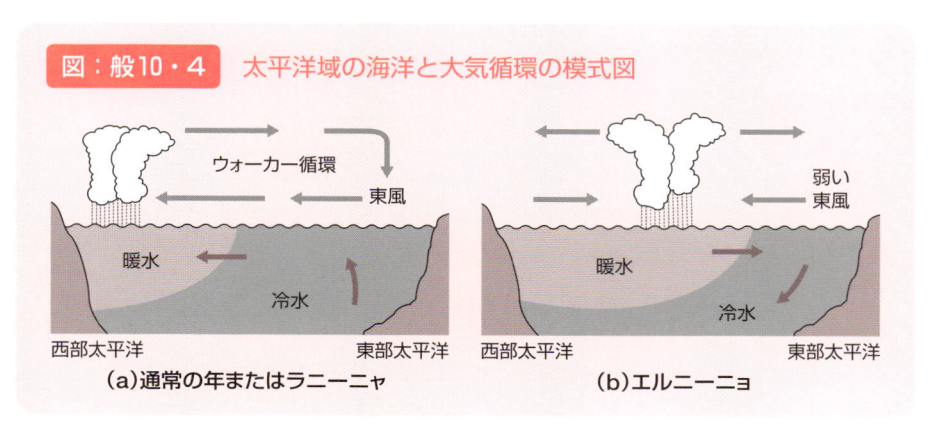

図：般10・4 太平洋域の海洋と大気循環の模式図

(a) 通常の年またはラニーニャ　　(b) エルニーニョ

豆テスト：地球温暖化は大気中の水蒸気量を増大させ、降水強度（単位時間当たりの雨量）が強まる。

ィン）で気圧が低く、中部（タヒチ島）で気圧が高いのですが、エルニーニョが起こるとそれが逆になります。気圧は空気の重さなので、このことは大気が東西方向に行ったり来たり振動をしていることになります。これを**南方振動**といいます。このように海洋と大気の間には強い相互作用が働いており、両者を一体なものと考える必要があります。そこで、エルニーニョと南方振動をあわせて**エンソ**（ENSO）といいます。

また、赤道付近の異常気象が遠く離れた地域の気象に影響することがあります。これを**テレコネクション**と呼んでいます。日本列島付近ではエルニーニョ現象が発生すると冷夏になりやすく、梅雨明けが遅れる傾向があります。

> **ここで学んだこと**
> ・東よりの貿易風が弱まってペルー沖の湧昇が止まると、東部太平洋の海水温が上がってエルニーニョ現象が生じる。
> ・東よりの貿易風が強くなり、東部太平洋の海水温がいっそう低くなった場合はラニーニャが生じる。
> ・エルニーニョ現象が起きた年には、対流活動域が西部太平洋から中部太平洋へ移動する。

4 オゾンホール

大気中のオゾンは、紫外線による光解離反応によって酸素分子から作られます。この反応は赤道上の成層圏で最も活発に起こり、高緯度成層圏に運ばれ、高度25kmで濃度が最大となるオゾンの豊富な層を形成しています。

春先の南極上空に一時的（南半球の春、9〜10月）にオゾン量が低い領域が現れ、その領域が年々拡大して、オゾン濃度の極小値が次第に小さくなっていることが明らかになってきました。南極上空に穴があいたようにオゾン濃度が低い領域ができることから、それは**オゾンホール**と呼ばれています。

オゾンホールの生成には、クーラーの冷媒や噴霧剤用のスプレーなどに用

豆テストA ○ 気温が上昇すると飽和水蒸気圧が増加し、大気中の水蒸気量は増大する。水蒸気の増加は降水強度を強めると同時に、水蒸気は温室効果気体なので温暖化を加速する。

いられてきたフロンという物質が関係することがわかりました。人為的に作られたフロンガスは安定な物質で寿命が長く、成層圏まで運ばれます。

詳しく知ろう

- **オゾンが破壊されるメカニズム**：南極の冬に南極上空の成層圏が外部から密閉されて極寒の気候になり、極成層圏雲（PSC）と呼ばれる氷晶からなる雲ができる。氷晶の表面で化学反応が促進され、フロンから大気中に多量の塩素分子が放出される。春になって太陽が出現する季節になると、塩素分子は紫外線を吸収し、活性化された塩素原子となる。この塩素原子がオゾンを酸素分子に分解する有効な触媒となり、多量のオゾンを破壊すると考えられている。

  オゾン層の破壊によるオゾン濃度の減少は、紫外線が地表面に達する量を増やし、皮膚がん、白内障などの健康被害をもたらします。

ここで学んだこと

- オゾンは紫外線による光解離反応によって酸素分子から作られる。
- 南極上空のオゾンホールは、フロンガスを起源とする塩素が関係している。

5 都市気候

都市は郊外と比べ暖かいことが知られています。この現象は**ヒートアイランド現象**と呼ばれています。

昼間、田園地域では太陽からのエネルギーのかなりの部分は植生や土壌からの水の蒸発に使われ地表面が冷却されます。都市では太陽エネルギーが複雑な構造物やアスファルト道路に吸収されるために、また、地表面からの蒸発量が少ないので蒸発による冷却効果も低いために、気温は高くなります。

> **豆テスト Q** タヒチ（太平洋中部）の地上気圧からダーウィン（太平洋西部）の地上気圧を引いた値を南方振動指数といい、その値がプラスの年はエルニーニョ現象が発生していると考えられる。

Chapter 10
気候変動と地球環境

　一方、夜間は、建造物などに蓄えられた熱が郊外と比べてゆっくり放出されるほか、人為的な放熱があるために、郊外よりも気温は高くなります。
　以上から、<u>ヒートアイランド現象が強く出るのは、風が弱く、晴天の冬の夜間であり、最低気温を上昇させる効果が大きくなります</u>。また、都市では気温以外に、相対湿度の低下や弱い雨の増加などが起こります。

> **ここで学んだこと**
> ・ヒートアイランド現象は、都市の複雑な構造物による太陽エネルギーの吸収の増加、蒸発量が減ったことによる冷却効果の低下、人為的な放熱などによる。

6 酸性雨

　大気汚染のない大気中でも、雨滴は中性（pH7）ではなく、大気中の二酸化炭素を吸収して弱酸性（pH5.6）になっています。雨を酸性化する硫黄酸化物や窒素酸化物は、火山噴火など自然の要因でも発生しますが、産業・人間活動による化石燃料の燃焼過程などで大気中に排出されます。それらは大気中および小さい液滴中での化学反応によって硫酸や硝酸の液滴になります。その液滴が雲のできるときの凝結核として取り込まれたり（レインアウト）、雨滴の落下中に取り込まれたり（ワッシュアウト）して酸性度が強くなった雨（pH5.6未満）を**酸性雨**と呼びます。
　酸性雨の影響は、健康への被害、湖沼の生態系の破壊、森林の衰退、石灰岩などでできた建造物への被害などです。
　酸性雨は、汚染物質が移流や拡散によって長距離輸送されて近隣諸国で酸性雨をもたらすことがあるので、国際的な問題になっています。

> **ここで学んだこと**
> ・酸性雨は、窒素酸化物や硫黄酸化物などの原因物質が、雲生成や雨滴の落下中に取り込まれて酸性化された雨である。

豆テストA ✗ 南方振動指数がプラスの場合、太平洋西部のほうが気圧は低く、対流活動が活発である。西部で対流活動が活発なのはエルニーニョではなく、ラニーニャまたは通常年である。

7 エーロゾルと黄砂の気候への影響

7-1 エーロゾルの気候への影響

　エーロゾルは降水過程で重要な役割を演じることは既に述べましたが、気候にも大きな影響力をもっています。

　大気中に含まれるエーロゾルの発生要因には、自然要因と人為的要因があります。自然要因としては地表から吹き上げられた土壌粒子、海面のしぶきから形成された海塩粒子、火山噴火により放出された粒子などがあります。一方、人為的な要因によるものとしては、自動車、工場、燃焼など人間活動に伴って放出された粒子や排出された気体が、その後化学反応などで微粒子になったものがあります。

　したがって、海洋ではエーロゾル濃度が低く、陸上、特に都市では非常に高濃度になっています。エーロゾルの発生源は地上にあるものが多く、上空へ行くほど濃度が下がります。

　火山噴火によってエーロゾルや硫黄ガスが成層圏に運ばれます。硫黄ガスは、太陽光の助けで水蒸気と結合して硫酸エーロゾルとなり、長い場合は数年間成層圏にとどまります。これら成層圏のエーロゾルは太陽光を散乱し、直達日射量を減らします。下層大気ではエーロゾルの増加によって散乱光が増えます。エーロゾルの総合的な効果としては、散乱光の増加よりも直達日射量の減少のほうが勝っているので、気温を下げると考えられています。

　温室効果気体の二酸化炭素とともに排出される硫酸エーロゾルは、太陽光の吸収より散乱の効果が大きいために、その増加は地球の温暖化を抑制する働きをもつと考えられています。

　また、エーロゾルの増加は雲の粒径や数に影響し、雲による反射などの光学的な特性を変える可能性も指摘されています。

7-2 黄砂現象の気候への影響

　ゴビ砂漠やタクラマカン砂漠などの東アジアの砂漠域や黄土地域から、強

豆テストQ　オゾンホールが北極よりも南極上空で顕著なのは、南極では地形などにより強まるプラネタリー波が弱いために、低緯度との空気の混合が少なく、強い極夜渦ができるためである。

Chapter 10
気候変動と地球環境

風によって上空に吹き上げられたエーロゾル（砂塵）が上空の風で多量に運ばれ、それが地表に落下して被害をもたらす現象を**黄砂現象**と呼びます。

黄砂として舞い上がる量は風の強さに依存しますが、その他、積雪、地面の凍結、土壌水分量、土壌粒子の粒径などに依存します。

日本では春先から初夏にかけて黄砂現象が多く発生します。黄砂現象が起こると視程が悪化し、交通機関に影響すると同時に、呼吸器・循環器・眼を中心とした健康被害をもたらすことがあります。

ここで学んだこと

- 火山噴火に起因する成層圏エーロゾルは1年間以上滞留し、散乱日射量を増やし直達日射量を減らすが、後者の寄与が大きいので地上気温を下げる効果をもつ。
- 化石燃料の消費により発生する硫酸エーロゾルは太陽光を散乱し、地球気温を下げる効果をもつと考えられる。
- 黄砂現象は、春先にアジア大陸の砂漠からの土壌粒子が日本に落下し、視程や健康などへの被害をもたらす。

理解度checkテスト

Q1 大気中の二酸化炭素について述べた次の文(a)～(d)の正誤の組み合わせとして正しいものを、下記の①～⑤の中から一つ選べ。

大気中の主な温室効果気体には、メタン、二酸化炭素や水蒸気がある。このうち二酸化炭素の大気中の濃度の変化を長期的に見ると、18世紀以降増加し始め、20世紀以降には増加の傾向が一層明瞭になっている。増加の主な原因は、(a)化石燃料の消費や土地の利用形態の変化など人為起源によるものである。また、大気中の二酸化炭素は季節変化しており、(b)日本付近では南極大陸上に比べて変動の幅が大きく、(c)日本付近では秋に極大となっている。(d)この季節に極大となる主な理由は、日本付近の海面温度が最も高くなり、海水中の二酸化炭素が大気

豆テストA ○ 極夜渦が強いと成層圏下部に氷の粒から成る極成層圏雲が発生し、その表面で化学反応が加速され、オゾン破壊の触媒となる塩素分子が多く放出されるためとされている。

中に放出されるからである。

	(a)	(b)	(c)	(d)		(a)	(b)	(c)	(d)
①	正	正	誤	正	④	誤	正	誤	誤
②	正	誤	正	正	⑤	誤	誤	正	誤
③	正	正	誤	誤					

Q2

エルニーニョ現象に関して述べた次の文章の下線部(a)〜(c)の正誤の組み合わせとして正しいものを、下記の①〜⑤の中から一つ選べ。

エルニーニョ現象は、太平洋赤道域の南米沿岸から日付変更線付近にかけて広い海域の海面水温が平年に比べて(a)高くなり、その状態が1年間程度続く現象で、平均すると数年に一度発生する。

エルニーニョ現象が発生しているときには、太平洋熱帯域における対流活動が活発な領域が、エルニーニョ現象がみられないときに比べて(b)東に移動する。熱帯の対流活動は、地球全体の大気に大きな影響を及ぼしており、その位置が移動することにより、熱帯のみならず中・高緯度も含めた世界各地で通常とは違った特徴的な天候が発生する。

エルニーニョ現象の発生による熱帯の大気大循環の変化によって、インドネシアやオーストラリア東部、ニューギニアなどでは(c)雨が少なくて干ばつになる傾向がある。日本列島においては、これまでの統計では、エルニーニョ現象発生時には冷夏になりやすく、梅雨明けが平年より遅れる傾向にある。

	(a)	(b)	(c)		(a)	(b)	(c)
①	正	正	正	④	誤	正	正
②	正	正	誤	⑤	誤	誤	誤
③	正	誤	正				

豆テストQ　火山の大規模噴火によって成層圏に達したエーロゾルは、太陽光を反射・散乱して地表に到達する太陽放射エネルギーを減少させるので、地球温暖化とは逆の作用をする。

Chapter 10
気候変動と地球環境

解答と解説

Q1 解答③ (平成20年度第1回一般・問11)

(a) 正しい。二酸化炭素濃度の増加は18世紀の産業革命以降における化石燃料の大量消費や森林伐採などの土地の利用形態の変化といった人為起源によると考えられています。

(b) 正しい。二酸化炭素の濃度の季節変動は、主に植物の光合成（炭酸同化作用）が活発か否かに依存します。光合成が活発な9月頃に二酸化炭素の濃度は極小になり、不活発な3月頃に最大になります。植生が少ない南極大陸などでは季節変動の幅が小さく、植生が多い日本付近では季節変動の幅が大きくなります。

(c) 誤り。(b) の解説を参照。

(d) 誤り。海水温度の上昇は二酸化炭素の発生を伴うことは正しいのですが、日本付近のように植生が多い地域では、植物による光合成による影響と比べると小さくなります。

Q2 解答① (平成19年度第1回一般・問10)

(a) 正しい。エルニーニョ現象が現れると南米沿岸で通常起きている冷たい海水の湧昇流が止まるので、南米沿岸から日付変更線付近までの海面水温は高くなります。エルニーニョ現象が現れない年には東風の貿易風によって運ばれ、次第に暖められた海水が太平洋西岸、インドネシアやオーストラリア東部、ニューギニアなどに吹き寄せられ、それら地域で対流活動が活発となり、降雨が多く農作物がよくできます。

(b)、(c) 正しい。エルニーニョが出現すると対流活動の活発な地域は太平洋西部から東の中央部に移動し、西部地域では対流活動が弱まり、降雨が減少し、干ばつになることがあります。

豆テスト A ○ 成層圏エーロゾルは数年にわたって成層圏に滞留し、太陽光を反射・散乱させて地表に到達する太陽放射エネルギーを減少させ（これを日傘効果という）、温暖化とは逆の作用をする。

これだけは必ず覚えよう！

・地球温暖化に関連した温室効果気体には、二酸化炭素のほか、メタン、一酸化二窒素、オゾン、フロンなどがある。
・二酸化炭素の地球温暖化係数は小さいが、温暖化への寄与率は60％に及ぶ。
・赤道域において、通常は対流活動の主体が西部太平洋であるが、エルニーニョが起こると対流活動域が東に移動する。
・南極上空のオゾンホールは、南半球の春に生じる。
・最も顕著なヒートアイランド現象は、冬の夜間の最低気温を上げることである。
・雨滴は大気中の二酸化炭素を吸収して弱酸性（pH5.6）になっている。
・硫酸エーロゾルは地球気温を下げる効果をもつ。
・日本での黄砂現象は、春先から初夏にかけて多く発生する。

コラム

「地球環境の脆弱性」

　地球は、人間を含めた生物にとって、非常に快適な環境、気候に保たれています。しかし、この状態は気候に関係する種々の量の微妙で、綱渡り的な状態での平衡が成り立っている結果です。ですから、何らかのきっかけで平衡が乱れる、たとえば、地球の気温が少し高まると両極の氷が融け始め、太陽光の地表反射率が減少してさらに温暖化が進むといった、加速度的な気候変動が起こる可能性があります。

　そのきっかけになるとして現在注目されているのが地球環境問題です。人間活動は地球大気の気温を直接高めるだけの量のエネルギーを出しているわけではありませんが、二酸化炭素などの温室効果気体を放出し、地球の気候システムのひとつである温室効果をとおして気候を変えることが懸念されています。

　また、地球生物にとって不可欠な上空のオゾン層の破壊の問題も、人類が作り出して人間生活に欠かせなくなったフロンという物質が成層圏に達し、オゾン層でのオゾンの生成・消滅の平衡関係を乱すことによって生じています。

　われわれ人間は、微妙な平衡が成り立っている脆弱な地球環境に暮らしていることを認識し、その保全に心がけましょう。

豆テストQ 気象業務法でいう「予報」とは、観測の成果に基づく現象を予想することである。

Chapter 11

気象法規

出題傾向と対策

◎気象法規は最も出題数の多いジャンルで、毎回4問は出題されている。
◎気象業務法とその関連法規や防災情報関連法規をよく読んで、理屈抜きに覚えよう。
◎この章では、関連法令の必須条項の条文を抜粋提示することで重要ポイントを示す。

1 気象業務法

1-1 総則

(1) 気象業務法の目的

◆気象業務に関する基本的制度を定めることによって、気象業務の健全な発達を図り、もって災害の予防、交通の安全の確保、産業の興隆等公共の福祉の増進に寄与するとともに、気象業務に関する国際協力を行うことを目的とする（第一条）。

(2) 用語の定義

◆「気象」とは、大気（電離層を除く）の諸現象をいう（第二条）。
◆「地象」とは、地震及び火山現象並びに気象に密接に関連する地面及び地中の諸現象をいう（第二条第二項）。
◆「水象」とは、気象又は地震に密接に関連する陸水及び海洋の諸現象をいう（第二条第三項）。
◆「気象業務」とは、次に掲げる業務をいう（第二条第四項）。
　一　気象、地象及び水象の観測並びにその成果の収集及び発表
　二　気象、地象（地震・火山現象を除く）及び水象の予報及び警報
　三　気象、地象及び水象に関する情報の収集及び発表（四は省略）
　五　前各号の事項に関する統計の作成及び調査並びに統計及び調査の成

豆テスト A ✕ 「予報」には、観測（観測とは自然科学的な方法による現象の観測および測定をいう）の成果に基づく現象の予想だけでなく、その発表も含まれる。

果の発表
　六　前各号の業務を行うに必要な研究
◆「観測」とは、自然科学的な方法による現象の観察及び測定をいう（第二条第五項）。
◆「予報」とは、観測の成果に基づく現象の予想の発表をいう（第二条第六項）。
　なお、現象の予想は科学的な合理性が確保されている手法による必要があります。また、予報業務とは、反復継続して業務として行われる予報行為をいい、外部への発表を伴わない自家用の予想または予報解説は含まれません。
◆「警報」とは、重大な災害の起こるおそれのある旨を警告して行う予報をいう（第二条第七項）。
◆「気象測器」とは、気象、地象及び水象の観測に用いる器具、器械及び装置をいう（第二条第八項）。

(3) 気象庁長官の任務
◆気象庁長官は、第一条の目的を達成するため、次に掲げる事項を行うように努めなければならない（第三条）。
　一　気象、地震及び火山現象に関する観測網を確立し、及び維持すること。
　二　気象、津波及び高潮の予報及び警報の中枢組織を確立し、及び維持すること。
　三　気象の観測、予報及び警報に関する情報を迅速に交換する組織を確立し、及び維持すること。
　四　気象の観測の方法及びその成果の発表方法について統一を図ること。
　五　気象の観測の成果、気象の予報及び警報並びに気象に関する調査及び研究の成果の産業、交通その他の社会活動に対する利用を促進すること。

> 豆テストQ　気象業務法でいう「予報業務」は、反復継続して業務として行われる予報行為をいい、これにはテレビやラジオでの予報解説も含まれる。

1-2 観測

(1) 観測などの委託

◆気象庁長官は、必要があると認めるときは、政府機関、地方公共団体、会社その他の団体又は個人に、気象、地象、地動及び水象の観測又は気象、地象、地動及び水象に関する情報の提供を委託することができる（第五条）。

(2) 気象庁以外の者の行う気象観測

◆気象庁以外の政府機関又は地方公共団体が気象の観測を行う場合には、国土交通省令で定める**技術上の基準**に従ってこれをしなければならない。但し、次に掲げる気象の観測を行う場合は、この限りではない（第六条）。

　一　研究のために行う気象の観測
　二　教育のために行う気象の観測
　三　国土交通省令で定める気象の観測

詳しく知ろう

・**技術上の基準**：気象観測の技術上の基準は、国土交通省令の気象業務法施行規則によって、使用する測定機器や測定最小単位などが具体的に定められている。

◆政府機関及び地方公共団体以外の者が、その成果を発表又は災害の防止に利用する等のための気象の観測を行う場合には、前項の技術上の基準に従ってこれをしなければならない。ただし、国土交通省令で定める場合は、この限りではない（第六条第二項）。

◆前二項の規定により気象の観測を技術上の基準に従ってしなければならない者が観測施設を設置したときは、国土交通省令で定めるところにより、その旨を気象庁長官に届け出なければならない。これを廃止したときも同様とする（第六条第三項）。

◆気象庁長官は、気象に関する観測網を確立するため必要があると認めるときは、前項前段の規定により届出をした者に対し、気象の観測の成果を報

豆テストA　✕　「予報業務」とは反復継続して業務として行われる予報行為であり、予報の解説や外部へ発表しない自家用の予想は含まれない。

告することを求めることができる（第六条第四項）。
◆無線電信を施設することを要する船舶で政令で定めるものは、国土交通省令の定めるところにより、気象測器を備え付けなければならない（第七条）。

> **詳しく知ろう**
>
> ・省令で定める無線電信を施設することを要する船舶：電気通信業務を取り扱う船舶と、気象庁長官の指定する船舶（施行令第一条）。

◆国土交通省令で定められた区域を航行するときは、技術上の基準に従い気象及び水象を観測し、その成果を気象庁長官に報告しなければならない（第七条第二項）。

(3) 観測に使用する気象測器
◆第六条の規定により実施する気象の観測等に用いる気象測器は、政令で定めるものは気象庁長官の登録を受けた「登録検定機関（第三十二条の三及び四）」による検定に合格したものでなければ、使用してはならない（第九条）。
　これに該当する測器は、温度計・気圧計・湿度計・風速計・雨量計・日射計・雪量計の7種です。

(4) 観測成果などの発表
◆気象庁は、気象、地象、地動、地球磁気、地球電気及び水象の観測の成果並びに気象、地象及び水象に関する情報を直ちに発表することが公衆の利便を増進すると認めるときは、放送機関、新聞社、通信社その他の報道機関の協力を求めて、直ちにこれを発表し、公衆に周知させるように努めなければならない（第十一条）。

1-3　予報および警報

(1) 気象庁が行う予報業務
① 予報・警報の発表

> **豆テストQ**　市役所の防災課が災害研究のために気象観測をする場合には、国土交通省令で定める技術上の基準に従って行わなければならない。

Chapter 11
気象法規

◆気象庁は、気象、地象（地震及び火山現象を除く）、津波、高潮、波浪及び洪水についての一般の利用に適合する予報及び警報をしなければならない（第十三条）。

> **詳しく知ろう**
>
> ・**地象**：ここでは、大雨・大雪などによる山崩れ、地滑り、霜、地面凍結などを指す。

◆気象庁は、予報及び警報をする場合は、自ら予報事項及び警報事項の周知の措置を執る外、報道機関の協力を求めて、これを公衆に周知させるように努めなければならない（第十三条第三項）。

◆気象庁は、気象、地象、津波、高潮及び波浪についての航空機及び船舶の利用に適合する予報及び警報をしなければならない（第十四条）。

◆気象庁は、気象、地象及び水象についての鉄道事業、電気事業その他特殊な事業の利用に適合する予報及び警報をすることができる（第十四条第二項）。

◆気象庁は、気象、高潮及び洪水についての水防活動の利用に適合する予報及び警報をしなければならない（第十四条の二）。

◆気象庁は、水防法第十条第二項の規程により指定された河川について、水防に関する事務を行う国土交通大臣と共同して、**水位又は流量**を示して洪水についての水防活動の利用に適合する予報及び警報をしなければならない（第十四条の二第二項）。

◆気象庁は、水防法第十一条第一項の規定により指定された河川について、都道府県知事と共同して、水位又は流量を示して洪水についての水防活動の利用に適合する予報及び警報をしなければならない（第十四条の二第三項）。

②**警報の通知**

◆気象庁は、気象、津波、高潮、波浪及び洪水の警報をしたときは、直ちに

豆テストA　✗　気象庁以外の政府機関・地方公共団体が気象観測をする場合には技術上の基準に従う必要があるが、研究または教育目的の場合にはその限りではない。

その警報事項を東日本電信電話株式会社（NTT東日本）、西日本電信電話株式会社（NTT西日本）、警察庁、海上保安庁、国土交通省、日本放送協会（NHK）又は都道府県の機関に通知しなければならない。警戒の必要がなくなった場合（解除という）も同様とする（第十五条）。

◆前項の通知を受けた警察庁、都道府県、東日本電信電話株式会社及び西日本電信電話株式会社の機関は、直ちにその通知された事項を関係市町村長に通知するように努めなければならない（第十五条第二項）。

◆前項の通知を受けた市町村長は、直ちにその通知された事項を公衆及び所在の官公署に通知させるように努めなければならない（第十五条第三項）。

◆第一項の通知を受けた日本放送協会の機関は、直ちにその通知された事項の放送をしなければならない（第十五条第六項）。

詳しく知ろう

・気象庁からの警報の伝達（通知）経路：

```
気象庁 ─┬→ 警察庁    ──→ 市町村長 ──→ 公衆及び所在の官公署
        ├→ 都道府県  ──→ 市町村長 ──→ 公衆及び所在の官公署
        ├→ ＮＴＴ東日本──→ 市町村長 ──→ 公衆及び所在の官公署
        ├→ ＮＴＴ西日本──→ 市町村長 ──→ 公衆及び所在の官公署
        ├→ 海上保安庁  ──→ 航海中及び入港中の船舶
        ├→ 国土交通省  ──→ 航行中の航空機
        └→ 日本放送協会 ──→ 放送
```

(2)気象庁以外の者が行う予報業務

①予報業務の許可

◆気象庁以外の者が気象、地象、津波、高潮、波浪又は洪水の予報の業務（以下「予報業務」という）を行おうとする場合は、気象庁長官の許可を受けなければならない（第十七条）。

◆前項の許可は、予報業務の目的及び範囲を定めて行う（第十七条第二項）。

豆テストQ　鉄道会社が災害防止を目的に気象観測をする場合には、技術上の基準に従って行う必要がある。

許可を受けるための方法は、施行規則第十条（予報業務の許可の申請）で次のように規定されています。
1 予報業務の許可を受けようとする者は、次に掲げる事項を記載した予報業務許可申請書を、気象庁長官に提出しなければならない。
一 氏名又は名称及び住所並びに法人にあっては、その代表者の氏名
二 予報業務の目的（<u>一般向けか、それとも特定の利用者向けか</u>）
三 予報業務の範囲
　イ <u>予報の種類</u>
　ロ <u>対象としようとする区域</u>
四 予報業務の開始の予定日
2 前項の申請書には、次に掲げる書類を添付しなければならない。
　一 事業所ごとの次に掲げる書類に関する予報業務計画書
　　イ 予報業務を行おうとする事業所の名称及び所在地
　　ロ 予報事項及び発表の時刻
　　ハ 収集しようとする予報資料の内容及びその方法
　　ニ 現象の予想の方法
　　ホ 気象庁の警報事項を受ける方法
　二 <u>事業所ごとに置かれる気象予報士の氏名及び登録番号を記載した書類</u>
　三 事業所ごとに予報業務に従事する要員の配置の状況及び勤務の交代の概要を記載した書類
　四 予報業務のための観測を行おうとする場合にあっては、次に掲げる事項を記載した書類（観測施設について記載した書類）
　　イ 観測施設の所在地
　　ロ 観測施設の明細
　　ハ 観測の種目及び時刻
　五 事業所ごとに次に掲げる施設の概要を記載した書類
　　イ 予報資料の収集及び解析の施設
　　ロ 気象庁の警報事項を受ける施設

豆テスト A ○ 鉄道会社のように政府機関または地方公共団体以外の者が災害防止の目的、または成果を発表する目的で気象観測をする場合には、技術上の基準に従う必要がある。

②許可の基準

◆気象庁長官は、前条第一項の規定による許可の申請書を受理したときは、次の基準によって審査しなければならない（第十八条）。

一　当該予報業務を適確に遂行するに足りる観測その他の予報資料の収集及び予報資料の解析の施設及び要員を有するものであること。
二　当該予報業務の目的及び範囲に係る気象庁の警報事項を迅速に受けることができる施設及び要員を有するものであること。
三　当該予報業務を行う事業所につき、気象予報士を置かなければならない。

◆気象業務法の規定による罰金以上の刑に処せられるか、又は許可の取り消しを受けた場合、一定期間（**執行後二年以内**）は許可を受けられない（第十八条第二項）。

③変更認可

◆予報業務の目的又は範囲を変更しようとするときは、気象庁長官の**認可**を受けなければならない（第十九条）。

　変更の認可を受けるための方法は、施行規則第十一条（予報業務の目的又は範囲の変更認可の申請）で次のように規定されています。

1　予報業務の目的又は範囲の変更の認可を受けようとする者は、次に掲げる事項を記載した予報業務変更認可申請書を、気象庁長官に提出しなければならない。

一　氏名又は名称及び住所並びに法人にあっては、その代表者の氏名
二　変更しようとする事項
三　変更の予定日
四　変更を必要とする理由

2　前項の申請書には、予報業務の目的又は範囲の変更に伴いその内容が変更されるものを添付しなければならない。

④気象予報士の設置

◆予報業務の許可を受けた者は、当該予報業務を行う事業所ごとに、国土交通省令で定めるところにより、気象予報士を置かなければならない（第十

豆テスト　国土交通省令で定める技術上の基準に従って気象観測をしなければならない者が観測施設を設置・廃止した場合には、国土交通大臣に届け出なければならない。

九条の二)。

　気象予報士の設置基準は、施行規則第十一条の二で次のように定められています。

　1　現象の予報を行う事業所ごとに、一日当たりの現象の予想を行う時間が八時間以下ならば二人以上、八時間を超え十六時間以下ならば三人以上、十六時間を超える時間ならば四人以上の専任の気象予報士を置かねばならない。これに抵触するに至った事業所では、二週間以内に、規程に適合させる措置をとらなければならない。

⑤気象予報士に行わせなければならない業務
◆予報業務の許可を受けた者は、当該予報業務のうち現象の予想については、気象予報士に行わせなければならない（第十九条の三）。

⑥警報事項の伝達
◆予報業務の許可を得た者は、当該業務の目的及び範囲に係る気象庁の警報事項を、当該予報業務の利用者に迅速に伝達するように努めなければならない（第二十条）。

⑦業務改善命令
◆気象庁長官は、予報業務の許可を受けた者が許可基準のいずれかに該当しなくなった場合、予報業務の適正な運営を確保するため必要があると認めるときは、当該許可を受けた者に対し、その施設及び要員又はその現象の予想の方法について、予報業務の運営を改善するために必要な措置をとるべきことを命じることができる（第二十条の二）。

⑧許可の取り消し
◆気象庁長官は、予報業務の許可を受けた者が気象業務法若しくはこの法律に基づく命令若しくはこれらに基づく処分又は許可若しくは認可に付した条件に違反したときは、期間を定めて業務の停止を命じ、又は許可を取り消すことができる（第二十一条）。

⑨予報業務の全部または一部の休廃止
◆予報業務の許可を受けた者が予報業務の全部又は一部を休止し、又は廃止したときは、その日から三十日以内に、その旨を気象庁長官に届け出なけ

×　観測施設の設置・廃止の届出は、国土交通大臣に対してではなく、気象庁長官に対してである。

ればならない（第二十二条）。

予報業務の休廃止の届け出については、施行規則第十二条で次のように規定されています。

1　予報業務の休止又は廃止をしようとする者は、次に掲げる事項を記載した予報業務休止（廃止）届書を、気象庁長官に提出しなければならない。
　一　氏名又は名称及び住所並びに法人にあっては、その代表者の氏名
　二　休止又は廃止した予報業務の範囲
　三　休止又は廃止の日及び休止の場合にあっては、その予定期間
　四　休止又は廃止を必要とした理由

⑩ 予報事項等の記録（施行規則第十二条の二）

◆予報業務の許可を受けた者は、予報業務を行った場合は、事業所ごとに次に掲げる事項を記録し、かつ、その記録を二年間保存しなければならない。
　一　予報事項の内容及び発表の時刻
　二　予報事項に係る現象の予想を行った気象予報士の氏名（印は不適）
　三　気象庁の警報事項の利用者への伝達の状況（当該許可を受けた予報業務の目的及び範囲に係るものに限る）

⑪ 警報の制限

◆気象庁以外の者は、気象、津波、高潮、波浪及び洪水の警報をしてはならない。但し、政令（施行令第八条）で定める場合は、この限りでない（第二十三条）。

気象庁以外の者が警報を行えるのは次のケースです。
　・指定河川の洪水警報：気象庁と国土交通省が共同発表（p.198）
　・都道府県指定の河川の洪水警報：気象庁と都道府県が共同発表（p.198）
　・水防警報：河川管理者（国土交通大臣または都道府県知事）（p.198）
　・火災警報：市町村長（p.200）
　・津波警報：市町村長（施行令第八条の規定による緊急災害時の特例）

豆テストQ　気象庁以外の者が、気象、地象、津波、高潮、波浪、洪水の予報業務を行うには、予報業務の目的と範囲を定めて気象庁長官の許可を受けなければならない。

Chapter 11
気象法規

1-4　気象予報士

(1) 試験
◆気象予報士になろうとする者は、気象庁長官の行う気象予報士試験に合格しなければならない（第二十四条の二）。
◆試験は、気象予報士の業務に必要な知識及び技能について行う（第二十四条の二第二項）。

(2) 試験の一部免除
◆国土交通省令で定める業務経歴又は資格を有する場合は、試験の一部を免除することができる（第二十四条の三）。

試験の一部については施行規則第十八と十九条で次のように規定されています。

　・学科試験に合格、又は学科試験の一部の科目に合格点を得た者については、申請により、合格の日から一年以内に行われる、学科試験又は合格点を得た科目に係る学科試験を免除する。

(3) 気象予報士となる資格
◆試験に合格した者は、気象予報士となる資格を有する（第二十四条の四）。

(4) 合格の取り消し
◆気象庁長官は、不正な手段により試験を受け、又は受けようとした者に対しては、試験の合格の決定を取り消し、又はその試験を停止することができる（第二十四条の十八）。
◆気象庁長官は、取り消し処分を受けた者に対して、情状により、**二年以内**の期間を定めて試験を受けることができないものとすることができる（第二十四条の十八第三項）。

(5) 登録
◆気象予報士の資格を有する者が気象予報士になるには、気象庁長官の登録を受けなければならない（第二十四条の二十）。

(6) 欠格事由
◆次の各号の一に該当する者は、登録を受けることができない（第二十四条

> 豆テストA：○　気象庁以外の者がこれら6種の予報業務を行うには、予報業務の目的（特定利用者向けなど）と範囲（予報の種類と対象区域）を定めて許可を受けなければならない。

の二十一）。

一　気象業務法の規程により罰金以上の刑に処せられ、その執行を終わり、又はその執行を受けることがなくなった日から**二年**を経過しない者

二　登録の抹消の処分を受け、その処分の日から**二年**を経過しない者

(7)登録の申請

◆登録を受けようとする者は、登録申請書を気象庁長官に提出しなければならない（第二十四条の二十二）。

(8)登録の実施

◆気象庁長官は、申請を受け、その者が欠格事由に該当する場合を除き、次に掲げる事項を気象予報士名簿に登録しなければならない（第二十四条の二十三）。

一　登録年月日及び登録番号

二　氏名及び生年月日

三　その他申請書には、住民票の写し又はこれに類するものが含まれる（施行規則第三十三条）。

(9)登録事項の変更の届出

◆気象予報士は、気象予報士名簿に登録を受けた事項に変更があったときには、遅滞なく、その旨を気象庁長官に届け出なければならない（第二十四条の二十四）。

登録事項変更届書に記載する事項は次のとおりです（施行規則第三十六条）。

一　氏名及び住所

二　登録年月日及び登録番号

三　変更を生じた事項及びその期日

(10)登録の抹消

◆気象庁長官は、気象予報士が次の各号の一に該当する場合又は本人からの登録の抹消の申請があった場合には、当該気象予報士に係る当該登録を抹消しなければならない（第二十四条の二十五）。

豆テストQ　気象庁長官に予報業務の許可申請を行うには気象予報士の資格が必要である。

一　死亡したとき。
二　欠格事項に該当することとなったとき。
三　偽りその他不正な手段により登録を受けたことが判明したとき。
四　試験の合格の決定を取り消されたとき。

◆気象予報士が前項第一号又は第二号に該当することとなったときは、その相続人又は当該気象予報士は遅滞なく気象庁長官に届け出なければならない（第二十四条の二十五第二項）。

1-5　雑則

(1)気象証明等

◆気象庁は、一般の依頼により、気象、地象及び水象に関する事実について証明及び鑑定を行う（第三十五条）。

◆前項の証明又は鑑定を受けようとする者は、国土交通省令の定めるところにより、手数料を納めなければならない（第三十五条第二項）。

(2)報告及び検査

◆気象庁長官は、この法律の施行に必要な限度において、許可を受けた者等に対し、それらの行う気象業務に関し、報告させることができる（第四十一条）。

この報告書の記載事項は、施行規則の第五十条で次のように定められています。

一　氏名および住所並びに法人にあっては、その代表者の氏名
二　報告事項
三　報告事由の発生日

◆気象庁長官は、この法律の施行に必要な限度において、その職員に、許可を受けた者若しくは技術上の基準に従ってしなければならない気象の観測を行うものの事業所若しくは観測を行う場所に立ち入り、気象記録、気象測器その他の物件を検査させ、又は、関係者に質問させることができる（第四十一条第四項）。

豆テストA　✕　予報業務許可の申請者が気象予報士である必要はない。

1-6 罰則

気象業務法の規程に違反した場合の罰則については、第四十四～五十条で規定されています。

◆第三十七条の規定に違反した者は**三年以下**の懲役若しくは**百万円以下**の罰金に処し、又はこれを併科する（第四十四条）。

> **詳しく知ろう**
>
> ・**第三十七条の規定に違反した者**：正当な理由がないのに、気象庁または技術上の基準に従わなければならない気象の観測（政府機関・地方公共団体が行う気象観測、成果を発表するため、または成果を災害の予防に利用するための観測、電気事業の運用に利用するための観測）を行う者が屋外に設置する気象測器または気象などの警報の標識を壊し、移し、その他これらの効用を害する行為をした者。

◆次の各号の一に該当する者は、**五十万円以下の罰金**に処する（第四十六条）。

一　検定に合格した観測機器でなければ、使用してはならないとされていることに、違反した者（第九条の規定に違反）

二　許可を受けないで予報業務を行った者（第十七条第一項の規定に違反）

三　認可を受けないで予報業務の目的及び範囲を変更した者（第十九条の規定に違反）

四　気象予報士以外の者に現象の予想を行わせた者（第十九条の三の規定に違反）

五　気象庁長官からの業務停止命令に違反した者（第二十一、二十六条第二項の規定に違反）

六　警報を行った者（第二十三条の規定に違反）

七　許可を受けないで気象の観測の成果を無線通信で発表する業務を行った者（第二十六条第一項の規定に違反）

豆テスト Q　予報業務の許可を受けている者が予報の対象区域を変更するときには、事前に気象庁長官に届け出なければならない。

Chapter 11
気象法規

◆次の各号のいずれかに該当する者は**三十万円以下の罰金**に処する（第四十七条）。
- 一　予報業務の許可を受けた者で、業務改善命令に違反した者（第二十条の二、第二十六条の規定に違反）
- 二　気象庁長官が観測を行う必要がある場合、従事する職員の国・地方公共団体又は私人が所有するなどの土地等に、立ち入ることを拒み、又は妨げた者（第三十八条の規定に違反）
- 三　気象庁長官が必要あると認めた報告を行わないか、虚偽の報告をした者（第四十一条の規定に違反）
- 四　気象庁長官が必要あると認めた検査を拒み、妨げ、若しくは忌避し、又は質問に対し陳述をせず、若しくは虚偽の陳述をした者（第四十一条の規定に違反）

◆次に該当する者は、**二十万円以下の過料**に処する（第五十条）。
- 一　予報業務の許可を受けた者で、業務の休止・廃止の届出をせず、又は虚偽の届け出をした者（第二十二条、第二十六条第二項の規定に違反）

注
・過料：制裁金を徴収するが、罰金や科料と異なり刑罰ではない。

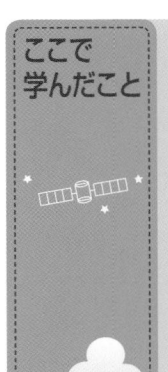

ここで学んだこと
- 気象業務法の目的。
- 気象・地象・水象、気象業務、観測、予報・警報、気象測器などの用語の定義。
- 気象観測をする際に技術上の基準に従わなければならない者。
- 警報の伝達経路。
- 予報業務の許可と許可内容の変更の届け出。
- 気象予報士の資格取得と登録。
- 気象業務法違反に対する罰則。

豆テスト A　✕　予報業務の範囲を変更する場合には、届け出ではなく、事前に気象庁長官に変更の認可を受ける必要がある。

2 気象業務法施行令と施行規則の関連事項

2-1 一般の利用に適合する予報と警報

◆気象業務法第十三条の規定による一般の利用に適合する予報及び警報は、定時又は随時に、国土交通省令で定める予報区を対象として行うものとする（施行令第四条）。

- **天気予報**：当日から三日以内における風、天気、気温等の予報
- **週間天気予報**：当日から七日間の天気、気温等の予報
- **季節予報**：当日から一か月間、当日から三か月間、暖候期、寒候期、梅雨期等の天気、気温、降水量、日照時間等の概括的な予報
- **波浪予報**：当日から三日以内における風浪、うねり等の予報
- **気象注意報**：風雨、風雪、強風、大雨、大雪等によって災害が起こるおそれがある場合に、その旨を注意して行う予報
- **地面現象注意報**：大雨、大雪等による山崩れ、地滑り等によって災害が起こるおそれがある場合に、その旨を注意して行う予報（「気象庁予報警報規程」により、気象注意報に含めて行います）
- **津波注意報**：津波の有無及び程度について一般の注意を喚起するために行う予報
- **高潮注意報**：台風等による海面の異常上昇の有無及び程度について、一般の注意を喚起するために行う予報
- **波浪注意報**：風浪、うねり等によって災害が起こるおそれがある場合に、その旨を注意して行う予報
- **洪水注意報**：洪水によって災害が起こるおそれがある場合に、その旨を注意して行う予報
- **浸水注意報**：浸水によって災害が起こるおそれがある場合に、その旨を注意して行う予報（「気象庁予報警報規程」により、気象注意報に含めて行います）

> 裏テスト Q：予報業務の許可を受けている民間事業者が、観測の成果を発表する目的で自ら気象観測を行う場合には、気象庁長官の許可を受けなければならない。

- **気象警報**：暴風、暴風雪、大雨、大雪等に関する警報
- **地面現象警報**：大雨・大雪等による山崩れ、地滑り等の地面現象に関する警報（「気象庁予報警報規程」により、気象注意報に含めて行います）
- **津波警報**：津波に関する警報
- **高潮警報**：台風等による海面の異常上昇に関する警報
- **波浪警報**：風浪、うねり等に関する警報
- **洪水警報**：洪水に関する警報
- **浸水警報**：浸水に関する警報（「気象庁予報警報規程」により、気象注意報に含めて行います）

2-2　船舶の利用に適合する予報と警報

◆気象業務法第十四条第一項の規定による船舶の利用に適合する予報及び警報は、定時又は随時に行うものとする（施行令第五条）。

- **海上予報**：国土交通省令で定める予報区を対象とする船舶の運航に必要な海上の気象、津波、高潮及び波浪の予報
- **海上警報**：国土交通省令で定める予報区を対象とする船舶の運航に必要な海上の気象、津波、高潮及び波浪に関する警報

2-3　水防活動の利用に適合する予報と警報

◆気象業務法第十四条の二第一項の規定による予報及び警報は、随時に、水防活動の利用に適合するよう行うものとする（施行令第六条）。

- **水防活動用気象注意報**：風雨、大雨等によって水害が起こるおそれがある場合に、その旨を注意して行う予報
- **水防活動用気象警報**：暴風雨、大雨等によって重大な水害が起こるおそれがある場合に、その旨を警告して行う予報
- **水防活動用高潮注意報**：台風等による海面の異常上昇の有無及び程度について注意を喚起するために行う予報
- **水防活動用高潮警報**：台風等による海面の異常上昇に関する警報
- **水防活動用洪水注意報**：洪水によって災害が起こるおそれがある場合に、

× 気象観測することについては気象庁長官の許可を受ける必要はない。しかし技術上の基準に従い、使用する気象測器は検定合格品でなければならない。

その旨を注意して行う予報
- **水防活動用洪水警報**：洪水に関する警報

> **ここで学んだこと**
> ・気象庁は一般の利用に適合する予報や注意報・警報のほか、船舶の利用あるいは水防活動の利用に適合する予報や注意報・警報を行っている。

3 災害対策基本法

3-1　災害対策の目的と基本的な枠組み

　災害対策基本法は、昭和34年の伊勢湾台風などによる甚大な被害の経験を通じ、国・地方を含めた総合的、体系的な防災体制を確立するために制定された災害に対する基本法です。

◆国土並びに国民の生命、身体及び財産を災害から保護するため、防災に関し、国、地方公共団体及びその他の公共機関を通じて必要な体制を確立し、責任の所在を明確にするとともに、防災計画の作成、災害予防、災害応急対策、災害復旧及び防災に関する財政金融措置その他必要な災害対策の基本を定めることにより、総合的かつ計画的な防災行政の整備及び推進を図り、もって社会の秩序の維持と公共の福祉の確保に資することを目的とする（第一条）。

　第一条の目的に従い、災害対策の基本的な枠組みが定められており、その概要は次のようになります。

①国、地方公共団体その他の公共機関で災害対策に関与するものは、あらかじめ指定行政機関（気象庁を含む）、指定地方行政機関（各気象台を含む）、指定公共機関、指定地方公共機関として指定されます。**指定公共機関**とは、東日本・西日本電信電話（株）、日本郵政、日本銀行、日本赤十字社、日本放送協会、JR、その他の公共的機関、および電気、ガス、輸送、通信

> **豆テストQ** 予報業務の許可を受けた者が現象の予想をするために行う気象観測は、気象予報士に行わせなければならない。

②国（内閣府）に**中央防災会議**が、また地方では各都道府県に都道府県防災会議、各市町村には市町村防災会議などの**地方防災会議**が置かれます。
③災害に対処するため、中央防災会議は**防災基本計画**を、各地方防災会議は**地域防災計画**を作成します。
④各指定機関も、それぞれ**防災業務計画**を定めておく必要があります。
⑤災害が発生、または発生するおそれがあるときには、当該都道府県、市町村に**災害対策本部**が設置されます。災害対策本部長は、都道府県知事、市町村長が務めます。
⑥災害の規模が大きい場合などには、国の**非常災害対策本部**が設置されます。
⑦非常災害が発生し、その災害が国の経済および公共の福祉に重大な影響を及ぼすほど異常かつ激甚なものである場合に、災害応急対策を推進するため特に必要と認められるときは、内閣総理大臣は内閣府に緊急災害対策本部を設置することができ、関係地域について災害緊急事態の布告をすることができます。

　以上の体制のうえに、災害対策基本法では、災害対策を、災害予防、災害応急対策、災害復旧の３段階に大きく分けてとらえ、基本となる事項を整理、規定しています。災害応急対策における警報の伝達や避難の指示などについては以下に記します。

3-2　警報の伝達など

(1)発見者の通報義務

◆災害が発生するおそれがある異常な現象を発見した者は、遅滞なく、その旨を**市町村長**又は**警察官**若しくは**海上保安官**に通報しなければならない（第五十四条）。

◆何人も、前項の通報が最も迅速に到達するように協力しなければならない（第五十四条第二項）。

◆第一項の通報を受けた警察官又は海上保安官は、その旨を速やかに市町村長に通報しなければならない（第五十四条第三項）。

豆テストA　✗　気象予報士にさせなければならないのは、現象の予想だけである。誰に観測を行わせるかについては規定がない。

◆第一項又は前項の通報を受けた市町村長は、地域防災計画の定めるところにより、その旨を気象庁その他の関係機関に通報しなければならない（第五十四条第四項）。

（2）都道府県知事の通知等
◆都道府県知事は、法令の規定により、気象庁その他の国の機関から災害に関する予報若しくは警報の通知を受けたとき、又は自ら災害に関する警報をしたときは、法令又は地域防災計画の定めるところにより、予想される災害の事態及びこれに対してとるべき措置について、関係指定地方行政機関の長、指定地方公共機関、市町村長その他の関係者に対し、必要な通知又は要請をするものとする（第五十五条）。

（3）市町村長の警報の伝達および警告
◆市町村長は、法令の規定により災害に関する予報若しくは警報の通知を受けたとき、自ら災害に関する予報若しくは警報を知ったとき、法令の規定により自ら災害に関する警報をしたとき、又は前条の通知を受けたときは、地域防災計画の定めるところにより、当該予報若しくは警報又は通知に係る事項を関係機関及び住民その他関係ある公私の団体に伝達しなければならない。この場合において、必要があると認めるときは、市町村長は住民その他関係のある公私の団体に対し、予想される災害の事態及びこれに対して採るべき措置について、必要な通知又は警告をすることができる（第五十六条）。

3-3　事前措置と避難

（1）市町村長の避難の指示等
◆災害が発生し、又は発生するおそれがある場合において、人の生命又は身体を災害から保護し、その他災害の拡大を防止するために特に必要と認めるときは、市町村長は、必要と認める地域の居住者、滞在者その他の者に対し、避難のための立ち退きを**勧告**し、及び急を要すると認めるときは、これらの者に対し、避難のための立ち退きを**指示**することができる（第六十条）。

> **豆テスト**　予報業務の許可を受けた者は、気象庁の発表する注意報・警報を速やかに利用者に伝達し、その状況を記録しておく必要がある。

◆前項の規定により避難のための立ち退きを勧告し、又は指示する場合において必要があると認めるときは、市町村長は、その立ち退き先を指示することができる（第六十条第二項）。
◆市町村長は、第一項の規定により避難のための立ち退きを勧告し、若しくは指示し、又は立ち退き先を指示したときは、すみやかに、その旨を都道府県知事に報告しなければならない（第六十条第三項）。
◆市町村長は、避難の必要がなくなったときは、直ちに、その旨を公示しなければならない（第六十条第四項）。

(2) 警察官等の避難の指示

◆市町村長が立ち退きを指示することができないと認めるとき、又は市町村長から要求があったときは、**警察官**又は**海上保安官**は、必要と認める地域の居住者、滞在者その他の者に対し、避難のための立ち退きを**指示**することができる（第六十一条）。
◆**警察官**又は**海上保安官**は、避難のための立ち退きを指示したときは、直ちに、その旨を市町村長に通知しなければならない（第六十一条第二項）。

> **ここで学んだこと**
> ・災害が異常かつ激甚な場合は、内閣総理大臣は緊急災害対策本部を設置し、関係地域に災害緊急事態の布告をすることができる。
> ・市町村長は、避難のための立ち退きを勧告または避難のための立ち退きを指示できる。

4 水防法

4-1 総則

(1) 目的

◆洪水、津波、又は高潮に際し、水災を警戒し、防ぎょし、及びこれによる

豆テスト A ✗ 気象庁の発表事項を利用者に伝達し、その状況を記録しなければならないのは警報事項だけであり、注意報はこの規定に含まれていない。

被害を軽減し、もって公共の安全を保持することを目的とする（第一条）。

(2)定義

◆「**水防警報**」とは、洪水、津波又は高潮によって災害が発生するおそれがあるとき、水防を行う必要がある旨を警告して行う発表をいう（第二条第七項）。

4-2　水防活動

(1)国の機関が行う洪水予報

◆**気象庁長官**は、気象等の状況により洪水、津波又は高潮のおそれがあると認められるときは、その状況を国土交通大臣及び関係都道府県知事に通知するとともに、必要に応じ放送機関、新聞社、通信社その他の報道機関の協力を求めて、これを一般に周知させなければならない（第十条）。

◆**国土交通大臣**は、二以上の都府県の区域にわたる河川その他の流域面積が大きい河川で洪水により国民経済上重大な損害を生じるおそれがあるものとして指定した河川について、洪水のおそれがあると認められるときは、気象庁長官と共同して、その状況を水位又は流量で示して関係**都道府県知事**に通知するとともに、必要に応じ報道機関の協力を求めて、これを一般に周知させなければならない（第十条第二項）。

◆**都道府県知事**は、この通知を受けた場合においては、直ちに都道府県の水防計画で定める水防管理者及び量水標管理者（量水標等の管理者をいう）に、その受けた通知に係る事項を通知しなければならない（第十条第三項）。

(2)都道府県知事が行う洪水予報

◆**都道府県知事**は、国土交通大臣が指定した河川以外の流域面積が大きい河川で洪水により相当な損害を生じるおそれがあるものとして指定した河川について、洪水のおそれがあると認められるときは、気象庁長官と共同して、その状況を水位又は流量で示して都道府県の水防計画で定める水防管理者等に通知するとともに、必要に応じ報道機関の協力を求めて、これを一般に周知させなければならない（第十一条）。

> **豆テスト** 予報業務の許可を受けた者が新たに気象予報士を雇用して予報業務に従事させる場合には、その旨を気象庁長官に報告しなければならない。

（3）水防警報

◆<u>国土交通大臣</u>は、洪水、津波又は高潮により<u>国民経済上重大な損害を生じるおそれがあると認めて指定した河川、湖沼、又は海岸</u>について、**都道府県知事**は、国土交通大臣が指定した河川、湖沼、又は海岸以外の河川、湖沼、又は海岸で、洪水、津波又は高潮により相当な損害を生じるおそれがあると認めて<u>指定したもの</u>について、<u>水防警報をしなければならない</u>（第十六条）。

◆国土交通大臣は、水防警報をしたときは、直ちにその警報事項を関係都道府県知事に通知しなければならない（第十六条第二項）。

◆都道府県知事は、水防警報をしたとき、又は前項の規定により通知を受けたときは、都道府県の水防計画で定めるところにより、直ちにその警報事項又はその受けた通知に係る事項を関係<u>水防管理者その他水防に関係のある機関に通知しなければならない</u>（第十六条第三項）。

◆国土交通大臣又は都道府県知事は、第一項の規定により河川、湖沼又は海岸を指定したときは、その旨を公示しなければならない（第十六条第四項）。

◆水防管理者は、水防警報が発せられたとき、水位が都道府県知事の定める警戒水位に達したとき、その他水防上必要があると認めるときは、都道府県の水防計画で定めるところにより、水防団及び消防機関を出動させ、又は出動の準備をさせなければならない（第十七条）。

詳しく知ろう

- **水防警報の内容**：待機、準備、出動、警戒、解除からなり、各地域の水防団・消防団への具体的な対応策を示している。
- **水防管理団体**：水防の責任を有する市町村又は水防に関する事務を共同に処理する市町村の組合（「水防事務組合」という）若しくは水害予防組合をいう（第二条第一項）。
- **水防管理者**：水防管理団体である市町村の長又は水防事務組合の管理者若しくは長若しくは水害予防組合の管理者をいう（第二条第二項）。

豆テストA
○ このケースは許可申請内容の変更に該当するので、気象庁長官に報告書を提出しなければならない。

ここで学んだこと	・洪水予報は、国土交通大臣が指定した河川については国土交通大臣が気象庁長官と共同で、都道府県知事が指定した河川については都道府県知事と気象庁長官と共同で行う。 ・水防警報は、その河川管理者（国土交通大臣または都道府県知事）が行う警報であり、各河川の警戒水位を基礎とする具体的な水防活動用の情報である。

国土交通大臣の指定河川等　　　　　都道府県の指定河川等

国土交通大臣 ⇒ 水防警報　　　　　知事 ⇒ 水防警報

5 消防法

(1) 目的

◆火災を予防し、警戒し及び鎮圧し、国民の生命、身体及び財産を火災から保護するとともに、火災又は地震等の災害による被害を軽減し、もって安寧秩序を保持し、社会公共の福祉の増進に資することを目的とする（第一条）。

(2) 気象状況の通報と火災警報

◆気象庁長官、管区気象台長、沖縄気象台長、地方気象台長又は測候所長は、気象の状況が火災の予防上危険であると認めるときは、その状況を直ちにその地を管轄する都道府県知事に通報しなければならない（第二十二条第一項）。

◆都道府県知事は、前項の通報を受けたときは、直ちにこれを市町村長に通報しなければならない（第二十二条第二項）。

> **豆テストQ**　気象庁長官の許可を得ないで予報業務を行った者や気象予報士以外の者に現象の予想を行わせた者は、50万円以下の罰金に処せられる。

Chapter 11 気象法規

- ◆市町村長は、前項の通報を受けたとき、又は気象の状況が火災の予防上危険であると認めるときは、火災に関する警報を発表することができる（第二十二条第三項）。
- ◆前項の規定による警報が発せられたときは、警報が解除されるまでの間、その市町村の区域内に在る者は、市町村条例で定める火の使用の制限に従わなければならない（第二十二条第四項）。

> **ここで学んだこと**
> ・火災についての気象状況の通報は、気象官署長→都道府県知事→市町村長の順に行われ、火災警報は市町村長が発表する。

理解度checkテスト

Q1 気象業務法の目的を規定した次の条文の空欄(a)～(c)に入る語句の組み合わせとして正しいものを、下記の①～⑤の中から一つ選べ。

　この法律は、気象業務に関する基本的制度を定めることによって、気象業務の健全な発達を図り、もって（a）、（b）、（c）等公共の福祉の増進に寄与するとともに、気象業務に関する国際的協力を行うことを目的とする。

	(a)	(b)	(c)
①	災害の予防	交通の安全の確保	社会秩序の維持
②	災害の予防	生命、身体の安全の確保	社会秩序の維持
③	災害の予防	交通の安全の確保	産業の興隆
④	災害の復旧	生命、身体の安全の確保	産業の興隆
⑤	災害の復旧	生命、身体の安全の確保	社会秩序の維持

豆テストA ○ その他、50万円以下の罰金刑に該当するのは、規定に反して検定合格品以外の測器で観測した者、認可を受けずに予報業務の目的・範囲を変更した者などである。

Q2 気象庁以外の者が行う気象業務について述べた次の文(a)〜(c)の正誤の組み合わせとして正しいものを、下記の①〜⑤の中から一つ選べ。

(a) 気象庁長官の許可を受けた者がその許可された予報業務の範囲を変更しようとするときは、気象庁長官の認可を受けなければならない。

(b) 気象の観測を技術上の基準に従ってしなければならない者が、その施設を設置したときは、国土交通省令の定めるところにより、その旨を気象庁長官に届け出なければならない。

(c) 気象庁長官の許可を受けた者がその許可された予報業務の一部を休止したときは、その日から三十日以内に、その旨を気象庁長官に届け出なければならない。

	(a)	(b)	(c)		(a)	(b)	(c)
①	正	正	正	④	誤	正	誤
②	正	正	誤	⑤	誤	誤	誤
③	正	誤	正				

ヒント 気象庁以外の者が行う気象業務上の規制に関する問題です。

Q3 気象観測について述べた次の文章(a)〜(d)の正誤について、下記の①〜⑤の中から正しいものを一つ選べ。

(a) 学会に発表する論文に掲載するデータを得るため国立大学が風速観測施設を国内に設置する場合は、気象庁長官に届け出なければならない。

(b) 河川管理者が流域住民に洪水の発生を通知する目安とするため河川に水位観測施設を設置する場合、気象庁長官に届け出る必要はない。

(c) 船舶から気象庁長官に対してその成果の報告を行わなければならない気象の観測に用いる気象測器は、検定に合格したものでなければならない。

豆テストQ 災害の発生のおそれのある異常な現象を発見した者は、遅滞なく、その旨を市町村長か警察官か海上保安官に通報しなければならない。

Chapter 11
気象法規

(d) 気象庁長官は、気象観測の施設の設置の届け出をした者に対し、観測の成果の報告を求めることができる。

① (a)のみ誤り
② (b)のみ誤り
③ (c)のみ誤り
④ (d)のみ誤り
⑤ すべて正しい

ヒント 気象庁以外の者が行う気象観測に関する気象業務法上の規定に関する問題です。

Q4
災害対策基本法に基づく住民等の避難について述べた次の文章の空欄(a)～(c)に入る語句の組み合わせとして正しいものを、下記の①～⑤の中から一つ選べ。

災害が発生し、又は発生するおそれがある場合において、人の生命又は身体を災害から保護し、その他災害の拡大を防止するため特に必要があると認めるときは、(a) は、必要と認める地域の居住者、滞在者その他の者に対し、避難のための立ち退きを (b) し、及び急を要すると認めるときは、これらの者に対し、避難のための立ち退きを (c) することができる。

	(a)	(b)	(c)
①	市町村長	指示	命令
②	都道府県知事	指示	命令
③	市町村長	勧告	命令
④	都道府県知事	勧告	指示
⑤	市町村長	勧告	指示

豆テスト A ○ これは発見者の通報義務である。通報を受けた警察官や海上保安官は、その旨を速やかに市町村長に通報しなければならない。

> **ヒント** 災害対策基本法第六十条（市町村長の避難の指示等）の条文に関する問題です（p.196～197参照）。

Q5 水防法から抜粋した次の文（ア）および（イ）の空欄（a）～（d）に入る語句の組み合わせとして正しいものを、下記の①～⑤の中から一つ選べ。

（ア）気象庁長官は、気象等の状況により洪水又は（a）のおそれがあると認められるときは、その状況を（b）及び関係（c）に通知するとともに、必要に応じ報道機関の協力を求めて、これを一般に周知させなければならない。

（イ）（b）は、二以上の都府県の区域にわたる河川その他の流域面積が大きい河川で洪水により国民経済上重大な損害を生じるおそれがあるものとして指定した河川について、気象庁長官と共同して、洪水のおそれがあると認められるときは（d）を示して、当該河川の状況を関係（c）に通知するとともに、必要に応じて報道機関の協力を求めて、これを一般に周知させなければならない。

	(a)	(b)	(c)	(d)
①	高潮	国土交通大臣	都道府県知事	水位又は流量
②	高潮	国土交通大臣	地方公共団体の長	はん濫により浸水する区域及びその水深
③	高潮	消防庁長官	地方公共団体の長	水位又は流量
④	浸水	国土交通大臣	都道府県知事	はん濫により浸水する区域及びその水深
⑤	浸水	消防庁長官	市町村長	水位又は流量

> **豆テストQ** 市町村長は、災害により特に必要と認められる場合、地域の居住者などに避難の勧告をし、必要な場合には立ち退きを指示することができる。

Chapter 11 気象法規

ヒント　（ア）は気象業務法に基づいて気象庁が単独で行う洪水予報であり、（イ）は水防法と気象業務法に基づいて国土交通大臣と気象庁長官が共同して行う洪水予報についての記述です。

Q6　火災気象通報について述べた次の文章の空欄(a)〜(d)に入る適切な語句の組み合わせとして正しいものを、下記の①〜⑤の中から一つ選べ。

　気象庁長官、管区気象台長、沖縄気象台長、地方気象台長または測候所長は、(a)の状況が火災の予防上危険であると認めるときは、その状況を直ちにその地を管轄する(b)に通報しなければならない。この通報を受けた(b)は、直ちにこれを(c)に通報しなければならない。(c)は、(b)からの通報を受けたときまたは(c)が(a)の状況が火災の予防上危険であると認めるときは、火災に関する警報を発することができる。警報が発せられたときは、警報が解除されるまでの間、その市町村の区域内に在る者は、市町村条例で定める(d)に従わなければならない。

	(a)	(b)	(c)	(d)
①	大気	都道府県知事	消防署長	火の使用の制限
②	気象	市町村長	消防署長	山林等への立入りの制限
③	大気	都道府県知事	市町村長	山林等への立入りの制限
④	気象	都道府県知事	市町村長	火の使用の制限
⑤	大気	市町村長	消防署長	山林等への立入りの制限

ヒント　火災警報を出すのは誰かを考えよう。

豆テストA　○　災害対策基本法の第60条の規定である。さらに必要な場合には、市町村長は立ち退き先を指示することができる。

解答と解説

Q1 解答③ （平成15年度第2回一般・問12）

気象業務法の目的を規定した気象業務法第一条についての基本的な設問です。第一条は出題率の極めて高い問題なので、そのまま覚えておこう。

Q2 解答① （平成18年度第1回一般・問13）

（a）正しい。予報業務の目的・範囲を変更しようとする場合には、気象庁長官の認可を受けなければなりません（法第十九条）。

（b）正しい。気象の観測を技術上の基準に従ってしなければならない者がその施設を設置・廃止したときは、国土交通省令の定めるところにより、その旨を気象庁長官に届け出なければなりません（法第六条第三項）。

（c）正しい。予報業務の全部または一部を休・廃止したときは、その日から30日以内に、その旨を気象庁長官に届け出なければなりません（法第二十二条）。

Q3 解答① （平成15年度第1回一般・問12）

（a）誤り。研究のために行う気象の観測は、気象庁長官に届け出る必要はありません（法第六条）。

（b）正しい。水位観測施設は気象観測施設でないので、気象庁長官に届け出る必要はありません。

（c）正しい。法第七条、第七条第二項、第九条により、正しい記述です。

（d）正しい。法第六条第四項により、正しい記述です。

豆テストQ 気象の状況が火災予防上危険な状況である旨を気象官署から通報を受けた都道府県知事は、火災警報を発表することができる。

Chapter 11 気象法規

Q4 解答⑤ （平成17年度第2回一般・問15）

住民等の避難について市町村長の立ち退きは「勧告」と「指示」のみで、「命令」ではないことに注意しよう（「避難命令」はありません）。

Q5 解答① （平成22年度第1回一般・問15）

（ア）は気象業務法第十四条の二（p.181）および第十五条（p.182）、水防法第十条（p.198）の規定によります。

（イ）は水防法第十条第二項（p.198）および気象業務法第十四条の二第二項（p.181）の規定によります。

Q6 解答④ （平成19年度第1回一般・問15）

気象状況の通報と火災警報に関する問題で、消防法第二十二条の規定（p.200～201）によります。

これだけは必ず覚えよう！

- 政府機関と地方公共団体が行う気象観測、およびそれ以外の者で成果を発表するための気象観測は、国土交通省令の技術上の基準に従うほか次の義務がある。
  ①施設の設置／廃止を気象庁長官に届け出る。
  ②測器は検定合格品を使用する。
  ③気象庁長官の要請があれば観測成果を報告する。
- 検定気象測器は、温度計・湿度計・気圧計・風速計・雨量計・雪量計・日射計の7種。
- 気象庁のみが行う一般向け警報は、気象（大雨・大雪・暴風雨・暴風雪）・津波・高潮・波浪・洪水。例外は孤立したときの市町村長による津波警報。
- 警報は新たな注意報または警報に切り替えられるまで、あるいは解除されるまで継続する。
- 予報業務の許可は、目的（特定向け／一般向け）と範囲（予報の種類と区域）を定めて行い、これを変更する場合は気象庁長官の認可が必要。その一部または全部を休止・廃止したときは30日以内に気象庁長官に届け出る。
- 気象予報士になるには、試験に合格して資格を得て気象庁長官の登録を受ける。

豆テストA ✗ 火災警報を発表できるのは市町村長である。火災予防上危険な状況である旨の通報を受けた都道府県知事は、これを直ちに市町村長に通報しなければならない。

- 現象の予想は気象予報士でなければできないが、観測・予報の伝達・解説は気象予報士でなくてもできる。
- 国／都道府県の指定河川については、気象庁が国土交通大臣／都道府県知事と共同で水防活動用の予報・警報をする。
- 異常現象の発見者は、市町村長または警察官・海上保安官に通報する。伝達経路は、警察官・海上保安官→市町村長→気象庁。
- 避難のための立ち退き勧告や指示は市町村長（警察官・海上保安官が代行可能）が行い、都道府県知事に報告する。
- 気象状況が火災の予防上危険な場合、その旨を気象官署長→都道府県知事→市長村長に通知し、火災警報は、市町村長が発表する。

予報業務に関する
専門知識編

Chapter 1

地上気象観測

出題傾向と対策

◎毎回1問は出題されている。
◎地上気象観測は観測要素が多くて覚えることが多いが、難しい知識ではないのでしっかり学習しておこう。

1 地上気象観測

地上気象観測は、95型地上気象観測装置（図：専1・1）による自動的な観測と、観測者による目視観測で行われています。全国約60か所の気象台や測候所では、気象観測装置による気圧、気温、湿度、風向・風速、降水量、

図：専1・1 95型地上気象観測装置（気象庁）

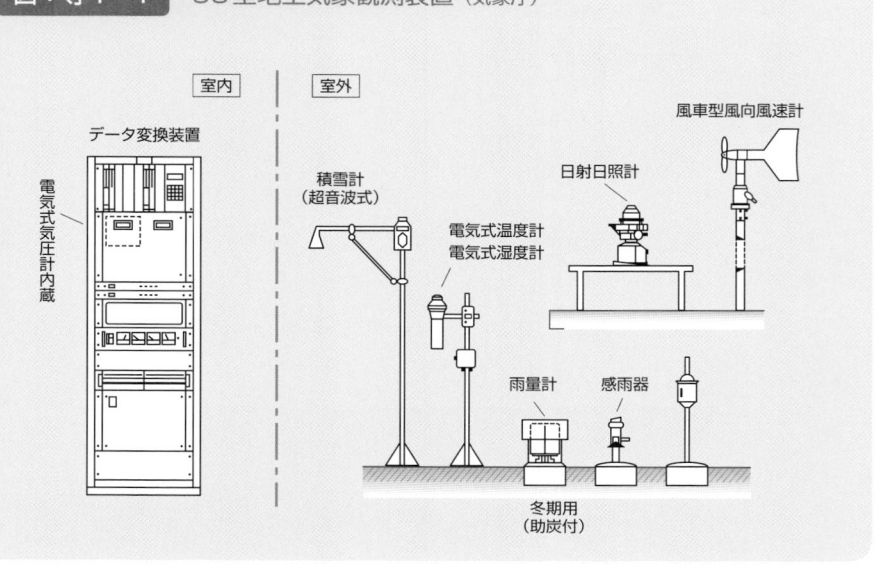

豆テストQ：地上天気図に記入されている気圧は、観測点での現地気圧である。

積雪の深さ、降雪の深さ、日照時間、日射量の**自動観測**と、観測者による**雲、視程、大気現象**の**目視観測**が行われています。

　これに加え、全国約90か所の特別地域気象観測所では、地上気象観測装置による自動観測のみが行われています。

　これらの観測データは、注意報・警報や天気予報の発表などに利用されるほか、気候変動の把握や産業活動の調査・研究などに活用されています。

1-1　気圧〔hPa〕

　気圧は空気の圧力であり、気体が単位面積（1m^2）を押す力であり、その場所にある空気の重さです。水銀柱の76cmの高さを気圧の大きさとして760mmHgと表し、これに相当する圧力を1気圧（1atm）といいます。1気圧は、1013hPa（ヘクトパスカル）で標準気圧といいます。正式な気圧は水銀気圧計で測定しますが、地上気象観測装置による自動観測では**電気式気圧計**（静電容量式のセンサーを用いた気圧計）による自動測定を行っています。気象台などで測定された気圧を**現地気圧**といい、**海面更正**（標準海面高度、海抜0mの気圧に換算すること）した気圧を**海面気圧**といい、地上天気図では海面気圧を使用します。

　気圧は、通常、最高が9時頃に、最低が15時頃に観測されます。

1-2　気温〔℃〕

　地表面上**1.5mの高さ**で測定するので、積雪があるときは、**雪面から1.5mの高さ**に温度計を調整して測定します。正式には、通風乾湿計で測定しますが、地上気象観測装置による自動観測では白金抵抗温度センサー（温度によって白金の電気抵抗が変化するのを検出するセンサー）を利用した**電気式温度計**によって自動測定しています。通常、最高気温は14時頃、最低気温は日の出後に観測されます。

1-3　露点温度〔℃〕と湿度〔%〕

　露点温度と湿度も気温と同様に地表面から**1.5mの高さ**で測定します。露

> 豆テストA　✕　地上天気図の気圧は、現地気圧を静力学平衡の式と状態方程式によって標準海面高度（高度0m）の気圧に海面更正した海面気圧である。

点温度は、塩化リチウムの吸湿性を利用した塩化リチウム露点計で測定します。

地上気象観測装置による自動観測では、湿度は静電容量型の**電気式湿度計**で自動測定しています。通常、最小湿度は最高気温の出現時頃に、最大湿度は最低気温の出現時頃に観測されます。

1-4　風向〔360°〕・風速〔m/s〕

風の観測は、基本的には平坦な開けた場所の地上10mの高度で、**風車型風向風速計**を用いて観測時刻前10分間の平均風向・風速で測定します。実際には、地上10mの高度で測定しているとは限りませんが、高度10mで測定した値に補正はしていません。

風向は風の吹いて来る方向であり、国際式では36方位（01～36）で、国内式では16方位（01～16）で示します（図：専1・2）。「00」は「静穏」を意味し、風速が0.2m/s以下であって風向が定まらないことを示します。なお、風速は単位時間に空気が移動した距離であり、m/sで測定しますが、通報はノット（kt）で行います。

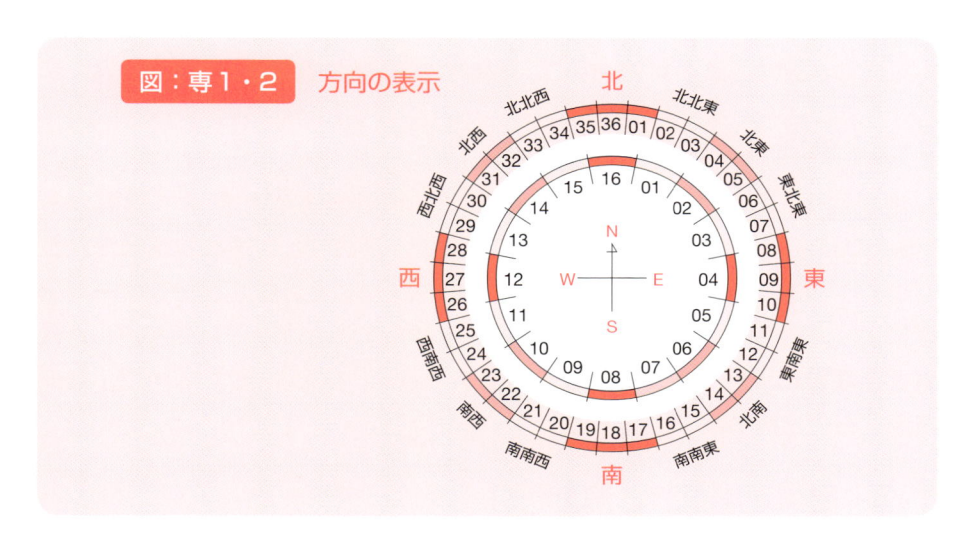

図：専1・2　方向の表示

国際式天気図の風向は36方位で示し、真北は「00」、真南は「18」である。

Chapter 1
地上気象観測

詳しく知ろう

- **方位の表示法**：風向や気象現象の方向の表示法としては、36方位、16方位、8方位による方法がある。36方位は図：専1・2のように10度刻みの値（たとえば20度）のように表現する。16方位は22.5度刻みの値で示す。8方位の場合は、北東、東、南東、南、南西、西、北西、北と表現する。
- **風速と瞬間風速**：風速は10分間の平均風速であり、その最大値が最大風速である。瞬間風速は時々刻々変わる瞬間の風速であり、0.25秒ごとに更新される3秒間（12サンプル）の平均風速で、その最大値が最大瞬間風速である。

1-5　降水量〔mm/h〕

　降水量は、ある時間内に地表の水平面に達した降水（雪やあられは融かして水にする）の量をいい、水の深さで表します。**転倒ます型雨量計**で測定します。測定は0.5mm単位（たとえば3.5mm）で、0.5mmに達しない降水は0.0mmとし、降水がない場合は「－」とします。

1-6　降雪量〔cm〕と積雪量〔cm〕

　降雪量は、ある時間内に降った積雪の深さ、**積雪量**は、積算された積雪の深さで、ともに1cm単位で、1cm未満は0cmで表します。

　積雪の深さは、雪尺や**超音波式積雪計**で測定します。超音波式積雪計は、図：専1・1でみるように、観測用ポールの上から発射した超音波が雪面に反射して戻ってくるまでの時間を測定することによって積雪の深さを求めます。この場合、気温によって音波の速さが変わるので、気温の変化による補正をして正しい時間を測定します。ある時間内（たとえば6時間）の積雪の差をもって、その時間内（6時間）の降雪の深さ（降雪量）として求めています。ただし、積雪は圧縮や融解があるので正確な降雪量にはなりません。

豆テストA　✗　36方位での真南は「18」だが、真北は「36」である。「00」は静穏（風速0.2m/s以下）であることを表す。

1-7　日射〔kW/m²〕と日照時間〔0.1時間〕

　太陽放射の強さを日射といい、太陽面から直接地上に到達する日射を**直達日射**といい、太陽光線に垂直な面で受けた直達日射エネルギー量を直達日射量といい、**直達電気式日射計**で測定します。

　空気分子や雲粒で散乱されて全方位から入射する日射を**散乱日射**といいます。直達日射と散乱日射を合わせて**全天日射**といいます。全天日射量は、水平面で受けた全天日射エネルギー量です。

　日照時間は1m²当たり120W以上の直達日射量がある時間です。

1-8　雲量（0～10）と雲形（十種）

　雲は**雲量**（全雲量と雲形別雲量）と**雲形**（十種）を目視で観測します。全雲量は、空全体のうち雲に覆われている割合で、雲形別の雲量は、ある雲形の雲に覆われている割合です。雲は部分的に重なっていることが多いので、雲形別雲量の合計と全雲量は一致するとは限りません。

　雲量は、まったく雲がない状態を雲量0、空全体が雲で覆われている状態を雲量10として、0～10の整数で表します。雲量が0以上で、1以下の場合は、「0⁺」、9以上で10以下のわずかに雲の隙間がある場合は、「10⁻」と観測されます。なお、雲量は天気図の記号では0～8の整数で表現されます（p.319の図：専8・5a参照）。

　雲形は、水平方向に広がっている層状の雲（層状雲）と鉛直方向に伸びている積雲系の雲（対流雲）に大別され、上・中・下層雲に分類されます（p.71参照）。

1-9　大気現象

　大気現象は、雨、雪、みぞれなどの**大気水象**、煙霧、黄砂などの**大気じん象**、かさ、光冠、虹などの**大気光象**、雷電や雷鳴などの**大気電気象**に大別されます（表：専1・1）。ただし大気光象は、次に述べる天気とは直接関連ありません。

> **豆テスト**　ある観測時間内の平均風速に対する最大瞬間風速の倍率を突風率といい、平均的には1.5～2.0倍程度である。

Chapter 1
地上気象観測

表：専1・1 大気現象と説明

大気現象	説　明
煙霧	肉眼で見えないごく小さな乾いた粒子が大気中に浮遊している現象
ちり煙霧	ちりまたは砂が風のために地面から吹き上げられ、風がおさまった後まで大気中に浮遊している現象
黄砂	主として大陸の黄土地帯で多量のちりまたは砂が風のために吹き上げられて全天を覆い、徐々に降る現象
煙	物の燃焼によって生じた小さな粒子が大気中に浮遊している現象
降灰	火山灰（火山の爆発によって吹き上げられた灰）が降る現象
砂塵あらし	ちりまたは砂が強い風のために高く吹き上げられる現象
高い地ふぶき	積もった雪が風のために高く吹き上げられる現象
霧	ごく小さな水滴が大気中に浮遊し、そのため視程が1km未満になっている現象
氷霧	ごく小さな氷の結晶が大気中に浮遊し、そのため視程が1km未満になっている現象
霧雨	多数の小さな水滴が一様に降る現象
雨	水滴が降る現象
みぞれ	雨と雪が同時に降る現象
雪	氷の結晶が降る現象
霧雪	ごく小さな白色で不透明な氷の粒が降る現象
細氷	ごく小さな分岐していない氷の結晶が徐々に降る現象
雪あられ	白色で不透明な氷の粒が降る現象
氷あられ	白色で不透明な氷の粒が芯となり、その周りに水滴が薄く氷結した氷の粒が降る現象（直径5mm未満）
凍雨	水滴が氷結したり雪片の大部分が融けて再び氷結したりしてできた透明または半透明の氷の粒が降る現象
ひょう	透明または透明な層と半透明の層とが交互に重なってできた氷の粒または塊りが降る現象（直径5mm以上）
雷電	電光（雲と雲との間または雲と地面との間で急激な放電による発光現象）と雷鳴がある現象
雷鳴	電光による音響現象

専門知識編

詳しく知ろう

・**雨**：水滴の直径が**0.2mm（200μm）**以上のものをいい、このうち、**0.2〜0.5mm**を霧雨、直径**0.5mm以上**を雨という。

豆テストA ○ 記述の通り。平均風速は観測時刻前10分間の平均値、最大瞬間風速は瞬間風速（観測時刻の3秒前から0.25秒間隔で観測される12サンプルの平均値）の最大値である。

1-10　天気（15種）

　天気とは雲と大気現象に着目した大気の総合的状態をいい、気象庁では表：専1・2に示すように15種類に分けており、**国内式天気**といっています。

　国際式天気は、大気現象の有無や時間的連続性や強さに応じた100種類の「現在天気」と10種類の「過去天気」を用いて地上天気図上に表現しています。

表：専1・2　国内式天気種類（15種）と天気記号

種類番号	天気種類	説　　明	天気記号
1	快晴	雲量が1以下の状態	○
2	晴	雲量が2以上8以下の状態	◐
3	薄曇	雲量が9以上の状態であって、巻雲、巻積雲または巻層雲が見かけ上最も多い状態	◉
4	曇	雲量が9以上の状態であって、高積雲、高層雲、乱層雲、層積雲、層雲、積雲または積乱雲が見かけ上最も多い状態	◎
5	煙霧	煙霧、ちり煙霧、黄砂、煙もしくは降灰があって、そのために視程が1km未満になっている状態、もしくは視程が1km以上であって全天がおおわれている状態	∞
6	砂塵あらし	砂じんあらしがあって、そのために視程が1km未満になっている状態	⇄
7	地ふぶき	高い地ふぶきがあって、そのために視程が1km未満になっている状態	✢
8	霧	霧または氷霧があって、そのために視程が1km未満になっている状態	≡
9	霧雨	霧雨が降っている状態	，
10	雨	雨が降っている状態	●
11	みぞれ	みぞれが降っている状態	✳
12	雪	雪、霧雪または細氷が降っている状態	✶
13	あられ	雪あられ、氷あられまたは凍雨が降っている状態	△
14	ひょう	ひょうが降っている状態	▲
15	雷	電光または雷鳴がある状態	⚡

［注］同時に2種類以上に該当する場合は、種類番号の大きいものとする。

豆テストQ　日照時間は、1m²当たり120W以上の全天日射量がある時間であり、直達電気式日射計によって測定している。

Chapter 1
地上気象観測

1-11 視程〔km〕

視程は、地表付近の大気の混濁度を距離で示したもので、目標を認めることのできる最大距離です。方向によって視程が違う場合は、最短距離で表します。

ここで学んだこと
- 地上天気図の気圧は現地気圧を海面更正した海面気圧である。
- 平均風向風速は観測時刻前10分間の平均である。
- 風速の測定は m/s（通報はノット）で、風向は、国際式では36方位、国内式では16方位で示す。
- 降雪量はある時間内に降った積雪の深さ、積雪量は積算した積雪の深さ。
- 日照時間は120W/m^{2}以上の直達日射量がある時間。
- 雲量には全雲量と雲形別雲量がある。
- 雲量は0、0$^+$、1〜9、10$^-$、10の13階級で観測される。
- 雲形は10種類あり、層状雲と対流雲、および上・中・下層雲に大別される。
- 大気現象は、大気水象・大気じん象・大気光象・大気電気象に大別される。
- 天気とは、雲と大気現象に着目した大気の総合的状態をいう。

2 アメダスとライデン

2-1 アメダス観測

アメダス（AMeDAS：地域気象観測システム）は、地上気象状況をきめ

豆テストA ✗ 日照時間は、1m^{2}当たり120W以上の直達日射量のある時間をいう。全天日射量は、直達日射量に散乱日射量を加えたものである。観測は直達電気式日射計による。

細かく監視するために気象庁が国内に配置している自動観測網で、その観測データは、10分ごとに自動的に送信されます。アメダスによる観測は、**降水量**、**気温**、**風向・風速**、**日照時間**の4要素（気圧と湿度は含まれていない）です。

アメダスの観測点は全国に約840か所（気象台、測候所および部外観測所）あり、平均間隔は約21kmです。降水だけの観測点は約1300か所で、平均間隔は約17kmです。また、北海道・東北・北陸・山陰の多雪地帯の約200か所には超音波式積雪計が設置され、積雪量がわかります。

アメダスによる観測データは自動的に品質管理がされており、気候統計資料としても使われています。

2-2 雷監視システム

雷監視システム（LIDEN：**ライデン**）は、雷により発生する電波を受信し、その位置、発生時刻などの情報を作成するシステムで、全国30か所の空港に設置されています。

> **ここで学んだこと**
> ・アメダス観測は、降水量、気温、風向・風速、日照時間の4要素（多雪地帯では積雪量が加わる）。
> ・アメダスの観測データは自動品質管理されている。

理解度checkテスト

Q1 地上気象観測における雲の観測と通報について述べた次の文章(a)〜(d)の正誤について、下記の①〜⑤の中から正しいものを一つ選べ。

(a) 雲は現れる高さによって上層雲、中層雲、下層雲に分類され、積乱雲は雲頂が上層に達している場合、上層雲に分類される。

(b) 2種類以上の雲形の雲がある場合、雲形別の雲量を合計すると、全雲量を超える場合がある。

豆テストQ 天気とは大気現象と雲に着目した総合的な状態をいい、国内式では15種類に分けられている。

Chapter 1
地上気象観測

(c) 地上実況気象通報式で通報するにあたっては、全雲量は全天が雲に覆われているときを8とする0〜8の階級を用いる。

(d) 地上実況気象通報式では、雲形のほかに共存する雲の種類や雲の時間変化を加味した雲の状態を、上・中・下層別に通報する。

- ① (a)のみ誤り
- ② (b)のみ誤り
- ③ (c)のみ誤り
- ④ (d)のみ誤り
- ⑤ すべて正しい

Q2 地上気象観測における大気現象について述べた次の文(a)〜(d)の正誤について、下記の①〜⑤の中から正しいものを一つ選べ。

(a) 霧は、ごく小さい水滴が大気中に浮遊する現象で、水平視程が1km未満の場合をいう。

(b) もやは、ごく小さい乾いた砂じんが大気中に浮遊する現象で、水平視程が1km以上の場合をいう。

(c) 霜は、大気中の水蒸気が昇華して地物の表面に小さな氷の結晶となって付着する現象である。

(d) 霜柱は、大気中の水蒸気が昇華して地物の表面で柱状の氷の結晶となる現象である。

- ① (a)と(b)が正しい
- ② (a)と(c)が正しい
- ③ (a)と(d)が正しい
- ④ (b)と(c)が正しい
- ⑤ (c)と(d)が正しい

解答と解説

Q1 解答① (平成15年度第1回専門・問1)

(a) 誤り。積乱雲は下層雲ですが、鉛直方向に発達する雲なので、雲底は下層でも雲頂は上層にまで達しています。

豆テストA ○ 記述の通り。大気現象は、大気水象、大気じん（塵）象、大気光象、大気電気象に大別されるが、大気光象は天気とは直接的な関連がない。

専門知識編

（b）正しい。雲は部分的に重なっていることが多いので、雲形別の雲量の合計と全雲量は一致するとは限りません。

（c）正しい。雲量は0〜10の階級で観測しますが、通報は0〜8の階級を用います。

（d）正しい。雲の観測の通報は、雲形や共存する雲の状態を上・中・下層別に行います。

Q2 解答②（平成16年度第1回専門・問1）

大気現象のうちの水象についての問題です。

（a）正しい。霧は、ごく小さい水滴が大気中に浮遊している現象で、水平視程が1km未満の場合で、相対湿度が100%近くになっています。

（b）誤り。もやは水平視程が1km以上10km未満の場合で、相対湿度はおよそ75%以上ですが、100%近くにはなりません。なお、ごく小さい乾いた粒子が大気中に浮遊している現象を煙霧といい、水平視程は10km未満で、相対湿度は75%未満です。

（c）正しい。霜は大気中の水蒸気が0℃以下に冷えた地面や地物などに接触して昇華し、氷の結晶となって付着したものです。

（d）誤り。霜柱は、地中の水分が上昇して凍結し、地中または地面に柱状の結晶になったものです。

これだけは必ず覚えよう！

- ある時間内における最大瞬間風速を平均風速で割った値を突風率といい、一般には1.5から2.0くらい。
- 風圧は風速の2乗に比例し、一般的に陸上よりも海上のほうが平均風速は速く、逆に突風率は小さい。
- 全天日射量＝直達日射量＋散乱日射量
- 霧はごく小さい水滴が大気中に浮遊している現象であり、水平視程が1km未満で相対湿度は100%に近い。
- もやは水平視程が1km以上10km未満で、相対湿度は75%以上。

豆テストQ　波向は波が進んで行く方向をいい、波浪実況図には卓越波向が16方位で記されている。

Chapter 2

海上気象観測

出題傾向と対策

◎実技試験での出題頻度は高いが、学科試験では出題されたことがない。
◎発生原因による波の種類、波の情報の見方と意味を理解しておこう。

1 波浪の観測

1-1 波浪の情報

　地球のおよそ7割の面積を占める海洋での気象観測も重要です。海上気象観測は、気象庁所属の海洋気象観測船、海洋気象ブイのほか、商船、漁船などによって行われています。

詳しく知ろう

・**海上の降水量測定**：海上気象観測では、降水量は測定していない。波の影響で船舶が揺れるために降水を正しく測定できないからである。

　海上気象観測は、地上気象観測の項目のほかに、波浪やうねりなどの観測が行われています。波浪には、風浪とうねり（次項参照）があり、波高、波長、周期、波向などの要素を観測します。
　波高は波の谷から山までの高さであり、0.5m単位で観測され、有義波高、平均波高、最大波高などで表現されます。**有義波高**は、ある地点を連続的に通過する波を高い順に並べ、高いほうから3分の1の波高についての一定時間（普通20分間）または一定数（普通100波）の平均値であり、目視によ

豆テスト A　✗　波向は波が進んで来る方向である。波浪実況図には卓越波向が16方位の白抜き矢印で記されているが、矢印は波が進んで行く方向を示している。

る波の高さにあたります。

波浪予報での波の高さは<u>有義波高</u>です。平均波高はすべての波高の平均値で、<u>有義波高のおよそ0.6倍の波高に相当します</u>。**最大波高**は、最も波高の高い波で、100波に1波は有義波高のおよそ1.6倍、1000波に1波は有義波高のおよそ2倍の波高に相当します。

波長は、波の山（谷）から山（谷）までの距離で、m単位で観測します。

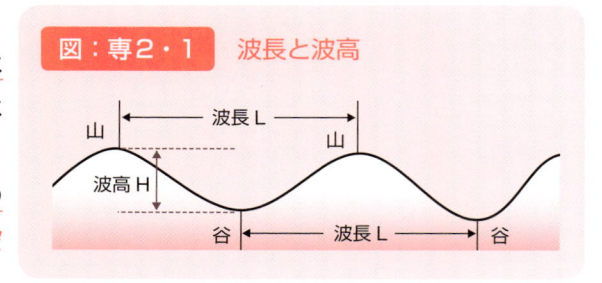

図：専2・1　波長と波高

図：専2・2　風浪（上）とうねり（下）

周期は、波の繰り返し間隔を「秒」単位で示したものです。

波向は、波が進んでくる方向（16方位）をいいます。波浪図で波の進行方向を示す白抜き矢印（⇨）は、<u>波向とは逆になる</u>ので注意を要します。通常、風浪は風向の方向から到来しますが、うねりのように周期の長い波は異なった方向からも到来します。

1-2　風浪とうねり

風浪（**風波**）は、その<u>付近の海域の風で生じる波</u>で、風下側に進行します。風浪は、<u>①風速、②吹続時間（風が吹き続く時間）、③吹走距離（風が吹き渡る距離）によって波高が決まります</u>（一般に、波長、周期とも短い）。風向と波向はほぼ同じです。

うねりは、遠くの海域で台風や発達した低気圧に伴って発生した波が、<u>長時間かけて伝播してきたもの</u>です。周期は10秒内外で風浪に比べて長く、波長も数十m～数百mと長くなっています。弱いうねりは波高2m以下、やや高いうねりは2～4m、高いうねりは4mを超えます。風向と波向が大きく

専テストQ　波浪予報での波の高さは、有義波高による。

Chapter 2
海上気象観測

異なることがよくあります。水深の浅くなる海岸地方では、海底の影響を受けて波高が風浪よりも高くなります。

図：専2・3 沿岸波浪実況図（2011年7月17日21時（12UTC））
実線、点線：等波高線（1m、0.5m）、矢羽：風向・風速、白抜き矢印：卓越波向、数値：卓越周期（日本の南海上にある台風第6号により、うねりが発達している）

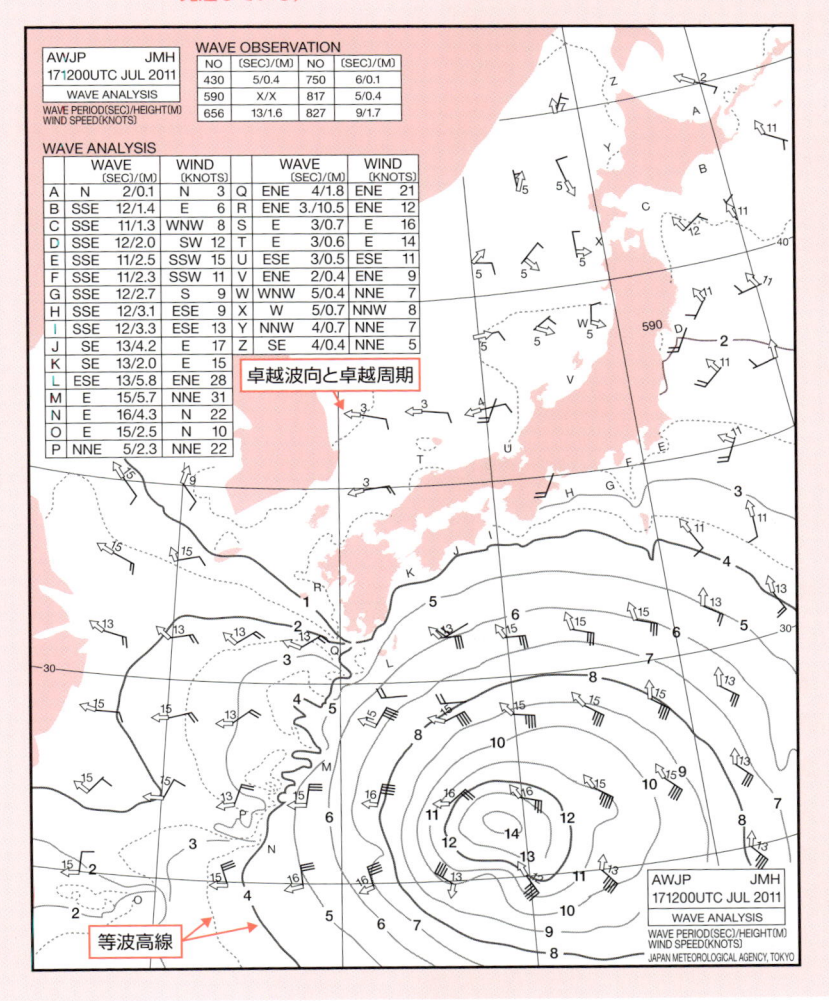

専門知識編

豆テストA ○ 記述の通り。有義波高は、ある地点を一定時間（通常10分間）に通過する波または一定数の波を（通常100波）高い順位に並べ、高いほうから1/3の波高についての平均値である。

1-3 波浪実況図

波浪実況図には、等波高線（実線は1mごと、点線は0.5mごと）、風向（16方位）、風速（kt）、卓越波向（16方位）、卓越周期（秒）が表示されているほか、観測地点での波浪観測値、A～Z点での波浪解析値が記入されています（図：専2・3参照）。

> 注
> ・**卓越波向と卓越周期**：最もエネルギーの強い波の向きと周期。

ここで学んだこと
- 有義波高は、波高の高いほうから $\frac{1}{3}$ の高さまでの波高の平均値。
- 風浪はその海域の風で生じた波、うねりは遠くの海域で台風などによって発生した波が伝播してきた波。

理解度checkテスト

Q1 気象庁の海上気象観測について述べた文(a)～(e)の正誤の組み合わせとして正しいものを、下記の①～⑤の中から一つ選べ。

(a) 風浪はその海域の風によって生じた波で、うねりは遠方の海域での台風や発達した低気圧によって生じた波が伝播してきた波である。

(b) 風浪は波長・周期とも短いが、うねりは波長・周期とも長い。

(c) 波高とは波の谷から山までの高さで、有義波高はある期間内の波のうち、波高の高い方から1/3の高さの波をいい、平均波高より低い。

(d) 天気予報で発表している波の高さは平均波高である。

(e) 波向は波が進んでくる方向をいい、風浪の波向は風向に近いが、うねりの波向は風向と大きく異なっている場合が多い。

> **豆テストQ** 最大波高は観測したすべての波のうち最も波高の高い波であり、経験的に1000波に1波は平均波高の2倍の波高が観測される。

Chapter 2
海上気象観測

	(a)	(b)	(c)	(d)	(e)		(a)	(b)	(c)	(d)	(e)
①	正	誤	正	誤	正	④	誤	正	正	誤	正
②	正	誤	正	正	誤	⑤	正	正	誤	誤	正
③	誤	誤	正	正	正						

解答と解説

Q1 解答⑤ （オリジナル）

（a）、（b）正しい。それぞれ風浪とうねりの定義と特徴です。
（c）誤り。有義波高はある期間内の波のうち、波高の高いほうから1/3の高さまでの波の平均値で、平均波高より高くなります。
（d）誤り。天気予報で発表している波の高さは有義波高です。
（e）正しい。風浪の波向は風向に近いが、うねりの波向はその地点での風向とかなり異なることがしばしばあります。

これだけは必ず覚えよう！

・天気予報の中の波高予報は、有義波高である。
・波向は波がやってくる方向（風向と同じ）であり、進んでいく方向ではない。

気象観測（気象庁）

啓風丸

凌風丸

豆テストA ✕ 経験的に1000波に1波は、（平均波高ではなく）有義波高の2倍の最大波高が観測される。平均波高は観測したすべての波の平均値で、経験的に有義波高の約0.6倍の波高である。

専門知識編

Chapter 3
気象レーダー観測

出題傾向と対策

◎ほぼ毎回1問が出題され、ドップラー気象レーダーに関する出題が多くなっている。
◎気象レーダーの観測の特徴、レーダーエコー合成図、解析雨量図の見方と特徴、ドップラー気象レーダーによる風の観測原理などを理解しておこう。

1 気象レーダー観測の基礎知識

1-1 気象レーダーの原理

　気象レーダーは、アンテナから電波を発射し、雲の中の降水粒子からの反射波（**レーダーエコー**または単に**エコー**と呼びます）を受信して画像化する観測機器で、反射電波が戻るまでの時間と方向で降水の範囲を、反射波の強さで降水の強さを判断します。

　降水域を観測するレーダーには、波長が3～10cm程度の電波が適しており、これよりも波長が短ければ雲や霧も観測できますが、近くの雲や霧で電波が反射されてしまうので、遠方の降水域が見えなくなります。

　気象レーダーの探知範囲は半径約300kmの円内に限られます。レーダー電波を水平に発射しても地球が球形のため、発射地点から離れるほどレーダー電波の通過高度は高くなり、発射地点から300kmの地点で高さは約6kmとなります。雨雲の中で降水粒子が存在するのは、一般に数kmの高さまでなので、電波の発射地点から300km以上離れると、電波は雨雲の上を素通りして、レーダーエコーは観測されなくなります（図：専3・1）。ただし、山頂などレーダーアンテナの設置点が高ければ、レーダービームを水平より下向きに発射できるので、距離とともに地上から離れていく高さは小さくなり、探知範囲は広くなります。

> **豆テストQ** 気象レーダー観測では、発射した電波が降水粒子でレイリー散乱されて戻ってくるまでの時間によって降水の強さを判断する。

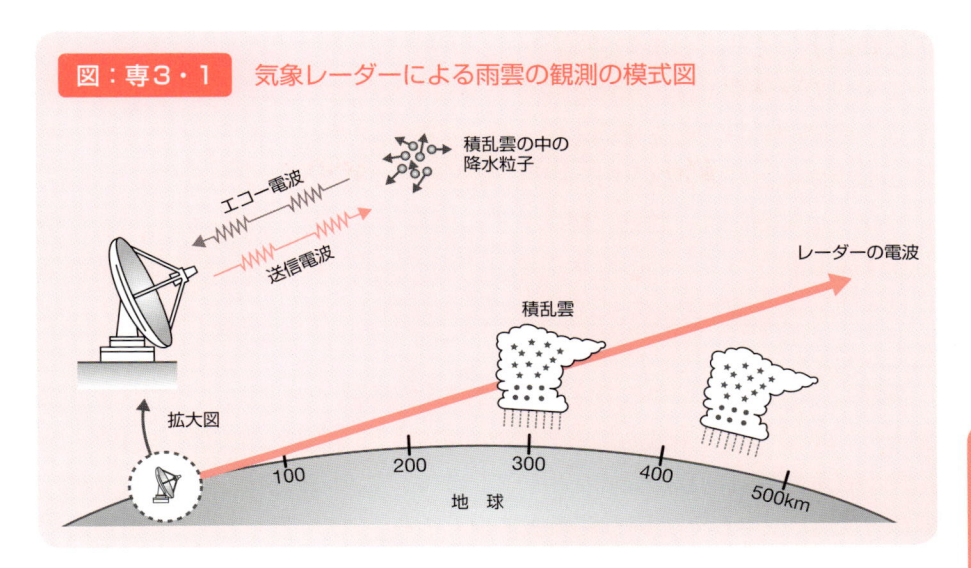

Chapter 3
気象レーダー観測

図：専3・1 気象レーダーによる雨雲の観測の模式図

詳しく知ろう

- **レーダービームの波長**：10cm波を**S**バンド、5cm波を**C**バンド、3cm波を**X**バンドといい、気象庁のレーダーは**C**バンドを用いている。

1-2 レーダー方程式

　<u>レーダーエコーの強さを表す受信電力</u>は、レーダーアンテナと対象物との距離のほか、途中の気体による減衰と対象物のレーダー反射因子によって決まります。式で表すと次のようになり、これを**レーダー方程式**といいます。

$$|P_r| = \frac{Cl^2 Z}{r^2}$$

　ただし、$|P_r|$は**平均エコー強度**（**平均受信電力**）、lは途中の大気ガスによる電波減衰（l^2はlで表す場合もある）、rは反射体までの距離、Zはレーダー反射因子です。定数Cは、送信電力、アンテナ利得、電波の波長、ビーム半値幅、パルス幅、光速度、πなどの値をまとめたもので、レーダーの機器

豆テストA ✗ 発射した電波が降水粒子によってレイリー散乱されて戻ってくるまでの時間と方向によって降水までの距離と降水の範囲を判断できる。降水強度は反射波の強さで判断する。

の仕様によって決まります。

　この式の受信電力は、伝播途中のさまざまな原因でエコー電波が変動するため、時間的な平均値を用います。電波を散乱させる降水粒子が含まれる領域を目標体積と呼び、この中に一様に降水粒子が充満していると仮定すると、レーダー反射因子は、粒径（降水粒子の直径）の6乗を加算したものに比例します。したがって、<u>同じ降水強度で比較すれば、粒径が小さくて個数が多い場合よりも、個数が少なくて粒径が大きな場合のほうが平均受信電力は強くなります</u>。

　実際には、目標体積中の降水粒子の分布は、雨雲の種類によってさまざまであり、水滴の落下速度も均一ではないので、反射因子Zと降水強度Rの間に見出された統計的な関係式を用いています。これを「**$Z-R$関係**」と呼び、気象庁では、$Z=BR^\beta$という関係式で表し、$B=200$、$\beta=1.6$の値を用いています（つまり、$Z=200R^{1.6}$）。このため、レーダー方程式は、平均受信電力$|P_r|$からZを通して、降水強度Rを求める式といえます。

詳しく知ろう

- **CバンドとXバンド**：レーダー方程式の定数Cの中には、電波の波長λはλ^2の反比例として含まれている。このことはCバンドよりXバンドのレーダーのほうが、平均受信電力が強くて観測には有利と思われるが、次項で述べる途中降雨による減衰を考慮すると、広い範囲で観測する気象庁のレーダー観測網にXバンドは適さない。自治体などが特別な目的（たとえば下水管理など）で狭い範囲の降水分布を観測する場合はXバンドの気象レーダーが用いられている。

1-3　レーダーエコーの見方

　レーダー方程式の中のl^2は、途中の大気ガスによる減衰ですが、気象庁のレーダー観測のエコー強度分布図では、これは補正されています。途中に降雨がある場合には同様に電波が減衰しますが、途中降雨強度は一般に未知

豆テスト Q　レーダーエコーの強さは平均受信電力で表され、レーダーから反射体までの距離の2乗に反比例する。

なので、補正されていません。途中降雨による減衰は、途中降雨が強いほど減衰が大きく、レーダー電波の波長が短いほど減衰が強い性質があります（上の「詳しく知ろう」参照）。

電波の伝播経路は、地球表面に沿うように少し曲がる性質があります。しかし地球表面に完全に沿うほどは曲がらないので、レーダーからはるか遠方では下層の降水粒子からの反射はなく、豪雨が降っていても上空の弱いエコーしか観測できません（図：専3・1参照）。また、レーダーで雨粒からの反射を受けても、その雨粒が地上に届かない場合があります。これは雨粒が風で吹き流されたり、落下途中で蒸発したり、成長してひょうになることがあるためです。

気象レーダーは、降水粒子から返ってくるレーダービームの反射である**降水エコー**を捉えることを本来の目的としていますが、同時に、山や高層ビルなどから反射してくる**地形エコー**も捉えてしまいます。この地形エコーは降水の観測にとって大きな障害です。しかし、降水粒子群からのエコー強度は時間的に激しく変動するのに対して地形エコーの変動は小さいので、地形エコーと降水エコーを自動的に識別し、完全ではありませんが、地形エコーのほとんどを取り除く技術が開発されています。

降水エコーの探知を妨げるものとして、地形エコーのほかにエンゼルエコーや海面エコーがあります。**エンゼルエコー（晴天エコー）**は集団の虫や鳥からの反射や大気屈折率の乱れからの反射エコーです。**海面エコー（シークラッター）**は海面の波やしぶきからの反射エコーで、海が荒れているほど強く現れます。これらの非降水エコーは、降水エコーと同じように変動が激しいので、地形エコーの除去技術では除けません。

ある一定の高度に強いエコーが現れることがあり、このエコーを**ブライトバンド**と呼びます。ブライトバンドは、雲の中の0℃層付近で層状に強い散乱が観測されるエコー分布のことです。一般知識編3章で説明した冷たい雨の仕組みで、氷粒子が0℃層より下で融けながら落下するとき、融けつつある氷粒子による電波の散乱は、氷粒子や水滴よりも強く観測されます。このため、ブライトバンドのエコー分布から計算されるレーダー雨量は、地上で

豆テストA ○ 平均受信電力（エコー強度）$|P_r|$は、途中の大気による電波減衰をl、反射体までの距離をr、レーダー反射因子をZとすると、$|P_r|=ClZ/r^2$で表される（Cは定数）。

実際に降る雨よりも強く現れます。

1-4　レーダーエコー合成図

　気象庁では、全国20か所に気象レーダー（波長5cm、観測半径300km）を設置し、全国の陸地と沿岸をほぼカバーしています。各レーダー観測は、5分間隔で、アンテナ仰角を約0°から30°まで少しずつ変えて19段階で観測しています。これによって大気中の降水強度の分布が、時間的にほぼ連続に、3次元空間的に把握できます。全国のレーダーエコーの観測データは、デジタル形式で気象庁に集められ、水平方向に1km格子間隔、鉛直に2km高度ごとに加工しています。

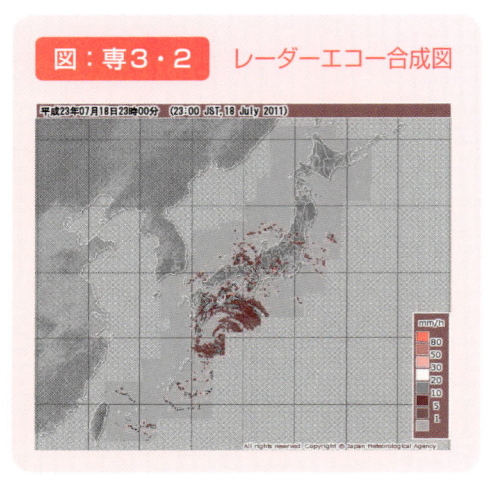

　レーダーで観測した降水強度分布を同じ高さのレーダーエコーで見られるようにしたものが**レーダーエコー合成図**であり、2km高度のものが最もよく用いられています。合成図にすることにより、レーダーから距離が離れるとともに探知能力が低下する欠点や、山岳などで電波が届かずに観測できない障害を別のレーダーの観測値で補うことができるとともに、総観規模の広い領域の降水現象を一度に把握できる長所があります。レーダーエコー合成図は気象庁のホームページで公開されており、降水強度（単位mm/h）はカラー表示されています（図：専3・2参照）。

1-5　解析雨量図

　気象レーダーは遠隔観測なので、広い範囲の降水分布を観測できる点が長所です。しかし一方では、電波の高度上昇と空間的広がりに起因する誤差や、途中降雨による減衰や$Z-R$関係による誤差などの問題もあるので、補正が

豆テストQ　同じ降水量をもたらす雨ならば、雨滴の直径が大きくて数が少ない降水よりも、直径が小さくて数が多い降水のほうが降水エコーは強い。

必要です。一方、地上で降雨を観測する雨量計の場合は、雨量を定量的に観測できますが、観測点の間隔が大きく、局地的な強雨の場合、観測点の中間での雨量がわかりません。

図：専3・3　解析雨量図

そこで気象庁では、両者の長所を合わせた**解析雨量図**を作成しています。解析雨量図は、気象レーダー観測の雨量強度から推算したレーダー雨量を、地上雨量観測の1時間雨量と比較して補正したものです。5分間隔で測定した雨量強度を1時間積算して求めたレーダー雨量と、同じ格子単位に共存する地上雨量計の1時間雨量値とを比較してレーダー雨量を補正する係数（すなわち、地上雨量とレーダー雨量の比であり、雨量係数と呼ぶ）を得ます。この雨量計地点の雨量係数を内挿してレーダー観測域全域の雨量係数を求め、レーダー雨量に乗じて解析雨量を求めます。解析雨量は30分ごとに格子間隔1kmの図として作成され、気象庁のホームページにカラー表示で公開されています（図：専3・3参照）。

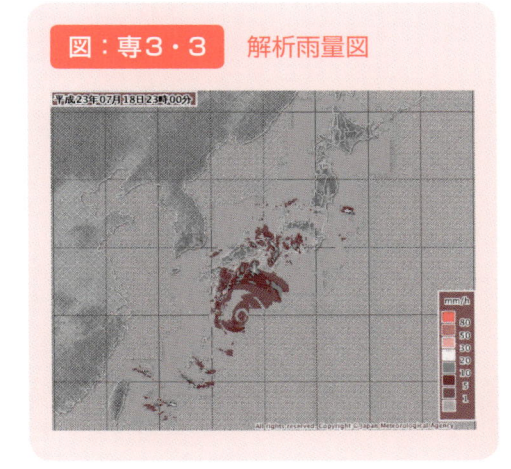

解析雨量図の精度を検証した結果では、実用的な見地から1km間隔に雨量計を設置したのとほぼ同等の雨量監視能力をもつことがわかりました。海上の解析雨量については、陸上における雨量係数を外挿して、最適な値が得られるように調整されています。気象庁では、解析雨量を雨量計で観測した実況雨量に準じたものとして位置づけており、大雨や短時間強雨などが予想される気象状況では、大雨域の監視や注意報・警報発表のための実況資料として利用するほか、府県気象情報のひとつである「記録的短時間大雨情報」（p.374参照）における観測雨量として発表されます。ただし、地名のあとに「付近」を付し、雨量値は「約」または「およそ」を付して表現します。

豆テスト A ✕　降水エコー強度はレーダー反射因子Zに比例し、Zは単位体積中の各降水粒子の直径Dの6乗の和（$Z=\Sigma D^6$）なので、直径が大きくて数の少ない降水のほうが降水エコーが強い。

ここで学んだこと

- 気象レーダーは、発射した電波が降水粒子に反射して戻って来るまでの時間と方向で降水の範囲を、反射波の強さで降水の強さを判断する。
- レーダーエコーの強さは受信電力で表され、平均エコー強度（平均受信電力）を表す式をレーダー方程式という。
- レーダーは、降水エコーのほかに、地形エコー、エンゼルエコー（晴天エコー）、海面エコー（シークラッター）、ブライトバンドなども捉える。
- 気象庁では、全国20か所の気象レーダーによって1km格子の降水強度分布を表すレーダーエコー合成図を作成している。
- 解析雨量図は、気象レーダー観測の雨量強度から推算したレーダー雨量を、地上雨量観測の1時間雨量と比較して補正したものである。

2 気象ドップラーレーダー観測の基礎知識

2-1 気象ドップラーレーダーの原理

　気象レーダーから発射された電波が、降水粒子で反射してエコー電波として戻るとき、電波の位相はレーダーと降水粒子までの距離によって決まります。降水粒子がレーダーに近づいたり遠ざかったりすると、位相は早くなったり遅くなったりします。位相が早まるのは周波数が高くなるからです。これを**ドップラー効果**といいます。この現象を利用して、エコー電波の電力と周波数を測定し、降水強度に加え、電波を発射した方向の降水粒子の速度成分（これを**動径速度**といいます）を得るのが気象ドップラーレーダーです。

　降水粒子の速度は目標体積の水平風速と考えてよいので、エコー電波の周波数測定値を処理すれば、上空の風速に関する情報が得られます。ただし、

豆テストQ　雪片が融解して雨滴に変わる上空の0℃層は、その上下よりもエコー強度が強い。

Chapter 3
気象レーダー観測

ドップラーレーダーで直接測定できるのは実際の風速ではなく、降水粒子が存在する領域の動径速度である、という大きな限界があることに注意が必要です。

> **詳しく知ろう**
>
> - **動径速度の求め方**：ドップラーレーダーから発射された電波の周波数を f_0、エコーとして受信した電波の周波数を f_1 とすると、これらの差 $f_d = f_1 - f_0$ をドップラー周波数という。目標物の動径速度 V_r と f_d の間には次の関係がある。
>
> $$V_r = -\frac{cf_d}{2f_0}$$
>
> ただし、c は電波の速度であり、真空中では $c = 3 \times 10^8$ m/s だが、地上付近の大気中では真空中の速度より約 0.03% 遅くなる。動径速度 V_r はレーダーから遠ざかる場合を正として表す。V_r と f_d の関係式から、ドップラー周波数 f_d が測定できれば、動径速度 V_r を求めることができる。

2-2　気象ドップラーレーダーの動径速度の利用方法

　ドップラーレーダーで直接測定できるのは、雲や雲底下にある降水粒子の動径速度だけという限界がありますが、離れた2台のドップラーレーダーを用いて、同時に降水粒子の2つの動径成分を測定すれば、降水粒子を流す風ベクトルを計算できます。しかし、2台のドップラーレーダーを用いる方式は、探知範囲が重複する狭い範囲しか風速を測定できないので、気象業務の観測網には使われていません。気象庁のドップラーレーダー観測網では、1台で測定した動径成分から風に関する情報を取り出す方法がとられています。

　そのひとつは **VAD法**（図：専3・4）と呼ばれる方法で、レーダー設置点の上空の風速分布がほぼ一様と仮定できる場合、1台のドップラーレーダーの動径成分の方位変化から風向風速を推定することができます。この場合、一定仰角・一定距離の動径成分が方位角によって正弦曲線となり、動径成分は風の吹いて行く方位で極大、風が吹いてくる方位（風向）で極小となり、

○ 0℃層より上では雪片なのでエコーが弱く、下では融解した雨滴の落下速度が増してやはりエコーが弱いために、0℃層は相対的にエコーが強く見える。これをブライトバンドという。

図：専3・4 VAD法の測定原理

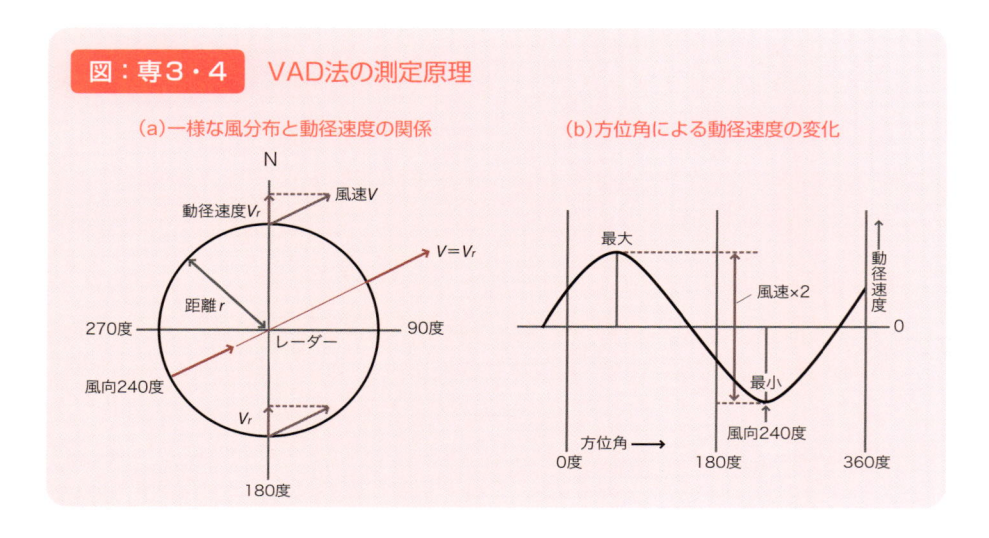

(a) 一様な風分布と動径速度の関係

(b) 方位角による動径速度の変化

その振幅が風速の2倍に相当します。

　動径成分から風速そのものが推定できなくても、動径速度分布の特徴的な形状から気象学的に有用な情報を引き出すことができます。動径速度は、普通、遠ざかる方向を＋で表し、図：専3・5に示したドップラー速度の局所的パターンから、渦と発散を検出できます。渦は動径速度パターンで見ると、方位角方向に並んだ＋と－の極値として検出できます。また、積乱雲の雲底に発生するダウンバーストは風の発散であり、動径方向に並んだ＋と－の極値（－のほうがレーダー側）のパターンで発見できます。

　地上付近の激しい現象で最も被害を受けやすいのは、離着陸中の航空機です。東京国際空港（羽田）など9か所の空港にはドップラーレーダーが設置され、顕著なダウンバーストやシアラインを観測した場合には航空局を経由して航空機に警報が通報されます。

　近年では、一般の気象レーダーの観測網にもドップラーレーダー機能が付加され、レーダー雨量と風を同時に測定して、降水短時間予報の精度を向上するために利用したり、メソサイクロンの検出による「竜巻注意情報」（p.375参照）を発表するのに利用したりしています。

> 豆テストQ　ドップラーレーダーでは、アンテナを回転させて電波の発射方向を変えることで、一様な風が吹いていると仮定すると、風向風速を求めることができる。

Chapter 3
気象レーダー観測

図：専3・5　動径速度の局所的パターンから渦と発散を検出する模式図

（左図）渦：−最大／+最大、レーダーの方向
（右図）発散：+最大／−最大、レーダーの方向

ここで学んだこと

- 気象ドップラーレーダーでは、降水強度に加え、動径速度（動径方向の降水粒子の速度成分）を得ることができる。
- 動径速度から渦と発散を検出できる。

理解度checkテスト

Q1　気象レーダーに関して述べた次の文章①〜⑤の中から誤っているものを一つ選べ。

① 気象レーダーは、電波をパルス的に発射し、降水粒子に反射されて戻るまでの時間を測定し降水粒子までの距離を計算する。

② 気象レーダー観測では、降水粒子による電波の反射強度を測定して降水量を推定しており、降水の強度に関係なく1時間あたりの降水量を1mm以下の精度で推定することができる。

豆テストA　○　ドップラーレーダーは周波数偏移から動径方向の速度を観測できるので、方位角に動径速度の変化曲線から降水粒子が流される方向と速さ、つまり風向風速を観測できる。

③ 気象ドップラーレーダーは、降水粒子で反射された電波の周波数偏移を測定することで、降水粒子のレーダービームに沿った方向の速度成分を観測する。
④ 気象レーダー観測で、海面からの反射によるエコーが観測されることがある。これは、一般に波浪の高いときほどエコー強度も大きい。
⑤ レーダービームが地上から水平に発射されても、地球の曲率の影響で距離とともに地表面から離れるため、レーダーの有効な探知範囲には限界がある。

Q2

気象庁のレーダー観測について述べた次の文章(a)〜(d)の正誤について、下記の①〜⑤の中から正しいものを一つ選べ。

(a) ドップラーレーダーは、レーダーから見た降水粒子の動径速度成分を観測できるので、ダウンバーストやウィンドシアなどの現象の検出に利用できる。
(b) 気象レーダーは、電波が山などの地形から反射されないような波長を選んでいる。
(c) レーダー反射因子を降水強度に変換する式（Z−R関係を表す式）の係数は、防災を考慮して激しい対流性の降水に相当する標準値に固定しているため、層状の雲からの降水では精度が落ちる。
(d) ブライトバンドとは、鉛直断面内のエコー強度分布に見られる融解層付近の強いバンド状エコー域であり、対流性エコーの場合に現れやすい。

① (a)のみ正しい
② (b)のみ正しい
③ (c)のみ正しい
④ (d)のみ正しい
⑤ すべて誤り

解答と解説

Q1 解答②　（平成12年度第2回専門・問2）

①正しい。降水粒子までの往復距離は、アンテナから発射した電波が降水粒子で反射（散乱）されて戻ってくるまでの時間を測定し、これに電波速度（光速度）

豆テストQ　ドップラーレーダーは、ダウンバーストや風のシアの検出に利用できる。

Chapter 3 気象レーダー観測

を掛けて求めます。

② 誤り。降水粒子による反射電波の強さを測定して、レーダー方程式に基づいて反射因子Zを求め、統計的に得られている「$Z-R$関係」から、降水強度Rが得られます。ここで用いられている「$Z-R$関係」にはすべての降水に共通な定数を用いているため、定量的な精度はそれほど高くなく、1mm/h以下の降水強度の精度はありません。

③ 正しい。気象ドップラーレーダーでは、降水粒子によって反射された電波の周波数偏移を測定して、ドップラー効果の原理から降水粒子のレーダービームに沿った移動速度（動径速度）を求めることができます。

④ 正しい。海面で反射されたエコー電波をシークラッターと呼び、波浪や波しぶきによって生じるもので、波浪が高いときほどエコー電波は強く観測されます。

⑤ 正しい。レーダーの電波は大気の屈折率により、下方に曲がりながら進みますが、地球の曲率と比べて小さいので、レーダーから遠ざかるに従って電波の通る高さは地表面から離れます。このため、遠方では低高度の降水は観測できません。

Q2 解答① （平成12年度第1回専門・問3）

（a）正しい。1台のドップラーレーダーでは、降水粒子を流す風の動径速度が観測できるだけですが、VAD法や動径速度の分布から風の回転や発散・収束の情報を得ることができます。

（b）誤り。気象レーダーに使用できる波長帯は3～10cmであり、いずれの波長の電波も地形で反射します。ただし、気象庁レーダーには完全ではないが自動的に地形エコーを除去する方法が取り入れられています。

（c）誤り。気象庁の$Z-R$関係式の係数Bと$β$には、すべての降水の平均的な値の$B=200$、$β=1.6$が採用されています。

（d）誤り。ブライトバンドは層状性降水のエコーの特徴であり、対流性エコーの場合には、強い鉛直流のため層状のブライトバンドは観測されにくいと考えられています。

豆テストA ○ 動径速度の分布から、風の急変を監視して、風のシアや降雨を伴うダウンバースト、竜巻を引き起こすメソサイクロンなどを検出できる。

これだけは必ず覚えよう！

- 気象レーダーの探知範囲は半径約300kmの円内に限られる。
- 同じ降水強度で比較すれば、粒径が小さくて個数が多い場合よりも、個数が少なくて粒径が大きな場合のほうが平均受信電力は強くなる。
- 降水エコー強度Zと降水強度Rの関係を$Z-R$関係といい、気象庁では$Z=200R^{1.6}$を採用している。
- ブライトバンドは、大気の0℃層（融解層）付近で実際の降水よりも強く測定されるエコーである。
- ドップラーレーダーでは、降水強度と動径速度を観測でき、動径速度から風の情報が得られる。
- 動径速度は、普通、遠ざかる方向を＋で表すことで、その分布から渦や発散の風系を推測できる。

コラム

「気象庁の気象レーダーの歴史」

　レーダー（Radar、Radio Detecting and Rangingの略）は、第2次世界大戦中に航空機や戦艦を発見するために開発されました。気象学においては、降水粒子を観測する機器として、1950年代から普及し始めました。気象庁では、1954年に初めて現業用の気象レーダーが大阪管区気象台に導入され、1971年までに波長5.7cmレーダーにより、観測域が全国をカバーするネットワークが完成しました。レーダー網を整備している頃は毎年のように日本に大きな台風が襲来し、災害がもたらされたため、いち早く遠方の台風を観測し予報できるようにと、1965年に富士山頂に探知範囲約600km、波長10cmのレーダーが設置されました。1977年の気象衛星ひまわりの打上げにより、気象レーダーによる台風監視の役目は終わり、1999年に富士山レーダー観測は終了しました。現在は全国20か所で同規格の気象レーダー観測網が展開されています。2005年以降には、このレーダー観測網にドップラー機能が順次付加され、降水に加えて、動径速度の観測が同時に行われ、メソ数値予報モデルや降水短時間予報の高度化、竜巻注意情報の発表などに利用されています。

豆テストQ　ラジオゾンデ観測では、高度と気圧、気温、湿度を測定している。

Chapter 4
高層気象観測

> **出題傾向と対策**
> ・高層気象の観測内容と方法について問われ、ほぼ毎回出題されている。
> ・最近はウィンドプロファイラについての出題が多いので、その原理と特徴を確認しておこう。

1 ラジオゾンデ観測とウィンドプロファイラ観測

　高層気象観測は、大気高層の状態を知るのに重要な観測で、数値予報には欠かせないデータです。気象庁の高層気象観測網は、ラジオゾンデ観測点が16か所、ウィンドプロファイラ観測点が33か所あります。また、地上の高層観測所のほか、海洋気象観測船（啓風丸，凌風丸）でも高層気象観測をしており、観測データは気象衛星を経由して受信しています。

1-1　ラジオゾンデ観測

　ラジオゾンデ（レーウィンゾンデということもあります）観測は、水素またはヘリウムガスを詰めた気球に気圧計、温度計、湿度計を一体化した測器をつるして飛ばし、地上から電波で追尾して高度約30kmまでの気圧（hPa）、気温（℃）、湿度（％）の観測データを受信します。
　受信した気圧、気温、湿度から状態方程式と静力学平衡の式を用いて高度が計算されます。昼間の温度の観測値は、日射による補正を行います。湿度は、気温が－40℃になるまで観測されます。
　高度および気球の方位角と高度角から航跡を求め、移動方向と移動速度によって風向（360度）・風速（m/s）が求められます（図：専4・1参照）。最近では、気球の位置をGPS（全球測位システム）衛星を用いて測定する方式（GPSゾンデ観測方式、図：専4・2参照）を、離島や気象観測船で採

豆テスト A ✗ ラジオゾンデ観測では、気圧、気温、湿度は観測しているが、高度は静力学平衡の式と状態方程式で算出している。

図：専4・1 ラジオゾンデ観測方式（気象庁）

ラジオゾンデは風に流され、水素ガスの浮力で上昇しながら刻々と測定した気圧・気温・湿度を電波で送信する。

用しています。

　観測データのうち、湿度は湿数（気温－露点温度）で通報され、風速はノットで通報されます。観測結果は、指定気圧面（1000、925、850、700、500、300hPaなど）と特異点（気温・湿度や風の顕著な変動点）の高度が報告されます。気球は風で流されますが、観測データは観測所真上のデータとして扱われます。通常の観測時刻は9時（00UTC）と21時（12UTC）の1日に2回です。

> **注**

・**UTC**：Universal Time Coordinatedの略で「協定世界時」のこと。
　かつてはレーウィン観測という高層風の観測（1日2回）と、気象ロケット観測（週1回）がありましたが、現在は中止されています。

豆テストQ　ラジオゾンデ観測では、－40℃以下における湿度の観測を行っていない。

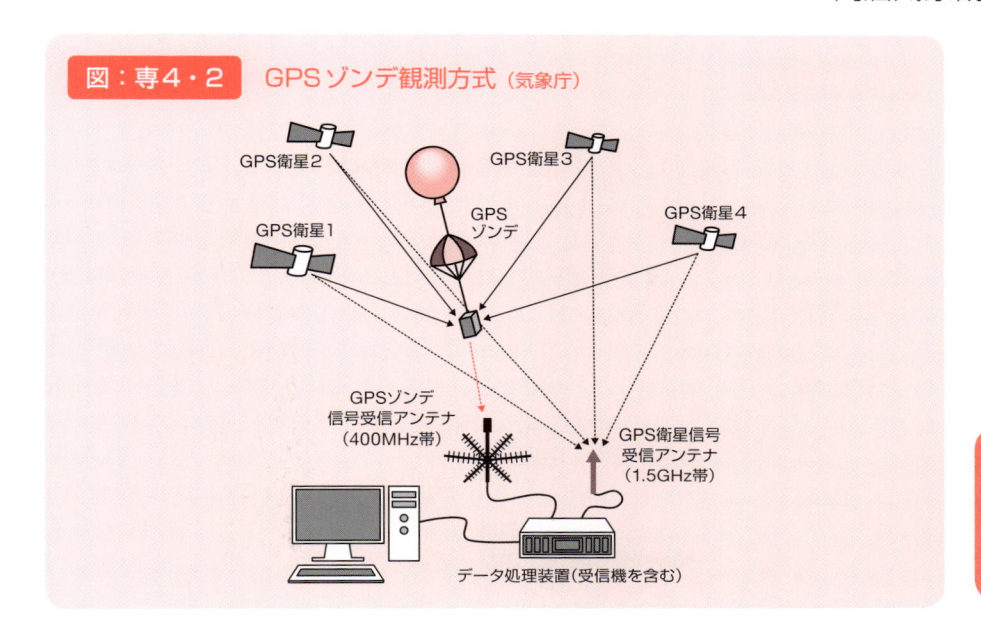

図：専4・2 GPSゾンデ観測方式（気象庁）

1-2 ウィンドプロファイラ観測

(1) ウィンドプロファイラの原理

ウィンドプロファイラは、「ウィンド（風）のプロファイル（横顔・輪郭）を描くもの」という意味の英語の合成語です。地上から上空に向けて電波を発射し、大気の乱れ（空気の密度や水蒸気の不均一に伴う大気屈折率の揺らぎ）によって散乱（ドラッグ散乱といいます）されて戻ってくる電波を受信・処理することで、上空の風向・風速を測定します（図：専4・3参照）。

地上に戻ってきた電波は、散乱した大気の流れに応じて周波数が変化しているので（**ドップラー効果**という）、発射した電波の周波数と受信した電波の周波数の違い（ずれ）から風の動きがわかります。上空の5方向（東西・南北と鉛直方向）に電波を発射することで、風の立体的な流れがわかります。

波長の長い電波ほど高度の高いところの観測に適しており、気象庁で使用している波長は約22cm（周波数は約1.3GHz）で、<u>平均観測高度は約5km</u>です。観測データは、変化の速い中小規模の大気現象の把握や、きめ細かな

○ ラジオゾンデ観測で使用している湿度計は低温になると測定精度が低下するので、−40℃以下での湿度の観測は行っていない。

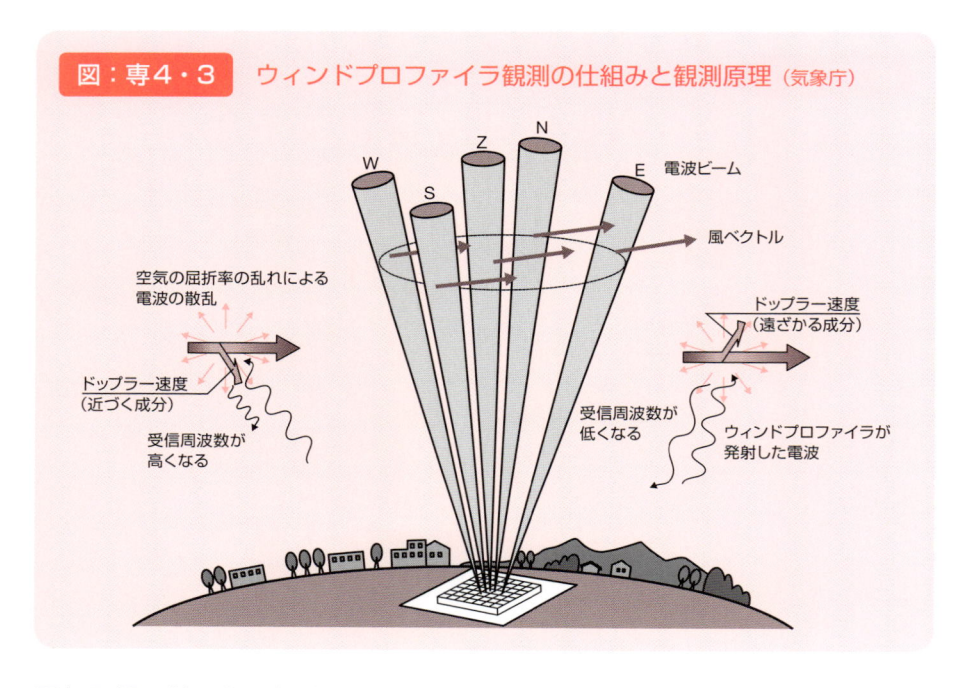

図：専4・3　ウィンドプロファイラ観測の仕組みと観測原理（気象庁）

天気予報の基となる数値予報などに利用されています。この観測・処理システムは「**局地的気象監視システム（ウィンダス）**」と呼ばれています。

(2) ウィンドプロファイラ観測の特徴

　ウィンドプロファイラ観測の特徴をまとめると次のようになります。

① 　ドップラーレーダーと異なり、降水がない晴天時にも観測ができる。
② 　観測データは、水平風と鉛直流の10分間平均値を、地上約400mから上を高度約300mごとに、10分間隔に表示される（図：専4・4参照）。
③ 　大気屈折率は湿度の依存性が高く、測定可能な高度は水蒸気量の多寡によって大きく左右され、乾燥している高度では受信能力が落ちて観測欠落域となる。22cm波長の場合には、一般に、水蒸気量の多い夏では6〜7km、水蒸気量の少ない冬では3〜4kmで、平均の測定高度は約5kmといわれている。
④ 　降雨時には、気象ドップラーレーダー同様、レイリー散乱による雨粒の動きから、上空約7〜9kmまで観測できる。これは、雨粒によって散乱し

ウィンドプロファイラの降水時の観測可能高度は、降水がないときよりも高い。

Chapter 4
高層気象観測

図：専4・4 ウィンドプロファイラによる風のプロファイル

矢羽：風向・風速（ノット）（短矢羽：5ノット、長矢羽：10ノット、旗矢羽：50ノット）、背景色：大気または降水粒子の鉛直速度

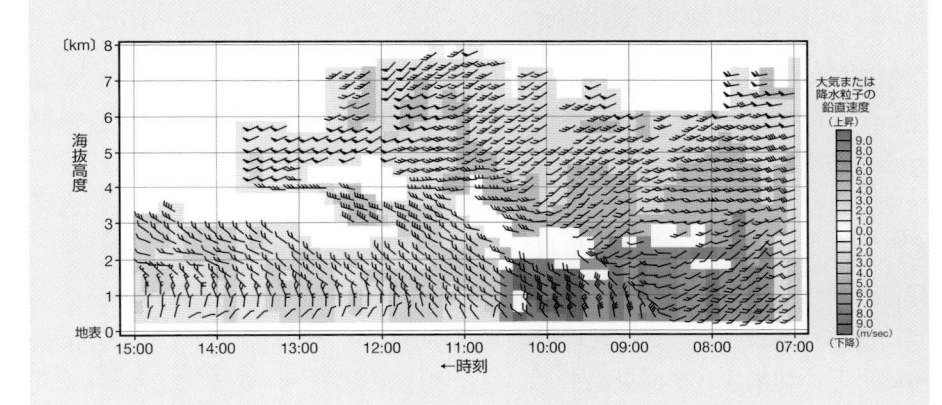

た電波のほうが大気による散乱電波より強いためで、雨粒は大気の流れに乗っているので、雨粒の動きから風向・風速が観測できる。ただし、鉛直方向は、雨粒の下降速度となる。

ここで学んだこと

- ラジオゾンデ観測では高度約30kmまでの気圧、気温（昼間は日射による補正をしている）、湿度（−40℃まで）を測定し、高度はこれらの観測データから、状態方程式と静力学平衡の式を用いて求める。
- ウィンドプロファイラは、発射した電波が大気屈折率の揺らぎによって散乱されて戻ってくることを利用して上空の風向・風速を測定する。
- ウィンドプロファイラの測定可能な高度は、水蒸気量が多いと高くなり、乾燥している高度では受信能力が落ちて観測欠落域となる。

豆テスト A
○ ウィンドプロファイラの観測高度は、降水のないときには上空約3〜6kmまで、降雨時には上空約7〜9kmまで観測できる。鉛直方向は、雨粒の落下速度となる。

2 その他の高層気象観測

2-1 航空機による観測

　航空機は、運行中、航空機前部側面から取り込んだ空気の静圧を電気式気圧計で気圧高度として観測します。また、航空機の対地速度と対気速度の差から高層風が測定できます。

　気温は、取り込んだ空気を電気式温度計で測定しています。航空機が離陸したときには、地上から定高度飛行までの鉛直方向の気圧、気温、高層風の観測ができ、定高度に移行したあとは一定高度での風のデータが取得できます。これらの観測データは空港付近および航空路での高層データとして数値予報などに利用されています。

2-2 GPSによる可降水量観測

　GPS衛星から出される電波が地上のGPS受信装置に到達するまでの時間は、大気中に含まれる水蒸気量が多くなると遅れるという性質があります。受信した複数のGPS衛星電波の遅れを組み合わせることにより、GPS受信装置の真上にある水蒸気の総量（**可降水量**）を得ることができます。

　気象庁では、可降水量のデータをメソ数値予報モデルの客観解析（専門知識編6章参照）に利用して、水蒸気量の初期値分布作成の精度向上に役立てています。

2-3 オゾンゾンデ観測

　オゾンゾンデ観測は、高度約35kmまでの大気中のオゾン量の鉛直分布を測定する特殊な高層観測です。観測データは、電波によって地上に送信されます。札幌、つくば（館野）、鹿児島、那覇、南鳥島のほか、南極で週1回行われており、観測高度は約35kmです。

豆テストQ　ウィンドプロファイラ観測による風の時系列図から、寒冷前線が通過したことが読み取れる。

Chapter 4
高層気象観測

ここで学んだこと
- 航空機は、運行中に気圧高度、高層風、気温などを観測している。
- GPSによる可降水量の観測値は、メソ数値予報モデルの客観解析に利用される。
- オゾンゾンデ観測では、高度約35kmまでの大気中のオゾン量の鉛直分布を測定する。

理解度checkテスト

Q1 気象庁のレーウィンゾンデ観測について述べた次の文章(a)〜(d)の正誤について、下記の①〜⑤の中から正しいものを一つ選べ。

(a) レーウィンゾンデ観測は、気圧、気温および湿度のセンサーとこれらの測定値を送信するための無線送信機を気球に吊り下げて、地上から上空約30kmまでの対流圏および下部成層圏の観測を行うものである。

(b) レーウィンゾンデの気温センサーは、日射の影響を受けると実際の気温よりも高い値を示す。このため、日射の影響を補正して気温の観測値としている。

(c) レーウィンゾンデ観測では、風向風速は直接測定することができないため、気球の位置を測定し、一定の時間の気球の水平運動量から風向風速を求める。

(d) レーウィンゾンデ観測の気温湿度観測点や指定気圧面の高度は、大気中を上昇しながら観測した気圧、気温、湿度から静力学の式と理想気体の状態方程式によって大気の層の厚さを計算し、これを積算して求める。

① (a)のみ誤り
② (b)のみ誤り
③ (c)のみ誤り
④ (d)のみ誤り
⑤ すべて正しい

豆テストA ○ 地上付近の風向が南寄りから北寄りに変わり、北成分の風の層が時間とともに厚くなっていることで寒冷前線が通過したことがわかる。

Q2 ウィンドプロファイラによる高層風観測について述べた次の文章の下線部(a)〜(c)の正誤の組み合わせとして正しいものを、下記の①〜⑤の中から一つ選べ。

　気象庁が全国に展開しているウィンドプロファイラは、およそ1.3GHzの電波を発射し、発射電波の波長程度の大きさの(a) 大気の乱れ（空気の密度や水蒸気の不均一に伴う屈折率の揺らぎ）や降水粒子によって散乱されて返ってくる電波を受信して、観測地点上空の高層風をほぼ連続的に観測する機器である。

　実際には、電波を鉛直方向および鉛直方向から十数度程度傾けて東西・南北方向に向けて順に繰り返し発射し、(b) ドップラー効果を利用して高層風を求めている。観測できる高度は、一般的に(c) 大気が湿っているほど低くなる。

	(a)	(b)	(c)		(a)	(b)	(c)
①	正	正	正	④	誤	正	誤
②	正	正	誤	⑤	誤	誤	正
③	正	誤	正				

解答と解説

Q1 解答⑤　（平成13年度第1回専門・問2）

(a) 正しい。レーウィンゾンデ観測は、気圧、気温および湿度のセンサーとこれらの測定値を送信する無線送信機を気球に吊り下げて、地上から高度約30kmまでの対流圏および下部成層圏の観測を行っています。

(b) 正しい。風向・風速を測定する測器は搭載していないので、自動追跡型方向探知機から得られるゾンデの移動方向と距離を計算して風向・風速を求めています。

(c) 正しい。気温センサーは、その感部であるセンサー部が日中、日射に直接さ

> **豆テストQ**　GPS衛星からの電波を受信することで、受信装置の上方の可降水量（水蒸気の総量）を得ることができる。

らされて周囲の気温より高くなるために、日射による補正を行っています。
(d) 正しい。レーウィンゾンデの各気圧面の高度は、観測した気圧、気温、湿度から、静力学の式と理想気体の状態方程式を用いて、2層間の大気の厚さ（層厚）を計算し、これを地上から順次積み上げて求めます。

Q2 解答② （平成17年度第1回専門・問2）

(a)、(b) 正しい。ウィンドプロファイラは、周波数およそ1.3GHz（波長22cm）の電波を発射して、発射電波の波長程度の大きさの大気の乱れや、降水粒子によって散乱される電波を受信して鉛直上方の風を連続的に測定する機器です。電波を鉛直方向および鉛直方向から十数度傾けて東西・南北方向に繰り返し発射し、ドップラー効果を利用して、ドップラー速度から高層風を求めます。
(c) 誤り。大気の屈折率は湿度の依存性が大きいので、一般的には大気が湿っているほど観測高度は高くなります。

これだけは必ず覚えよう！

- ラジオゾンデでは湿度は％で、風速はm/sで測定するが、通報は湿数とノットで行う。
- ラジオゾンデの観測高度は30kmまで、オゾンゾンデの観測高度は35kmまでである。
- ウィンドプロファイラは、大気の屈折率の乱れを測定するので、降水がない晴天時にも観測ができる。降水時は、ドップラーレーダーと同様、雨滴でレイリー散乱される電波を測定する。この場合の下降流は雨滴の落下速度である。
- ウィンドプロファイラの観測高度は、湿度の高い夏のほうが乾燥している冬よりも高い。

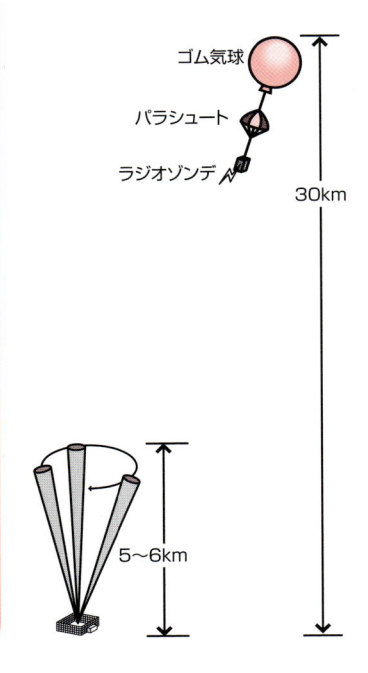

豆テストA 〇 GPS衛星から発信される電波は、大気中の水蒸気量が多いと地上の受信装置に到達するまでの時間が遅れるので、複数の受信電波の遅れを組み合わせることで可降水量を推測できる。

Chapter 5

気象衛星観測

出題傾向と対策

◎衛星画像の解析力を要する問題が毎回1問は出題されている。
◎典型的な画像の特徴を把握し、気象状態を読み取れるようにしよう。

1 気象衛星観測の基礎

1-1 静止気象衛星「ひまわり」と極軌道気象衛星

静止気象衛星「ひまわり」は1977年に日本が打ち上げた静止気象衛星で、現在は7号が**東経145度の赤道上空約35,800km**で観測しています。また、待機衛星として東経140度の赤道上に6号があり、データを中継しています。

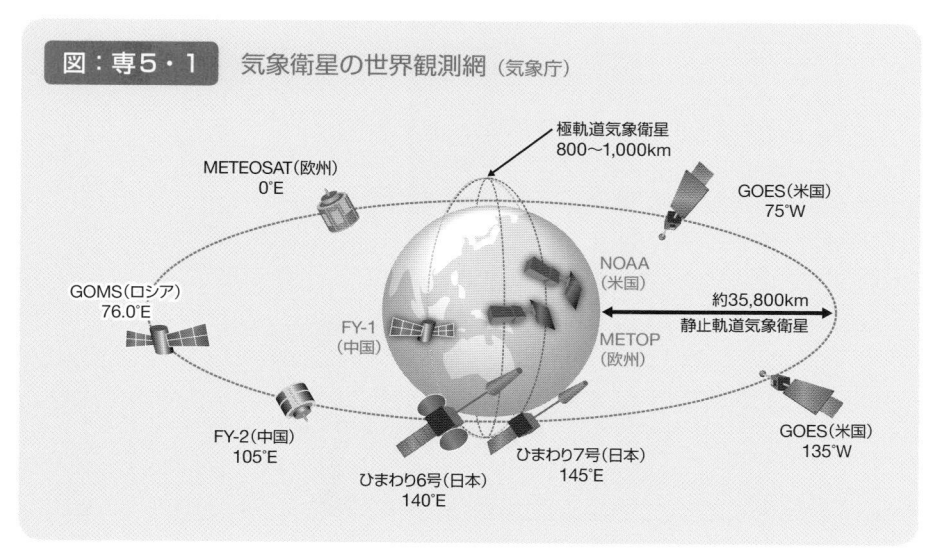

図:専5・1 気象衛星の世界観測網（気象庁）

- 極軌道気象衛星 800～1,000km
- METEOSAT（欧州）0°E
- GOES（米国）75°W
- GOMS（ロシア）76.0°E
- NOAA（米国）
- METOP（欧州）
- 約35,800km 静止軌道気象衛星
- FY-1（中国）
- FY-2（中国）105°E
- ひまわり6号（日本）140°E
- ひまわり7号（日本）145°E
- GOES（米国）135°W

豆テストQ 静止気象衛星ひまわり7号は、日本列島の画像が最も鮮明に観測できるように、東経145度、北緯35度の上空約35,800kmに位置している。

Chapter 5
気象衛星観測

図：専5・2 気象衛星ひまわりの観測システム（気象庁）

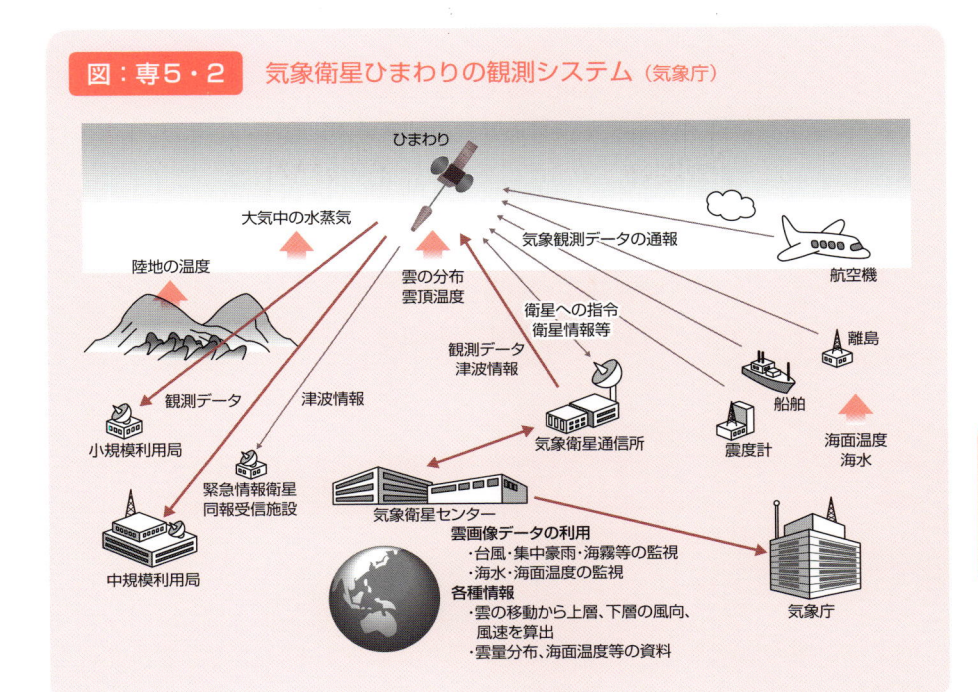

［図中ラベル］
ひまわり／大気中の水蒸気／陸地の温度／気象観測データの通報／航空機／雲の分布 雲頂温度／衛星への指令 衛星情報等／離島／観測データ 津波情報／船舶／観測データ／津波情報／気象衛星通信所／震度計／海面温度 海水／小規模利用局／緊急情報衛星同報受信施設／中規模利用局／気象衛星センター／雲画像データの利用 ・台風・集中豪雨・海霧等の監視 ・海水・海面温度の監視／各種情報 ・雲の移動から上層、下層の風向、風速を算出 ・雲量分布、海面温度等の資料／気象庁

　そのほかの気象衛星としては、図：専5・1のものがあり、世界の衛星監視網となっています。このうち**極軌道気象衛星**は、**高度約800〜1,000km**で地球を南北に1日に2周回しながら地表面に対して東に移動します。極軌道気象衛星は、静止気象衛星よりもはるかに解像度が高いことが長所です。

1-2　静止気象衛星で得られる雲画像の活用

　静止気象衛星の長所は、常に同じ地域を観測できることです。1時間に2回の観測で雲パターンをみることにより、低気圧・前線・台風（熱帯低気圧）など各種擾乱の発生・発達・衰弱の動向を早期に把握することができます。
　さらに、ひまわり7号による南シナ海の台風第1号を対象に1,000km四方の小領域で約1分間隔の観測を実験したことなど、観測時間を短縮したラピッドスキャン観測の機能が取り入れられています。

豆テストA　✗　ひまわり7号は東経145度の赤道上空約35,800kmに位置している。解像度は衛星直下が最も高く、可視画像で1km、赤外画像で4kmであり、高緯度へ行くほど解像度は低くなる。

> **注**
> - **ラピッドスキャン**（Rapid Scan＝高頻度観測機能）：観測領域を限定することで観測の時間間隔を短くして観測する新たな観測技術。ひまわり8号、9号では通常運用の30分観測に加え、5分間隔で日本付近が撮影される。

> **ここで学んだこと**
> - 静止気象衛星「ひまわり」は赤道上空に位置し、常に同じ地域を観測している。
> - 極軌道気象衛星は静止気象衛星よりも解像度が高い。

2 ひまわり6号・7号が観測する画像

2-1 地球から放出される長波放射

　地球は、陽の当たる日中の時間帯は太陽から短波放射によるエネルギーを受け取り、地球自体は日中、夜間をとおして長波放射によるエネルギーを宇宙空間へ放出しています。大気圏外の高度約35,800kmの宇宙空間に浮かんでいる静止気象衛星は、対流圏内で発生する雲や水蒸気、海面から放射される可視光や赤外線を観測しています。

2-2 長波放射を吸収する温室効果気体

　気象衛星による観測では、大気に微量に含まれている二酸化炭素や水蒸気などが観測対象となります。
　大気に微量に含まれている水蒸気や二酸化炭素などは長波放射（赤外線）をよく吸収する特性をもっています。長波放射をよく吸収する気体を**温室効果気体**と呼びます。一方、地球の大気には短波放射（可視光線）を吸収する気体はほとんどありません。
　このため、太陽から到達する短波放射は、その大部分が大気を透過して地表に届くのに対し、地表から放出される長波放射（赤外線）は、その大部分

> **豆テストQ** 静止気象衛星よりも極軌道気象衛星のほうが解像度が高い。

が大気圏外へ出る前に大気中の温室効果ガスに捕捉吸収されてしまい、そのほとんどが衛星に達することはできません。

2-3 気象衛星画像の種類

それでも衛星で対流圏下層の雲を観測できるのは、どうしてでしょうか。

ひまわり6号・7号が観測しているのは、波長0.55～0.90μm帯（可視画像）と3.5～4.0μm帯（赤外4画像）の赤外線、そして**大気の窓領域**に相当する10.3～11.3μm帯（赤外1画像）と11.5～12.5μm帯（赤外2画像）の赤外線です。

図：専5・3は、波長と温室効果気体による長波放射の吸収率（％）を示し、網掛け部分はひまわりの各画像の波長帯を示しています。つまり気象衛星は、温室効果気体による吸収率の低い波長帯の赤外線を観測しているのです。

一方、大気の窓領域とは逆に、水蒸気による吸収の多い6.5～7.0μm帯の画像が赤外3画像であり、通常は**水蒸気画像**と呼ばれ、上・中層の水蒸気の多寡を知ることができます。

3.5～4.0μmの波長域を観測するセンサーで得られた赤外4画像は、通常、**3.8μm画像**と呼ばれ、日中は太陽光の反射と物体からの放射を、夜間は物体からの放射を画像化したものです。

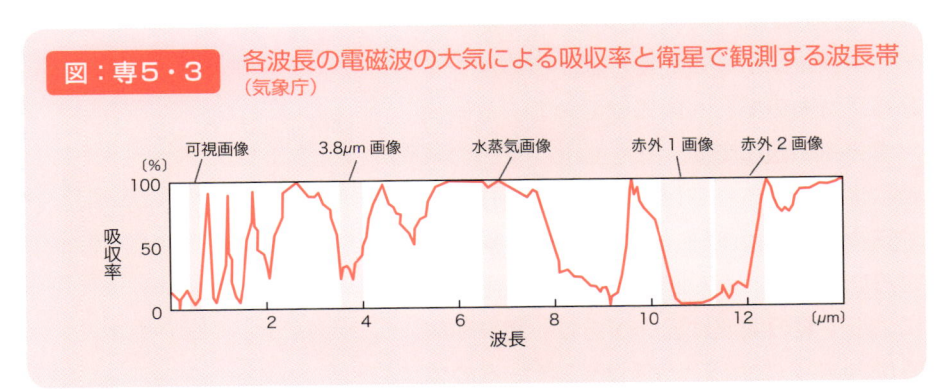

表：専5・1にひまわりに搭載されているセンサーの特性をまとめておきます。

図：専5・3　各波長の電磁波の大気による吸収率と衛星で観測する波長帯
（気象庁）

豆テストA　○　極軌道気象衛星NOAAは、高度800～1000kmの軌道を1日に2周回しており、直下付近では静止気象衛星に比べてはるかに解像度が高い。

表：専5・1	ひまわり6号・7号に搭載されているセンサーの特性			
画像の種類	観測波長帯（μm）	衛星直下の分解能（km）	日本付近の分解能（km）	備　考
可視画像	0.55〜0.90	1	1.55	昼のみ
赤外1	10.3〜11.3	4	6	大気の窓領域
赤外2	11.5〜12.5	4	6	大気の窓領域
水蒸気	6.5〜7.0	4	6	水蒸気吸収帯
3.8μm	3.5〜4.0	4	6	大気の窓領域

［注］赤外線（infrared）をIRで表し、赤外1画像をIR1、赤外2画像をIR2、赤外3画像をIR3、赤外4画像をIR4と略記する。

ここで学んだこと
- 気象衛星は大気層を透過してきた可視光や赤外線を捉えて観測している。
- ひまわりの衛星画像には、可視画像、赤外画像（IR1、IR2）、3.8μm画像（IR4）、水蒸気画像（IR3）がある。

3 気象衛星画像の特徴

3-1 可視画像

可視画像は、可視センサー（波長帯0.55〜0.90μm）で太陽光線からの放射をとらえたもので、人間の眼でみるのと同様な雲分布の画像です。ただしセンサーの特性によってカラーではなく、雲や地球表面で反射された太陽光線の反射光の強いところを「白く」表します。また、太陽高度によって雲の濃淡に違いがあり、朝夕や高緯度地方では太陽光が斜めに当たるので

図：専5・4　可視画像
（2010年10月28日9時）

豆テストQ　可視画像は、太陽光線の反射光を人間の眼と同じように（ただし白黒で）とらえるので、朝夕や高緯度地方は反射光が弱いため比較的暗く見える。

Chapter 5
気象衛星観測

入射光が少なく、その分だけ反射率が小さいので暗くみえます。

　ひまわり6・7号の可視画像の分解能は衛星直下点で1km、日本付近で約1.55kmで、赤外画像の分解能（衛星直下点で4km、日本付近で約6km）に比べて4倍で、下層雲の移動や霧域の判別など、メソスケール現象の把握に非常に重要です。

3-2　赤外画像

　赤外画像は、赤外1センサー（波長帯10.3～11.3μm）による画像で、昼夜に関係なく取得できるので、24時間情報が得られます。

　一般に、対流圏では高度が高いほど温度が低く、雲の表面温度は周囲の温度と同一と仮定できるので、赤外画像で観測した雲頂の温度を測定することによって、雲頂高度を知ることができます。

　赤外画像では、温度が高いほど**黒（暗）**

図：専5・5　赤外画像
（2010年10月28日9時）

く、温度の低いところほど**白（明）**く表示されます。したがって、赤外画像で白く表示されるのは高度の高い雲です。ただし隙間のある雲の場合、雲頂温度には、それより下層の放射が混じるので、実際の高度より画像は暗くなります。なお、赤外1センサーに隣接して赤外2センサー（波長帯11.5～12.5μm）があり、赤外2は差分画像（p.255の3-5参照）に使います。

3-3　水蒸気画像

　水蒸気画像は、赤外3センサー（波長帯6.5～7.0μm）による画像で、この波長帯の赤外線が水蒸気に吸収されやすい性質を用いています。

　標準的な大気を上・中・下層の3層に単純化し、赤外線（6.8μm帯）の放射量の吸収・放射の概念図を図：専5・7に示します。地表面付近から大気下層では気温が高くて水蒸気量が多いので、地表面からこの気層に到達した

豆テストA　○　可視画像は、雲や地表面で反射された太陽光線の反射光を白黒でとらえるので、反射光が強いほど白く見え、反射光が弱いと暗く見える。

図：専5・6 水蒸気画像
(2010年10月28日9時)

図：専5・7 水蒸気気画像の放射の概念図
（岸本賢司「水蒸気画像の見方について」天気、vol.44, No.5, 日本気象学会、1997）

放射エネルギーは水蒸気によって一部吸収された後、この高度の気層自身の温度に応じた量の放射エネルギーを再放射します。その上にある気層では、下からの放射エネルギーの一部と、この気層から再放射された放射エネルギーが伝わります。

この繰り返しにより、結局、地表面付近からの赤外放射はそのほとんどが水蒸気に吸収され、衛星に届く放射量はわずかです（図中のa、b）。高度が増すにしたがって気温が下がって水蒸気量が少なくなるので、放射される赤外放射量は減りますが、水蒸気に吸収される量も減ります（図中c）。上層ではさらに気温が低く、衛星に到達するまでの水蒸気量も少ないので、放射される赤外線はほぼ吸収されずに衛星に到達しますが、衛星に届く放射量自体は少なくなります（図中d）。

したがって水蒸気画像では下層からの放射はほとんど届かず、中・上層の大気の放射をみていることになります。

表：専5・2 各画像の見え方

画像の種類	見え方				
	白	明灰	灰	暗灰	黒
可視画像	←	反射大		反射小	→
赤外画像	←	低温		高温	→
水蒸気画像	←	湿潤		乾燥	→

豆テストQ：赤外画像で白く表示されるのは高度の高い雲である。

3-4　3.8μm画像

　3.8μm画像は、赤外4センサー（波長帯3.5〜4.0μm）による画像で、大気下層の状態を観測するのに適しています。このセンサーは、昼間は太陽光の反射と地表や雲などからの放射を、夜間は地表や雲などからの放射を測定するので、画像の読み取り段階では昼夜の区別が大事です。

図：専5・8　3.8μm画像と可視画像、赤外画像の比較
（2011年5月5日12時）

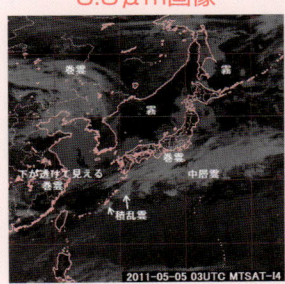

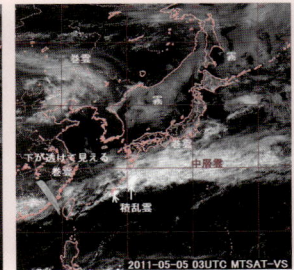

3.8μm画像　　　可視画像　　　赤外画像

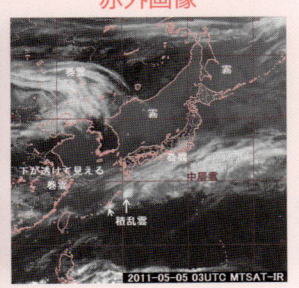

3-5　差分画像

　2種類の赤外センサーで得られた輝度温度の差を画像化したものを差分画像（スプリット画像）といいます。代表的な差分画像は、赤外1・赤外2差分画像と3.8μm差分画像です。

　赤外1・赤外2差分画像は、赤外1と赤外2の輝度温度の差を表示した画像です。図：専5・9の赤外1画像では、積乱雲（A、B）も巻雲（E1、E2）も白くみえます。それを赤外1・赤外2差分画像でみると、積乱雲は白く映っていますが、巻雲はその下方の水蒸気による吸収の差を反映し、水蒸気が多いところほど黒いので、黒地に白い点々が入り混じっています。

　3.8μm差分画像は、赤外4の輝度温度から赤外1の輝度温度を差し引いた画像です。図：専5・10は、内陸の低地や盆地に発生した放射霧（白くみえているところ）の3.8μm差分画像です。赤外4（3.8μm）の波長帯は、

○　赤外画像では、温度が高いほど黒く（暗く）、低いほど白く（明るく）見える。温度は高度とともに低くなるので、白く表示されるのは高度の高い雲である。

図：専5・9 赤外1画像と赤外1・赤外2差分画像の比較
（2008年8月28日21時）

赤外1画像　　　　　　　　　　赤外1・赤外2差分画像

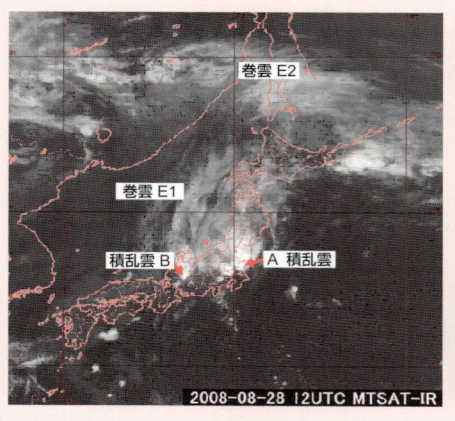

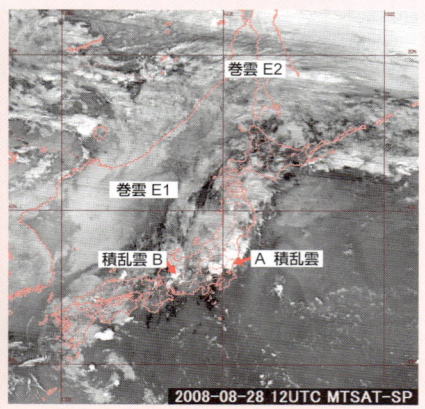

赤外画像では捉えにくい霧を、灰色の下層雲域として捉えることができます。

3.8μm差分画像では、夜間における層雲または霧は白くて雲頂表面が滑らかな雲域として表現されます。

特に、高気圧に覆われて快晴となっている夜間に、低地や盆地に発生する放射霧は、3.8μm差分画像によりあざやかに見分けることができます。

図：専5・10 3.8μm差分画像
（2005年8月28日5時）

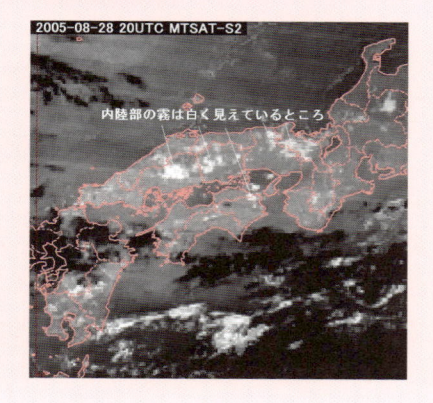

内陸部の雲は白く見えているところ

ここで学んだこと
・「ひまわり」の衛星画像には、可視画像、赤外画像、水蒸気画像、3.8μm画像、赤外1・赤外2差分画像、3.8μm差分画像がある。

豆テストQ 水蒸気画像は、主に中上層の大気の赤外放射をとらえたものである。

4 衛星雲画像の利用

4-1 雲解析

　静止気象衛星「ひまわり」の衛星画像から、そこに含まれている気象情報を抽出し、気象学的な解釈をもって大気の立体構造を把握することを**雲解析**といいます。雲解析により、台風の発生から消滅までの動きや、発達・衰弱の状況を克明に把握することができますし、低気圧の発生・移動、発達・衰弱などの過程も逐一把握することができます。

　また、いろいろな衛星画像から得られる情報をもとに、上層トラフ、渦度、ジェット気流、低気圧、前線、高気圧、寒気移流、各層の風向風速などの物理量などを把握して現在の大気の状態を推定することができます。

4-2 可視画像・赤外画像による積乱雲と巻雲の判別

（1）形状による判別：**積乱雲**（Cb）は、赤外画像、可視画像ともに非常に白くて明瞭な縁をもった塊状（ゴツゴツしたような）の雲域として現れます。赤外画像では風上側の縁は明瞭で、風下側には**羽毛状の巻雲**がみられます。巻雲（Ci）は、可視画像ではCbに比べて輝度が低く変化が穏やかで、帯状または筋状になります。濃い塊状のCi（dense Ci）は、Cbとの判別が難しく、形状だけでは判断できません。

（2）移動速度による判別：動画でみるとCbは発生場所に停滞するか、ゆっくり移動します。通常、発生場所は風上側にあり、風下側には羽毛状の巻雲が流されます。一方、Ciは、上層風の速い流れに乗って移動します。

（3）存在する場所による判別：Cbは寒冷前線、停滞前線、雲バンドの南縁、雲渦付近、暖湿気流域、上昇流域、強い寒気移流域などに発生します。Ciは上層の正渦度移流域、上層ジェット軸付近、雲バンドの北縁、擾乱の北側に存在します。地形性Ciは山脈の風下側にみられ、停滞します。

○ 記述の通り。大気下層は気温が高いので水蒸気量が多く、そこでの赤外放射はほとんどが水蒸気に吸収されてしまい、衛星まで届くのは中上層からの赤外放射である。

表：専5・3　積乱雲と巻雲の判別

	積乱雲（Cb）	巻雲（Ci）
形状による判別	白く鋭い縁、塊状	筋状、可視画像では輝度低い
移動速度による判別	遅いか停滞	一般に速い
上昇流による判別	激しい上昇流	穏やかな上昇流
存在場所による判別	寒冷前線、停滞前線、雲バンドの南縁、雲渦付近、暖湿気流域、上昇流域、強い寒気移流域	上層の正渦度移流域、上層ジェット軸付近、雲バンドの北縁、擾乱の北側、地形性のCiは山脈の風下側

4-3　水蒸気画像から得られる主な情報

(1) 暗域：図：専5・11の水蒸気画像で黒くみえる領域Aを**暗域**と呼びます。暗域は、上・中層が乾燥していることを表します。

(2) 明域：図：専5・11の水蒸気画像で白あるいは灰色にみえる領域Bを**明域**と呼びます。明域は、温度の低い領域を示し、上・中層が湿っているか、上・中層に雲頂をもつ背の高い雲域であることを表します。なお、明域・暗域は定量的な基準で判別されるものではなく、画像上で明るい部分や暗い部分を指す定性的な概念です。

(3) 暗化（Darkening）：暗域が時間とともに暗さを増すことを**暗化**と呼びます。暗化域は上・中層の活発な沈降場に対応し、トラフの深まりや高

図：専5・11　暗域や明域の水蒸気画像
（1999年10月20日3時）

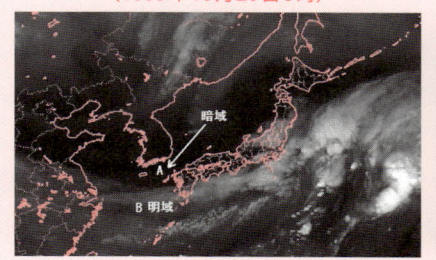

図：専5・12　水蒸気画像の暗化
（1999年10月20日15時）

水蒸気画像では、対流圏中上層に雲が多いほど白く（明るく）見える。

気圧の強まりを表しています。水蒸気画像では、図：専5・11の暗域Aに比較し、12時間後の図：専5・12の暗化域Cは暗さを増しています。

(4) 乾燥貫入（Dry Intrusion）：低気圧近傍の下層に下降してくる極めて乾燥した空気の流れを**乾燥貫入**といいます。水蒸気画像では、下降してきた乾燥気塊は明瞭な暗域や暗化域として認識できます。乾燥気塊は圏界面付近から下降し、低い相当温位によって対流不安定および対流の発生と密接に関連しています。下降する乾燥気塊は、寒冷前線後面で低気圧中心に向かう流れと高気圧性の流れに分離します。このとき、水蒸気画像では暗域が「**かなづち頭**（Hammer head）」パターンを示すことがあります。

(5) ドライスロット（Dry Slot）：発達中の低気圧中心に向かって寒気側から流れ込む乾燥気塊の流れを**ドライスロット**と呼びます。水蒸気画像では、ドライスロットは低気圧中心に巻き込まれるような細長い溝状の暗域としてみえます。可視画像や赤外画像では、雲がない領域か下層雲域としてみえます。

図：専5・13　ドライスロットの水蒸気画像（左）と可視画像（右）

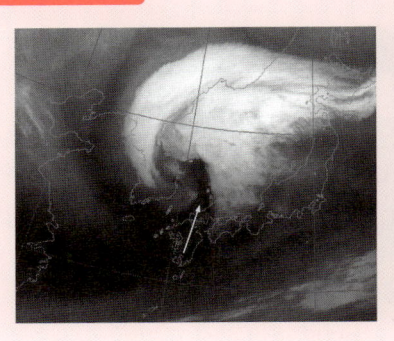

(6) バウンダリー：水蒸気画像における明域と暗域の境界を**バウンダリー**といいます。バウンダリーは、上・中層における異なる湿りをもつ気塊の境界です。空間的に湿りが著しく変化すれば明暗域のコントラストが明瞭に現れます。水蒸気画像で現れるバウンダリーは、大気の鉛直方向の

○ 水蒸気画像では、中上層の水蒸気量が多いほど白く（明るく）見え、乾燥しているほど黒く（暗く）見える。

運動や水平方向の変形運動で形成され、さまざまなパターンを示します。
（7）ジェット気流：一般に、ジェット気流を境に極側の気団は赤道側の気団に比べて冷たくて乾燥し、赤道側では暖かくて湿っており、前線に対応した雲域が存在して明域を形成することでバウンダリーが現れます。ジェット気流近傍の前線帯上空の極側では沈降が強まり、乾燥域が圏界面から下方へ伸びます。ジェット気流北側の暗域はこの乾燥域に対応し、明瞭なコントラストをもつバウンダリーとなります。

図：専5・14　水蒸気画像による暗域とジェット気流（2007年10月20日6時）

（8）トラフ（気圧の谷）：**トラフ**は、水蒸気画像の明域と暗域の境界であるバウンダリーの低気圧性曲率の極大域（暗域が南側に凸）に解析できます（図：専5・15参照）。水蒸気画像で解析できるトラフは400hPa付近にある上層のトラフに対応しており、水蒸気画像のバウンダリーの形や暗域の暗化の度合いからトラフの深まり程度を推定できるので、数値予報の遅れや進み、擾乱の発達などをチェックできます。

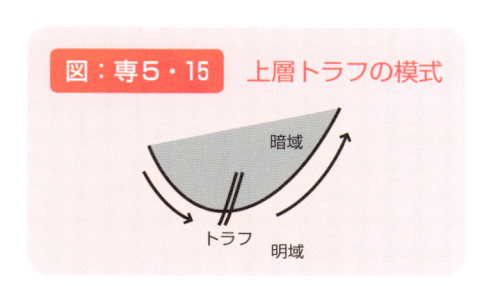

図：専5・15　上層トラフの模式

豆テストQ　可視画像で白く（明るく）滑らかに見え、赤外画像で黒く（暗く）みえるのは層積雲である。

(9) 上層渦：水蒸気画像では上層で低気圧性に巻き込む渦や、高気圧性に回転する多くの渦を観測できます。水蒸気画像で特定できる渦を**上層渦**と呼び、低気圧性に巻き込む渦は上・中層における低気圧や、400～500hPaのトラフに対応しています。

図：専5・16　上層渦とトラフの水蒸気画像
（2004年8月15日12時）

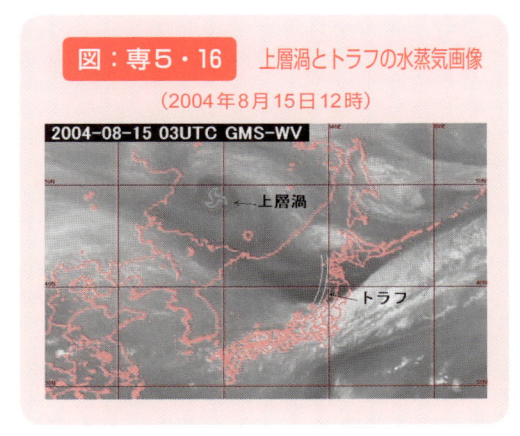

4-4　各種雲型の見え方・判別

　地上気象観測法では、観測される雲形を10種類に分類していますが、衛星では地球のはるか上空から雲を観測しているため、衛星から判別する雲のタイプを「雲型」、地上観測の雲のタイプを「雲形」と区別しています。

図：専5・17　可視画像・赤外画像の組み合わせによる雲型判別ダイヤグラム（気象庁）

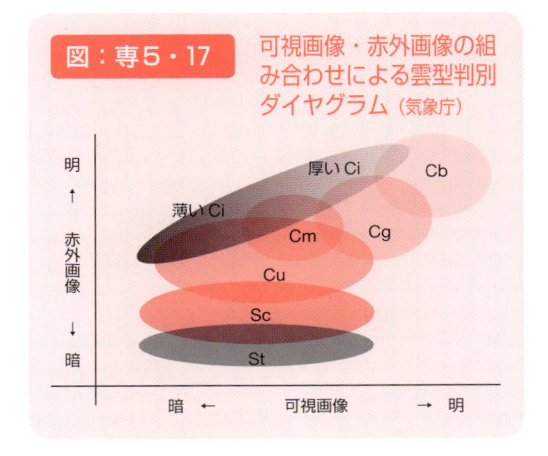

　また、衛星のセンサーの分解能より小さい巻積雲や高積雲は、衛星画像では判別することができません。それゆえ、上層雲の巻雲・巻積雲・巻層雲は略語をCiと総称し、中層雲の高積雲・高層雲・乱層雲はCmと総称しています。

　そのほか、Cgは地上気象観測における雄大積雲または無毛積乱雲に相当しますが、衛星観測のみで使われる雲型となっています。

　層積雲は層状性と対流性の中間的な性格をもち、St（層雲）と霧は衛星からは判別ができないので、「霧または層雲」と称します。

豆テスト A ✕ 可視画像で白く（明るく）滑らかに見え、赤外画像で黒く（暗く）みえるのは、霧または層雲である。衛星画像では、地表面付近では霧と層雲の判別はできない。

表：専5・4　気象衛星画像上での各種雲型の見え方

気象衛星から判別できる雲型と略語		地上観測の10種雲形		衛星画像上の特徴	
				赤外	可視
上層雲	Ci	巻雲 巻積雲 巻層雲	Ci Cc Cs	白色 筋状・帯状・層状	灰色～明灰色 層状（滑らか）・帯状・筋状（中・下層雲が透けてみえることがある）
中層雲	Cm	高積雲 高層雲 乱層雲	Ac As Ns	灰色～明灰色 層状	灰色～白色 層状（細かい凹凸がみえることあり）
層積雲	Sc	層積雲	Sc	暗灰色～灰色 層状・粒状・集団	灰色 粒状・集団
霧または層雲	St	層雲	St	暗灰色～黒色 層状	灰色 層状（平坦で滑らか、境界が明瞭）
積雲	Cu	積雲	Cu	暗灰色～明灰色 粒状・列状	明灰色～白色 粒状・列状・団塊状
雄大積雲	Cg	積雲	Cu	暗灰色～明灰色 粒状・列状	明灰色～白色 粒状・列状・団塊状
積乱雲	Cb	積乱雲	Cb	白色 団塊状	白色 団塊状・凸凹（影がみえることあり）

4-5　重要な雲パターン

（1）シーラスストリーク：細長く筋状の巻雲を**シーラスストリーク**（巻雲の筋）といい、低気圧や前線など、広範囲に広がる雲域の縁辺に沿って現れ、走向はその場所の上層風にほぼ平行しています。その曲率の変化から、低気圧の発達状況を知ることができます。一般に、シーラスストリークはジェット気流軸に沿ってみられることが多く、この

図：専5・18　シーラスストリーク

> 豆テストQ：赤外画像でも可視画像でも、積乱雲は白く表現されることと、雲の表面がゴツゴツしていることで判別できる。

場合の巻雲を**ジェット巻雲**といいます。

(2) トランスバースライン：上層の流れの方向にほぼ直角な走向に巻雲の小さな波状の雲列をもつシーラスストリークを**トランスバースライン**と呼びます。一般に、ジェット気流の強風軸に沿って発現し80kt以上の風速を伴っています。トランスバースラインは圏界面直下で励起されたケルビン・ヘルムホルツ波が可視化されたもので、**晴天乱気流**（CAT）が発生します。また、台風からの吹き出しにもみられます。

図：専5・19　トランスバースライン

詳しく知ろう

- **ケルビン・ヘルムホルツ波**：密度が違う空気が接し、それぞれの動く方向や速度が異なるときに両者の境界面に生じる波動。
- **晴天乱気流**（CAT：Clear-Air Turbulence）：対流によらない乱気流でエアポケットともいう。

(3) バルジ：極側（北側）への膨らみ（高気圧性曲率）をもった雲域を**バルジ**といい、気圧の谷から尾根の上層の発散場に形成されます。南からの暖気移流によって雲域は極側への膨らみを増すので、高気圧性曲率が増大した場合は低気圧の発達を示します。

図：専5・20　バルジ

(4) 地形性巻雲：山脈の風下側に発生する停滞性の巻雲を**地形性巻雲**といい

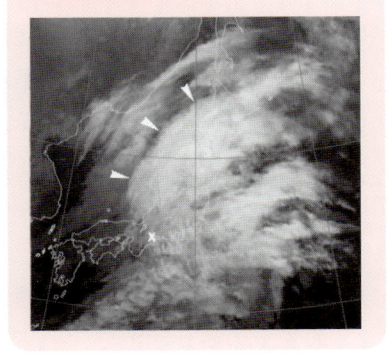

○ 赤外画像では温度の低い上層の雲ほど白く、可視画像では積乱雲のように厚い雲は白く表示される。積乱雲はどちらの画像でも縁が明瞭で、表面がゴツゴツしていることが特徴である。

ます。地形性巻雲は赤外画像では白くみえ、風上側の雲縁が山脈と平行な直線状となり、風下側に長くのびます。地形性巻雲はほとんど移動せず、同じ場所に留まるので、動画では容易に識別できます。山頂付近から対流圏上部までほぼ安定成層をなし、風向もほぼ一定であるときに発生します。

図：専5・21　地形性巻雲

(5) 波状雲：山脈や島など、障害物の風下に等間隔に並んだ雲域を**波状雲**といいます。積雲や層積雲などの下層雲からなる場合が多く、山脈のように細長い障害物の場合は、風下側への走向をもち、山脈に平行で等間隔に並んだ雲列となります。波状雲が発生する条件は、上層まで風向がほぼ一定で、障害物の走向にほぼ直交していること、上層までのかなり厚い層にわたって絶対安定であること、山頂付近でおよそ10m/s以上の風速があることです。波状雲の雲列の間隔は風速に比例し、風速が強いと雲列の間隔が広くなるといわれます。

図：専5・22　波状雲

(6) コンマ雲低気圧：低気圧後面の寒気場内に生じる小低気圧によるコンマ状の雲システムを**コンマ雲低気圧**といい、これには対流雲よりなる**ポーラーロー**などがあります。

(7) テーパリングクラウド：雲域の風上の縁が明瞭で、風下側

豆テストQ　雲のない領域については、赤外画像で陸面や海面の温度を推定できる。

Chapter 5
気象衛星観測

図：専5・23 コンマ雲

図：専5・24 テーパリングクラウド

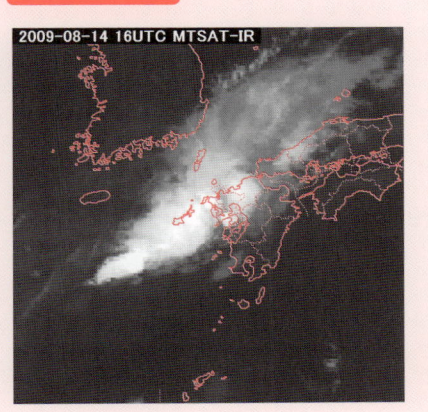

に毛筆の穂先状に広がった積乱雲域を**テーパリングクラウド**といい、形が人参に似ていることから「**にんじん状雲**」ともいわれます。ライフタイムは10時間未満ですが、強雨、雷雨、強風（突風）、降雹（ひょう）などの顕著な現象を伴います。テーパリングクラウドは、低気圧の中心付近、寒冷前線前面の暖域側の暖湿気流の強いところ、相当温位傾度の大きいところなどで、上層が発散場である場合に現れます。

(8) ロープクラウドと対流雲列：対流雲の列には、寒冷前線対応の雲列、太平洋高気圧の縁辺に沿う雲列、暖域内の雲列、テーパリングクラウドに伴う雲列、寒気移流場の筋状雲などがあります。図：専5・25の矢印の積雲の雲列を**ロープクラウド**といい、主に海上で前線性雲バンドの暖域側に沿ってみられます。

図：専5・25 ロープクラウド

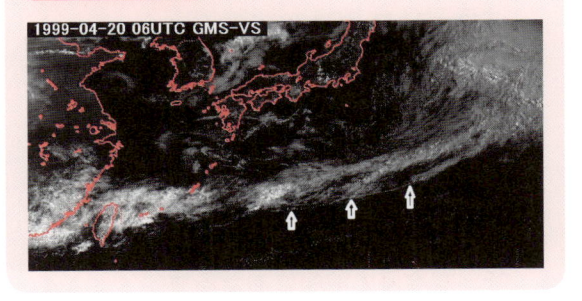

○ 雲のない大気は、赤外画像で使用している波長帯の放射の吸収が少ないので、赤外画像化された輝度温度は地表面からの赤外放射の観測値なので、温度を推定できる。

> ## 詳しく知ろう
>
> ・**雲列と雲バンド**：雲列は幅が緯度で1度未満のものをいい、幅が1度以上ある場合は雲バンドという。

(9) クラウドクラスター：積乱雲が集合して巨大な塊を形成することがあり、この塊を**クラウドクラスター**あるいはCb（シービー）クラスターと呼び、さまざまなサイズや発達段階の対流雲で構成され、水平スケールは数百kmに達し、熱帯や夏の大陸上で発生します。

図：専5・27　クラウドクラスター

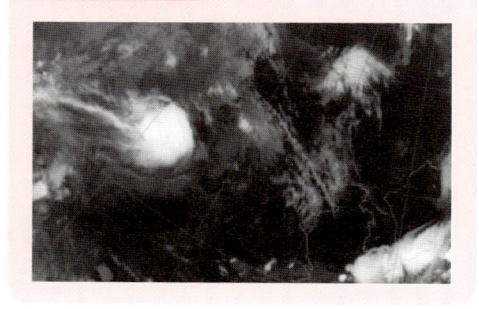

(10) 寒冷渦：上層のトラフの振幅が増し、北の流れ（本流）から切離（カットオフ）された上層の寒気をもつ低気圧を**寒冷低気圧**または**寒冷渦**といいます。寒冷渦は中・上層では低気圧性循環が顕著ですが、地上低気圧は必ずしも明瞭とはなりません。寒冷渦の前面は中層での正渦度移流域で、通常、その前面の下層には暖湿気が流入しているので、寒冷渦の前面にあたる東

図：専5・27　寒冷渦

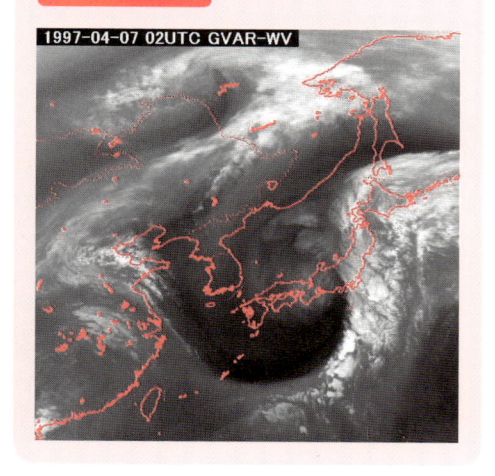

豆テストQ　ドライスロットは赤外画像では低気圧の中心に巻き込まれるような細長い溝状の暗域として見える。

Chapter 5
気象衛星観測

～南東象限は上昇流域となり、上層の寒気によって不安定になって積乱雲が発達します。

(11) 筋状雲：**筋状雲**は寒気移流場にみられる筋状の積雲列で、冬型の気圧配置が強まったときに日本海や黄海・東シナ海などでみられます。寒気の吹き出しが非常に強いときには、日本列島を越えて太平洋上で形成されることもあります。日本海では、大陸からの**離岸距離**が狭い場合には寒気移流が強く、離岸距離が広がってくると寒気移流が弱まってきたことを示します。

図：専5・28　筋状雲

(12) 帯状対流雲：**帯状対流雲**は冬の日本海で、寒気の吹き出しに伴って現れます。**日本海寒気団収束帯**（JPCZ）と呼ばれる局地的な収束帯の形成によって発生します。寒気の吹き出しに伴う筋状雲の走向とほぼ直交する走向（横モード）をもつ雲と、南縁に積乱雲や雄大積乱雲を含む活発な対流雲列で構成されています。この雲は朝鮮半島の付け根付近から始まり、季節風の風向に沿って伸び、主に北陸地方や山陰地方に里雪型の大雪をもたらします。

図：専5・29　帯状対流雲

(13) オープンセル（開細胞）：**オープンセル**は、寒気場内の海上にみられる、雲のない領域を取り囲んだドーナ

豆テストA ✗ ドライスロットは発達中の低気圧中心へ寒気側から流れ込む乾燥気塊の流れで、水蒸気画像では溝状の暗部として見え、可視または赤外画像では雲がないか下層雲の領域として見える。

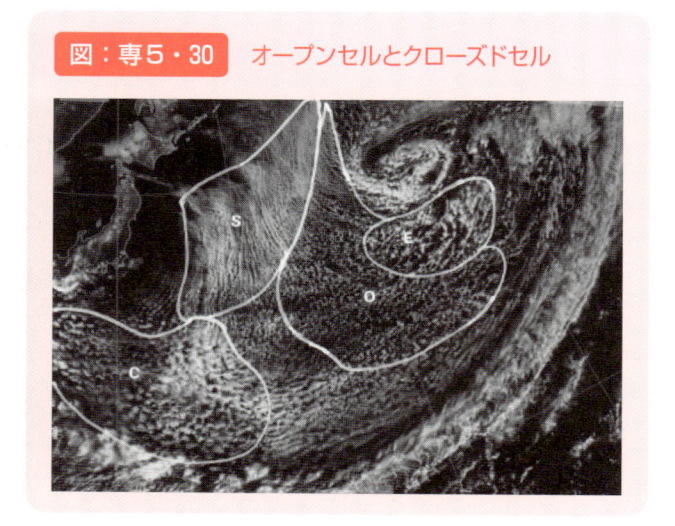

ツ状雲（周辺にだけ雲があって、中心部にはない）の積雲域です。風の鉛直シアが小さく、<u>大気と海面水温の温度差が大きいときに発生します</u>（図：専5・30のC、O、E参照）。雲のない領域で下降気流、雲壁で上昇気流となっています。オープンセルは積乱雲などの激しい対流雲を伴うこともあります。下層から均一に暖められて発生する蜂の巣状の規則的な雲列については、ベナールという学者が室内実験で実現させて報告したのでベナールセルの雲あるいは**ベナール型対流雲**と呼んでいます。

図：専5・30　オープンセルとクローズドセル

(14) クローズドセル（閉細胞）:
クローズドセルは、オープンセルよりも<u>海水温と気温の温度差が小さいときに発生する房状</u>（オープンセルとは反対に中心付近だけに雲があり、周辺部にはない）の<u>層積雲域</u>です。雲頂は逆転層で抑えられ、一般に<u>風向の鉛直シアは小さく、風速は10m/s以下となっています</u>（図：専5・30のS参照）。

(15) カルマン渦：**カルマン渦**は孤

図：専5・31　カルマン渦

豆テストQ　赤外画像でジェット気流の強風軸の高緯度側に、ジェット気流と平行にのびる帯状の巻雲をシーラスストリークという。

立した山岳や島の風下側にできる左右対称な2本の層積雲からなる渦列で、左右の渦は半波長ずれています。冬型の気圧配置が緩んで寒気移流が弱まり、逆転層の上に山頂が突き出ている場合に発生します。韓国の済州島（チェジュ島）、九州地方の屋久島、北海道の利尻島の風下などでみられます。

(16) 北東気流に伴う典型的な雲域：オホーツク海方面の高気圧から吹き出す北東風が卓越し、冷たい空気が北海道や東北・関東地方の太平洋側に達する過程で暖かい海面から顕熱と潜熱（水蒸気）の供給を受け、大気の最下層で不安定化して関東以北の太平洋側とその沿岸海上で層雲や霧などを発生し、雨や霧雨を伴うこともあります。**北東気流**時に発生する雲の雲頂高度は、通常1000m程度で、標高1500～2000mの山々が連なる関東以北の脊梁山脈を越えられず、陸地にかかる雲の風下側の輪郭は脊梁山脈の山腹の等高線に沿った形になります。

図：専5・32　北東気流の下層雲

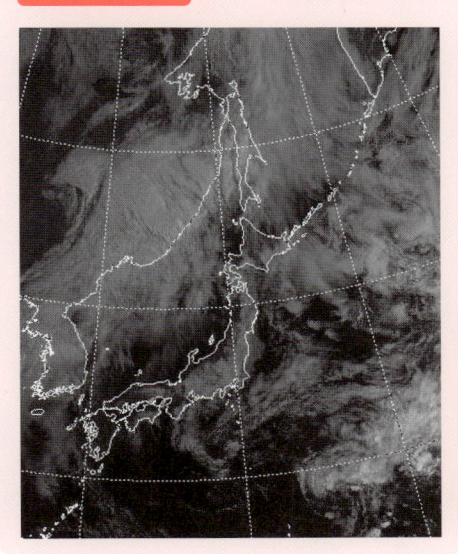

4-6　低気圧の発達に伴う雲パターン

　低気圧の発達に伴う典型的な雲パターンの各段階における上層トラフと地上低気圧との位置関係、およびジェット気流と地上低気圧との位置関係を図：専5・33に示します。

①発生期～発達初期：雲域の南縁に前線波動（**キンク**）がみられ、次第に極側に膨らんだバルジが明瞭となります。**リーフ**（木の葉状）パターンを形成し、これに上層トラフが接近すると低気圧は発達を始めます。

× シーラスストリークは、ジェット気流の強風軸の低緯度側にジェット気流に沿ってのびる巻雲である。

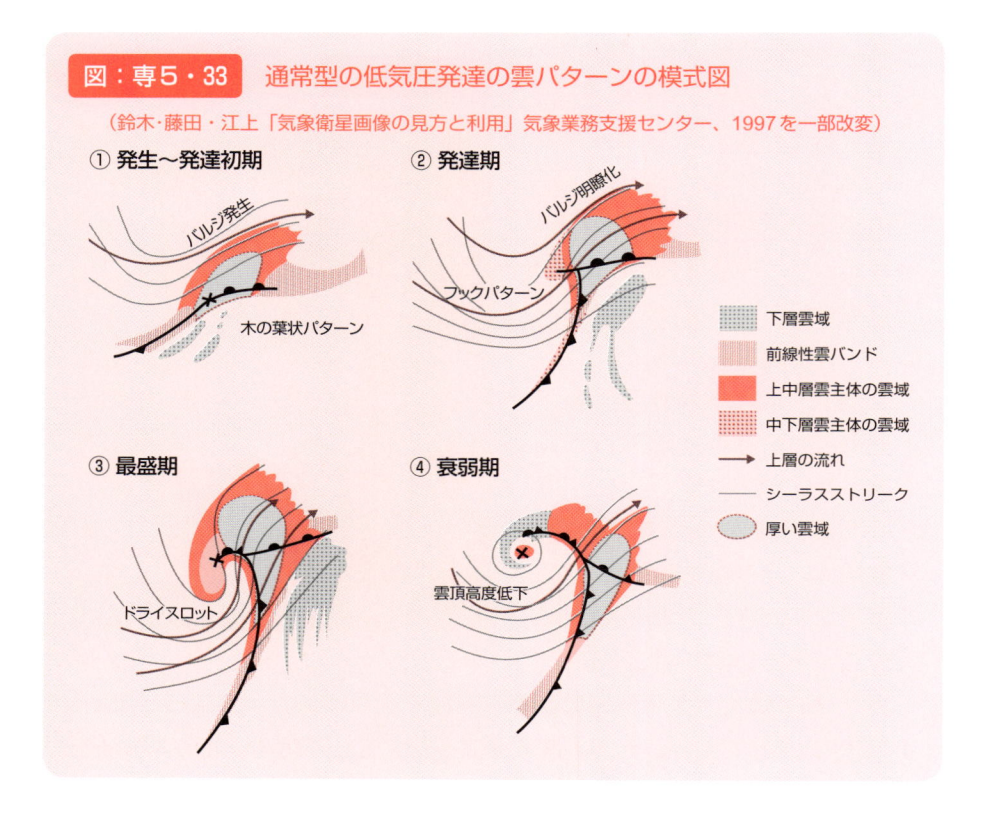

図：専5・33　通常型の低気圧発達の雲パターンの模式図
（鈴木・藤田・江上「気象衛星画像の見方と利用」気象業務支援センター、1997を一部改変）

① 発生〜発達初期／バルジ発生／木の葉状パターン
② 発達期／バルジ明瞭化／フックパターン
③ 最盛期／ドライスロット
④ 衰弱期／雲頂高度低下

凡例：
- 下層雲域
- 前線性雲バンド
- 上中層雲主体の雲域
- 中下層雲主体の雲域
- → 上層の流れ
- シーラスストリーク
- 厚い雲域

②発達期：上層トラフが深まって雲域は南北に立ち、バルジは高気圧性曲率を一層増すとともに、雲域の南西部での低気圧性曲率も増してきます。雲域全体としてＳ字型の**フックパターン**となって閉塞過程となります。

③最盛期：上層トラフの深まりとともにジェット気流も南下し、ジェット気流軸は閉塞点付近を通るようになります。閉塞が進み、低気圧の後面から中心に乾燥した寒気が移流し、ドライスロットが形成されます。

④衰弱期：低気圧中心から閉塞前線が離れ、低気圧中心付近の雲域の雲頂高度が下がり、対流活動が弱まります。

4-7　台風解析：ドボラック法

台風が洋上にあるときの強度解析の手法は、ドボラック（Dvorak）法と

豆テストQ　冬の日本海や黄海に見られる筋状雲の大陸からの離岸距離が狭いのは、寒気移流が強い場合である。

呼ばれる一種の統計的手法がとられています。**ドボラック法**とは、衛星画像の解析によって多くの熱帯低気圧や台風のライフサイクルを観測した結果をもとに、熱帯低気圧や台風の強度の変化を雲パターンの段階的な発達で識別し、衛星画像にみられる発達段階によって、Cbクラスター、バンドパターン、眼パターン、下層渦、シアパターンなどに分類し、下記のような雲パターンの特徴から台風の強度を推定する手法です。

①不規則なCbクラスターがある。
②Cbクラスターが渦状になる。
③中心の周りに円形の厚い雲域ができる。
④台風中心付近の雲域（CDO）の中心部に眼ができる。
⑤衰弱して眼や円形状の雲域が不明瞭になる。
⑥温帯低気圧に変わる段階で雲域は非対称となり、厚い雲域は進行方向前面に偏る。

　現在は、この方法で得られた台風の強度推定に、15分間隔で取得した3枚の衛星画像から台風周辺の雲の移動をとらえて風向風速を求め、海上の風観測データや数値予報のデータ、船舶や気象官署の観測データなどを使って、台風の中心気圧や最大風速、暴風域、強風域の大きさなどを解析しています。

詳しく知ろう

・**CDO**：Central Dense Overcast（台風中心付近の雲域）：台風の雲システムの中心を含む円形の厚い雲域。発達したCbクラスターの集まりで、中心に眼ができる。

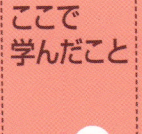

ここで学んだこと

・可視画像・赤外画像による積乱雲と巻雲の判別。
・水蒸気画像の暗域、明域、暗化の意味。
・水蒸気画像によるジェット気流、トラフ、上層渦などの解析。
・可視画像・赤外画像の組み合わせによる雲型の判別。

豆テストA　○　筋状雲は、冬型の気圧配置が強まった寒気移流場に見られる筋状の積雲列であり、離岸距離が狭いと寒気移流が強く、広がると弱まってくる。

理解度checkテスト

Q1 国内で一般に利用されている気象衛星の水蒸気画像について述べた次の空欄(a)～(e)に入る語句の組み合わせについて、下記の①～⑤の中から正しいものを一つ選べ。

　気象衛星の水蒸気画像は（a）の水蒸気の多寡を表している。画像では、水蒸気が多いほど（b）、少ないほど（c）表現している。

　水蒸気画像上で周囲に比べ白い部分を明域、黒い部分を暗域と呼ぶ。これら明域と暗域が接近して総観規模の大きさを持つ明瞭な境界を形成することがある。この境界は、総観規模の大気の運動に伴う（a）における水蒸気の分布に対応して特徴的な形態を示す。例えば寒帯前線ジェット気流の軸の近傍には帯状の明瞭な境界がしばしば現れるが、この場合（d）は軸の寒気側に、（e）は軸の暖気側に位置する。

	(a)	(b)	(c)	(d)	(e)
①	対流圏上・中層	黒く	白く	明域	暗域
②	対流圏上・中層	白く	黒く	明域	暗域
③	対流圏上・中層	白く	黒く	暗域	明域
④	対流圏下層	黒く	白く	暗域	明域
⑤	対流圏下層	白く	黒く	明域	暗域

Q2 静止気象衛星観測による画像について述べた次の文(a)～(d)の下線部の正誤について、下記の①～⑤の中から正しいものを一つ選べ。

(a) 赤外画像は、10～12μmの波長帯における放射量を測定し、輝度温度（黒体に相当すると仮定した物体の放射温度）に変換して画像化したものである。

(b) 雲がない大気は、赤外線で使用している波長帯の放射の吸収が少ないので、赤外画像を用いて雲のない領域における陸面や海面の温度を推定できる。

(c) 水蒸気画像は、7μmの波長帯における放射量を測定し、水蒸気量に変換して

豆テストQ オープンセルは、大気と海面水温の差が大きいときに発生する積雲域であり、衛星画像では蜂の巣上に見える。

Chapter 5 気象衛星観測

画像化したものである。
（d）水蒸気画像に現れる明域・暗域の分布から、対流圏上・中層のトラフ、ジェット気流の位置などを推定できる。

① （a）のみ誤り
② （b）のみ誤り
③ （c）のみ誤り
④ （d）のみ誤り
⑤ すべて正しい

解答と解説

Q1　解答③　（平成15年度第2回専門・問3）

　水蒸気画像の対象域は、（a）対流圏上・中層です。水蒸気が多いほど（b）白く、少ないほど（c）黒くみえます。寒冷前線ジェット気流の強風軸の近傍には明瞭な帯状の境界が現れ、軸の北側（乾燥した寒気側）は（d）暗域、南側（湿潤な暖気側）は（e）明域です。

Q2　解答③　（平成16年度第1回専門・問3）

（a）、（b）、（d）正しい。
（c）誤り。水蒸気画像は水蒸気による吸収の大きい6.5～7.0μm帯の放射量を測定して温度に換算し、画像化したものです。中・上層の水蒸気が少ないほど下層からくる赤外放射が増して画像は黒っぽくなります。逆に中・上層の水蒸気量が多ければ白っぽくなります。

これだけは必ず覚えよう！

・水蒸気画像は対流圏中・上層が観測対象で、暗域は乾燥域、明域は湿潤域。
・水蒸気画像の明暗域の境界の低気圧性曲率の極大域にトラフを解析できる。
・赤外画像は、温度が低いほど白く（明るく）、温度が高いほど黒い（暗い）。
・可視画像は、反射が大きいほど白く（明るく）、小さいほど黒い（暗い）。

豆テストA　○　記述の通り。これとは逆に、気温と海面水温の差が小さいときに発生する層積雲域をクローズドセルといい、衛星画像では房状に見える。

Chapter 6

数値予報

出題傾向と対策

◎毎回、2～4問が出題されており、学科専門の重要分野である。
◎数値予報モデルに用いられる物理法則、モデルの計算を進める際の工夫、予測値を利用する際の注意点などを理解する。
◎アンサンブル予報の特徴を把握する。

1 予報と数値予報

1-1 数値予報の考え方と処理の流れ

　数値予報とは、大気の状態を風向・風速、気温（温位）、気圧、湿度（比湿）の4つの物理量（数値）で表し、その変化を物理法則に基づいて計算して大気の将来の状態を予測する手法です。現在、テレビなどの報道で発表されている予報はすべて、数値予報が基礎となっています。

　具体的には、世界中の気象機関などが観測した観測データをできる限り早く多く収集し、それをもとに、ある時刻の大気の状態を解析します。次に、解析された状態を出発点とし、大気の状態の時間変化を与える予報方程式を将来方向に向かって解くこと（**初期値問題**という）により、10分後、1時間後といった将来の大気状態の予測値を得ます。これを繰り返せば、明日、明後日、1週間後、そして原理的には遠い将来の大気状態も予測できます。

　これらの処理には膨大な量の数値計算が必要です。観測データの収集・処理から明日の天気の予測計算までを数時間のうちに完了させて「予報」として発表するには、演算速度が速く、大きな記憶容量をもつスーパーコンピュータが必要です。各種気象観測データの収集から情報発表に至るまでの、数値予報における情報処理の流れの概略を図：専6・1に示します。

> **豆テストQ** 数値予報モデルの予報変数は、温位、相当温位、気圧、風向風速、比湿の5要素である。

Chapter 6 数値予報

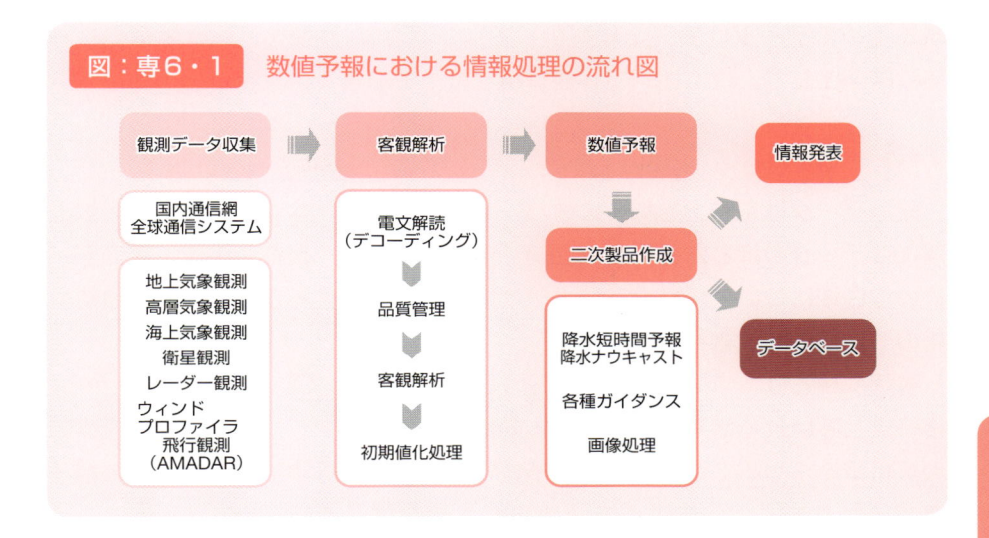

図：専6・1 数値予報における情報処理の流れ図

```
観測データ収集 → 客観解析 → 数値予報 → 情報発表
                                ↓
国内通信網      電文解読      二次製品作成
全球通信システム （デコーディング）    ↓
                ↓        降水短時間予報   → データベース
地上気象観測    品質管理      降水ナウキャスト
高層気象観測     ↓
海上気象観測    客観解析      各種ガイダンス
衛星観測       ↓
レーダー観測    初期値化処理   画像処理
ウィンド
プロファイラ
飛行観測
（AMADAR）
```

1-2 数値予報のための観測データの収集

　正確な数値予報を行うには、多くの観測データを収集し、いかに精度の高い大気の状態を格子点上に求めるかが最初の決め手となります。

　高度なデータ解析法が開発されたので、定められた時刻に定められた方法で行われる地上気象観測や高層気象観測などの観測データに加え、レーダーやウィンドプロファイラや航空機などによる非定時の観測データと、さまざまな衛星によるさまざまな波長帯での観測データなど、空間的にも時間的にも連続的な観測データが数値予報に活用されるようになりました。

　これらのデータは、世界気象機関（WMO）の全球通信システム（GTS）やインターネットおよび国内通信網（ADESS）を通じて気象庁に集められます。収集された観測データの多くはコード化された電文形式なので、まずこの解読（デコーディング）を行います。解読された観測データは**品質管理**にかけられ、明らかに誤りと思われるデータはこの段階で排除されます。

　観測データを全世界から収集するにはそれなりの時間を要しますが、新しい数値予報の結果をなるべく早く予報作業で利用すべく、日本付近を予測するためのデータ収集（メソ解析）では観測時刻の50分後、地球全体を予測

豆テストA　× 数値予報モデルの予報変数は、温位、気圧、風向風速、比湿の4要素である。相当温位は、温位と比湿から求める。

するためのデータ収集（全球解析）では2時間20分後をデータ受信の打ち切り時刻として、次に述べる客観解析を行っています。

1-3　客観解析

　観測データは地球上を均一にカバーしているわけではなく、海上や大気上層にはデータのほとんど得られない「空白域」も多く存在します。観測データの空白域について精度の高い大気状態の推定を行えるかどうかが、数値予報の予測精度を大きく左右します。

　客観解析とは、時間的・空間的に不規則な分布をしている観測データから、格子点と呼ばれる水平方向、鉛直方向に規則的に分布した空間内の座標点での解析値を求めることです。数値予報で将来値を計算することも、この格子点で行われます。各格子点で求められた値を**格子点値**（grid point value）といい、**GPV**と略称されます。GPVはコンピュータ処理に適したデータであり、天気図の作図や天気予報ガイダンスの計算にも使われます。

　ある気象要素を客観解析する場合、**第一推定値**と呼ばれる天気図が出発点として準備されます。近年の解析では、第一推定値には直近の数値予報の結果（全球数値予報モデル（p.292参照）では、普通、6時間予報値）が用いられます。次に、個々の観測データと、数値予報のGPVから内挿して求めたその地点での第一推定値との偏差を求め、その偏差の分布状況から一番もっともらしいと推定される解析値を各格子点について決定します。

　このようにして求めた

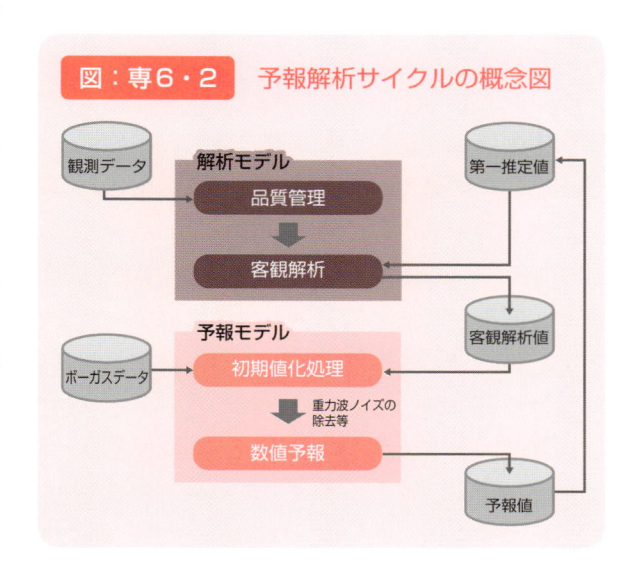

図：専6・2　予報解析サイクルの概念図

観測データ → 解析モデル（品質管理 → 客観解析） ← 第一推定値
→ 客観解析値
ボーガスデータ → 予報モデル（初期値化処理 ↓重力波ノイズの除去等 → 数値予報）
→ 予報値

耳テストQ　数値予報では、3次元格子の格子点値（GPV）として、その格子点に最も近い観測地の観測データを割り当てている。

Chapter 6
数値予報

　客観解析値をもとに数値予報を行い、その数値予報の結果が次の客観解析の第一推定値として用いられます。客観解析と数値予報を一体として解析と予報の作業を繰り返す手法を**予報解析サイクル**とか**4次元データ同化**といいます。図：専6・2は、4次元データ同化における第一推定値に予報値を用いる概念図です。

　この手法では、周辺に多数の観測値がある領域については第一推定値に代わって観測値に近い値を解析値とします。逆に、周辺に観測データがない領域では、第一推定値が解析値として採用されます。このため、予報モデルに**系統的な誤差**がある場合には、「モデルのくせ」が解析値に悪影響を及ぼすことになります。性能のよい予報モデルからはよい解析値が得られ、それは数値予報の精度向上につながります。

　第一推定値をもとに解析値を計算する手法は、初期に用いられた最も単純な修正法から、その後長く使われた最適内挿法、今世紀に入って利用された3次元変分法、最新の手法である**4次元変分法**と改善されてきました。

　変分法は、気象学的関係を拘束条件として、物理量の観測値と解析値の差の総合計を最小にするように解析値を求める計算方法です。

　図：専6・3は4次元変分法と3次元変分法の違いを示す概念図です。

　3次元変分法は、非定時観測値は使わず、解析時刻（の前後）にある観測値と解析値の空間分布だけで変分法を用いるものです。一方、拘束条件に予報方程式までを加え、解析時刻以外の時刻に観測された非定時観測値も利用する計算法を4次元変分法といいます。4次元変分法の採用によって、大幅な解析精度と予報精度の向上がもたらされました。

　客観解析に3次元変分法までの手法を用いた場合、解析値をそのまま初期値として数値予報を行うと、慣性重力波などの好ましくないノイズが発生してしまいます。力学的にバランスのとれた数値予報用の初期値場を求め、計算開始直後のノイズの発生を抑えるために、**初期値化（イニシャリゼーション）**と呼ばれる処理をしてから数値予報の計算をする必要があります。

　4次元変分法では、予報方程式も拘束条件としているため、解析値の物理量はモデルに適したバランス関係を作り出せるようになっており、特別な初

豆テストA　✕　3次元格子の格子点値は、不規則に分布する観測データを客観的な方式でコンピュータ処理したものである。このように観測データから格子点値を推定する過程を客観解析という。

図：専6・3 ４次元変分法と３次元変分法の違いを示す概念図 （気象庁）

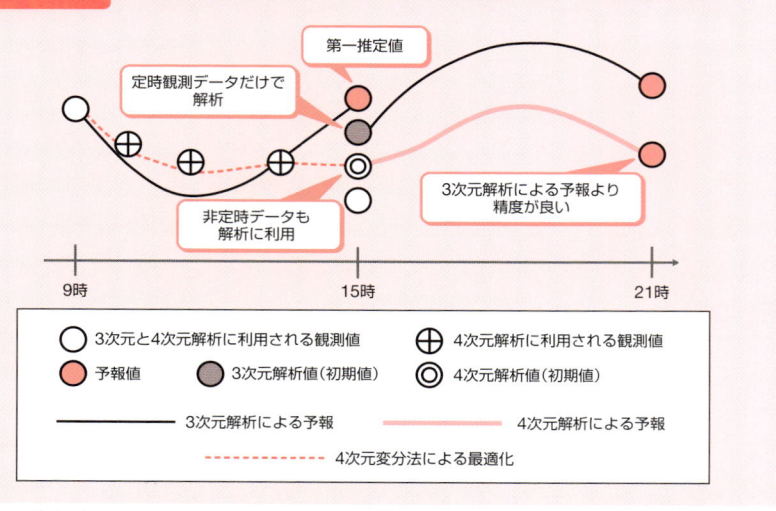

凡例：
- ○ ３次元と４次元解析に利用される観測値
- ⊕ ４次元解析に利用される観測値
- ● 予報値
- ● ３次元解析値（初期値）
- ◎ ４次元解析値（初期値）
- ── ３次元解析による予報
- ── ４次元解析による予報
- ---- ４次元変分法による最適化

注釈：
- 第一推定値
- 定時観測データだけで解析
- 非定時データも解析に利用
- ３次元解析による予報より精度が良い

時間軸：9時、15時、21時

期値化処理を必要としない利点があります。現在では、予報解析サイクルとその中の４次元変分法で初期値化の処理を行っていることになります。

1-4 数値予報モデルの基本方程式

大気の初期状態が得られたあとは、時間変化を正確に記述する物理方程式を用いていかに計算を進めるかが、次の決め手です。現在は、**プリミティブ方程式**系と**非静力学方程式**系が用いられています。

ここで述べる基本方程式において、水平座標の x 軸は東西方向（東向きが正）、y 軸は南北方向（北向きが正）にとります。鉛直座標の z 軸は上向きが正です。プリミティブ方程式系では鉛直座標に気圧 p を用いることが多く、この場合は気圧が増加する方向である下向きが正です。

なお、以下の式で用いる記号の意味は次の通りです。

- u、v、w：風速の東西、南北および鉛直成分
- T：気温、θ：温位、ρ：空気の密度、p：気圧、q：比湿
- ϕ：緯度、Ω：地球自転の角速度、g：重力加速度
- R：乾燥空気の気体定数、C_p：乾燥空気の定圧比熱

豆テストQ：観測データの品質管理とは、客観解析で用いた観測データの中に品質の悪いものが含まれていたかどうかを客観解析後に行う点検のことである。

Chapter 6 数値予報

表：専6・1 数値予報モデルで用いられる予報方程式

① $\dfrac{\partial u}{\partial t} = -u\dfrac{\partial u}{\partial x} - v\dfrac{\partial u}{\partial y} - w\dfrac{\partial u}{\partial z} + fv - \dfrac{1}{\rho}\dfrac{\partial p}{\partial x} + F_x$

② $\dfrac{\partial v}{\partial t} = -u\dfrac{\partial v}{\partial x} - v\dfrac{\partial v}{\partial y} - w\dfrac{\partial v}{\partial z} - fu - \dfrac{1}{\rho}\dfrac{\partial p}{\partial y} + F_y$

③ $\dfrac{\partial p}{\partial z} = -\rho g$

③' $\dfrac{\partial w}{\partial t} = -u\dfrac{\partial w}{\partial x} - v\dfrac{\partial w}{\partial y} - w\dfrac{\partial w}{\partial z} - \dfrac{1}{\rho}\dfrac{\partial p}{\partial z} - g + F_z$

④ $\dfrac{\partial \rho}{\partial t} = -u\dfrac{\partial \rho}{\partial x} - v\dfrac{\partial \rho}{\partial y} - w\dfrac{\partial \rho}{\partial z} - \rho\left(\dfrac{\partial u}{\partial x} + \dfrac{\partial v}{\partial y} + \dfrac{\partial w}{\partial z}\right)$

④' $\left(\dfrac{\partial u}{\partial x} + \dfrac{\partial v}{\partial y} + \dfrac{\partial \omega}{\partial p}\right) = 0$

⑤ $\dfrac{\partial \theta}{\partial t} = -u\dfrac{\partial \theta}{\partial x} - v\dfrac{\partial \theta}{\partial y} - w\dfrac{\partial \theta}{\partial z} + H$

⑥ $\dfrac{\partial q}{\partial t} = -u\dfrac{\partial q}{\partial x} - v\dfrac{\partial q}{\partial y} - w\dfrac{\partial q}{\partial z} + M$

(1) 水平方向の運動方程式

　水平面内の大気の運動を支配する運動方程式は、東西成分u、南北成分vについて、それぞれ次の式と表：専6・1の①式と②式で表されます。ただし、$f = 2\Omega \sin\phi$であり、fはコリオリパラメータです。

　　水平速度の時間変化 ＝ 水平速度の移流効果 ＋ コリオリ力 ＋
　　　　　　　　　　　　水平方向の気圧傾度力 ＋ 摩擦力

　表：専6・1の①式と②式の偏微分$\partial/\partial t$は、空間内の固定点でみたときの物理量の時間変化傾向を表し、$\partial/\partial x$、$\partial/\partial y$、$\partial/\partial z$はそれぞれ、ある瞬間におけるx、y、z軸方向の物理量の空間変化傾向を表します。①式と②式の右辺第1～3項は、上に示した**水平速度の移流効果**で、ある物理量（ここではuあるいはv）が3次元の風（u、v、w）によって流される効果を表しています。第6項（F_x、F_y）は、それぞれ摩擦力のx、y方向の成分です。

(2) 鉛直方向の運動方程式（静力学平衡の式と非静力学方程式）

　天気予報の対象となるような大気現象は、対流圏内で生じています。この

豆テストA　✕　観測データの品質管理は、異常な解析値が出ないよう、客観解析の前に観測データをチェックして、観測値に含まれている誤差の大きいものを除去することである。

ため、その鉛直方向の大きさ（鉛直スケール）は大きく見積もっても20km程度です。いま、数千kmの水平方向の大きさ（水平スケール）をもつ現象（移動性高・低気圧など）を予測対象とする場合には、大気の運動はほとんど水平面内で起こるとみなせます。この場合には、次の**静力学平衡の式**（あるいは静水圧平衡の式）の近似が極めてよく成り立ちます。

　　|鉛直方向の気圧傾度力| ＝ |重力|

　この関係を微分形で書いたものが表：専6・1の③式です。静力学平衡を仮定するモデルを**プリミティブモデル**と呼びますが、この場合には鉛直流は直接計算しないで、その大きさは次の（3）で述べる連続の式を積分することから間接的に求めます。

　一方、水平スケールが数十km程度より小さな現象（局地豪雨や個々の積乱雲など）では、鉛直スケールと水平スケールが同程度となるため、鉛直方向の加速運動が無視できなくなり、静力学平衡が成り立たなくなります。このような現象を予測対象とする場合には、鉛直方向の運動方程式も用いる必要があり、これを**非静力学方程式**と呼びます。

　非静力学での鉛直方向の運動方程式は、次式と表：専6・1の③'式（F_zは鉛直方向の摩擦力）で表されます。

　　|鉛直速度の時間変化| ＝ |鉛直速度の移流効果| ＋ |鉛直方向の気圧傾度力|
　　　　　　　　＋ |重力| ＋ |摩擦力|

　気象庁が現在運用しているメソスケール数値予報モデル（p.292参照）は非静力学方程式のモデルであり、NHM（Non-Hydrostatic Model）と略称されます。このモデルは水平解像度が5kmと細かいこともあり、100km程度の水平スケールしかない大雨の発生などについて、従来の静力学平衡を仮定したモデルよりもよい予測結果を与えています。

　静力学平衡を仮定したプリミティブモデルで表現される鉛直流の強さは、毎秒数cm（毎時数hPa）の程度ですが、非静力学モデルでは鉛直流を直接計算するため、毎秒1mを超える上昇流も表現されます。

(3)連続の式

　連続の式は、空気塊が上昇や下降などの運動をしても、質量が保存される

豆テストQ：数値予報の結果を次の客観解析の第一推定値（客観解析の出発点となる値）として解析値を求め、これによって数値予報の計算を行う、という作業の繰り返しを予報解析サイクルという。

ことを表す式で、**質量保存の法則**とも呼ばれ、次式と表：専6・1の④式で表されます。

　　空気密度ρの時間変化 ＝ 空気密度の移流効果 ＋ 収束発散による密度変化

（4）熱力学方程式

　熱力学方程式は、熱エネルギーが保存されることを表す式で、**熱エネルギー保存則**または**熱力学第一法則**とも呼ばれ、次の式と表：専6・1の⑤式（Hは非断熱加熱量）で表されます。ただし、温位θは、$\theta = T(p_0/p)^{R/Cp}$で定義される量（p.41参照）で、乾燥断熱運動では保存されます。ここで、p_0は温位を定義する際の基準となる気圧で普通1000hPaです。

　　温位θの時間変化 ＝ 温位の移流効果 ＋ 非断熱過程に伴う加熱冷却

　なお、表：専6・1の⑤式の右辺第3項の温位の鉛直移流項には、鉛直流による断熱膨張・圧縮効果も含まれています。

（5）水蒸気の輸送方程式

　この式は**水蒸気保存則**とも呼ばれ、水蒸気が保存されることを表し、次式と表：専6・1の⑥式（Mは非断熱過程での水蒸気の増減量）で表されます。

　　比湿qの時間変化 ＝ 比湿の移流効果 ＋ 非断熱過程に伴う蒸発・降水

（6）気体の状態方程式

　この式は**ボイル・シャルルの法則**であり、次式で表されます。

　　気圧 ＝ 空気密度 × 気体定数 × 気温（絶対温度）

　すなわち、$p=\rho RT$です（p.26参照）。

　これらの基礎方程式に現れる未知数は、u、v、w、ρ、p、q、T、θの8個であり、方程式は（1）から（6）までの7個と温位の定義式の8個です。したがって、これらにより解を求めることができます。

　なお、鉛直座標に高度zではなく、気圧pを採用すると、鉛直速度はwではなく、$\omega = dp/dt$で定義される**鉛直p速度**ωで表されます。ここで、d/dtは全微分で、空気とともに動く座標系でみたときの時間変化傾向を表します。ωの次元は（気圧/時間）であり、通例、「hPa/h」の単位で表し、ωが負の値のときが上昇流です。p座標系では一部の方程式が単純になり、たとえば、連続の式は表：専6・1の④'式となります。

○ このように客観解析と数値予報を一体として解析予報を繰り返す手法を予報解析サイクルまたは4次元データ同化という。

1-5 数値予報モデルの数値計算の実際

(1)時間・空間差分

表：専6・1に示した基本方程式系は、時間・空間に関する微分方程式となっています。数値予報モデルでは「微分」を「差分」に置き換えて数値的に解きます。図：専6・4aに示したx軸上の格子点について、$G=u\left(\frac{\partial u}{\partial x}\right)$という微分方程式の空間微分は$G=u\left(\frac{\Delta u}{\Delta x}\right)$という差分式で表せ、図の格子点値を用いて、次のように表すことができます。

$$G(i、t) = \frac{u(i, t) \times \{u(i+1, t) - u(i-1, t)\}}{2\Delta x}$$

ここで、Δxは格子間隔であり、iは格子番号です。

一方、$\frac{\partial u}{\partial t} = F$という微分方程式の時間微分は$\frac{\Delta u}{\Delta t} = F$という差分式で表せ、図：専6・4bに示した微少な時間増加量Δt（タイムステップ）を用いた時間軸によって、次のように表すことができます。

$$\frac{u(i, t+\Delta t) - u(i, t)}{\Delta t} = F(i, t)$$

または、

$$u(i, t+\Delta t) = u(i, t) + F(i, t) \times \Delta t$$

差分法により時間積分を行う場合に、モデル大気中に存在する波動の位相速度をCとすると、$\Delta x \geq C\Delta t$の関係を満たすΔxとΔtの組み合わせでないと、計算結果がタイムステップごとに振動しながら急速に大きな数値となる計算不安定を生じることが知られています。この関係を「**クーラン・フリードリッヒ・レーウィの条件（CFL条件）**」と呼びます。

図：専6・4 １次元空間の格子点番号(a)と時間軸上のタイムステップ(b)

豆テストQ：第一推定値をもとに解析値を計算するための最新の手法である４次元変分法では、慣性重力波などのノイズを除去するために初期化（イニシャリゼーション）という処理が必要である。

大気中には各種の波動が混在していて、天気変化を支配する総観規模の波動の位相速度は毎秒10m程度ですが、慣性重力波などでは毎秒100m以上で伝播する波もあります。たとえば、気象庁が運用している格子間隔20kmの全球数値予報モデルでは2～3分程度、格子間隔5kmのメソ数値予報モデルでは30秒程度のタイムステップをとる必要があります。

　CFL条件を満たしながら格子点の間隔を半分にするには、時間積分のタイムステップも半分にする必要があります。したがって、格子点の間隔を半分にすると、空間的には格子点の数が4倍（x軸、y軸方向にそれぞれ2倍）に増えるだけでなく、時間積分にも2倍の計算量となって合計8倍の計算量になります。つまり同じ時間内に数値予報の計算を終わらせようとすると、8倍高速のコンピュータを用いる必要があるのです。

> **詳しく知ろう**
>
> ・**差分の方法**：時間積分で、3つのタイムステップ $t-\Delta t$、t、$t+\Delta t$ のうち、時刻 t の値だけを使って $t+\Delta t$ の値を決める方法を「前方差分」、時刻 $t-\Delta t$ と t の値から $t+\Delta t$ の値を決める方法を「中央差分」とか「リープフロッグ（かえる跳び）方式」という。空間差分や時間差分のやり方については多くの手法が工夫されている。また、最近では、セミインプリシット法やセミラグランジュ法と呼ばれる時間積分の数値計算法が工夫され、**CFL条件の6倍程度の大きなタイムステップで時間積分を行うことが可能になっている**。

(2) 格子点モデルとスペクトルモデル

　ここまでは、数値予報に用いる微分方程式を格子点値の差分方程式に置き換えて近似的に解く方法を説明しました。図：専6・5aの実線（元データ）で表した物理量（たとえば u）の変化が存在したとします。この複雑な形の波を格子点で表したものが図：専6・5bです。このように物理量を格子点値で表現して計算する数値予報モデルを**格子点モデル**といいます。差分法で得られる解は微分方程式の近似解なので、たとえば、波動の位相速度が遅めに計算されるなどの誤差が出ることが避けられません。

豆テスト A　✗　現在採用されている4次元変分法では、予報方程式も拘束条件としているので、特別な初期値化処理を必要としない。

この種の誤差の発生を避けるために、近年の数値予報モデルでは**スペクトル法**という手法が主流となっています。

　スペクトル法の概念を図：専6・5cに示します。ここでは単純化するために、1次元の波動の例で示しています。複雑な形の波動も、フーリエ級数展開の手法によってさまざまな波数の三角関数に分解することができます。この例では、それぞれ異なる振幅と位相をもった波数1から波数3の3個の正弦波に分解されています。3個の正弦波を足し合わせると元の波に戻ります。

　元の波を分解して得られたそれぞれの三角関数の波については、大気の運動を支配する微分方程式の正確な解を解析的に求めることができます。元の複雑な波動に対する解は、これらの波数ごとの解を足し合わせることで得られます。実際の大気の運動は地球上で起こっているので三角関数ではなく、「球面調和関数」という球面上の解析関数に展開しますが、原理的には1次元の三角関数の場合と同じです。このように関数の積み重ねで物理量を表現するモデルを**スペクトルモデル**といいます。

　スペクトル法でも無限の波数への展開は不可能であり、ある有限波数までの範囲で展開するので、格子点法の格子点間隔と同様の空間解像度が存在し、

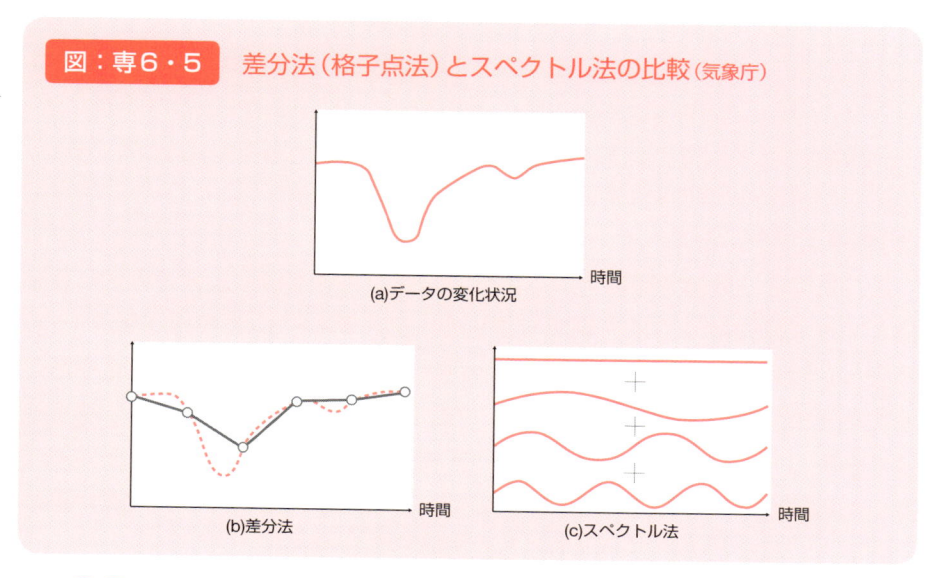

図：専6・5　差分法（格子点法）とスペクトル法の比較（気象庁）

(a)データの変化状況

(b)差分法

(c)スペクトル法

豆テストQ　4次元変分法では、解析時刻以外の時刻に観測された非定時の観測値も利用して解析値を計算している。

それに起因する誤差が存在します。また、次項で述べる物理過程（パラメタリゼーション）の計算は格子点で行うことが多いため、計算のたびに格子点値に戻す必要があり、分解波数が多くなると格子点法に比べて計算量が飛躍的に増大する欠点をもっています。最近では格子点法を見直す動きがあり、気象庁のメソ数値予報モデルは格子点法で時間積分を行っています。

(3) 鉛直方向の差分

　水平面内の空間差分は、緯度・経度方向に網目状の格子点を配置して時間・空間差分の手法で計算するか、スペクトル法で解析的に計算する方法が用いられます。一方、鉛直方向の差分は、大気をいくつかの層に分割して行われています。地表面（海面を含む）と大気との顕熱、潜熱（水蒸気）、運動量などの交換は、特に地表から高さ約1kmまでのエクマン層内でのふるまいが重要なので、数値予報モデルの鉛直方向の層の取り方は、大気の下層ほど細かく、上層では粗くなっています。

　気象庁の全球数値予報モデルでは、最下層では地表面気圧で規格化した地形に沿う σ 座標系、地形の影響を受けない上層では気圧で定義するp座標系がもつ数値計算上の利点を活かし、**σ-p座標系（ハイブリッドp座標系）** を採用しています。

　一方、メソ数値予報モデルのような非静力学モデルでは、静力学平衡を仮定しないために気圧と高度が1対1に対応せず、気圧を鉛直座標として用いることはできません。そこで、下層では山岳の表面に沿って $z^*=0$ の面を定義する z^* 座標とし、中層以上では平均海面からの高度で定義する z 座標系に急速に移行するハイブリッドz座標系を採用しています。

　図：専6・6はσ-p座標系と地形に沿うハイブリッドz座標系の概略です。

詳しく知ろう

・**σ座標系**：山岳でのp座標系の不都合を避けるために $\sigma = p/p_s$ で定義した座標系。ここで、p_s は地表面での気圧であり、地表（$p=p_s$）で $\sigma=1$。大気の上端では $p=0$ なので $\sigma=0$ となる。

記述の通り。変分法は物理量の観測値と解析値の差の総合計を最少にするように解析値を求める計算方法であり、4次元変分法の採用により解析精度と予報精度が大幅に向上した。

図：専6・6 σ-p座標系（左）とハイブリッドz座標系（右）

ハイブリッドp座標系（σ-p座標系）　　　ハイブリッドz座標系

1-6 物理過程とパラメタリゼーション

　数値予報モデルでは、大気の状態を空間的にとびとびの格子点での値で表現します。最近はコンピュータの能力が向上し、従来よりも格子点間隔は細かくなっていますが、それでも気象庁の全球モデルの格子点の間隔は20kmであり、メソ数値モデルは5kmです。

　一方、実際の大気中にはさまざまな空間スケールをもつ現象が混在しており、個々の積乱雲や積雲（水平スケール1～10km程度）、乱流渦（空間スケール100m以下）などの格子点間隔よりも小さい空間スケールの現象が、水蒸気の凝結による潜熱の放出、乱流過程による顕熱、潜熱、運動量の輸送などに大きな働きをしています。これらの格子点間隔よりも小さいスケールの現象を**サブグリッドスケールの現象**と呼びます。表：専6・1の数値予報の基本方程式系①から⑥に現れるF_x、F_y、F_z、H、Mなどの摩擦項や非断熱項のほとんどは、サブグリッドスケールの現象による効果を表しており、これを**物理過程**と呼びます。

　一方、数値予報モデルで直接表現できる最小のスケールは格子点間隔であるため、個々のサブグリッドスケールの現象を直接、数値予報モデルで表現することはできません。そこで、個々のサブグリッドスケールの現象が、全体として格子点での物理量（風、気温、比湿など）に及ぼす効果を、格子点での物理量の値を使って表現することになります。この手法を**パラメタリゼーション**と呼びます。図：専6・7にサブグリッドスケールの現象とパラメ

豆テストQ 移動性高気圧などの水平スケールが数千kmに及ぶ現象を予測対象とする場合には、大気運動はほとんど水平面内で起こるとみなせるので、静力学平衡の式の近似が成り立つ。

タリゼーションの概念図を示します。

次ページの図：専6・8は数値予報モデルに組み込まれている物理過程です。それらは以下のように分類できます。

図：専6・7
サブグリッドスケールの現象とパラメタリゼーションの概念図（気象庁）

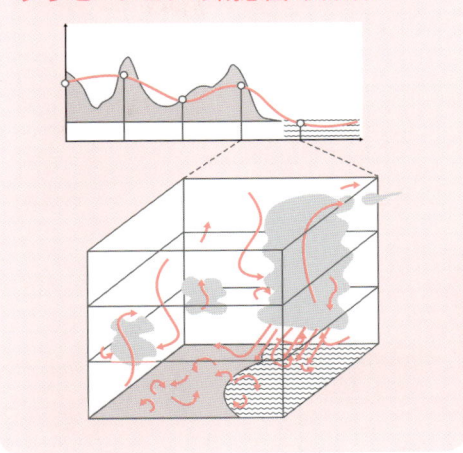

(1)凝結過程

大気中に持続的な上昇気流があると、上昇に伴う断熱膨張によって気温が下がり、水蒸気の凝結が起こって雲ができます。このとき、凝結の潜熱が放出されます。雲の中の上昇運動に伴って熱や水蒸気が上方に輸送されながら周囲の空気と混合し、いろいろな高度での気温や水蒸気量を変化させます。

温暖前線に伴う雲の生成などは数百kmから1000kmに及ぶ総観規模の現象なのでパラメタリゼーションの必要はなく、各格子点での湿度が過飽和に達した分だけの水蒸気を雨として地表へ落下させ、そのとき放出される凝結の潜熱がその格子点での気温を上昇させる、という取り扱いができます。

一方、積雲対流は水平スケールが小さく、格子点で囲まれた領域のなかにも雲がある場所とない場所が混在しており（これが「雲量」に相当）、パラメタリゼーションが必要です。雲の中で生成された雨滴が地表面へ落下する途中で蒸発する効果も、物理過程として取り入れる必要があります。

(2)乱流過程

地表面（海面を含む）と大気の間では、顕熱や潜熱（水蒸気）、運動量が交換されています。これらの物理量が地上から約100mの高さの間に存在する**接地層**や、高さ約1kmまでの**エクマン層**の内部に存在する大気乱流によって上方へ鉛直輸送される量を、実際の観測をもとに統計的に求めた経験式に基づいて表現します。たとえば、地表面から大気への乱流過程による顕熱

○ 記述の通り。全球数値予報モデルのように、鉛直の気圧傾度力＝重力（つまり、$\Delta p / \Delta z = -\rho g$）という静力学平衡を仮定するモデルをプリミティブモデルという。

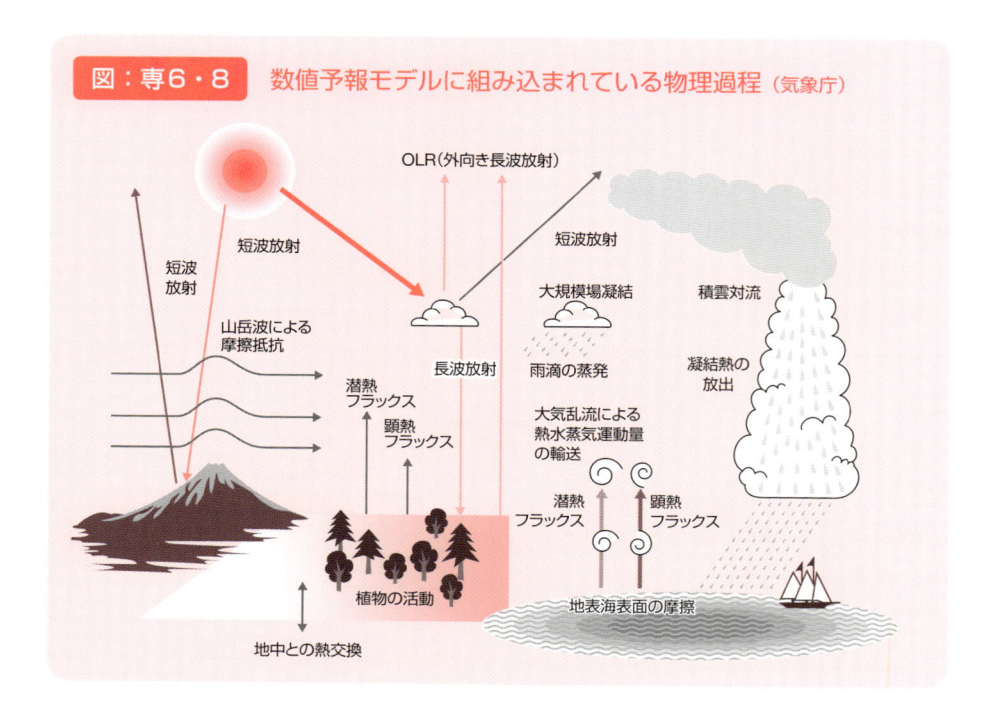

図：専6・8 数値予報モデルに組み込まれている物理過程（気象庁）

の上向き輸送量をパラメタライズする場合には、

　　　熱輸送量 ＝ 比例係数 × 地上風速
　　　　　　　　× （海面や地面の温度 － 大気最下層の気温）

と定式化し、これらに格子点での風速や気温の値を代入して熱輸送量を決定します。

(3) 地表面過程

　地表面と大気との顕熱、潜熱、運動量の交換過程には、海洋と陸地の違いばかりでなく、地表面の植生の違い（市街地、畑、森林など）や土壌の質なども関係します。

　また、降水として地表面に落下した水分が土壌へ浸透したり、河川へ流出したりする過程なども、地表面からの蒸発量に影響します。海面が海氷で覆われたり、陸面が積雪状態だったりすると、太陽からの日射を強く反射して気温に影響を及ぼします。これらも物理過程として適切にモデルに取り入れ

豆テストQ　局地的な豪雨や積乱雲などの水平スケールの小さな現象では、水平スケールと鉛直スケールが同程度なので鉛直方向の加速度を無視できず、鉛直方向の運動方程式を用いる必要がある。

る必要があります。
　また、大規模な山岳が重力波を放出して大気に摩擦力を与える効果や、ジェット気流に及ぼす強さや場所を適切に表す効果をモデルに組み込んでおく必要があります。

(4) 放射過程

　太陽の短波放射の吸収・散乱・反射、温室効果気体による赤外線の吸収・放出など、放射の効果を適切にモデルに組み込む必要があります。
　雲による反射・散乱・吸収の強さは、雲の高さ・厚さや雲粒の分布によって異なります。

ここで学んだこと

- 数値予報の処理の流れ、観測データの収集と観測データの分布の特徴。
- 客観解析の方法とそれに関連する4次元同化、第一推定値、4次元変分法、初期値化などの用語とその意味。
- 数値予報モデルの基本方程式には次のものがある。
  ① 水平方向の運動方程式
  ② 鉛直方向の運動方程式（静力学平衡の式と非静力学方程式）
  ③ 連続の式（質量保存の法則）
  ④ 熱力学方程式（熱エネルギー保存則または熱力学第一法則）
  ⑤ 水蒸気の輸送方程式（水蒸気保存則）
  ⑥ 気体の状態方程式（ボイル・シャルルの法則）
- プリミティブ方程式と非静力学方程式の違い。
- 格子間隔より小さい規模の現象が格子点での物理量に及ぼす効果を格子点での物理量で表現することをパラメタリゼーションという。
- 数値予報モデルには、物理過程（凝結過程、乱流過程、地表面過程、放射過程など）が組み込まれている。

豆テスト A：○ 記述の通り。鉛直方向の運動方程式を非静力学方程式といい、この方程式を用いた数値予報モデルを非静力学モデルという。メソ数値予報モデルは非静力学モデルである。

2 アンサンブル予報

2-1 アンサンブル予報の考え方と処理の流れ

　気象観測には、測器の誤差、データ処理やデータ伝送の際に生じる誤差が含まれることは避けられません。また、正しく測定が行われたとしても、ある特定の場所、時刻での観測であるため、予報で対象とする時間・空間スケールでみた場合の現象の代表性を有しているかどうかという問題もあります。客観解析では最も確からしい解析値を各格子点に与える努力がされますが、どうしても解析上の誤差も含まれます。

　これに加えて、大気現象はさまざまな時間・空間スケールをもった現象が複雑に相互作用を及ぼしあう非線形複雑系であるため、初期時刻におけるわずかな初期値の違いが、時間を追って急激に拡大する場合もあります。これを**大気のカオス的性質**といいます。これらの性質のために、予報期間が延びるほど予報精度が低下することは避けられません。

　この予報の不確実性を軽減するために、**アンサンブル予報**という手法が用いられています。アンサンブル予報の概念を図：専6・9に示します。

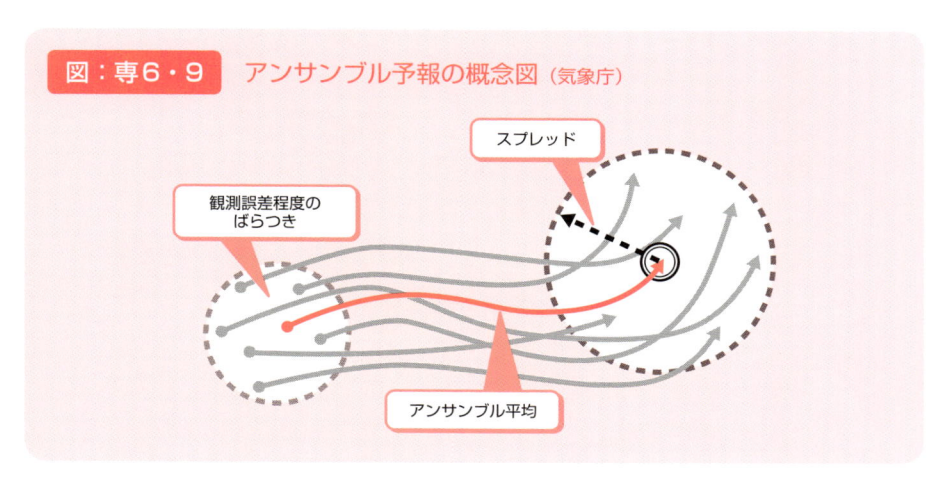

図：専6・9 アンサンブル予報の概念図（気象庁）

スプレッド
観測誤差程度のばらつき
アンサンブル平均

豆テストQ　鉛直座標に高度ではなく気圧を採用すると、鉛直速度は鉛直p速度ωで表され、ωが正の値の場合は上昇流を意味する。

Chapter 6
数値予報

　アンサンブル予報では、観測誤差程度のバラツキをもった少しずつ異なる複数の初期値を用意します。これらを**メンバー**と呼び、多くの場合、50個程度のメンバーを用意します。これらの初期値を同一の数値予報モデルに与えて数値予報を行うのです。

　アンサンブル予報ではメンバー数だけの多数の予報計算を行う必要があるので、これに使用する数値予報モデルは、明日、明後日の予報で利用する最先端モデルの格子間隔、鉛直層数、物理過程を簡略化したものが用いられます。経験的には、最先端モデルによる単一の予報よりも、簡略モデルによる多数の予報結果を平均した予報（**アンサンブル平均**といいます）の精度がよいことが知られています。

　少しずつ異なった初期値から出発した予報の結果は、初期の大気状態が安定的な場合には時間が経ったあとも大きな違いは生じませんが、<u>初期の大気状態が不安定な場合には時間の経過とともに各メンバーが大きく違った大気状態に移行します</u>。予報された大気状態のバラツキ具合を**スプレッド**といいます。スプレッドが小さい場合は各メンバーがほぼ同じ予測結果を与えるので予報の信頼度（スキルともいいます）が大きく、逆にスプレッドが大きい

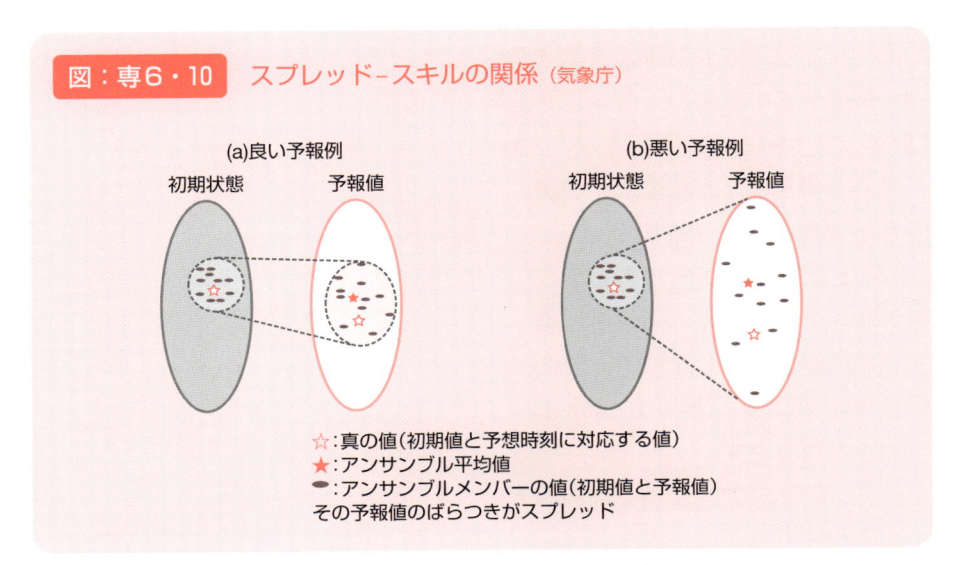

図：専6・10　スプレッド−スキルの関係 (気象庁)

(a) 良い予報例　　初期状態　予報値
(b) 悪い予報例　　初期状態　予報値

☆：真の値（初期値と予想時刻に対応する値）
★：アンサンブル平均値
●：アンサンブルメンバーの値（初期値と予報値）
　　その予報値のばらつきがスプレッド

豆テストA　✗　鉛直座標に気圧を採用すると鉛直速度は気圧の時間変化率ωで表され、上昇流はωの値が負の場合である。なお、ωの次元は「気圧／時間」であり、単位は〔hPa/h〕である。

場合はメンバー間の予測結果が大きく異なるので予報の信頼度が小さいと評価されます。この関係を**スプレッド−スキルの関係**と呼びます。図：専6・10はその概念図です。

2-2　気象庁の数値予報モデル

（1）全球数値予報モデル（Global Spectral Model：GSM）

　予報モデルの中核を占めているのは**全球数値予報モデル**（**GSM**）であり、地球全体を予測対象としています。GSMはスペクトルモデルですが、格子点モデルの解像度に換算すると約20kmの格子点間隔に相当します。鉛直方向の層の数は60層です。1日4回、協定世界時（UTC）の0時、6時、12時、18時を初期時刻とした予測計算を行います。

　明後日までの**短期天気予報**で利用することを目的に、初期時刻から3日半先（84時間先）までの計算を行います。ただし、12UTCを初期時刻とする計算は、週間天気予報で利用するため、9日先（216時間先）まで行います。天気予報ガイダンス（専門知識編10章参照）の計算も、ほとんどがGSMの結果を使って計算されます。

　このモデルの結果は、次に述べるメソスケール数値予報モデルの側面境界条件として利用されるほか、航空予報、波浪予報、海氷予報、火山灰拡散予測、黄砂予測のためのモデルにも利用されます。

（2）メソスケール数値予報モデル（Meso-scale Model：MSM）

　数値予報モデルが精度よく予測できる現象は、格子点間隔の5〜8倍以上の空間スケールをもつ現象です。全球モデルの解像度は格子点間隔が約20kmなので、予測対象は水平スケールが100kmより大きな現象です。

　一方、地形の効果が効く局地的な大雨や強風などは、水平スケー

図：専6・11　MSMの計算領域（気象庁）

豆テストQ　数値予報モデルには、物理量の水平分布を格子点値で表現して計算する格子モデルと、関数の重ね合わせで表現するスペクトルモデルがある。

ルが数十km程度しかないことが多く、防災的に重要なこれらの現象を予測するために非静力学モデルである**メソスケール数値予報モデル（MSM）**が運用されています。MSMの格子点間隔は5km、鉛直方向の層数は50層です。MSMの計算領域を図：専6・11に示します。

MSMを走らすには、予想時刻とともに変化する計算領域の最も外側の格子点での気象要素の値（境界条件）が必要であり、それには直近に計算を終わっているGSMの計算結果が用いられます。MSMは1日8回、3時間ごとに計算され、このうち協定世界時の0時、6時、12時、18時は15時間先まで、3時、9時、15時、21時には33時間先までの計算を行います。

MSMの予測結果は、気象警報、注意報、情報で活用されるほか、航空予報、降水短時間予報、高潮予報のためのモデルでも利用されています。

表：専6・2　気象庁の数値予報モデル

モデル	水平解像度	鉛直層数	予報領域	運用回数	先行時間（初期時刻）／メンバー数
全球モデル（GSM）	約20km	60層	全球	4回／日	216時間（12UTC） 84時間（00, 06, 18UTC）
メソスケールモデル（MSM）	5km	50層	日本近辺（図：専6・11）	8回／日	33時間（03, 09, 15, 21UTC） 15時間（00, 06, 12, 18UTC）
週間アンサンブル予報モデル	約60km	60層	全球	1回／日	9日間（12UTC）／51
台風アンサンブル予報モデル	約60km	60層	全球	4回／日	5.5日間（00, 06, 12, 18UTC）／11
1か月予報アンサンブルモデル	約110km	60層	全球	1回／週（毎週水、木曜）	34日間（12UTC）／50
3か月予報アンサンブルモデル	約180km	40層	全球	1回／月	120日間（12UTC）／51
暖寒候期予報アンサンブルモデル	約180km	40層	全球	1回／月（2, 3, 4, 9, 10, 11月）	210日間（12UTC）／51

豆テストA：○ 記述の通り。地球全体の大気現象を予測する全球モデルはスペクトルモデルであり、メソスケール数値予報モデルは水平分解能（格子点間隔）5kmの格子モデルである。

(3)アンサンブル数値予報モデル

　数値モデルによる予測の信頼度は予報期間が延びるほど落ちるので、予報期間が長い予報にはアンサンブル予報の手法が用いられます。気象庁では、週間天気予報、季節予報（1か月、3か月、暖候期・寒候期予報）でアンサンブル予報を行っています。2008年からは、台風予報にもアンサンブル予

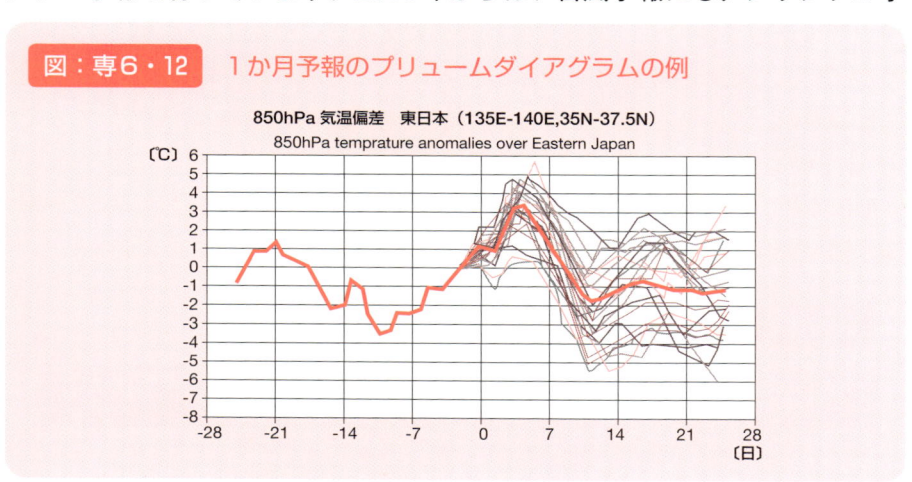

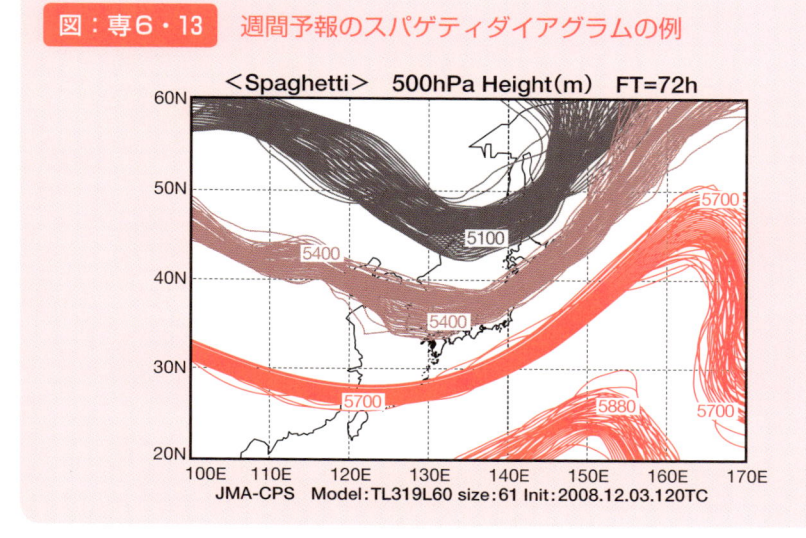

図：専6・12　1か月予報のプリュームダイアグラムの例

850hPa 気温偏差　東日本（135E-140E,35N-37.5N）
850hPa temprature anomalies over Eastern Japan

図：専6・13　週間予報のスパゲティダイアグラムの例

＜Spaghetti＞　500hPa Height(m)　FT=72h

JMA-CPS　Model:TL319L60 size:61 Init:2008.12.03.120TC

> **豆テストQ**　格子点間隔よりもスケールの小さい積雲対流が格子点の物理量に与える影響は、パラメータを用いて格子点値に反映されている。

Chapter 6 数値予報

報が用いられるようになり、進路予報の予報円の大きさを決めるための資料や、台風が予報円から外れて別の進路をとった場合の防災対応の検討などに利用されています。

　図：専6・12は、1か月アンサンブル予報のプリュームダイアグラム（アンサンブルメンバーの予報結果を時系列として同時に示した図）の例です。

　図：専6・13は、週間アンサンブル予報の72時間予報のスパゲティダイアグラム（等圧面天気図上に特定高度線のアンサンブルメンバーの予測結果を重ねて描いたもの）の例です。

詳しく知ろう

・アンサンブル予報の利用拡大：メソスケール現象の予測モデルにおいても、風や水蒸気量が少しずつ異なった初期値を用いた場合に、大雨が降る地域や時刻がどのように変化するかを見積もるためにアンサンブル予報を行う試みも行われている。

ここで学んだこと

・アンサンブル予報では、初期値が少しずつ異なる50メンバーほどの計算をしてアンサンブル平均を求める。
・気象庁の主な数値予報モデルには、全球モデルとメソ数値モデルのほか、アンサンブルモデルの中期予報や長期予報がある。

3 数値予報資料利用上の留意事項

3-1 数値予報で表現される現象の空間スケール

　気象庁の全球モデルの格子点間隔は約20kmです。大気の状態についての計算結果は解像度20kmの格子点値として出力されますが、個々の格子点で

豆テストA：この手法をパラメタリゼーションといい、予報モデルの時間・空間分解能以下の小規模な現象の効果を格子点値を用いて表現する手法である。

の値をその地点での予測値として利用することは避けなければなりません。すでに述べたように、数値予報モデルが精度よく予測できる現象は格子点間隔の5〜8倍以上の空間スケールの現象だと考えられます。5格子とは、全球モデルでは100km、メソモデルでは25kmの空間スケールに相当します。

　数値予報の結果、孤立した1格子点だけで強い雨が計算されたとしても、その格子点の周辺でもある程度以上の雨が計算されていなければ、その場所でその時刻に大雨が降ると考えてはなりません。ただし、たとえ1格子点だけの強雨であっても、物理法則に基づくモデルの結果なので、「しゅう雨性の大雨の可能性がある気象状況」と認識する必要があります。

3-2　数値予報モデルの限界

　数値予報は非常に有効な大気状態の予測手段であり、今日の天気予報業務でなくてはならないものですが、その限界についても認識しておく必要があります。

　局地的な天気に大きな影響を与えるのは地形の効果です。地形は風系に影響を与え、風系の変化が天気や気温の変化につながります。災害に結びつく局地的な大雨などは、大雨が降りやすい総観規模の大気の状態に加え、地形の効果が大いに影響します。

　数値予報モデルに取り入れられている地形は、実際の地形に比べると平滑化されたものです。これは、モデルに実際の地形データを与えると、モデルの格子点間隔との兼ね合いで地表面の傾斜が大きくなりすぎ、山岳地帯近辺の計算結果に悪影響を与えるためです。

　格子点での気象要素の値は、格子点間隔で平均した大気の状態を与えるものなので、地形についても格子点間隔で平均した程度の値が与えられます。このため、格子点間隔が小さいモデルほど地形も実際に近い値を与えることが可能で、局地的な現象の予測も実際に近いものが計算されます。

　数値予報モデルで得られる降水量の予測値も、格子点間隔程度の広がりで平滑化された値です。非静力学モデルであっても水平解像度が積乱雲などのスケールと比べるとまだまだ粗く、実際に観測される地点雨量に比べれば小

> **豆テスト Q**　アンサンブル予報で各メンバーの予報結果の差が大きいときは現象の予想が困難なので、このような場合は予報値として採用しない。

さな値となります。モデルの降水量をそのまま量的な予報に使用することはできないのです。

　数値予報モデルでは十分に表現されない現象に対しては、過去の数値予報結果と実際の天気との相関関係を統計処理して作成される天気予報ガイダンスが有効な情報を与えてくれます。天気予報ガイダンスについては専門知識編10章で詳しく述べます。

3-3　数値予報の精度と確率予報

　数値予報の精度は、予報期間が延びるにしたがって低下します。これは、初期値として与えた大気状態に観測や解析に起因する誤差が含まれていること、予報方程式中の物理過程が十分でないこと、大気がもともとカオス的性質をもっているので初期値のわずかな違いからまったく別の天候状態への移行が起こりうること、などのためです。予測期間が短い間は、**初期値問題**の特性として、初期値をよくすれば予測もよくなります。しかし、予測期間が長くなるほど予測結果の成績は初期値場に依存しなくなり、境界値と呼ばれる海面水温の変動や放射過程などの物理過程のパラメタリゼーションの良し悪しで決まる**境界値問題**の特性が重要になります。

　予測期間が延びると数値予報の精度は低下しますが、予測結果がまったく使えなくなるわけではありません。明日・明後日を対象とする**短期予報**では、数値予報の結果を利用して、3時間ごとの時間帯における卓越する天気の時系列予報や、きめ細かな地域細分による天気分布予報が可能です。

　短期予報においても、降水現象は気温や天気などと比べて局地性が高く、予報は難しいのです。このため、「何時から何時の間に、どこそこで雨が降る」といった「断定的な予報」ではなく、6時間ごとの降水確率などの形式で**確率予報**が発表されています。

　予報期間が4日、5日と延びると、短期予報と同じ予報を行うことは難しいのですが、**週間天気予報**として1日単位の天気や誤差幅を付した最高・最低気温の予報、1週間平均した降水量の平年値との比較などの予報が行われています。

豆テスト　✗　アンサンブル予報では、各メンバーの予報結果のばらつきを「予報誤差の程度」(信頼度)に利用して予報値に採用しており、これにより最も起こりやすい現象の確率を予報できる。

1か月より長い期間を対象とする**季節予報**では、予報のすべてが確率予報形式となり、予報期間で平均した気温、降水量、日照時間などについて、平年値と比べて高くなる（多くなる）、平年並みとなる、低くなる（少なくなる）状態のそれぞれの確率が発表されます（専門知識編7章参照）。

　「断定的な予報」は利用者にとってはわかりやすいのですが、予報期間の長い予報を短期予報並みに断定的に発表すると、かえって予報成績の低下を招くことになります。確率予報は一般の人にとっては利用が難しいという難点はありますが、数値予報精度と確率表現の関係について正しく理解して利用することが重要です。

> **ここで学んだこと**
> ・個々の格子点の数値予報値をその地点での予測値としては利用できない。
> ・数値予報モデルに取り入れられている地形は、実際の地形を平滑化したものである。
> ・数値予報の精度は、予報期間が延びるにしたがって低下する。

理解度check テスト

Q1 数値予報に関する用語について説明した次の文(a)〜(d)の正誤の組み合わせについて、下記の①〜⑤の中から正しいものを一つ選べ。

(a) 第一推定値とは、ガイダンス作成にあたって用いる数値予報の出力値（格子点値）のことである。

(b) 初期値化とは、客観解析による解析値について力学的に十分整合が取れるように慣性重力波を取り除く等の処理をすることである。

(c) パラメタリゼーションとは、格子点の物理量を用いて、格子間隔より小さいスケールの現象が格子点の物理量に与える影響を数値予報モデルに採り入れることである。

> **豆テストQ** 水平解像度5kmのメソ数値予報モデルでも、集中豪雨や局地的大雨などのメソスケールの現象を予測することはできない。

(d) 観測データの品質管理とは、客観解析で用いた観測データの中に品質の悪いものが含まれていたかどうかを客観解析後に行う点検のことである。

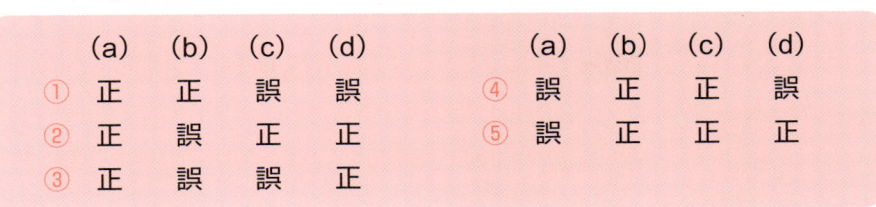

	(a)	(b)	(c)	(d)		(a)	(b)	(c)	(d)
①	正	正	誤	誤	④	誤	正	正	誤
②	正	誤	正	正	⑤	誤	正	正	正
③	正	誤	誤	正					

ヒント　予報解析サイクルを思い出そう。

Q2

数値予報モデルで用いられる運動方程式の東西方向の成分は次の通りである。

$$\underbrace{\frac{\partial u}{\partial t}}_{(ⅰ)} + \underbrace{u\frac{\partial u}{\partial x}}_{(ⅱ)} + \underbrace{v\frac{\partial u}{\partial y}}_{(ⅲ)} + \underbrace{\omega\frac{\partial u}{\partial p}}_{(ⅳ)} = \underbrace{fv}_{(ⅴ)} - \underbrace{\frac{\partial \Phi}{\partial x}}_{(ⅵ)} + \underbrace{F}_{(ⅶ)}$$

ここで、uは風速の東西成分を表し、（ⅰ）はある点で見たuの時間変化率、（ⅱ）、（ⅲ）は水平移流、（ⅳ）は鉛直移流、（ⅴ）はコリオリ力、（ⅵ）は気圧傾度力、（ⅶ）は摩擦力を表す項である。これについて述べた次の文章(a)〜(d)の正誤について、下記の①〜⑤の中から正しいものを一つ選べ。

(a) 地衡風とは、（ⅴ）と（ⅵ）が釣り合った状態で吹く風のことである。
(b) 総観規模の現象では、（ⅳ）の鉛直移流の大きさは（ⅴ）や（ⅵ）の項の大きさに比べてオーダー（桁）が小さい。
(c) 海面は陸面に比べると滑らかなので、海上では（ⅶ）の摩擦力は考慮しない。
(d) 流れの場が定常で一様な場合、地表面近くでは（ⅴ）、（ⅵ）、（ⅶ）の3つの項が釣り合っている。このため風は等圧線を横切って低圧側に流れ込む。

豆テストA ✗ メソ数値予報モデルは、集中豪雨などのおおむね25〜40kmより大きいメソスケール現象を予測して、防災気象情報などで利用されている。

① (a)のみ誤り　　　　　　④ (d)のみ誤り
② (b)のみ誤り　　　　　　⑤ すべて正しい
③ (c)のみ誤り

ヒント　一般知識編5章の地衡風や地表面近くの風の力の釣り合いを、運動方程式にあてはめてみよう。

Q3 数値予報モデルの予測可能性とアンサンブル予報について述べた次の文章の空欄（a）～（c）に入る語句の組み合わせとして正しいものを、下記の①～⑤の中から一つ選べ。

　数値予報において、数値予報モデルの初期値は客観解析から作成されるが、観測誤差などの影響で初期値にも誤差が含まれている。このため、仮に予報モデルが完璧であったとしても、初期値に含まれるわずかな誤差が成長して予測結果に大きく影響してしまう。この結果、総観スケール現象の予測可能時間は（a）程度が限界であるといわれている。

　このことを考慮して、気象庁では1か月予報などの基礎資料作成のために、多数の異なる（b）を用いてアンサンブル予報を行っている。この予測結果から予報の信頼性に関する情報や確率的な情報を抽出して、予測時間の長い予報に対して情報価値を高めている。ただし、個々の予測結果に（c）があると確率的な情報に偏りが出てしまう。

	(a)	(b)	(c)
①	2週間	数値予報モデル	偶然誤差
②	2週間	初期値	系統誤差
③	1か月	数値予報モデル	系統誤差
④	1か月	初期値	偶然誤差
⑤	1か月	数値予報モデル	偶然誤差

豆テストQ　数値予報モデルが精度よく予測できる現象は、その空間スケールが格子点間隔と同程度の現象とされている。

Chapter 6 数値予報

> **ヒント**
> 数値予報の予測可能性とアンサンブル数値予報の特徴について思い出そう。

解答と解説

Q1 解答④ （平成16年度第2回専門・問5）

(a) 誤り。客観解析の第一推定値は、以前の解析時刻からの予報値を用います。ガイダンス値は数値予報モデルから実際の天気予報を出すために統計的な手法で作成されるものです。

(b) 正しい。客観解析で作成された大気状態が、力学的に風と気圧（高度）とがバランスしていない状態にあると、時間積分を始めた時にモデル自体がバランスした状態を作るように働き、この過程で慣性重力波などのノイズが生じます。これを防ぐために、客観解析の大気状態をあらかじめバランスした状態にすることを初期値化と呼びます。

(c) 正しい。大気の状態を有限の格子点で表す数値予報モデルの中では、格子間隔より小さい現象は表現できません。この現象の効果を格子点の物理量を用いて表すことをパラメタリゼーションと呼びます。

(d) 誤り。観測データの品質管理は、客観解析の前に行うもので、品質管理によって測器の誤差、観測ミス、通報ミスなどの誤データが除かれたり修正されたりします。

Q2 解答③ （平成13年度第1回専門・問4）

(a) 正しい。総観規模と呼ばれる擾乱（地上天気図の高低気圧が対応）では、方程式の中で最も大きな項は、（v）のコリオリ力と（vi）の気圧傾度力であり、この2つが釣り合う状態が地衡風平衡で、このときに吹く風が地衡風です。

(b) 正しい。総観規模の擾乱では、鉛直方向の運動に比べて水平運動が卓越するため、鉛直移流項より水平移流項が卓越します。

(c) 誤り。摩擦力は陸面より海面のほうが一般的には小さいが、無視してよいほ

豆テストA ✗ 数値予報モデルが精度よく予測できる現象の空間スケールは、格子点間隔の5〜8倍以上の空間スケールの現象とされている。

ど小さくはありません。

（d）正しい。摩擦力が働くと風速が弱くなり、この状態を保つためにコリオリ力が弱くなり、この結果、風は等圧線を横切って吹くことになります。

Q3 解答② （平成17年度第1回専門・問5）

（a）2週間。数値予報では、初期値に含まれる誤差のため、数値予報モデルや計算法が完璧であっても、総観規模の現象を決定論的に予報できるのは2週間程度が限界との研究結果があります。

（b）初期値。客観解析で作成された大気状態に人為的な誤差を加えて多数の初期値を作り、それぞれの初期値を数値予報モデルで時間積分して得られた多数の予報値を統計処理する手法がアンサンブル予報です。なお、個々の初期値とその予報結果を「メンバー」と呼びます。

（c）系統誤差。アンサンブル予報の特徴のひとつは、多数のメンバーから確率情報を得られることですが、この場合、数値予報モデルに系統的な誤差があれば、得られた確率情報に偏りが生じます。

これだけは必ず覚えよう！

- 数値予報モデルの予報変数は、気圧・気温（温位）・風向風速・湿度（比湿）の4要素である。
- 観測データから格子点での解析値を求めることを客観解析といい、直近の数値予報の結果を用いた第一推定値から解析を始める。
- 解析と予報の作業を繰り返す手法を予報解析サイクルという。

観測から予報までの流れ

観測 → データの受信 → データの解読（デコーディング）→ 品質管理 → 客観解析 → 初期値化 → 数値予報 → 予報

フィードバック
予報解析サイクル

豆テストQ：地形は局地的な天気に大きな影響を与えるので、数値予報モデルに地形は取り入れられているが、実際の地形に比べて平滑化されている。

Chapter 6 数値予報

- 数値予報モデルの基本方程式
  (1) 水平方向の運動方程式

  水平速度の時間変化 = 水平速度の移流効果 + コリオリ力 + 水平方向の気圧傾度力 + 摩擦力

  (2) 鉛直方向の運動方程式

  静力学平衡の式

  鉛直方向の気圧傾度力 = 重力

  非静力学方程式

  鉛直速度の時間変化 = 鉛直速度の移流効果 + 鉛直方向の気圧傾度力 + 重力 + 摩擦力

  (3) 連続の式（質量保存の法則）

  空気密度ρの時間変化 = 空気密度の移流効果 + 収束発散による密度変化

  (4) 熱力学方程式（熱エネルギー保存則または熱力学第一法則）

  温位θの時間変化 = 温位の移流効果 + 非断熱過程に伴う加熱冷却

  (5) 水蒸気の輸送方程式（水蒸気保存則）

  比湿qの時間変化 = 比湿の移流効果 + 非断熱過程に伴う蒸発・降水

  (6) 気体の状態方程式（ボイル・シャルルの法則）

  気圧 = 空気密度 × 気体定数 × 気温（絶対温度）

- 全球モデル（GSM）は、スペクトルモデルだが、格子点モデルの解像度に換算すると、格子間隔20km、鉛直層数60層のプリミティブモデルで、高低気圧、梅雨前線、台風など大規模現象の予測を行う。
- メソスケールモデル（MSM）は、水平解像度5km、鉛直層数50層の非静力学モデルで、日本周辺のメソスケール現象の予測を行う。
- パラメタリゼーションは格子間隔より小さい規模の現象の格子点への影響を計算して格子点値に反映させることであり、対象とする物理過程は凝結過程、地表面過程、乱流過程、放射過程、雲の影響などである。
- 予報期間が延びるほど低下する数値予報の精度を軽減するためにアンサンブル予報が用いられている。
- 数値予報モデルが精度よく予測できる現象は、格子点間隔の5〜8倍以上の空間スケールをもった現象である。

○ 記述の通り。モデルに実際の地形データを与えると、格子点間隔との兼ね合いで傾斜が大きくなりすぎ、山岳地帯付近の計算結果がゆがめられるからである。

Chapter 7
週間天気予報と長期予報

出題傾向と対策

◎中期予報（週間天気予報）と長期予報の内容とその方法について問われ、ほぼ毎回出題されている。

◎週間天気予報と長期予報の種類と内容を理解し、平均図や偏差図に慣れておこう。

1 週間天気予報

1-1 週間天気予報とは

　発表日の翌日から7日先までの期間の予報が、「全般週間天気予報」「地方週間天気予報」「府県週間天気予報」という形式で毎日発表されます。

　全般週間天気予報は、向こう1週間の全国的な概要をまとめたもので、毎日11時に発表されます。

　地方週間天気予報は、向こう1週間の各地方（北海道、東北、中部など）の概要をまとめたもので、毎日11時と17時に発表されます。

　府県週間天気予報は、向こう1週間の各府県における1日ごとの天気、最高・最低気温（1℃単位）、降水確率（10％単位）、予報の信頼度、予報期間における降水量（1mm単位）、気温の平年値（0.1℃単位）が、毎日11時頃と17時頃に発表されます。

1-2 府県週間天気予報の内容

　府県週間天気予報では、次の項目が発表されます（表：専7・1参照）。
①毎日の**天気**
　晴れ、曇り、雨、雪、またはこれらを組み合わせたカテゴリー予報がされます。

> **豆テストQ** 全般週間天気予報は、発表日の翌日から7日先までの全国的な概要をまとめ、地方週間天気予報は同じ期間の各地方の概要をまとめ、それぞれ1週間に1回発表される。

Chapter 7
週間天気予報と長期予報

表：専7・1　2011年7月24日17時発表の東京地方の週間天気予報
（翌日～5日先）

日付	25日	26日	27日	28日	29日
天気	曇時々晴	曇り	曇時々晴	曇時々晴	曇り
降水確率(%)	10/10/20/20	40	40	40	40
最高気温(℃)	31	32 (30～33)	32 (31～34)	31 (29～33)	31 (28～33)
最低気温(℃)	25	24 (23～27)	26 (24～27)	26 (23～27)	24 (23～26)
信頼度			C	C	C

②0時から24時までの24時間の**降水確率**

発表日の翌日（1日目）については短期予報（天気予報）による6時間ごとの降水確率予報がなされ、2日目から7日目までは0時から24時までの24時間の降水確率予報がされます。

③毎日の**最高気温・最低気温**

翌日（1日目）については短期予報（明日・明後日が対象）で発表され、これには誤差幅は付けません。2日目から7日目までについては、「予想気温＋上方誤差」「予想気温－下方誤差」を求め、予想される気温の範囲をカッコ内に記述します。

これにより、予想される気温より低めか高めかの分布に偏りがあるような場合に、適正な予測範囲を示すことができます。たとえば、最低気温10（8～11）、最高気温23（20～24）で、誤差幅の中に実際の最高気温または最低気温が入る確率は、約80％です。

④予報の日別**信頼度**

3日目以降の降水の有無の予報について「予報が適中しやすい」ことと「予報が変わりにくい」ことをA、B、Cの3階級で表します。

豆テストA　✗　全般週間天気予報は1日に1回、地方週間天気予報は1日に2回発表される。府県週間天気予報では、1週間の1日ごとの天気、降水確率、最高・最低気温などが1日に2回発表される。

> **詳しく知ろう**
>
> ・週間天気予報での降水の有無についての日別の信頼度A、B、Cの意味：
> **A（確度が高い予報）**：適中率が明日の予報並みに高い。降水の有無の予報が翌日に変わる可能性はほとんどない。
> **B（確度がやや高い予報）**：適中率が4日先の予報と同程度。降水の有無の予報が翌日に変わる可能性が低い。
> **C（確度がやや低い予報）**：適中率が信頼度Bよりも低い、もしくは降水の有無の予報が翌日に変わる可能性が信頼度Bよりも高い。

1-3 週間天気予報の作成法

　明日・明後日は、短期予報（天気予報）と同様に決定論的予報ですが、3日目以降は格子間隔約60km、60層の全球モデルによる51メンバーのアンサンブル予報が行われ、予報には日別信頼度が付加されます。

　週間天気予報に大きく影響する気圧配置としては、偏西風型とブロッキング型があります。**偏西風型**は、上層の大気の流れが主に偏西風になっている気圧配置であり、高気圧や低気圧は順調に西から東に移動するので、周期的な天気変化をします。

　ブロッキング型は、上層の切り離された高気圧が居座り、西から近づいてくる高気圧や低気圧の移動を阻止（ブロック）するので、天気変化が遅く、悪天候をもたらしやすくなります。

> **ここで学んだこと**
>
> ・府県週間天気予報では、天気、降水確率、最高・最低気温、3日目以降は予報の日別信頼度が発表される。
> ・週間天気予報に大きく影響する気圧配置には、周期的な天気変化をもたらす偏西風型と、天気変化が遅く悪天候をもたらすブロッキング型がある。

豆テストQ　府県週間天気予報では、予報期間の各日の降水確率とともに予想降水量が発表される。

Chapter 7
週間天気予報と長期予報

2 長期予報

2-1 長期予報の種類

長期予報（法規では**季節予報**という）として発表されているのは、1か月予報、3か月予報、暖候期予報、寒候期予報の4種類です。予報地域区分は、北日本（北海道地方・東北地方）、東日本（関東甲信地方・北陸地方・東海地方）、西日本（近畿地方・中国地方・四国地方・九州北部地方・九州南部地方）、南西諸島（沖縄地方）の4地域（11予報区）です。

それぞれの発表日と主な予報内容は表：専7・2の通りです。

長期予報では、日々の天気を予報することは無理なので、気温、降水量、日照時間、降雪量（多雪地帯の12～2月）が平年からどれだけ偏るかを確

表：専7・2　長期予報の発表日と主な予報内容

種類	発表日時*	予報内容	確率で発表する予報要素
1か月予報	毎週金曜日 14時30分	向こう1か月間の天候や、平均気温、降水量、日照時間、降雪量の平年との比較、週別（1週目、2週目、3～4週目）の平均気温	1か月平均気温、1か月降水量、1か月日照時間、1か月降雪量**、左欄の週別の平均気温
3か月予報	毎月25日頃 14時	向こう3か月間の天候や、気温、降水量などの平均と比較	3か月および月平均気温、3か月および月降水量、3か月降雪量**
暖候期予報	2月25日頃 14時（3か月予報と同日）	夏の天候や、気温、降水量などの平年との比較	夏（6～8月）の平均気温、夏（6～8月）の降水量、梅雨の時期（6～7月、南西諸島では5月6月）の降水量
寒候期予報	9月25日頃 14時（3か月予報と同日）	冬の天候や、気温、降水量などの平年との比較	冬（12～2月）の平均気温、冬（12～2月）の降水量、冬（12～2月）の降雪量**

*　3か月予報、暖候期予報、寒候期予報の発表日は、曜日などの関係で変わる。
**　冬の間、日本海側の地域のみ。

✕　府県週間天気予報では、予報期間の各日の降水確率は発表されるが、予想降水量は発表されない。ただし、予報期間の予想降水量の合計が発表される。

率的に予報します。平年値は2011年からの10年間は1981〜2010年の30年間の平年値を基準としています。

「平年より高いまたは多い」「平年並」「平年より低いまたは少ない」の3階級がそれぞれ33％、33％、33％の相対出現頻度になるように設定しておき、予報ではそれぞれの階級の出現率を発表します。つまり、平年値の出現率と比較してみることになります（図：専7・1）。

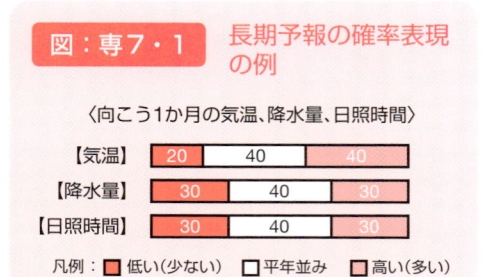

図：専7・1 長期予報の確率表現の例

〈向こう1か月の気温、降水量、日照時間〉

	低い(少ない)	平年並み	高い(多い)
【気温】	20	40	40
【降水量】	30	40	30
【日照時間】	30	40	30

2-2　1か月予報

1か月予報は、第1週については週間天気予報を用い、2週目および3〜4週目については格子間隔約110km、60層の全球モデル（GMS）による50メンバーのアンサンブル予報によります。予報は、1か月の平均気温、降水量、日照時間が3階級の確率で示されます。

予報地域区分は、北日本（日本海側、太平洋側）、東日本（日本海側、太平洋側）、西日本（日本海側、太平洋側）、南西諸島の4地域（7地域）です。

2-3　3か月予報

3か月予報は、格子間隔約180km、40層の全球モデル（GMS）による51メンバーのアンサンブル予報で行われています。3か月予報は、予報期間が長いので、期間の後半は、予報初期の大気の状態（初期条件）よりも、海面水温や陸面の水分、温度、積雪といった境界条件が予報に大きな影響を与えます。3か月予報では、次節で述べる統計的な予報も用います。

2-4　暖候期予報と寒候期予報

暖候期予報と**寒候期予報**は、3か月予報と同じアンサンブル予報で行われています。大気中層（500hPa）を中心とした北半球全体の大気の流れと、

> 週間天気予報に影響する気圧配置には偏西風型とブロッキング型があり、ブロッキング型では天気の変化が遅く、悪天候になりやすい。

Chapter 7
週間天気予報と長期予報

それに対応する気圧配置の移り変わりを予測するために、次節で述べる統計的な予報を行っています。

> **ここで学んだこと**
> - 長期予報には、**1か月予報、3か月予報、暖候期予報、寒候期予報の4種類**がある。
> - 長期予報は、「平年より高い（多い）」「平年並」「平年より低い（少ない）」の3階級の相対出現頻度によって発表される。

3 平均図と偏差図

平均図は、気圧や基準面高度（850hPa・500hPa・100hPa）の実況値・予報値を特定期間（たとえば、5日、7日、14日、28日、1か月、3か月など）で平均した図です。また、30年間における特定期間の平均した図を**平年平均図**といいます。そして、特定期間の平均とその平年平均の差が**平年偏差**（アノマリー）で、その分布図を**偏差図**といいます。

3-1 偏差図の読み方

偏差図では、平年に比べて基準面高度が高い（低い）領域が正（負）偏差域です。500hPaでの高度正（負）偏差域は、層厚（シックネス）の関係から中下層で気温が平年より高い（低い）ことに対応しています。500hPaは大気の流れを代表しており、日本の西（東）に気圧の谷（高度負偏差域）がある場合は西谷（東谷）型の流れを示します。したがって、500hPaの平均図と偏差図から次のようなことが読み取れます。

① **西谷**：暖湿な南西風が入り、曇・雨天になりやすい。
② **東谷**：冷たい北西風が入り、晴天になりやすいが、冬季は冬型の気圧配置。
③ **正偏差域**：平年に比して高度が高く、気温が高くなる領域。
④ **負偏差域**：平年に比して高度が低く、気温が低くなる領域。
⑤ **ジェット気流の位置**：日本の北にあれば寒気の南下がなく高温で、南にあ

> **豆テスト A** ブロッキング型は、偏西風帯から切り離されたブロッキング高気圧が居座って西から近づいてくる高・低気圧の移動を阻止するので、天気の変化が遅くなり、悪天候になりやすい。

れば寒気が南下し低温になりやすい。

100hPaの平均図・偏差図では、特に暖候期における**チベット高気圧**の動向をみて、日本付近まで勢力が伸びていれば暑い夏になります。

3-2　寒冬型と暖冬型

図：専7・2は、1月の500hPa平均天気図と平年偏差図で、A図は1986年の寒冬型、B図は1989年の暖冬型の場合です。

寒冬型のA図では、シベリアを中心に大陸はおおむね正偏差、日本周辺は負偏差で、気温が低く、西高東低の冬型の気圧配置が平年より強くなっています。

暖冬型のB図では、シベリアを中心に大陸は負偏差、日本周辺は正偏差で、気温が高く、西高東低の気圧配置が平年より弱くなっています。

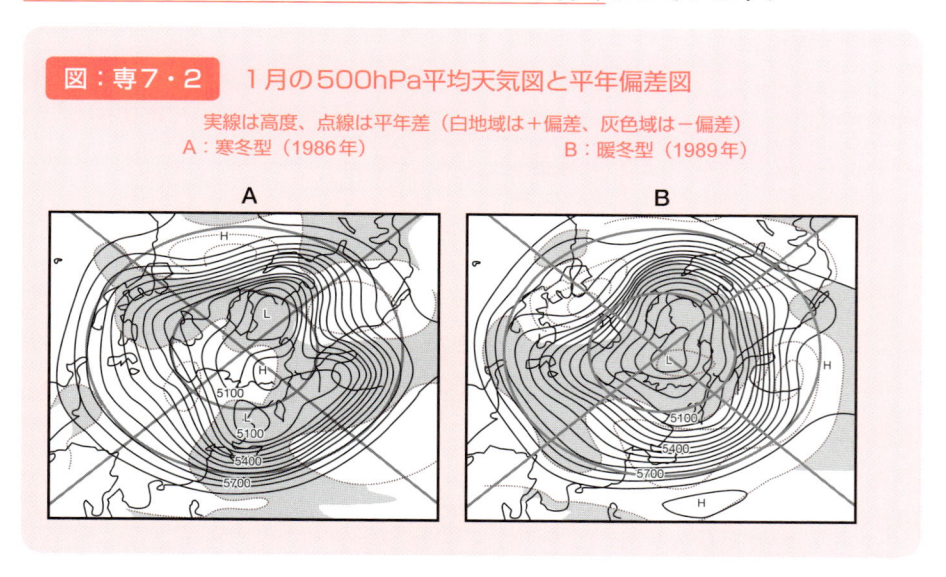

図：専7・2　1月の500hPa平均天気図と平年偏差図

実線は高度、点線は平年差（白地域は＋偏差、灰色域は－偏差）
A：寒冬型（1986年）　　　　　　B：暖冬型（1989年）

3-3　冷夏型と暑夏型

図：専7・3は、冷夏型と暑夏型における高度場と平年偏差分布です。
500hPa平均天気図と平年偏差図でみると、**冷夏型**（C図上）は日本付近

豆テストQ　平年偏差図において日本の西に気圧の谷（高度負偏差域）がある場合を西谷といい、日本列島には暖湿な南西風が入り、曇りや雨天になりやすい。

Chapter 7
週間天気予報と長期予報

| 図：専7・3 | 冷夏型（C）と暑夏型（D）における高度場と平年偏差分布 |

実線は高度、点線は平年差（白地域は＋偏差、灰色域は－偏差）
C　冷夏型（1993年7月）上：500hPa、下：100hPa
D　暑夏型（1994年8月）上：500hPa、下：100hPa

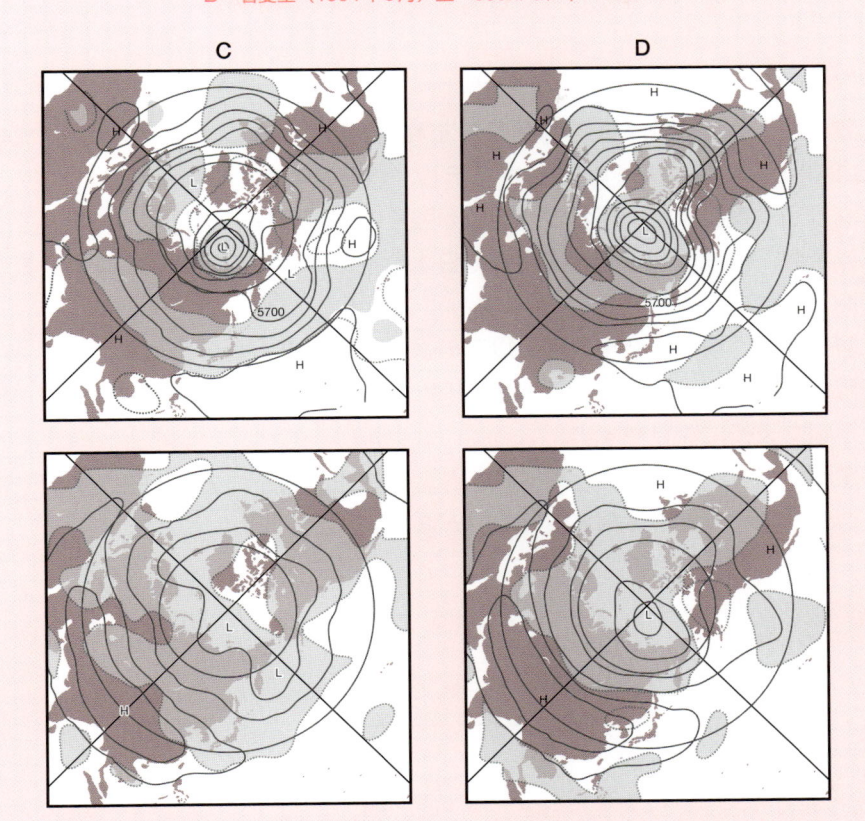

に強風帯があり、寒気が日本付近にまで入りやすくなっており、日本周辺は負偏差域になっています。太平洋高気圧の勢力は弱く、日本の南海上に位置しています。**暑夏型**（D図上）は、強風帯が日本の北にあり、寒気が入り込めず、日本周辺は正偏差域になっています。太平洋高気圧は日本付近にまで張り出し、勢力が強くなっています。

○　記述の通り。東谷の場合は冷たい北西風が入り、晴天になりやすいが、冬季は冬型の気圧配置となる。

100hPa平均天気図と平年偏差図でみると、冷夏型（C図下）は東谷で寒気が入り、負偏差域となっています。チベット高気圧の東への張り出しが弱く、南に偏っています。暑夏型（D図下）はチベット高気圧が東に張り出し、日本付近まで覆っており、広く正偏差域となっています。

3-4　東西指数（ゾーナルインデックス）

　東西指数は、500hPaの偏西風の流れを表す指数で、北緯40度帯と北緯60度帯の高度差（図：専7・4）を示し、以下のような傾向があります。
① **高指数**：東西流型で平年より西風が強く、寒気が南下しない。
② **低指数**：南北流型（蛇行流型）で日本付近では気圧の谷が深まり、寒気が南下しやすい。
　暖候期と寒候期の低指数は、以下のような傾向をもたらします。
① **暖候期の低指数**：太平洋高気圧が弱いかオホーツク海高気圧が強いので、不順な天候になりやすい。
② **寒候期の低指数**：寒気が南下し、冬型の気圧配置が強まり、日本海側で雪の日が多く、太平洋側で晴れの日が多い。

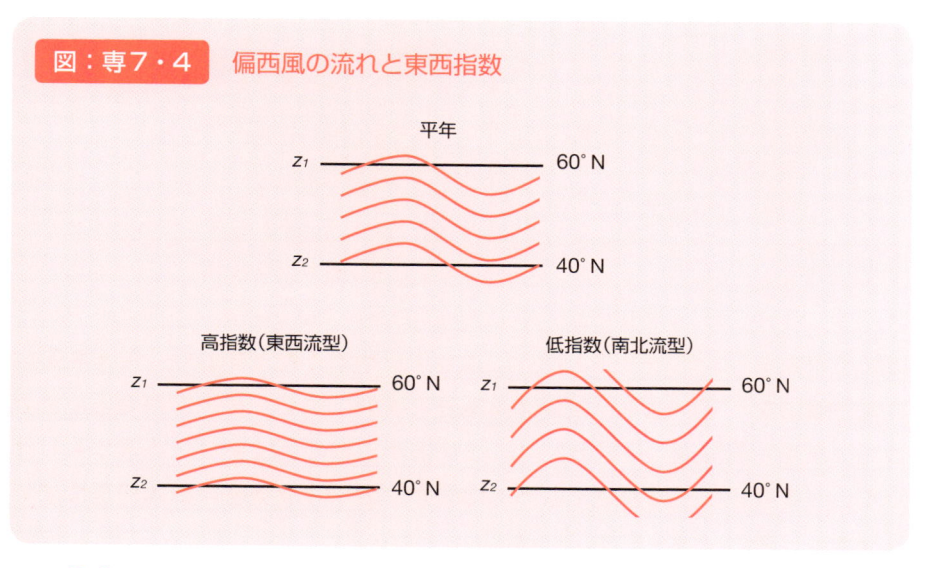

図：専7・4　偏西風の流れと東西指数

平年
z_1 ——— 60°N
z_2 ——— 40°N

高指数（東西流型）
z_1 ——— 60°N
z_2 ——— 40°N

低指数（南北流型）
z_1 ——— 60°N
z_2 ——— 40°N

豆テストQ　平年偏差図において、ジェット気流の位置が日本の北にあれば寒気が南下して低温になりやすく、南にあれば寒気の南下がなくて高温になりやすい。

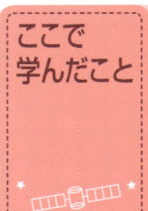

Chapter 7
週間天気予報と長期予報

ここで学んだこと

- 平均図は、気圧や基準面高度の実況値・予報値を特定期間で平均した図。
- 偏差図は、特定期間の平均と30年間の特定期間の平均（平年平均）との差の分布図。
- 正偏差域（平年より高度が高い）は、平年より気温が高くなり、負偏差域では低くなる。
- 西谷は曇・雨天になりやすく、東谷は晴天になりやすい。
- 東西指数の高指数は東西流型、低指数は南北流（蛇行流）型。
- 暖候期の低指数は不順な天候になりやすく、寒候期の低指数は冬型の気圧配置が強まる。

理解度checkテスト

Q1 季節予報では、1か月間の平均的な天候の状態を見るため、月平均500hPa天気図を用いる。次ページの図A〜Dは月平均500hPa天気図で、斜線域は平年偏差が負の領域を示す。図A〜Dのそれぞれに見られる日本付近の天候の特徴について述べた次の文章(a)〜(d)の正誤について、次ページの①〜⑤の中から正しいものを一つ選べ。

(a) 冬の月平均500hPa天気図（A）では、日本付近に超長波の気圧の谷が見られる。気圧の谷がこのように深い場合には寒気が南下しやすい。

(b) 春や秋の月平均500hPa天気図（B）で、北緯30〜40度帯における平均的な気圧の谷が日本の東側にある場合、東日本や西日本では南岸に前線が停滞しやすく、曇りや雨の日が多い。

(c) 梅雨期から盛夏期の月平均500hPa天気図（C）で沿海州やオホーツク海付近にブロッキング高気圧が現れる場合には、北日本の太平洋側を中心に北東風が吹き込み、冷たく湿った天候になりやすい。

豆テストA ✗ 平年偏差図において、ジェット気流の位置が日本の北にあれば寒気の南下がなく高温になりやすく、南にあれば寒気が南下して低温になりやすい。

(d) 盛夏期の月平均500hPa天気図（D）で、日本付近が正の高度偏差におおわれる場合には、地上では太平洋高気圧の勢力が強く、暑い日が多い。

① (a)のみ誤り　　④ (d)のみ誤り
② (b)のみ誤り　　⑤ すべて正しい
③ (c)のみ誤り

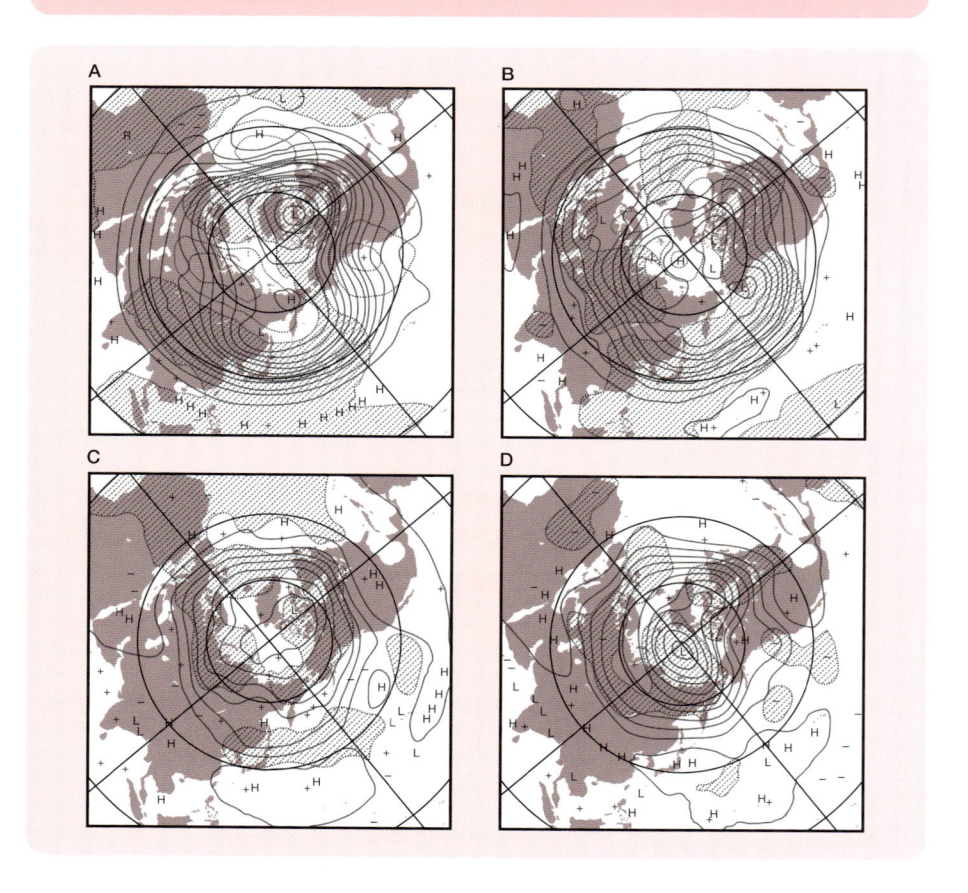

A

B

C

D

寒候期において東西指数が低指数の場合、冬型の気圧配置が強まり、日本海側で雪の日が多く、太平洋側では晴れの日が多い。

Chapter 7
週間天気予報と長期予報

解答と解説

Q1 解答② （平成13年度第1回専門・問15）

(a) 正しい。冬に日本付近に超長波の深い気圧の谷があると、寒気が南下しやすくなります。

(b) 誤り。春・秋に日本の東に気圧の谷があると、日本付近は北西からの流れで、低気圧の発達や前線の活動は弱くなります。

(c) 正しい。梅雨期から盛夏期にかけて沿海州やオホーツク海にブロッキング高気圧が現れると、北日本の太平洋側には北東風が吹き込み、低温・寡照になりやすいといえます。

(d) 正しい。盛夏期に日本付近が正の高偏差域に覆われると、太平洋高気圧の勢力が強く、暑い夏になります。

これだけは必ず覚えよう！

- 週間天気予報の3日以降はアンサンブル予報で、降水の有無についてA、B、Cの信頼度が付加される。
- 500hPaの平年偏差図で、高度正（負）偏差域は対流圏中・下層の気温が平年より高い（低い）。
- 東西指数が低いと、暖候期は不順な天候になり、寒候期は冬型が強まる。
- 一般に、西谷は曇雨天に、東谷は晴天となる傾向がある。
- 冬に日本付近に超長波の深い気圧の谷があると寒気が南下しやすい。
- 春・秋に日本の東に気圧の谷があると低気圧の発達や前線の活動が弱くなる。
- 梅雨期から盛夏期にかけて日本の北にブロッキング高気圧が現れると、北日本太平洋側に北東風が吹き込み、低温・寡照になりやすい。
- 盛夏期に日本付近が正の高偏差域に覆われると、太平洋高気圧の勢力が強まって暑い夏になる。

豆テストA ○ 東西指数は500hPaの偏西風の流れを表す指数であり、北緯40度と60度の高度差を表している。低指数の場合を南北流型（蛇行流型）、高指数の場合を東西流型という。

Chapter 8

天気図

出題傾向と対策
◎地上天気図や高層天気図の読み方を問われる。
◎天気図や解析図に記されている気象要素や等値線を解読できるようにする。

1 地上天気図

1-1 地上天気図に記されている要素

地上天気図には、等圧線、高気圧、低気圧、前線、熱帯低気圧、台風、そして気象台や船舶などによる観測値が記入されています（図：専8・1）。

等圧線は通常、4hPaごとに実線で、20hPaごとに太実線で描かれており、高気圧・低気圧などは表：専8・1に示す記号で、前線は図：専8・2の記号で表示されています。観測値は、国際式天気記号により図：専8・3にみるように各種気象要素が記入されています。

全般海上警報は、表：専8・2の発表基準に従って、基準を満たすか、または24時間以内に基準を満たすと予想される場合に発表されます。

図：専8・1から、気圧配置や天気分布を知り、高気圧、低気圧、台風な

表：専8・1　高気圧および低気圧の種類と最大風速

H	高気圧	
L	低気圧	
TD	熱帯低気圧（Tropical Depression）	風速34kt未満
TS	台風（Tropical Storm）	風速34kt以上48kt未満
STS	台風（Severe Tropical Storm）	風速48kt以上64kt未満
T	台風（Typhoon）	風速64kt以上

> 豆テストQ　地上天気図の等圧線は、通常、4hPaごとに実線で、20hPaごとに太実線で記入されている。

Chapter 8
天気図

図：専8・1　アジア太平洋地上天気図（2007年3月4日9時（00UTC））

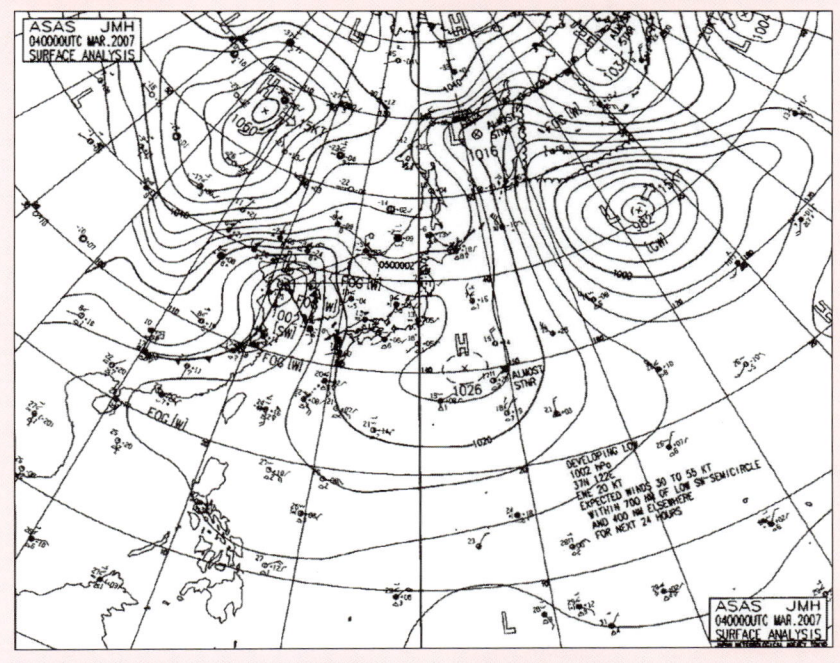

実線：気圧（hPa）、矢羽：風向・風速（kt）

図：専8・2　前線の記号

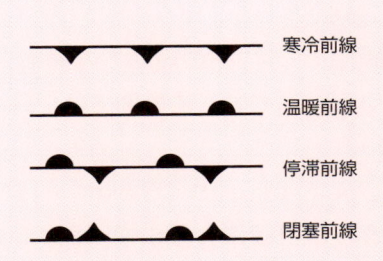

- 寒冷前線
- 温暖前線
- 停滞前線
- 閉塞前線

図：専8・3　国際式地上気象観測の記入形式

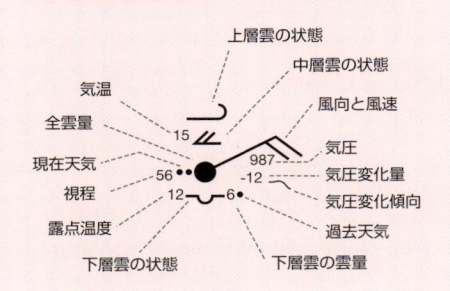

- 上層雲の状態
- 中層雲の状態
- 風向と風速
- 気温
- 全雲量
- 気圧
- 現在天気
- 気圧変化量
- 視程
- 気圧変化傾向
- 露点温度
- 過去天気
- 下層雲の状態
- 下層雲の雲量

豆テストA：○　記述の通り。高気圧は「H」、低気圧は「L」で示される。

表：専8・2　全般海上警報

表　示	種　類	警　報　基　準
〔W〕	海上風警報 Warning	最大風速28kt以上34kt未満
〔GW〕	海上強風警報 Gale Warning	最大風速34kt以上48kt未満
〔SW〕	海上暴風警報 Storm Warning	低気圧：最大風速48kt以上 台風：最大風速48kt以上64kt未満
〔TW〕	海上台風警報 Typhoon Warning	台風：最大風速64kt以上
FOG〔W〕	海上濃霧警報 Fog Warning	海上の視程がおおむね500m （瀬戸内海では1km）以下

どの中心気圧や移動方向・速度、前線の位置を把握し、全般海上警報の発表状況などを確認しておきましょう。

1-2　地上気象観測要素の見方

　図：専8・3の例で、各気象要素についてみてみます。

①**気温、露点温度**：1℃単位、氷点下には「－」を付します。この例では、気温は15℃、露点温度は12℃です。

②**気圧**：0.1hPa単位。気圧の10位、1位、0.1位を3桁の数値で表します。この例の987は998.7hPaを意味します。

③**気圧変化量**：前3時間の変化量を0.1hPa単位で示します。この例では－12なので、1.2hPa下降したことを示します。

④**気圧変化傾向**：前3時間に気圧がどう変化したかをその傾向でみます。たとえば「✓」は、下降後に上昇するという意味です。この例では、「一定後下降」となります。

⑤**視程**：「00～50」は、0.1km単位で表します（例：35は3.5km）。「56～80」は1km単位で表し、50を引いたものが視程になります（例：66は16km）。「81～89」は5km単位で表し、81は35km、85は55kmです。

> 豆テストQ　国際式の天気図での風速はノットで記入するが、アメダス観測による実況図での風速はm/sで記入する。

Chapter 8
天気図

この例では56なので、6kmとなります。

⑥ **風向・風速**：風向は風が吹いてくる方向で、国際表示法では36方位で示します（p.212の図：専1・2参照）。風速は5kt単位（二捨三入）で示し、風速記号は矢羽の組み合わせで示します（図：専8・4参照）。図：専8・3の例では、東北東20ktになります。

図：専8・4 風速の表示

矢羽	風速
―	2kt以下
―＼	5kt
―＼	10kt
―◤	50kt

⑦ **全雲量・主な現在天気・主な雲形**：図：専8・5a、b、cに示します。図：

図：専8・5 全雲量、主な現在天気、主な雲形の表示

(a) 全雲量（雲量10分量と8分量の対比と全雲量の場合の記号）

雲量(10分量)	なし	1以下	2〜3	4	5	6	7〜8	9〜10ですきまあり	10すきまなし	天空不明	観測しない
雲量(8分量)	なし	1以下	2	3	4	5	6	7	8	同上	同上
記号	○	◓	◑	◐	◒	⊖	◕	◕	●	⊗	⊖

雲量10分量は地上気象観測に、雲量8分量は国際的に用いられ、天気図などに記入される。

(b) 主な現在天気

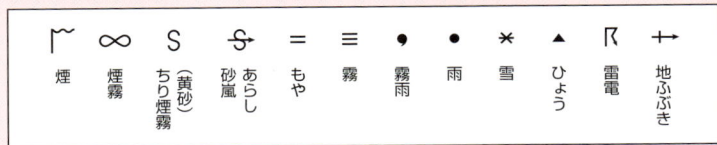

記号	∽	∞	S	⇅	＝	≡	●	●	＊	▲	℞	＋
	煙	煙霧	ちり煙霧（黄砂）	砂あらし	もや	霧	霧雨	雨	雪	ひょう	雷電	地ふぶき

(c) 主な雲形

↙	↙	≀	⌒	⌒	⌒	⌒	⌒	---	―
巻雲	巻積雲	巻層雲	高積雲	高層雲	乱層雲	積雲	雄大積雲	積乱雲	積雲一断片	積雲一断片	層雲
上層雲			中層雲			下層雲			

豆テストA ○ 記述の通り。ノット（kt）では旗矢羽が50ノット、長矢羽が10ノット、短矢羽が5ノットであり、m/sでは旗矢羽が10m/s、長矢羽が2m/s、短矢羽が1m/sである。

専8・3の例では、全雲量は8分雲量では8ですが、通常読み取りは10分雲量なので10となります。現在天気は「‥」で連続した弱い雨、雲形は上層雲が巻雲で中層雲は乱層雲、下層雲は層積雲です。下層雲の雲量も図：専8・5aと同じで、6（8分雲量で）なので、10分雲量に換算すると、7〜8になります。過去天気は「・」で雨です。

1-3 地上実況図

地上実況図は、日本国内の気象台、測候所、特別地域気象観測所の観測値を記入した図で、観測値の記入形式は国際式と同じです。地点の○印を△で囲んだ地点は、特別地域気象観測所（無人気象観測所）なので、雲に関する要素は記入されていません。

1-4 アメダス天気図

アメダスでは、風向・風速、気温、降水量、日照時間、積雪量が観測されており、このうち任意の観測要素が記入されます。風速の表示が国際式と異なり、m/s単位で記入され、短矢羽は1 m/s、長矢羽は2 m/s、旗矢羽は10 m/sなので、風速を読むときは注意する必要があります。

> **ここで学んだこと**
> - 地上天気図には、気温、気圧、気圧変化量、気圧変化傾向、視程、風向・風速、全雲量、現在天気、雲形などが記入されている。
> - 地上天気図では、気象要素の記入は国際式天気記号による。
> - 全般海上警報の表示と発表基準。

2 高層天気図

2-1 高層天気図の種類

大気は立体構造をしているので、地上だけでなく、高層の大気の状態がわ

専テストQ 国際式天気図で気圧が「012」と記されていれば1012hPaを意味する。

Chapter 8 天気図

図：専8・6a 850hPa高層天気図（2007年3月4日9時（00UTC））

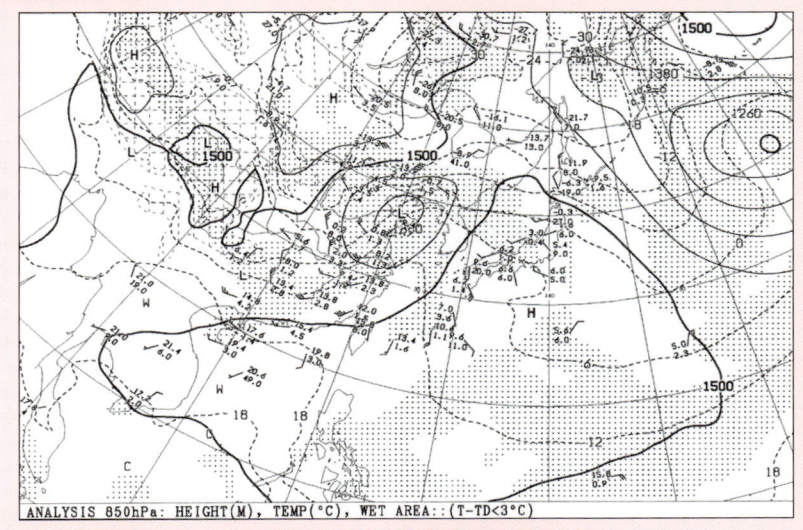

ANALYSIS 850hPa: HEIGHT(M), TEMP(℃), WET AREA::(T-TD<3℃)

実線：等高度線（m）、破線：等温線（℃）、網掛け域：$T-T_D \leq 3$℃

図：専8・6b 500hPa高層天気図（2007年3月4日9時（00UTC））

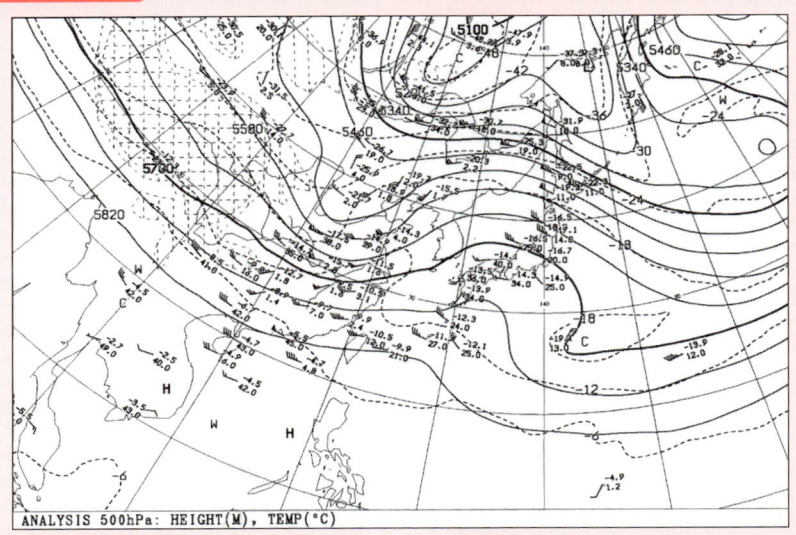

ANALYSIS 500hPa: HEIGHT(M), TEMP(℃)

実線：等高度線（m）、破線：等温線（℃）

豆テストA ✕ 国際式天気図では、気圧は十位から小数点第一位までの3つの桁を記入するので、012は1001.2hPaを意味する。

表：専8・3 高層天気図の種類と内容

指定等圧面*	表示気象要素	等値線 （等値線の間隔）	網掛け域等	主な解析
850hPa 天気図	風向・風速 気温、湿数	等高度線（60m） 等温線**	湿数≦3℃	前線、温度移流、湿潤域の解析
700hPa 天気図	風向・風速 気温、湿数	等高度線（60m） 等温線**	湿数≦3℃	温度移流、湿潤域の解析
500hPa 天気図	風向・風速 気温、湿数	等高度線（60m） 等温線**		トラフ・リッジ、上層寒気の解析
300hPa 天気図	風向・風速 気温	等高度線（120m） 等風速線（20kt）	気温を数字列で表示	強風軸（ジェット気流）の解析

* 指定等圧面での基準等高度線は、850hPaで1500m、700hPaで3000m、500hPaで5400m、300hPaで9000m。
** 等温線の間隔は、暖候期：3℃、寒候期：6℃。

からないと気象状況をみることはできません。高層気象観測をもとに特定等圧面での気象状態を示した図が**高層天気図**です。

　天気予報に通常用いられる高層天気図での特定等圧面は、850hPa、700hPa、500hPa、300hPaです。各高層天気図の主な内容を表：専8・3に、図：専8・6aに850hPa天気図、図：専8・6bに500hPa天気図の例を示します。

　高層天気図は、00UTC（日本時間9時）と12UTC（21時）の1日2回作成され、等高度線、等温線のほか、観測点における気温、湿数（気温－露点温度）、風向・風速などの観測データが記入されています。

2-2　解析図の読み方

　観測データをもとに計算・算出される渦度、鉛直p速度などの物理量を解析したものが**解析図**です。解析図の内容を表：専8・4に、図：専8・7（上）に500hPa高度・渦度解析図を、図：専8・7（下）に850hPa気温・風、700hPa鉛直p速度解析図の例を示します。

　地上天気図も含め、各等圧面の高層天気図や解析図から大気の構造を立体

豆テストQ　天気図の風向風速は、地点円を風上とし、風下側に風速記号で記入する。

Chapter 8
天気図

図：専8・7　(上)500hPa高度・渦度解析図、(下)850hPa気温・風、700hPa鉛直p速度解析図（2007年3月4日9時（00UTC））

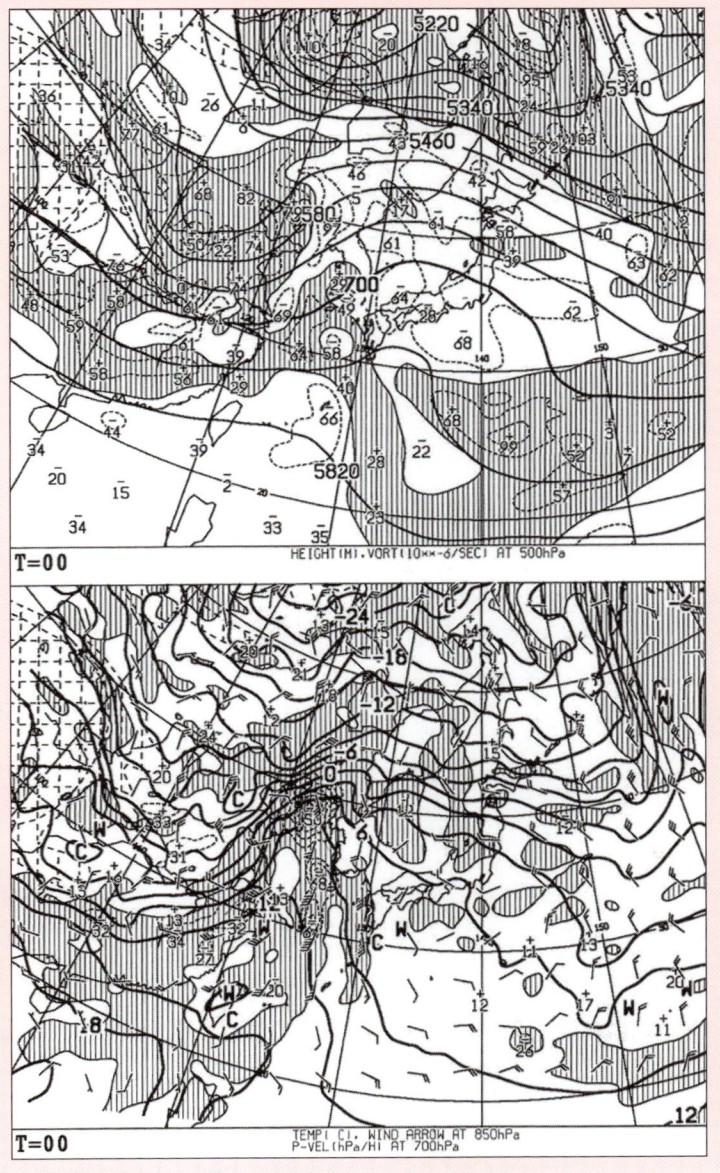

豆テスト A　× 風向は、地点円を風下として風上（風が吹いて来る方向）に向かって線を引出し、風速を矢羽で記入する。

表：専8・4	解析図の種類と内容
解析図	内容
500hPa高度・渦度解析図	500hPa高度〔m〕、渦度〔10^{-6}/s〕、網掛け域：正渦度域
850hPa気温・風、700hPa鉛直p速度解析図	850hPa気温〔℃〕、風向・風速〔kt〕、700hPa鉛直p速度〔hPa/h〕、網掛け域：上昇流域

的に把握でき、低気圧・高気圧などの気象現象を捉えることができます。これらに次節で説明する予想図を加えた時系列的変化から、低気圧・高気圧などの今後の発達・衰弱を知り、気象現象の推移・変化を見ることができます。

2-3　高層天気図の観測データの記入形式

高層天気図における観測データの記入形式の例を図：専8・8に示します。風向・風速の表示は地上天気図の場合と同じです（図：専8・3、図：専8・4参照）。気温、湿数が表示されているので、これから「露点温度＝気温－湿数」を求めることができます。この例では、露点温度＝－10.5－12.0＝－22.5となります。

図：専8・8　高層天気図の観測データ記入例

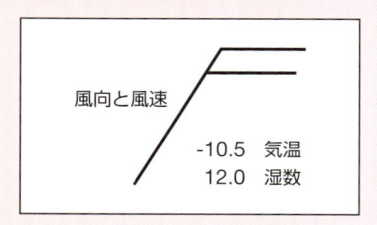

風向と風速
-10.5　気温
12.0　湿数

ここで学んだこと

- 高層天気図には指定等圧面（850hPa、700hPa、500hPa、300hPa）などの天気図がある。
- 高層天気図には等高度線、等温線、観測点における気温、湿数（気温－露点温度）、風向・風速が記入されている。
- 解析図には、**500hPa高度・渦度解析図**と、**850hPa気温・風、700hPa鉛直p速度解析図**がある。

豆テスト　300hPa高層天気図には、等高度線と等風速線が等値線で記され、等温線が数字列で記されている。

Chapter 8
天気図

3 数値予報予想図

　数値予報の結果を天気図形式で示した図が**数値予報予想図**で、00UTCと12UTCを初期時刻とし、1日2回作成されます。天気予報に利用される予想図の種類と内容を表：専8・5に示します。

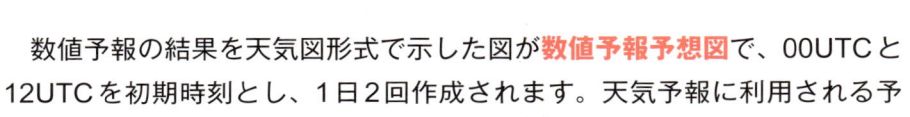

　図：専8・9は2007年3月4日9時（00UTC）を初期時刻とする24時間予想図です。図：専8・9aの（上）は500hPa高度・渦度24時間予想図、（下）は地上気圧・降水量・風24時間予想図、図：専8・9bの（上）は500hPa気温、700hPa湿数24時間予想図、（下）は850hPa気温・風、700hPa鉛直p速度24時間予想図です。

　図：専8・1の2007年3月4日9時（図：専8・9の初期時刻）の地上天気図で山東半島にあった1002hPaの低気圧が、図：専8・9a（下）の24時間後には日本海北部に移動し、中心気圧が988hPaに発達する、と予想されています。

　このような発達を、500hPaの気圧の谷の深まり、500hPaと地上の渦軸の傾き、850hPaでの暖気移流と寒気移流、700hPaの上昇流・下降流と850hPaの暖気と寒気の関係、700hPaの湿潤域、乾燥域の分布などから、大気構造を立体的にとらえることで読み取ることができます。

表：専8・5 数値予報予想図の種類と内容

予想天気図	内　容
極東500hPa高度・渦度予想図*	500hPa高度〔m〕、渦度〔10^{-6}/s〕、網掛け域：正渦度域
極東地上降水量・風予想図	地上気圧〔hPa〕、前12時間降水量〔mm〕、地上風向・風速〔kt〕
極東500hPa気温、700hPa湿数予想図	500hPa気温〔℃〕、700hPa湿数〔℃〕、網掛け域：湿数≦3℃
極東850hPa気温・風、700hPa鉛直p速度予想図	850hPa気温〔℃〕、風向・風速〔kt〕、700hPa鉛直p速度〔hPa/h〕、網掛け域：上昇流域
日本850hPa風・相当温位予想図	850hPa相当温位〔K〕、風向・風速〔kt〕

＊予想図には、12時間、24時間、36時間、48時間、72時間予想図がある。

豆テスト A　○　300hPa天気図はジェット気流と寒冷渦の解析に適しており、等高度線は実線で、等風速線は破線で記されている。等温線は破線ではなく数字列で記されている。

図：専8・9a 数値予報予想図　初期時刻：2007年3月4日9時（00UTC）
(上) 500hPa高度・渦度24時間予想図
(下) 地上気圧・降水量・風24時間予想図

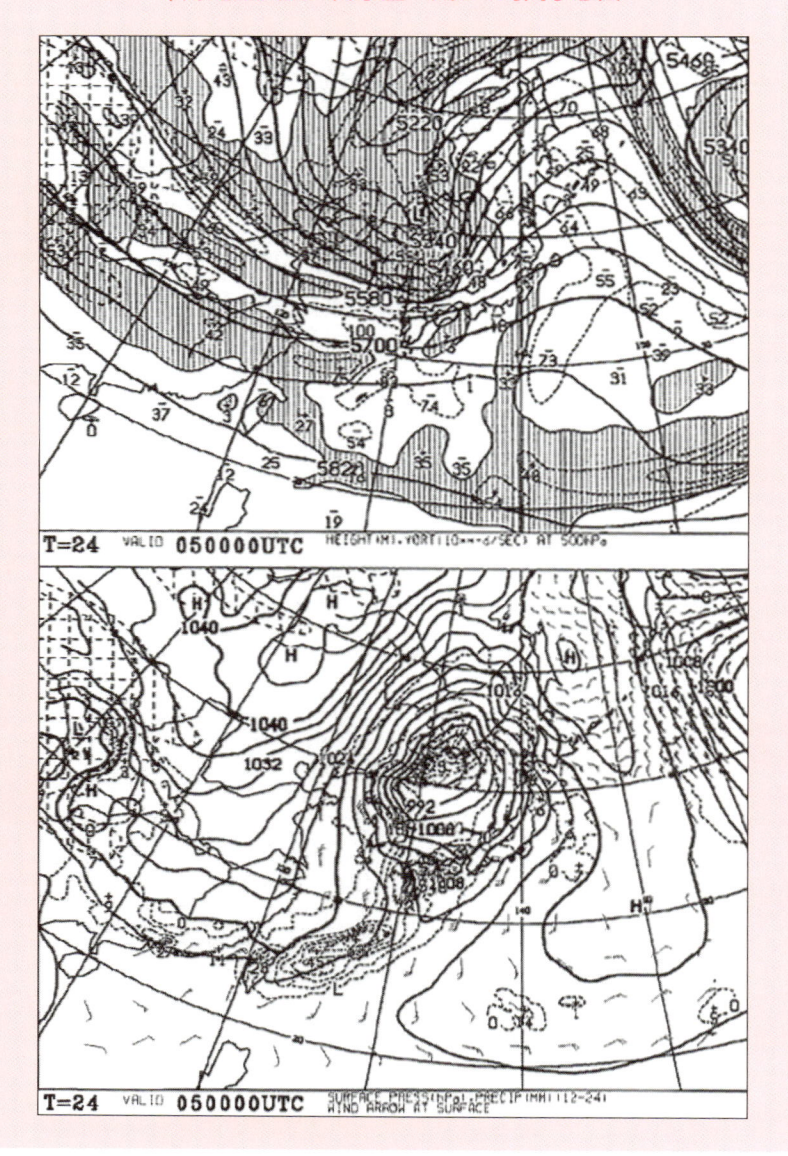

500hPa天気図は、地上低気圧の発達を判断するのに使われる。

Chapter 8
天気図

図：専8・9b　数値予報予想図　初期時刻：2007年3月4日9時（00UTC）
(上) 500hPa気温、700hPa湿数24時間予想図
(下) 850hPa気温・風、700hP鉛直p速度24時間予想図

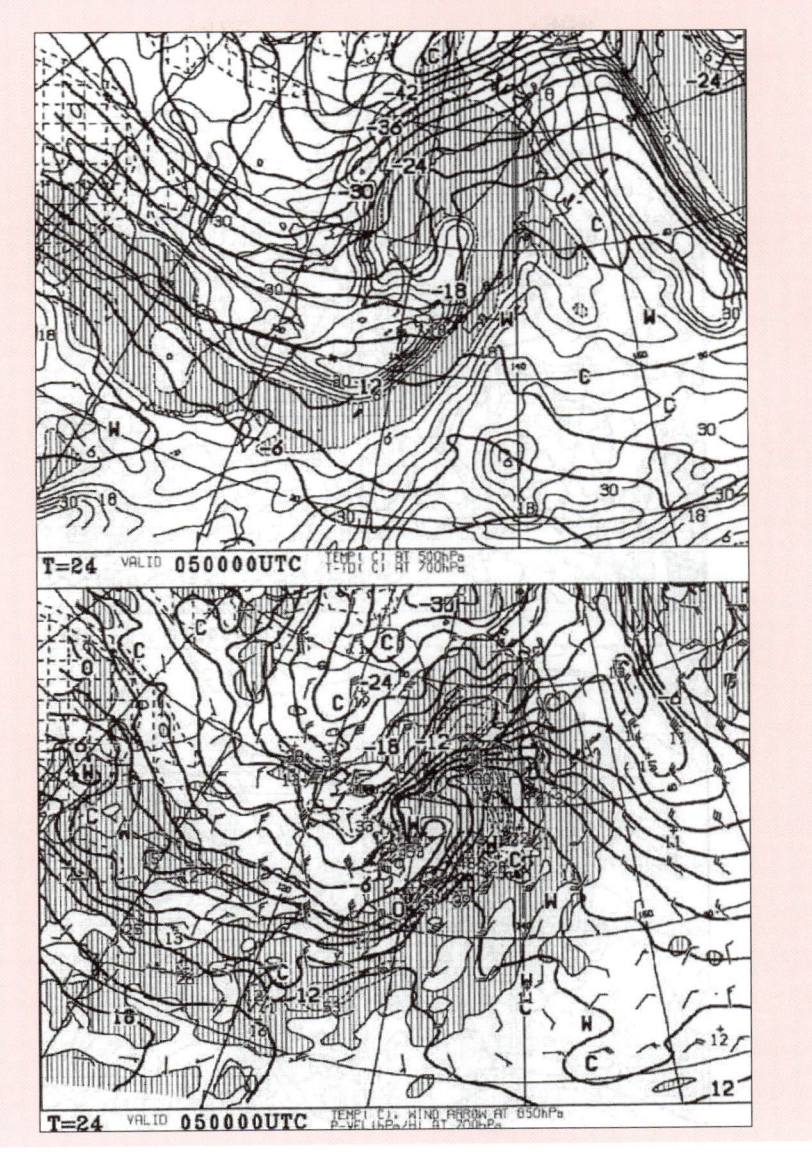

専門知識編

記述の通り。500hPa面は大気の平均構造を代表する層であり、500hPa天気図は、擾乱の発達や移動の解析、寒気の動向を見るのに用いられる。

ここで学んだこと

- 数値予報の結果を天気図形式で示した主な予想図には次のものがある。
  - 地上気圧・降水量・風予想図
  - 500hPa高度・渦度予想図
  - 500hPa気温、700hPa湿数予想図
  - 850hPa気温・風、700hPa鉛直p速度予想図
  - 850hPa風・相当温位予想図
- 予想図には、初期時刻から12時間、24時間、36時間、48時間、72時間後を予想するものがあり、1日に2回（00UTCと12UTC）発表される。

理解度checkテスト

Q1 図1はXX年12月28日21時（12UTC）の地上天気図、図2は同時刻の高層天気図である。これらを用いて、次の文章の空欄（①）〜（⑥）に入る適当な語句または数値を解答欄に記入せよ。

　図1によると、山陰沖に中心気圧1004hPaの低気圧Aが、紀伊半島付近には中心気圧1008hPaの前線を伴った低気圧Bがあり、それぞれ北北東および東北東に進んでおり、ともに（①）警報が発表されている。

　図2によると、500hPaにおいて中国東北区に低気圧があり、中心から南南東のボッ海にかけてトラフが伸びている。低気圧Aの中心付近には700hPaで（②）hPa/hの鉛直p速度の極値を持つ（③）流が明瞭となっており、その西側の朝鮮半島の東岸付近に850hPaの風の（④）がある。一方、低気圧Bの中心付近から南西および東南東に伸びている850hPaの等温線の集中帯があり、その南縁の（⑤）℃の等温線の南側に地上の前線がほぼ対応している。低気圧Bの中心のすぐ東側には700hPaで（⑥）hPa/hの鉛直p速度の極値をもつ（③）流が解析されている。

豆テストQ 700hPa天気図には、中層の雲域に対応している湿数≦3℃の領域が網掛けで示され、さらに鉛直p速度ωが記されている。

Chapter 8
天気図

| 図：1 | 地上天気図：XX年12月28日21時（12UTC） |

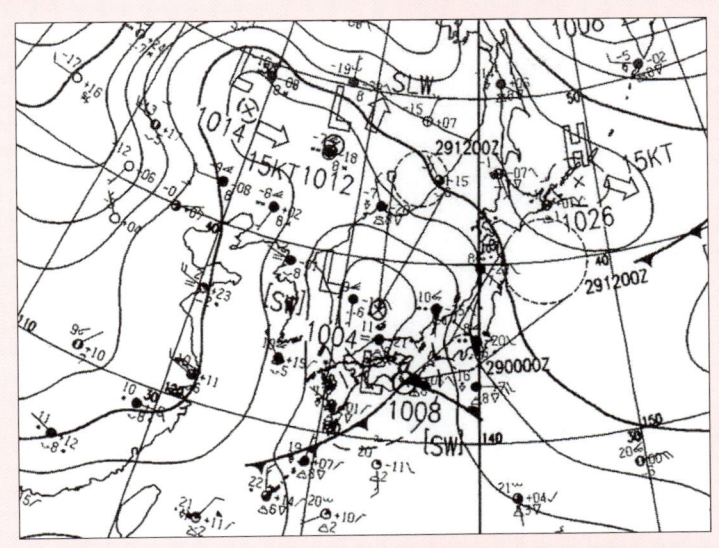

実線：気圧（hPa）、矢羽：風向・風速（kt）（短矢羽：5kt、長矢羽：10kt、旗矢羽：50kt）

コラム

「天気図を読むコツ」

　天気図をみる際には、高気圧、低気圧、前線などの位置を、海域、地域、河川や緯度・経度から知ることができます。

- 東経：中国大陸の東岸（120°E）、福岡、鹿児島の西（130°E）、秋田、東京付近（140°E）
- 北緯：鹿児島の南（30°N）、秋田（40°N）、サハリン中央（50°E）
- 海域：ボッ海、黄海、東シナ海、日本海、オホーツク海、四国沖、関東東海上、関東南東海上、三陸沖、千島近海など
- 日本周辺の地域：中国東北部（区）、華北、華中、華南、台湾、朝鮮半島、山東半島、遼東半島、千島列島、サハリン、ルソン島、ミンダナオ島
- 主な河川：アムール河、黄河、長江

豆テストA　✗　700hPa天気図には、850hPa天気図と同様に中層の雲域に対応している湿数≦3℃の領域が網掛けで示されているが、鉛直p速度が示されているのは700hPaの高層解析図である。

図：2 **(上) 500hPa高度・渦度解析図：XX年12月28日21時(12UTC)**
太実線：高度(m)、破線および細実線：渦度(10−6/s)(網掛け域：渦度>0)

(下) 850hPa気温・風、700hPa上昇流解析図
太実線：850hPa気温(℃)、破線および細実線：700hPa鉛直p速度(hPa/h)(網掛け域：上昇流)、矢羽：850hPa風向・風速(kt)(短矢羽：5kt、長矢羽：10kt、旗矢羽：50kt)

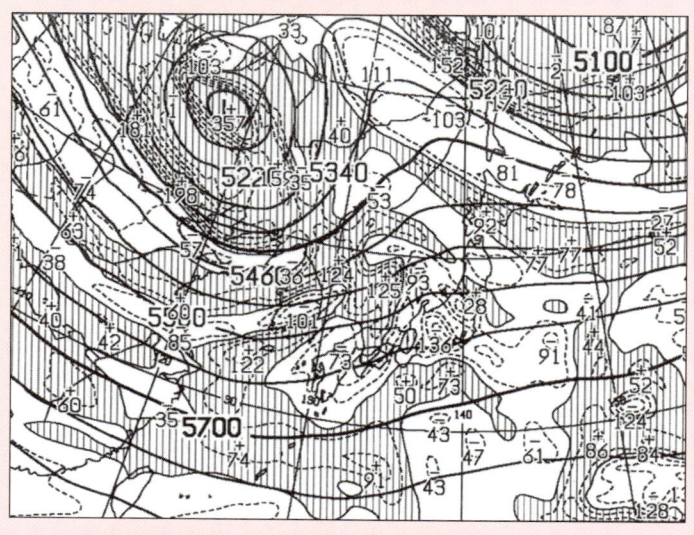

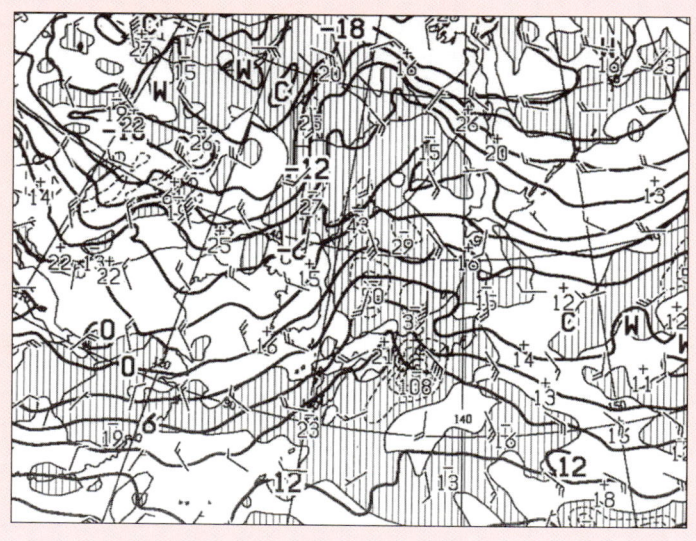

850hPa天気図は、前線解析や温度移流、湿数の解析に用いられる。

Chapter 8
天気図

Q2 図3は地上天気図、図4は500hPaおよび850hPa天気図で、いずれもXX年1月5日9時（00UTC）のものである。これらを用いて、次の文章の空欄（①）～（⑩）に入る適切な語句あるいは数値を記入せよ。

　地上天気図によると、秋田沖に中心気圧（①）hPaの低気圧があり（②）に15ノットで進んでいる。この低気圧については、（③）警報が発表されており、南西側900海里以内、（④）側400海里以内では、30ノットから50ノットの強い風が吹いている。また、三陸沖には前線を伴った別の低気圧があって、北東に（⑤）ノットで進んでいる。

　500hPa天気図によると、日本付近をトラフが通過中で、輪島（石川県）では（⑥）ノットの（⑦）風で、気温（⑧）℃を観測している。地上の低気圧の西側となるウラジオストク付近には（⑨）mの等高度線が閉じた低気圧がある。

　850hPa天気図によると、秋田沖には低気圧があり、本州から三陸沖にかけて等温線が込んでいる。三陸沖にある地上の低気圧に伴う前線は、低気圧の近くでは850hPaの（⑩）℃の等温線の近くを通っている。

図：3　地上天気図：XX年1月5日9時（00UTC）

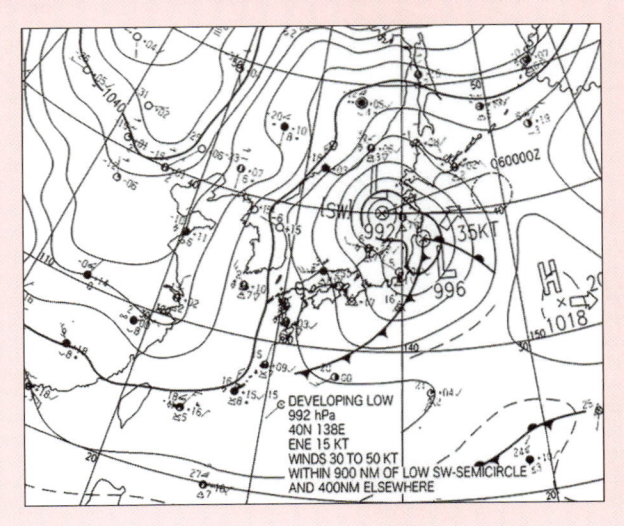

豆テストA　○　記述の通り。大気下層を代表する層である850hPa天気図は、前線解析、暖気移流・寒気移流、水蒸気移流、さらには大雨域の予想などに用いられる。

図：4 （上）500hPa天気図 （下）850hPa天気図
XX年1月5日9時（00UTC）

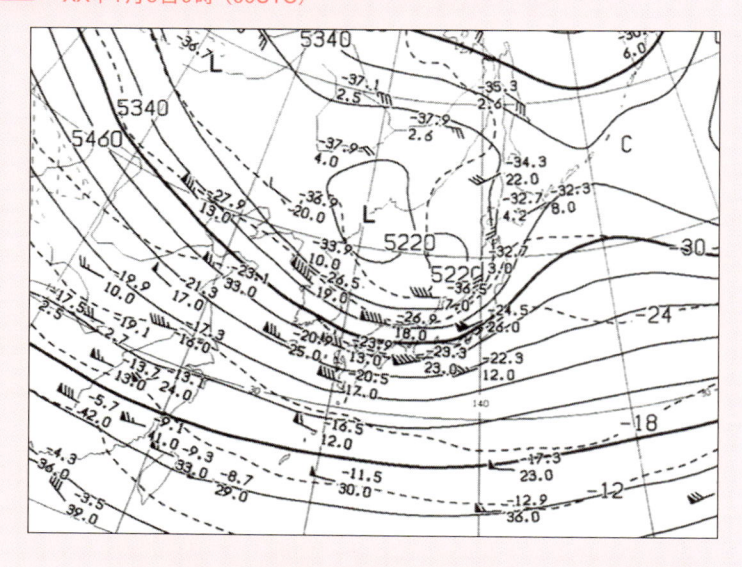

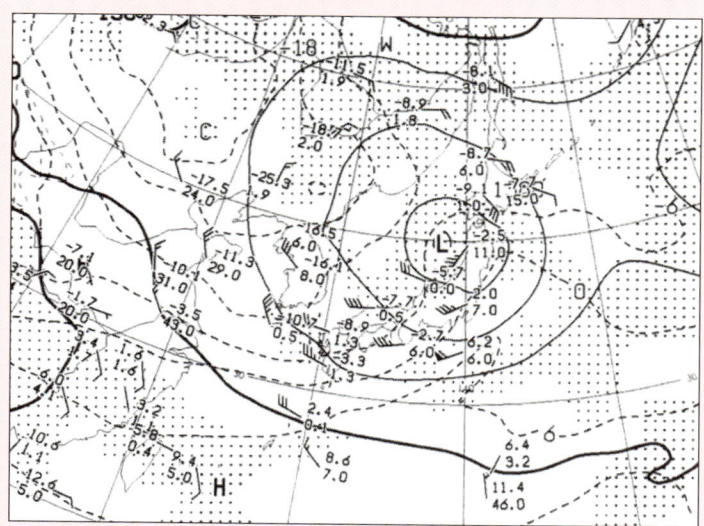

実線：高度（m）、破線：気温（℃）（網掛け域：湿数≦3℃）
矢羽：風向・風速（kt）（短矢羽：5kt、長矢羽：10kt、旗矢羽：50kt）

豆テストQ　高層天気図に気温と湿数の観測データが「－22.3」「12.0」と記されている場合には、露点温度は-34.3℃である。

Chapter 8 天気図

解答と解説

Q1 （平成20年度第1回実技1問1）

〔解答例〕 ① 海上暴風　② －50　③ 上昇　④ シア　⑤ 9　⑥ －108

〔解説〕 ①〔SW〕は海上暴風警報。②③ 鉛直p速度－50hPa/hで上昇流。④ 寒気をもたらす西よりの風と暖気をもたらす南西または南の風で、風向のシア（シアー、シヤ、シヤーでもよい）。⑤ 850hPaの等温線の集中帯の南縁の9℃線が前線に対応しています。⑥ 低気圧Bの東側で紀伊半島に－108hPa/hの上昇流があります。

Q2 （平成22年度第1回実技2問1改）

〔解答例〕 ① 992　② 東北東　③ 海上暴風　④ 北東（その他の）　⑤ 35
　　　　　⑥ 95　⑦ 西　⑧ －36.5　⑨ 5220　⑩ 0

〔解説〕 ③〔SW〕は海上暴風警報。④ 南西側に対して、その他の側なので、北東側となります。⑩ 地上前線は、850hPaでは0℃の等温線が対応しています。

これだけは必ず覚えよう！

- 500hPa渦度解析図の網掛け域は、渦度が正（北半球では反時計回り）であることを示す。

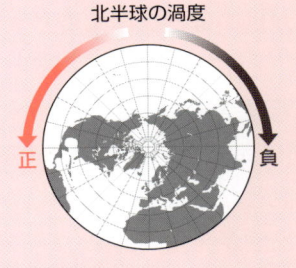

北半球の渦度

正　　負

- 700hPa鉛直流解析図の網掛け域は上昇流域を示す。
- 700hPa湿数解析図の網掛け域は湿数≦3℃を示す。

豆テスト A ○ 高層天気図には、観測データとして風向・風速と気温、湿数が記されている。露点温度は「露点温度＝気温－湿数」で求められる

Chapter 9 気圧配置

出題傾向と対策
◎専門知識編で出題されるが頻度は高くない。
◎気圧配置による天気の特徴をつかめるようにする。

1 気圧配置と天気

地上天気図をみると、季節に応じて高気圧・低気圧・前線などの分布状態に特徴的な気圧配置がみられ、気圧配置からおおよその天気状況を知ることができます。ここでは日本列島とその周辺の典型的な気圧配置についてみてみます。

1-1 西高東低型

西高東低型は、日本の西の大陸に高気圧があり、東の海上に低気圧がある気圧配置で、冬に現れることから**冬型の気圧配置**ともいわれます。大陸の高気圧は寒冷で乾燥したシベリア気団からなる**背の低い高気圧**です。高気圧の気圧が高く、低気圧の気圧が低いほど気圧傾度が大きく、等圧線の間隔が狭くなり、風は強くなります。

大陸から吹き出す寒冷・乾燥空気は、冬の季節風となって対馬暖流による暖かい日本海を吹き渡る間に海面から顕熱と水蒸気を供給されて**気団変質**し、下層が暖かい湿った空気となります。これにより大気が不安定となって対流が活発化し、積雲や積乱雲が発生・発達して日本海側で雪を降らせます。

季節風が脊梁山脈を越えると、下降気流となるので雲は消散し、太平洋側は晴れて乾燥します。降雪の量や期間は、寒気の強さや持続期間によって左右されます。

> **豆テストQ** 冬季、500hPaの気圧の谷が東谷の場合、地上天気図では等圧線がほぼ南北に走る縦縞模様となり、日本海側の地方では里雪となる。

Chapter 9
気圧配置

図：専9・1 西高東低型

(a) 山雪型：05年2月11日

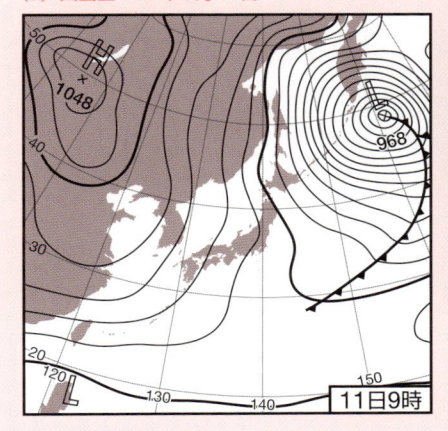

(b) 里雪型：04年2月5日

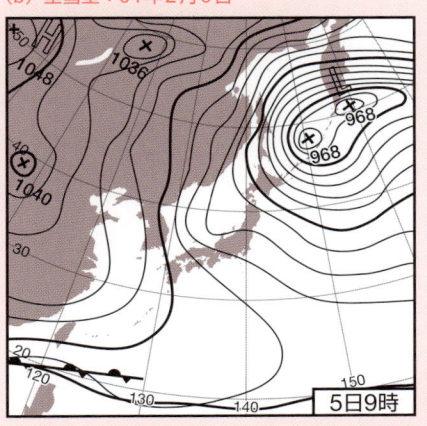

冬型の気圧配置には2つのタイプがあります。

500hPaの気圧の谷が、日本列島の東～日本付近にある東谷～日本谷の場合は、地上天気図では等圧線がほぼ南北に走る縦縞模様となって強い北西の季節風が吹くようになり、降雪は山間部に多くなります。これを**山雪型**（図：専9・1a）といいます。

一方、500hPaの気圧の谷が日本付近～日本の西にある日本谷～西谷の場合は、地上天気図では等圧線の間隔が広く"袋型"（ときには低気圧が存在）となり、降雪は平野部に多くなります。これを**里雪型**（図：専9・1b）といいます。

1-2 南高北低型

南高北低型（図：専9・2）は、日本の南または南東海上に高気圧の中心があり、北日本を低気圧が通過する気圧配置で、夏に多く現れます。

夏の場合、高気圧は小笠原気団からなる高温多湿な背の高い太平洋高気圧であり、蒸し暑い晴天をもたらします。

豆テストA ✗ 東谷の場合は地上天気図の等圧線が縦縞模様となって強い北西風が吹き、日本海側の地方では山雪となる。里雪になるのは西谷の場合であり、地上天気図の等圧線は袋状となる。

| 図：専9・2 | 南高北低型：02年8月6日 | 図：専9・3 | 南岸低気圧型：04年2月24日 |

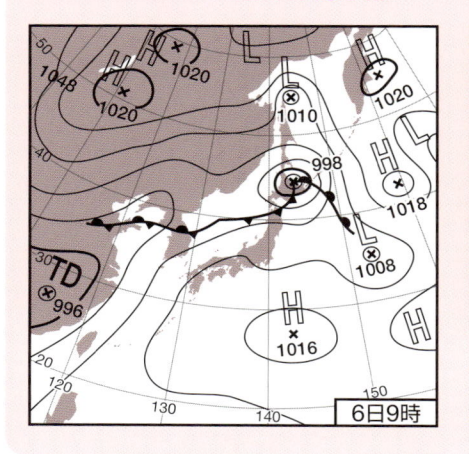

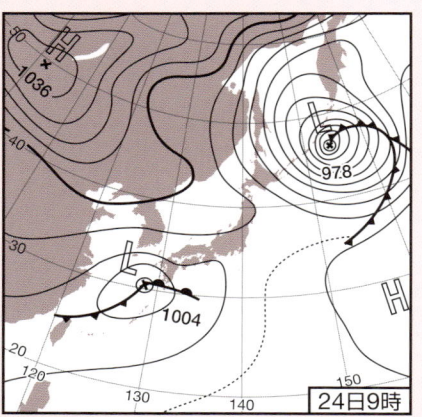

　盛夏が持続する場合は、朝鮮半島が鯨の尾っぽ状の高圧部となるケースで、これを「鯨の尾型」と呼んでいます。
　春や秋の場合は**移動性高気圧**（p.340参照）が日本の南海上を通ります。

1-3　南岸低気圧型

　南岸低気圧型（図：専9・3）は、太平洋高気圧にすっぽり覆われる真夏や、冬型の気圧配置の場合以外にみられ、主に東シナ海南部で発生した低気圧が日本列島の南岸沿いを東北東～北東へ進み、太平洋側の地方を中心に降雨をもたらします。冬季～春先には太平洋側で降雪をもたらすことがあり、関東地方南部の大雪はこの型の気圧配置のときです。

1-4　日本海低気圧型

　日本海低気圧型（図：専9・4）は、黄海や東シナ海北部で発生した低気圧が日本海を北東進するタイプで、発達した場合、日本列島は大荒れの天気となることがあります。冬季には日本の東海上で発達しますが、立春後に現れて日本海で急発達して西日本や東日本で強風をもたらす**春一番**や春二番、

豆テストQ　冬から春先に関東地方南部に大雪をもたらすのは、南岸低気圧型の気圧配置である。

Chapter 9
気圧配置

図：専9・4　日本海低気圧型：04年2月22日

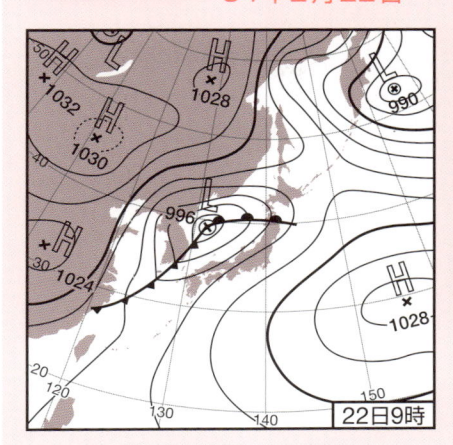

図：専9・5　二つ玉低気圧型：04年2月2日

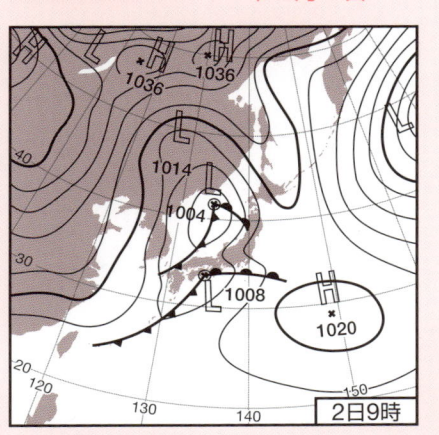

5月に風雨をもたらす**メイストーム**などは日本海低気圧の代表例です。

　低気圧に向かって南よりの強い風が吹き込み、日本海側の地方では、脊梁山脈による**フェーン現象**が生じ、気温の上昇、湿度の低下、強風などがもたらされます。春先には、山岳部で融雪、洪水、雪崩などの雪害をもたらすことがあります。また、寒冷前線通過時には、強風、突風、雷雨、風や気温の急変などで、海難事故や山岳遭難の発生などをひき起こすことがあります。

1-5　二つ玉低気圧型

　二つ玉低気圧型（図：専9・5）は、低気圧が日本列島を挟んで日本海と南岸沿いを北東進するタイプで、西日本から東日本・北日本の広い範囲に悪天をもたらし、発達すると大荒れの天気になります。二つの低気圧は、日本の東海上に出ると一緒になり、しばしばさらに発達します。

1-6　北高型

　北高型（図：専9・6）は、大陸の高気圧が北日本に張り出している場合や、高気圧の中心位置（おおよそ北緯38度以北）が北方に偏っている気圧配置で、

専門知識編

豆テストA　○　記述の通り。南岸低気圧は、主に東シナ海で低気圧が発生し、日本列島の南岸沿いを東北東〜北東へ進み、寒気の流入が強い太平洋側に降雪をもたらす。

| 図：専9・6 | 北高型：04年4月13日 |
| 図：専9・7 | 梅雨型：04年6月25日 |

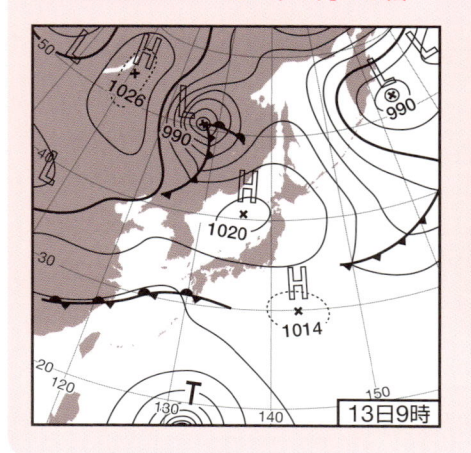

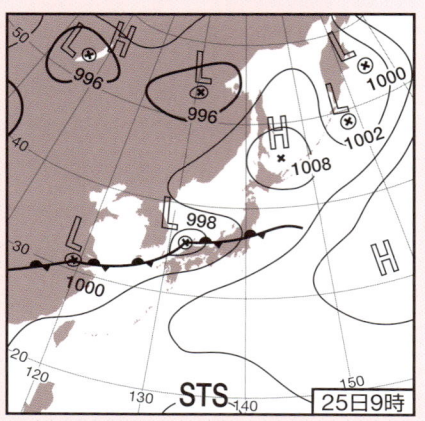

等圧線は東西に走っています。本州の南岸沿いに前線が停滞している場合もあり、高気圧の東～南東側の縁辺の下層では北東風が吹くことから、**北東気流型**と呼ぶこともあります。特に東北や関東地方では、北東風によって冷たく湿った気流が流入し、気温が低く、曇天で弱い降水をもたらすこともあります。

1-7　梅雨型

梅雨型（図：専9・7）は梅雨期に見られる気圧配置で、太平洋高気圧とオホーツク海高気圧、または日本海北部や黄海にある高気圧との間に位置する梅雨前線が日本付近に停滞し（したがって、梅雨前線は停滞前線です）、西日本・東日本で曇・雨天をもたらします。東北地方では、オホーツク海高気圧から（オホーツク海気団の）冷涼・湿潤な北東風（「**やませ**」という）が吹き続けると、農作物が冷害を受けるおそれがあります。

梅雨前線の南側では、東南アジア方面から流入する温暖湿潤な気流と太平洋高気圧から（小笠原気団の）暖湿で相当温位の高い気流となっています。一方、梅雨前線の北側では、比較的乾燥しています（特に大陸では）。した

立春後に日本海で急発達して西日本や東日本に春一番をもたらすのは、日本海低気圧型の気圧配置である。

がって、梅雨前線は通常の停滞前線と異なり、水平の温度傾度が小さく（特に大陸から西日本にかけて）、水蒸気の傾度が大きいことから、相当温位の傾度が大きいことが特徴であり、相当温位傾度の大きいところの南縁に沿っています。

梅雨前線の南側の下層の高温多湿の気流が、南西の強風（**下層ジェット**といいます）とともに舌状（**湿舌**といいます）に流入するところでは対流活動が活発となってクラウドクラスター（積乱雲群）が形成され、西日本を中心に集中豪雨となることがあります。このような集中豪雨は、梅雨前線の活動が活発となる梅雨の後期によくみられます。

梅雨前線は、小（積雲・積乱雲）・中（クラウドクラスター）・中間（小低気圧）・大（大規模な気圧の谷）の各種スケールの大気現象が相互作用を及ぼしあって前線を強化・維持している複合現象です。梅雨期は梅雨前線が主役ですが、その梅雨前線の動向を支配しているのは、オホーツク海高気圧と太平洋高気圧です。

このオホーツク海高気圧は、オホーツク海気団よりなる寒冷・湿潤な非常に背の高い高気圧で、上層の気圧の尾根に結びついており、しばしば切離された高気圧、すなわち**ブロッキング高気圧**となって停滞します。この高気圧は偏西風帯のジェット気流が蛇行して南北に大きく分流したもので、この状態が1週間以上続くことがあります。

1-8　秋霖型

夏の高気圧が南に後退して北の高気圧が次第に勢力を拡大し、夏の間北上していた前線が南下して9月上旬〜10月上旬頃に日本付近に停滞するのが**秋雨前線**（図：専9・8）です。この秋雨前線によってもたらされる長雨を**秋霖**（しゅうりん）といいます。

秋霖は、西日本より東日本で明瞭です。秋雨前線は梅雨前線ほど顕著でないとはいえ、台風が接近すると前線の活動が活発化して大雨をもたらすことがあります。

○ 日本海低気圧型の気圧配置は、東シナ海北部や黄海で発生した低気圧が日本海を北上するパターンであり、春一番のほか、日本海側のフェーン現象やメイストームの原因となる。

図：専9・8　秋霖型：04年9月2日

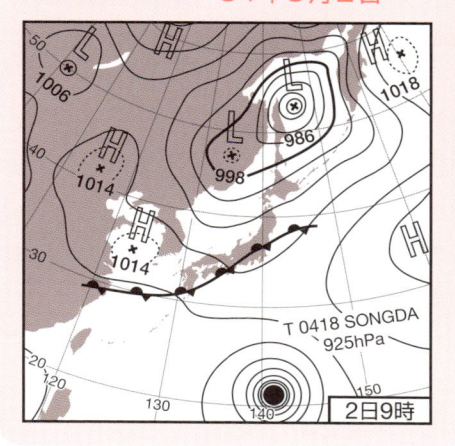

図：専9・9　移動性高気圧：04年11月14日

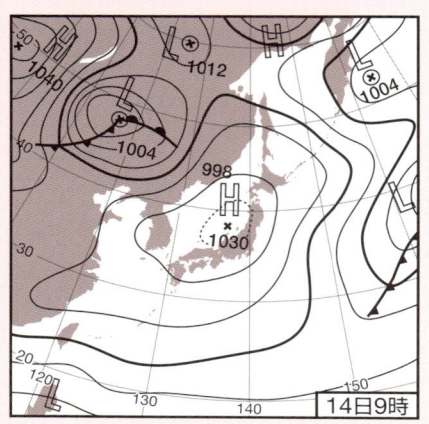

1-9　移動性高気圧

移動性高気圧（図：専9・9）は、大陸の高気圧とその後面の低気圧とが交互に西から東へ移動してくる、春秋に多いタイプです。高気圧の前面（東側）では北から冷たく乾燥した空気が入り、風が弱く晴天になります。夜間の放射冷却が加わると、明け方に気温が下がり、霜が降りることがあります。

早霜（はやじも、10〜11月）、**遅霜**（おそじも、4〜5月、晩霜とも）は移動性高気圧によるもので、農作物に被害をもたらすことがあります。

高気圧の後面（西側）では南風が吹いて暖かく、次第に雲が広がり、低気圧の接近に伴って曇・雨天になります。

1-10　台風

夏から秋にかけて太平洋高気圧の勢力が南東に後退し、大陸の高気圧の勢力が南東に広がると、日本付近は2つの高気圧の谷間となり、台風がこの気圧の谷間を北上して日本に上陸することが多くなります。

一般に、台風は対流圏中層の流れに乗って移動するので、500hPaの太平洋高気圧の勢力・動向に支配されます。

> 豆テスト　北高型の気圧配置の場合は、高気圧の東〜南東側の縁辺の下層で北東風が吹くので、北東気流型ともいわれる。

Chapter 9
気圧配置

台風は暴風・大雨・高潮・高波などによる甚大な気象災害を及ぼす日本では最も重要な気象現象です。

ここで学んだこと
- 西高東低型、南高北低型、南岸低気圧、日本海低気圧、二つ玉低気圧、北高型、梅雨型、秋霖、移動性高気圧、台風の10種類の気圧配置の特徴と天気への影響。

図：専9・10　台風：04年8月29日

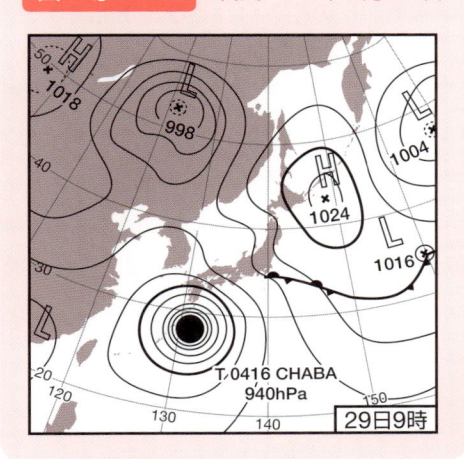

理解度checkテスト

Q1 高気圧について述べた次の文章(a)～(d)の正誤について、下記の①～⑤の中から正しいものを一つ選べ。

(a) 冬季にみられるシベリア高気圧は、対流圏の下層から上層まで寒冷である。

(b) 春秋に日本付近を西から東に通過する移動性高気圧の後面では、上・中層雲が広がってくることがしばしばある。

(c) 梅雨期に現れるオホーツク海高気圧は、上空に気圧の尾根またはブロッキング高気圧が存在するときに発生しやすく、下層は寒冷・湿潤である。

(d) 夏に顕著にみられる太平洋高気圧は、熱帯域のハドレー循環の下降流域にあたるところに生じる背の高い高気圧である。

① (a)のみ誤り　　④ (d)のみ誤り
② (b)のみ誤り　　⑤ すべて正しい
③ (c)のみ誤り

豆テストA ◯ 北高型の気圧配置は、大陸の高気圧が北日本に張り出すか、高気圧の中心が北に偏っているパターンで北東気流型ともいわれ、東北や関東地方に冷たくて湿った気流が流入する。

Q2 梅雨前線について述べた次の文章の空欄(a)〜(d)に入る適切な語句の組み合わせを、下記の①〜⑤の中から一つ選べ。

梅雨前線は、その南側の気団と北側の気団の境目に形成され、西日本以西では、(a)の南北傾度が大きく、東日本以東では(b)の南北傾度が大きい。その活動は、主に中国大陸や南シナ海からの風と、(c)高気圧の縁辺に沿う風によって運ばれる水蒸気によって維持されている。梅雨前線の近くでは、強い暖湿気流により前線活動が活発となって大雨となることがある。豪雨域の(d)には、しばしば下層ジェットが存在する。

	(a)	(b)	(c)	(d)
①	水蒸気量	気温	オホーツク海	北側
②	水蒸気量	気温	太平洋	南側
③	気温	水蒸気量	オホーツク海	北側
④	気温	水蒸気量	太平洋	北側
⑤	気温	水蒸気量	太平洋	南側

解答と解説

Q1 解答① (平成15年度第1回専門・問7、一部改変)

(a) 誤り。冬の天気を支配するシベリア高気圧は、下層が冷えて密度が大きくなるために対流圏の下層だけに形成される背の低い高気圧です。

(b) 正しい。春秋の天気を支配する移動性高気圧は、上層の気圧の尾根に対応して西から東に移動し、高気圧の中心の東側（前面）では下降流で晴天のところが多いが、西側（後面）では上昇流のために雲が多く、上・中層雲が広がりやすくなります。

(c) 正しい。梅雨期の天気を支配するオホーツク海高気圧は、上層の気圧の尾根やブロッキング高気圧が存在するときにオホーツク海に現れる停滞性の背の高い高気圧で、下層はオホーツク海で冷やされて寒冷・湿潤になっています。

> **豆テストQ** 移動性高気圧は、大陸の高気圧とその後面の低気圧とが交互に西から東に移動してくるパターンで、高気圧の前面（東側）に南から湿潤な空気が入り、降水をもたらしやすい。

(d) 正しい。夏の天気を支配する亜熱帯高気圧である（北）太平洋高気圧は、ハドレー循環の下降流域に生じる背の高い高気圧です。

Q2 解答② （平成21年度第2回専門・問10）

東経135度以西の西日本から中国大陸にかけての梅雨前線は、南シナ海方面から流れ込む温暖・湿潤な気流および（c）**太平洋高気圧**の縁辺に沿う気流と、温暖で乾燥した中国大陸の大陸性気団との間に形成されるために、気温の南北傾度は小さく、（a）**水蒸気量**の南北傾度が大きいので、相当温位傾度の南北傾度が大きいのが特徴です。

一方、東経135度以東の梅雨前線は、太平洋高気圧の温暖・湿潤な小笠原気団とオホーツク海高気圧の寒冷・湿潤なオホーツク海気団との間に形成されることから、（b）**気温**の南北傾度は比較的あります。

梅雨前線付近では、強い暖湿気流の流入によって前線活動が活発となって豪雨になることがあります。この場合、暖湿気流が舌状に流入する湿舌や、下層の狭い領域に吹く南西の強風（下層ジェット）が、豪雨域の（d）**南側**にしばしば観測されます。

これだけは必ず覚えよう！

- 夏の太平洋高気圧、梅雨期のオホーツク海高気圧は背が高く、冬のシベリア高気圧は背が低く、いずれも停滞性である。
- 春・秋の高気圧は偏西風帯の気圧の尾根に結びついた高気圧であり、移動性である。
- 移動性高気圧の中心の東側では晴れるが、西側では雲が広がる。
- 冬の日本海側の大雪には、「山雪型」「里雪型」がある。
- 日本付近は、低気圧の通り道で、その経路によって、「南岸低気圧」「日本海低気圧」「二つ玉低気圧」がある。
- 高気圧の中心が北に偏っている（北高型の）場合、高気圧の東〜南東側では北東気流が入り、天気はよくない。

豆テストA ✗ 移動性高気圧は春秋に多いパターンで、高気圧の前面（東側）に北から冷たくて乾燥した空気が入り、風が弱く晴天となる。晩春の遅霜や初秋の早霜をもたらすことがある。

Chapter 10
天気翻訳と確率予報

出題傾向と対策
◎毎回1問は出題されているが、確率予報とコスト／ロス・モデルは頻度が少ない。
◎数値予報を翻訳する天気ガイダンスの作成過程・利用法を学んでおく。

1 天気翻訳とガイダンス

1-1 数値予報に天気翻訳が必要な理由

　数値予報は大気の状態を予報するうえでは大変すぐれた方法であり、数値予報モデルの予測結果である格子点値（GPV）は、予想天気図などに表されますが、そのままでは天気予報にはなりません。

　その理由は、数値予報モデルの予報方程式の物理量には天気そのもの（晴れや雨など）は扱われていないこと、各地の天気は小さなスケールの現象や地形の影響を受けることが多いにもかかわらず、現在の数値予報モデルは格子間隔の制約からこれらを十分に取り扱えないこと、近年のモデル性能の向上は著しいがモデルには系統的な誤差（バイアスという）が含まれていることなどです。

　さらに、数値予報モデルの格子点値は格子点のまわりの代表値や平均値なので、気温や風の量的天気予報でそのまま格子点値を利用するには十分でないことも理由のひとつです。

　このため、数値予報の予測結果をもとに各地の天気予報に置き換えることを**天気翻訳**といい、このために作成される資料が**天気ガイダンス**です。ガイダンスは天気予報にそのまま使える形で表現されています。天気予報の中の降水確率予報は、天気翻訳によって発表が可能となった要素のひとつです。

> 豆テストQ　ガイダンスの作成方式のひとつであるMOSは、数値予報モデルがもっている系統的な誤差を取り除くことができない。

1-2　ガイダンスの作成方法

　現在、使われているガイダンスは主としてMOS手法によって作成されています。**MOS**は、Model Output Statisticsの略で、「数値予報モデルの出力値の統計処理」という意味です。数値予報で予想された各物理要素と実際に観測された天気要素との間に前もって統計的関係式を作成し、数値予報の予想値が出力されたとき、予想値をこの統計的関係式に代入して天気要素に翻訳する手法です。

　MOSは、数値予報モデルが変更になった場合には、そのつど新しい統計的関係式を作成する必要があり、その関係式の係数を確定するのに長期間の数値予報結果を蓄積しなければならないという欠点があります。しかし、数値予報モデルがもっている系統的誤差を取り除くことができるという利点があります。

　MOSの統計的関係式の作成方法として、当初は線形重相関回帰式が用いられていました。この方法は、求めたい天気要素の予報値が、数値予報の物理量の予測値の線形一次式の形で表せると仮定して、観測値と予測値から線形一次式の係数を重相関解析と呼ぶ統計処理で決める方式です。

　たとえば、降水量のガイダンスを作成する場合、まず、どのような数値予報の出力値が観測の降水量に関係するかを調査します。その結果、たとえば、850hPaの風の北東－南西成分、北西－南東成分、安定度、850hPaの相当温位、湿潤層の層厚などが関係すると考察されたとします。これらは**予測因子**（＝**説明変数**）と呼ばれます。そこで予報したい降水量の予測式を組み立てます。予報したい要素は**被予測因子**（＝**目的変数**）と呼ばれます。上の場合の被予測因子は降水量であり、線形一次式は次式のように表せます。

　　降水量＝ a×（850hPaの風の北東：南西成分）＋b×（850hPaの風の北西：南東成分）＋c×（安定度）＋d×（850hPaの相当温位）＋e×（湿潤層の層厚）＋f×（850hPa上昇流）＋g×（凝結量）＋（モデル出力の予想降水量）＋定数

　この式に、数年間の観測値と数値予報の予測値を適用して重相関解析を行

× MOSは、数値予報で予想された各物理量と実際に観測された天気要素との間の統計的関係式によってガイダンスを作成する手法であり、数値予報モデルの系統的な誤差を除去できる。

い、最も確からしい係数a、b、c、…を定めたものが降雨量を予報するガイダンス式であり、場所と時刻ごとにそれぞれの式が作成されます。予報の段階で、数値予報のデータを右辺に代入して予報降水量が翻訳結果として得られます。最初に関係式を作成する段階で過去のデータの統計を用いるので、人間が経験を用いて判断するのと似ていますが、より客観的といえます。

詳しく知ろう

- **PPM**（Perfect Prognostic Method）：MOSとよく似た手法であり、数値予報の予想値の代わりに、実況値（あるいは数値予報の初期値）を用いて、予報する天気要素との間の統計的関係式を作成しておく手法です。PPMの場合には数値予報モデルの変更には左右されませんが、数値予報モデルに系統的誤差があれば、PPMを通して得られる予測値にモデルの誤差が入りこむ欠点があり、一般にMOSによる天気翻訳より精度が低く、現在の天気予報ガイダンスではほとんど用いられていません。

1-3　カルマンフィルター法とニューラルネットワーク法

　当初のMOSガイダンス計算法として用いられた重相関解析法では、少なくとも過去数年分のデータの蓄積が必要であり、数値予報モデルの改良更新に即応できないという短所がありました。現在は、この短所を改善した**カルマンフィルター**（**KLM**）や**ニューラルネットワーク**（**NRN**）を用いた統計的関係式が天気予報ガイダンスの作成の主流となっています。

　KLMの手法で、線形一次式の統計的関係式を作成するのは、従来の重相関解析法と同じです。従来は、線形一次式の係数を過去数年分のデータから求めたのに対し、KLMの場合は最初の短期間（1か月程度）で係数を求め、その後はガイダンス計算のつど係数を自動更新して、統計的関係式を用いる方式です（これを逐次学習といいます）。すなわち、ガイダンス計算の際に前回のガイダンス値と観測値から誤差を調べ、誤差に見合った、より適切な係数を計算し直して次回のガイダンス値の計算に用いるのです。このため

豆テストQ　ガイダンスの計算法のひとつのカルマンフィルター方式は逐次学習機能を備えており、数値予報の予想と実際の天気要素との間の統計的関係の係数をガイダンス計算のつど自動的に更新する。

Chapter 10
天気翻訳と確率予報

KLMでは、数値予報モデルの変更にも数週間から1か月程度で対応できるので、モデルの改善に柔軟に対応できる手法です。図：専10・1は計算の流れ図です。

図：専10・1　KLM法の計算の流れ図（気象庁）

最適化した係数　$C_i(t-1/t-1)$
　↓(3)
推定係数　$C_i(t/t-1)$　→(1)→　予測値　$Y(t/t-1)$
　↓(2)　　　　　　　　　　　　観測値　$Y(t)$
最適化した係数　$C_i(t/t)$
　↓(3)
推定係数　$C_i(t+1/t)$　→(1)→　予測値　$Y(t+1/t)$

一方、NRNの手法は、数値予報モデルの物理要素や、これらの予測因子と実況との間で多次式や階段関数のような非線形を含めた統計的関係式を求めるものです。非線形を含めた統計的関係式を求める計算方法はアルゴリズムによってブラックボックス化されており、KLM法と比べて複雑です。

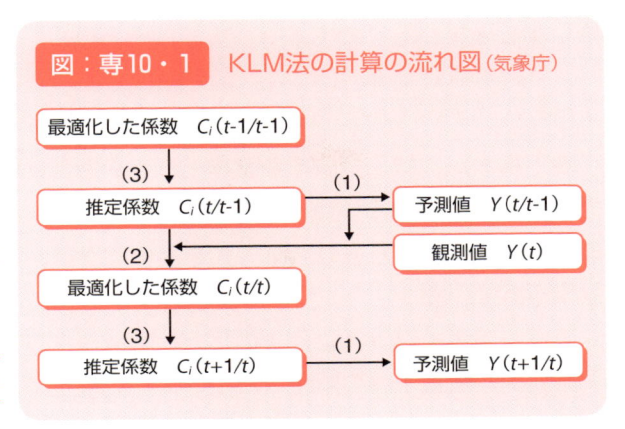

NRNはKLMの場合と同じように、多くはガイダンス作成のたびに予報誤差が最小になるように逐次学習して対応関係を見直す方法をとります。非線形の関係式を含む利点を生かして天気要素や最小湿度などの予想に用いられています。KLMと同じく数値予報モデルの変更にも柔軟に対応できる特徴があります。

KLMやNRNによる方式では数値予報モデルの変更に対して、自動的な逐次学習により、せいぜい1か月程度で新モデルへの適応ができるという大きな長所があります。しかし、大気の状態を学習した期間の状況から大きく変動したような場合は、新しい状況を十分に学習し終わるまで一時的に精度が低下する場合があります。たとえば、急激に発生する大雨予報や梅雨型の気圧配置から夏型の気圧配置に移行するときの気温予報などは、予報誤差が大きい場合があります。このため、ある一定期間のガイダンスの平均精度は、KLMやNRNも従来の重回帰式と大差はないという結果が得られています。

なお、ガイダンスでは数値予報モデルの気圧系の移動速度（位相のずれ）の誤差は修正されません。これらについては予報官が予報作成作業の中で、実況値との比較や他の予報手法（たとえば概念モデルの利用）を用いて判断・

豆テストA　○ 記述の通り。また、カルマンフィルター方式（KLM）は、従来の重相関解析方式に比べて数値予報モデルの改善に柔軟に対応できる。

修正する必要があります。

1-4　気象庁の天気予報ガイダンスと利用上の注意

　表：専10・1は、気象庁が全球モデルをもとに作成している主な天気予報ガイダンスの要素、対象領域、対象時刻、作成手法をまとめたものです。KLMとNRNのどちらの計算方式を用いるかは、それぞれの長所を生かして適用されています。

　天気予報ガイダンスには次のような特徴があります。
① 系統的な数値予報の誤差（バイアス）を補正できる。
② 数値予報では不十分な地形効果を表現できる。
③ 擾乱の位相（遅れ進み）のズレは補正できない。
④ 大雨など顕著な現象の量的表現は精度が悪い。

表：専10・1　気象庁が作成している主な天気予報ガイダンス

要素	対象領域	対象時刻	作成手法
3時間天気（晴・曇・雨・雪）	20km格子	3時間ごと84時間先まで	NRN
3時間降水量	20km格子	3時間ごと84時間先まで	KLM
6時間降水確率（地点確率）	20km格子	6時間ごと81時間先まで	KLM
最高気温（初期時刻00、18UTC）	アメダス地点	当日、翌日、翌々日9〜18時	KLM
最高気温（初期時刻06、12UTC）	アメダス地点	翌日、翌々日、3日後9〜18時	KLM
最低気温（初期時刻00、18UTC）	アメダス地点	翌日、翌々日、3日後0〜9時	KLM
最低気温（初期時刻06、12UTC）	アメダス地点	翌日、翌々日、3日後0〜9時	KLM
気温	アメダス地点	1時間ごと84時間先まで	KLM
風	アメダス地点	3時間ごと84時間先まで	KLM
最小湿度（初期時刻00、18UTC）	気象官署	翌日、翌々日0〜24時	NRN
最小湿度（初期時刻06、12UTC）	気象官署	翌日、翌々日、3日後0〜24時	NRN
3時間発雷確率（地域確率）	20km格子	3時間ごと84時間先まで	NRN

豆テストQ：気温の低い状態が続いた直後に急に気温が高くなると、KLMはしばらくのあいだ誤差の大きい気温予測をし続けることがある。

Chapter 10 天気翻訳と確率予報

⑤統計的な手法のため、<u>平均的な予報になりやすい</u>。
⑥<u>急激な天候の変化には対応できない</u>。
⑦<u>通常は現れにくい気圧配置が出現した場合には精度が低下する</u>。

　ガイダンスは天気予報の作成にすぐ使えるような形になっており、ガイダンスから予報文を作成しても一定の精度があります。気象庁が図形式で提供している天気分布予報や地域時系列予報は、ガイダンスをもとに作成されています。

　ガイダンスは数値予報の結果が出力されるたびに作成されますが、数値予報の出力回数は限られ、出力された時点で見れば数時間前の古い観測データに基づいた計算結果です。ところが、予報官は常にガイダンスより数時間以上も新しいレーダー、アメダス、気象衛星などの観測値(実況データ)を手にしています。この実況値を用いればガイダンスの修正が可能であり、修正によって予報の精度向上を図ることができるのです。

　なお、防災気象情報と航空予報のためにメソ数値モデルをもとにしたガイダンスも作成されていますが、一般向けの配信は行われていません。

> **ここで学んだこと**
> ・天気翻訳とは、数値予報の予測結果をもとに天気予報に置き換えることをいい、このために作成される資料を天気ガイダンスという。
> ・ガイダンスは主にMOS(モデル出力統計方式)で作成されており、その計算手法にはカルマンフィルター法(KLM)やニューラルネットワーク法(NRN)がある。

2 確率予報

2-1 確率予報

(1)降水確率

　天気予報の精度改善は着実に進んでいます。しかし、たとえば明日の降水

豆テストA　○　KLMは過去数日間の気象状態に適合するように統計的関係式の係数を遂次最適化しているので、急激に極端な変動があると、誤差の大きな予測値がしばらく続くことがある。

の有無を適中率でみた場合、1950年頃の70％強から現在80％強まで向上しましたが、まだ予報はときどき外れます。天気予報は誤差を伴う情報なので、天気予報を信頼してそのまま利用することには問題がありますが、誤差があるからといってまったく無視するのでは情報が無駄になります。そこで誤差情報も含めた合理的な天気予報として開発されたのが**確率予報**です。

現在、気象庁から発表されている天気予報の中の確率予報は、6時間ごとの予報対象期間に「1mm以上の降水（雨または雪）」が発生する**降水確率**です。確率値は0％から100％まで、10％きざみで発表されます。

降水確率は、天気予報と同じ**一次細分予報区**で発表されますが、その予報区内のどこかで降水のある確率を予報しているのではありません。地域内のそれぞれの地点での降水確率を予報するものなのですが、地点ごとに差をつけるだけの予報技術がないので、地域内の平均値を発表しています。このような確率を**地点確率**と呼んでいます。降水確率は、数値予報の出力値を説明変数として、MOS法のKLM計算法によって作成されています（表：専10・1参照）。

詳しく知ろう

- **予報区**：予報区は次の4段階に分けられている。
  ①地方予報区（11区）：北海道・東北・北陸・関東甲信・東海・近畿・中国・四国・九州北部（山口県を含む）・九州南部・沖縄。
  ②府県予報区：各都府県と、北海道および沖縄県を地域ごとに細分した予報区。
  ③一次細分区：府県予報区をいくつかに細分したもので、府県天気予報を定常的に行う区域。
  ④二次細分区：注意報・警報の発表に用いる区域で、原則的には市町村が対応する。

降水確率について注意すべき点は、降水量の多少や降水時間の長短を予報するものではなく、降水確率の数値が大きくても雨や雪が強く降るという意

豆テスト Q　気温ガイダンスは、数値予報モデルが放射冷却による気温の低下を十分予測できない場合でも、その誤差を軽減することができる。

Chapter 10
天気翻訳と確率予報

味ではない、ということです。また、予報対象地域の面積が大きくても降水確率が大きくなることはなく、予報地域の広さには関係しません。なお、降水確率70％とは、降水確率70％という予報が100回出されたとき、実際に降水があるのは約70回ということを意味しています。

　確率予報の精度の検証では、**信頼度**（発表確率に対して現象の出現確率が同じかどうかを表す指標）と分離度（確率0％または100％に近い値がどれだけ発表できるかを表す指標）の2つの面から評価する必要があり、この2つをあわせて評価する検証指数が**ブライアスコア**です（専門知識編14章参照）。信頼度は上記の70％の予報が100回出されたときに実際に70回降水があったかどうかを検証するもので、値別出現率が45度の線上にあり、予報確率と現象の出現確率が同じであれば信頼度が高いといえます。

　図：専10・2は2001年における関東甲信地方の9地方気象台の17時発表の18－24時降水確率予報について信頼度を検証した例です。粗っぽくみれば信頼度はあるといえますが、予報確率が20％前後と70％前後での信頼度が低くなっています。

　週間天気予報も降水確率を発表していますが、この場合の降水確率は、対象時間とする24時間に1mm以上の雨または雪の降る確率を示します。なお、たとえば対象となる24時間内の6時間ごとの降水確率が、すべて30％である場合、同一予報対象地域の24時間の降水確率は30％以上となります。

図：専10・2　降水確率予報の予報値と実況降水率
（縦棒：発表回数（総数3285）に対する比）（気象庁）

豆テスト A ○　数値予報モデルが放射冷却による気温低下の予測が不十分でも、そのことを気温ガイダンスが学習機能によって取り込むので、予報誤差を軽減できる。

(2) 発雷確率

　気象庁の部内資料として、**発雷確率**のガイダンスが3時間ごとの予報対象期間を対象に計算されています（表：専10・1）。発雷高度は、地上3km未満、3～5km未満、5km以上に分けられています。

　発雷は発生度数が少ないので、地点確率としては小さい確率の予報になります。このような場合には地域確率で表現します。**地域確率**とは、「予報対象地域内のどこかで現象が発生する確率」のことで、気象庁の発雷確率の場合は20km格子ごとに作成していますが、対象の20km格子を含む周辺6格子（60km四方）での発雷の有無が計算されています。防災関係者にとっては、担当地域内のどこかで発雷があることに関心があるので、地域確率の予報のほうが使いやすいのです。

　なお、確率予報は、季節予報（専門知識編7章）や台風予報（専門知識編12章）でも発表されているので、詳細は各章を参照してください。

詳しく知ろう

- **その他の確率予報**：まだ実用化されていないが、気温や風のように数値で表現される天気要素も、ある基準を設定し、それを超すかどうかを予報する場合に確率表現が可能である。最高・最低気温や最大風速などの基準値を設定し、それを上回る（または下回る）確率であり、たとえば、「最高気温が30℃を超える確率」「最大風速が10m/sを超える確率」などが考えられる。

2-2　確率予報の利用とコスト/ロス・モデル

　気象によって大きな影響を受ける事業では、それによって被る損失を軽減するために対策を行うかどうかの意思決定の方策を用意しておきたいものです。確率予報に基づいて損失を軽減するための意思決定をモデル化したものが**コスト/ロス・モデル**です。

　コスト/ロス・モデルの利用では、まずコストとロスを把握しておく必要

豆テストQ：数値予報において前線や擾乱の予想位置に遅れや進みがあっても、降水量ガイダンスでは、降水域の位置的なずれの誤差を軽減できる。

があります。コスト（C）とは対策に要する費用、ロス（L）とは対策をとらなかった場合に被る損失です。

　このモデルによると、損失の生ずる気象現象の発生確率がP（小数で表現）と予報されたとき、Pとコスト/ロス比（C/L）を比べ、$P>C/L$の場合に対策をとるという意思決定を何回も繰り返した場合に、正味の利益（損失軽減額－対策費）を最大にできます。このように、合理的な気象予報の利用には、予報が確率予報であることが必要です。また、損失を防ぐための対策について、コストとロスが評価されていなければなりません。

詳しく知ろう

- **コスト/ロス比（C/L）**：N回の予報に対して、対策をとった場合の費用はNCである。確率値PのN回の予報に対して、損失が発生する回数はPNであり（信頼度が完全な場合）、損失額はPNLとなる。確率予報で対策をとる場合には、NCの費用をかけることで、PNLの損失を回避できることになる。すなわち、$PNL-NC>0$の場合には、確率予報を利用することで費用をかけても損失額を軽減できることになる。この不等式から、$P>C/L$が導出できるので、C/Lより大きな確率予報が発表されたときに対策をとればよい。

　図：専10・3は、降水確率予報の場合に、降水の「あり」「なし」のみを予報するカテゴリー予報に比べて、確率予報がどれくらい有利かを示したものです。横軸はコスト/ロス比であり、縦軸はそれぞれのコスト/ロス比についてユーザーが予報に従って対策をとった場合の正味の利益（損害軽減額－対策費）です。

　なお、図中の**カテゴリー予報**とは、現象が生じるかどうかを表現した予報のことで、確率予報をカテゴリー予報に変換するには、確率予報の値が50％以上なら現象が「あり」などと決めておきます。

　図：専10・3では利益はすべて「対策によって軽減できる損失額」を1として表現してあります。図には完全適中予報の場合の利益も示してあり、完全適中予報ではすべてのコスト/ロス比について利益最大になっています。

豆テストA ✗ 数値予報の初期値に含まれている誤差によって数値予報の結果に生じる現象発現の時間的なずれは、系統的な誤差ではないので、ガイダンスでは軽減できない。

一方、確率予報の利益は常にカテゴリー予報の利益を上回っています。特にコスト/ロス比が0と1の近辺で大きく上回っています。

　また、カテゴリー予報では、コスト/ロス比が大きい場合に利益が負となり、対策をとることによってかえって損失を被ることがわかります。つまり、対策費がかかりすぎて、損失軽減額を上回ってしまうのです。特にコスト/ロス比の小さいところで、確率予報の利益がカテゴリー予報を大きく上回り、完全適中予報の利益に接近していることもわかります。たとえば、気象災害から人命を守るための避難などは、コスト/ロス比がきわめて小さい対策であり、確率予報が効果的なケースです。この場合、コスト/ロス・モデルに従えば、ごく小さな発生確率の予報でも対策をとることになります。つまり、確率予報の場合は小さな確率値でも重要な意味をもつことがあるのです。

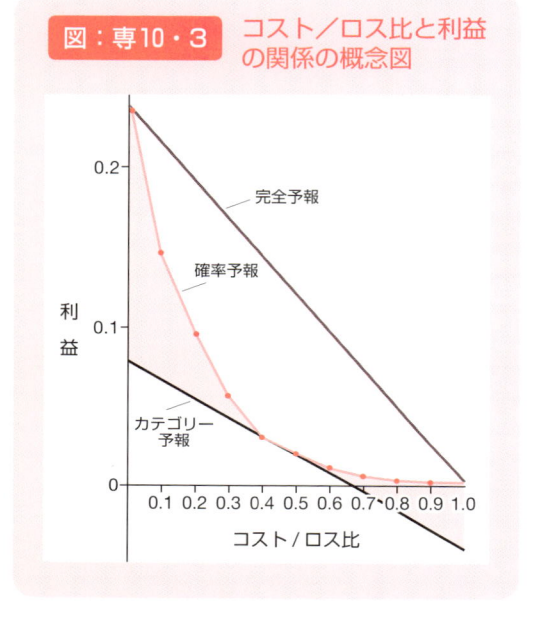

図：専10・3　コスト/ロス比と利益の関係の概念図

ここで学んだこと

- 確率予報は誤差を含む天気予報の発表形態のひとつである。
- 降水確率予報は、予報対象期間に「1mm以上の降水（雨または雪）」が発生する確率の予報である。
- 降水確率は地点確率であるが、実際には地域内の平均値を発表している。
- コストをかけて気象災害の対策をとるかどうかの意思決定には、コスト/ロス・モデルを利用できる。

豆テストQ　風ガイダンスは、積乱雲による突風やダウンバーストを予測できる。

Chapter 10
天気翻訳と確率予報

理解度checkテスト

Q1 気象庁は数値予報の予測を基にカルマンフィルターの手法を用いて、降水量ガイダンスや気温ガイダンスを作成して、天気予報の基礎資料として利用している。これらのガイダンスについて述べた次の文(a)～(d)の正誤の組み合わせとして正しいものを、下記の①～⑤の中から一つ選べ。

(a) 過去の予報や観測データを長期間にわたって集めて事前に学習させる必要がないために、数値予報モデルの改良・更新にすばやく対応ができる利点がある。

(b) 予報誤差を小さくするように予測式の係数を修正していくが、予報誤差の急激な変化には対応できないため、気温が高い状態が続いている直後に急に低い状態になると、しばらくの間、誤差の大きな気温の予測値を出力し続ける場合がある。

(c) 集中豪雨などで極端に大きな降水量となると、その値がガイダンスに取り込まれて予測係数を大きく修正しすぎてしまい、しばらくの間、過大な降水量の予測値を出力し続ける場合がある。

(d) 数値予報モデルで予想された降水域の位置が実際の位置から外れていたとしても、それを適切な位置に修正して誤差を大幅に減らすことができる。

	(a)	(b)	(c)	(d)		(a)	(b)	(c)	(d)
①	正	正	正	誤	④	誤	誤	正	正
②	正	正	誤	正	⑤	誤	誤	誤	正
③	誤	正	正	誤					

Q2 気象庁が発表している降水確率予報について述べた次の文章(a)～(d)の正誤の組み合わせについて、下記の①～⑤の中から正しいものを一つ選べ。

(a) 降水確率予報は、予報対象時間に1mm以上の降水がある確率を表している。

豆テストA ✕ ガイダンスは数値予報の予測にない現象は予測できず、数値予報では積乱雲の発生・移動を予測できないので、風ガイダンスでも予測できない。

(b)「降水確率90％」という予報は、「降水確率10％」という予報より強い降水があることを表している。
(c)「12時から18時までの降水確率が100％」という予報は、降水が6時間連続することを示している。
(d) ある地域に対する「降水確率80％」という予報は、その地域内のどの地点でも降水確率が80％であることを表している。

	(a)	(b)	(c)	(d)		(a)	(b)	(c)	(d)
①	正	誤	正	誤	④	正	正	正	誤
②	正	誤	誤	正	⑤	誤	正	誤	正
③	誤	正	誤	誤					

解答と解説

Q1 解答①　（平成19年度第1回専門・問12）

(a) 正しい。カルマンフィルター法は、比較的短期間のデータで関係式を作ることができるので、数値予報モデルの変更にすばやく対応できます。
(b)、(c) 正しい。カルマンフィルター法は関係式の係数を逐次学習するので、過去数日間に目的変数の気温や降水量に極端な変化があると、これに合わせた係数に調整され、その後のガイダンス値は誤差が大きい場合があります。
(d) 誤り。MOSガイダンスは、数値予報モデルの系統的な誤差は除けますが、ランダムな誤差は除けません。降水域の予想位置が観測値と異なるのはランダムな誤差の例です。

Q2 解答②　（平成15年度第1回専門・問11）

(a) 正しい。気象庁の降水確率の基本的な定義です。
(b) 誤り。降水確率の予報値は、降水の強さを表すものではありません。「降水確率90％」とは、同じ予報が100回行われた時、90回は1mm以上の降水があることを意味しています。

豆テストQ　ある日のある地域の6時間ごとの降水確率予報がすべて50％のとき、その日1日を通しての降水確率予報は50％以上になる。

Chapter 10 天気翻訳と確率予報

(c) 誤り。「降水確率100%」は、予報対象域で予報対象期間の6時間に1mm以上の降水がある確率が100%であり、予報対象期間内の時間帯にかかわらず1mm以上の降水があることを意味します。

(d) 正しい。<u>気象庁の発表する降水確率は地点確率であり、発表する確率値は予報区の平均値です。</u>

これだけは必ず覚えよう！

・天気予報ガイダンスの特徴：
　①数値予報の系統的な誤差は補正できるが、擾乱の位相（遅れ進み）のズレは補正できない。
　②地形効果を表現できる。
　③大雨など顕著な現象の量的表現は精度が悪い。
　④統計的な手法なので平均的な予報になりやすい。
　⑤急激な天候の変化には追随できない。
　⑥通常は現れにくい気圧配置が出現した場合には精度が低下する。
・MOS（モデル出力統計方式）は、天気予報ガイダンスの作成手法のひとつ。
・カルマンフィルター（KLM）は学習機能のあるガイダンス計算手法であり、数値予報モデルの変更にすばやく対応でき、誤差が最小になるように自動的に逐次修正できる。

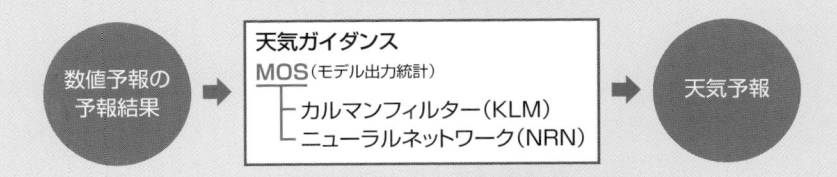

数値予報の予報結果 → 天気ガイダンス　MOS（モデル出力統計）　├ カルマンフィルター（KLM）　└ ニューラルネットワーク（NRN） → 天気予報

・降水確率がP（小数表示）ということは、N回の予報のうち実際に1mm以上の降水がNP回あることを意味し、降水の強さには関係ない。
・降水確率は地点確率であり、確率値は予報区の平均値。
・コスト/ロス・モデルによると、発生確率がPのとき、$P>C/L$の場合に対策をとると正味の利益（損失軽減額−対策費）を最大にできる。

○ 同じ降水確率が複数の予報期間にわたって続く場合、その対象期間全体の降水確率はその確率よりも高くなる。

Chapter 11
降水短時間予報

出題傾向と対策

◎降水ナウキャストを含めて毎回1問は出題されている。
◎降水短時間予報と降水ナウキャストの計算方法と予報の利用の留意点を確認しておく。
◎竜巻発生確度ナウキャストと雷ナウキャストについても学習しておこう。

1 降水短時間予報

1-1 短時間予報

　数値予報は、総観規模の現象をもっとも精度よく予想できますが、総観規模よりも小さなメソβ、γスケールの現象の予報は困難です。しかし、メソβ、γスケールの現象をもたらす総観規模の大気状態は予想できているので、最新の観測データをそのまま時間的に補外する方法や、数値予報の予測結果を一部修正する方法で、数時間先までの気象現象の予想が可能です。これが**短時間予報**であり、降水について6時間予報と1時間ナウキャストが行われています。

　このような短い予報期間の場合は、時間的に1時間や10分程度のきめ細かさと、空間的に細かい分解能の降水域分布を予報しなければ有用性はありません。現在の短時間予報が降水に限られているのは、予報の基本となる時間的・空間的にきめ細かな観測が行われているのが降水量だけだからです。

　現在、気象庁が発表している降水短時間予報は、「過去の降水分布の補外移動」と数値予報の降水量予測の結合という、最も単純な手法で行われています。補外（外挿ともいう）とは、ある物理量（たとえば気圧値、降水分布域など）が、格子点や時刻ごとに与えられているとき、その既知の値の変化傾向が未知の値にも適用されるものとして、外側に向かって延長して推定値

> **豆テストQ** 降水短時間予報は、アメダスの降水量データを初期値とし、実況補外型予測（EX6）とメソ数値予報モデル（MSM）を結合した結合予測（MRG）によって計算されている。

を求める方法です。

1-2　降水短時間予報

降水短時間予報は、図：専11・1で示す流れ図のように、解析雨量の実況補外型予測とメソ数値予報モデルの結果を結合した予測です。

(1)実況補外型予測

実況補外型予測（**EX6**）の計算の流れは、図：専11・1にも示してありますが、最初に行うのは、初期値と移動速度の決定です。

初期値には1kmメッシュ（格子）でデジタル化された解析雨量を用います。レーダー観測をもとに作成された解析雨量は、雨量計のように陸上に限定されず、日本周辺の海上もカバーしているので、降水域が海上から接近する日本列島の降水予報には不可欠なデータです。

移動速度としては、過去3時間の解析雨量図を用い、**パターンマッチング**と呼ばれる手法で格子間の相関スコアを計算し、これに対応する移動ベクトルを計算します。この移動ベクトルは場所によって差があるので、50km四方の領域ごとに計算し、その後各1kmメッシュに内挿されます。

なお、強雨域は周辺の雨域と異なった動きをすることがあるので、10mm/h以上、30mm/h以上の強雨域が存在する場合には、この強雨域のみの解析雨量図を用意して上と同じパターンマッチング手法による移動ベクトルを求

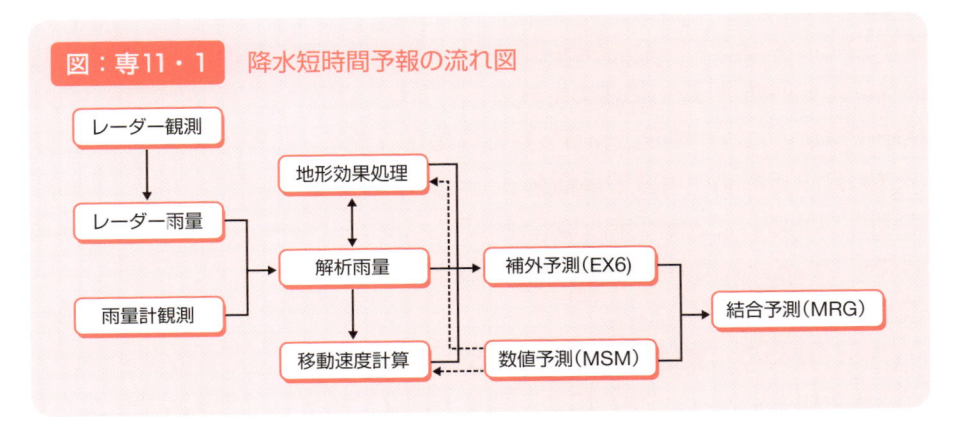

図：専11・1　降水短時間予報の流れ図

レーダー観測 → レーダー雨量 → 解析雨量
雨量計観測 → 解析雨量
地形効果処理 ↔ 解析雨量
解析雨量 → 補外予測(EX6)
移動速度計算 → 補外予測(EX6)
数値予測(MSM) → 結合予測(MRG)
補外予測(EX6) → 結合予測(MRG)

豆テスト ✗　降水短時間予報は、実況補外型予測とメソ数値予報モデルの結合の結合予測によるが、初期値はアメダスの降水量データではなく、解析雨量である。

め、これを上で求めた移動ベクトルに埋め込む方法が行われています。

次に、地形効果による降水の増減の処理をします。この処理は、降水強化（＝地形性降水）、降水衰弱の２つに分けて行います。

降水強化については、**種まき雲**（**シーダー**ともいう）となる降水域が山岳地域に到達して、これから降る雨が山頂にある**育成雲**（**フィーダー**という）にかかると、育成雲がもっている地形性可降水量の分だけ降水強化が生じるメカニズムを考えます。地形性可降水量はメソ数値予報モデルの下層（900hPa）風と温度を用いて計算します。

降水衰弱は、山を越えた非地形性降水に対して、山頂を越えてからの経過時間によって非地形性降水を減衰させるメカニズムを考えます。あらかじめ山越え以前と以後の降水を調べ、減衰の程度を示す統計的なパラメータを計算しておきます。山を越えられないと判断した場合には初期値の非地形性降水部分を減じ、山を越えると判断した場合には降水衰弱のメカニズムを用いて降水を衰弱させます。

最後の**予想降水量の計算**では、実況補外型予測の予測処理では計算時間の制約から、２時間予報までは1km格子、それ以降は2km格子で計算しています。予測初期値には、解析雨量の計算段階で得られるレーダー雨量係数を初期時刻のレーダーエコー強度に乗じて補正した雨量強度を使用します。この雨量強度は地形性降水も含んだ値です。

予測計算では、初期値の移動しない地形性降水と移動する非地形性降水を、降水強化のメカニズムで地形性可降水量を用いて分離します。分離した非地形性降水初期値は、最初に求めた移動ベクトルにより、一定の時間間隔（1km格子では２分、2km格子では５分）で移動させます。この時間間隔ごとに地形効果による降水の増減の評価をし、必要に応じて降水量の加算をします。こうして計算した２分（または５分）ごとの雨量を格子ごとに積算して、６時間までの各１時間の予測雨量を作成します。

(2) 結合予測

EX6は初めの精度はよいが、時間とともに急速に低下します。一方、メソ数値予報モデル（MSM）による雨量予測は、最初の精度はあまりよくな

> 実況補外予測は、初期値の状態がその後も継続すると仮定した予測法なので、２～３時間以降は精度が急激に低下する。

Chapter 11
降水短時間予報

いのですが、予報後半でも精度の低下が小さく、EX6を上回ることが多いのです。したがって、両者を適切な比率で結合すれば、両者それぞれ単独の予測よりもよい予測が得られ、**結合予測**（**MRG**：マージ）が最も精度がよくなります。

結合予測のEX6とMSMの重み比率は、予報前半ではEX6の重みを高く、後半では低くなるようにして、毎回の予測ごとにEX6とMSMの予測精度を検証して決められます。

図：専11・2は、気象庁のホームページで提供されている降水短時間予報の一例です。2004年6月から気象レーダーの1kmメッシュ化が実施され、現在の解析雨量が30分ごとに作成されていることから、降水短時間雨量も

図：専11・2　解析雨量と降水短時間予報の例（気象庁）
（2008年9月18日台風第13号）

左上：初期図（解析雨量図：9月18日21時）、右上：1時間予報図、左下：2時間予報図、
右下：5時間予報図

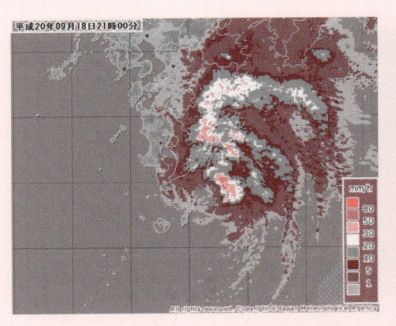

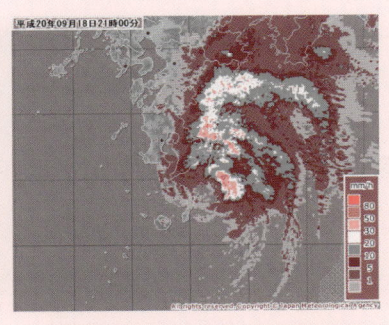

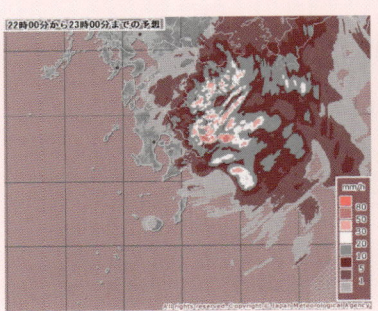

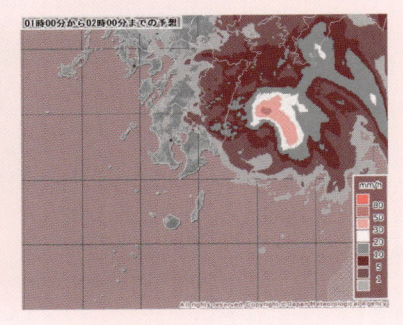

○ 記述の通り。これを補うために、初めの精度はあまりよくないが予報期間後半でも精度の低下が小さいメソ数値予報モデルを結合した結合予測で予測している。

1kmメッシュ、30分ごとの6時間予報になっています。

　図：専11・2右上の1時間先や左下の2時間先の1時間雨量分布予想図と、左上の初期値を比較すると、単純に移動ベクトルで外挿したものでないことがわかります。

1-3　降水短時間予報の利用上の留意点

　降水短時間予報図の利用上の留意点として、次の項目が挙げられます。

① 大規模な降水系に対してはある程度の精度を保つことができるが、小規模な降水系に対しての予想の精度は、時間とともに急速に低下するので、常に最新の予報を使うようにする。

② 1～3時間予報では、初期図に現れていない降水域が新しく生じることはないが、4～6時間予報ではメソ数値予報モデルの中で予測された降水域が新しく生じる可能性がある（図：専11・2右下の5時間予報図を参照）。しかし、2つの違った手法の予測結果を結合しているので、1本の降水バンドが2本に予測されるなど不自然な降水分布になることがあるので、降水系全体の動きを把握するために利用する。

③ 降水短時間予報では降水が雨か雪かの判別は行っていないので、予報される降水量が雪になる場合には注意が必要である。

ここで学んだこと

- 短時間予報では降水6時間予報と1時間ナウキャストが行われている。
- 降水短時間予報は、解析雨量の実況補外型予測（EX6）とメソ数値予報モデルの予測結果を結合した結合予測（MRG）になっている。
- 降水短時間予報では、小規模な降水系に対しての予想の信頼度は時間とともに急速に低下する。

豆テストQ　降水短時間予報では、地形による降水量の増減を計算できない。

Chapter 11
降水短時間予報

2 ナウキャスト

2-1 降水ナウキャスト

　主として初期時刻の詳細な実況の補外を基本として1時間先とか3時間先程度までを予測する短時間予報を**ナウキャスト**と呼びます。ナウキャスト（nowcast）という用語は、now（現在）とforecast（予報）を組み合わせた造語です。

　降水短時間予報は30分ごとの出力なので、水平スケールが小さくて急速に発達する降水には向きません。しかし都市型の災害では、激しい雨が降り出してから30分以内に中小河川の増水や浸水などの被害が発生することがあります。

　このような災害に対しては、時間的・空間的に高解像度の予測が必要です。このため気象庁では、2004年6月から**降水ナウキャスト**と呼ばれる予報を開始しました。

　この種の予報では、予報対象時間を短くし、頻繁な更新が必要なことから、現在の降水ナウキャストでは5分刻みに1時間先までの降水強度分布を予測し、5分ごとに更新しています。たとえば、9時のレーダー観測後の9時3分頃には、9時5分、10分、15分、…10時00分までの各5分間降水強度予想が発表されます。観測時刻から3分以内に配信されるので、実況に合わせた素早い予想ができます。

　予測技術は基本的に降水短時間予報と同じですが、雨量換算係数は1時間程度の短時間では大きく変化しないと仮定して、予報値を作成する移動ベクトルは降水短時間予報で算出したものを利用し、降水域の発達・衰弱や地形性降水を考慮しないなど、計算を簡略化した単純補外手法が用いられています。

　このように処理を簡略化しているために降水短時間予報に比べて精度は劣りますが、その弱点を補うために気象レーダーの観測が行われる5分ごとに

> 豆テストA　✗ 降水短時間予報は地形データとメソ数値予報モデルの風・気温の予測値を取り込んで山岳などの地形による降水量の増減を計算している。

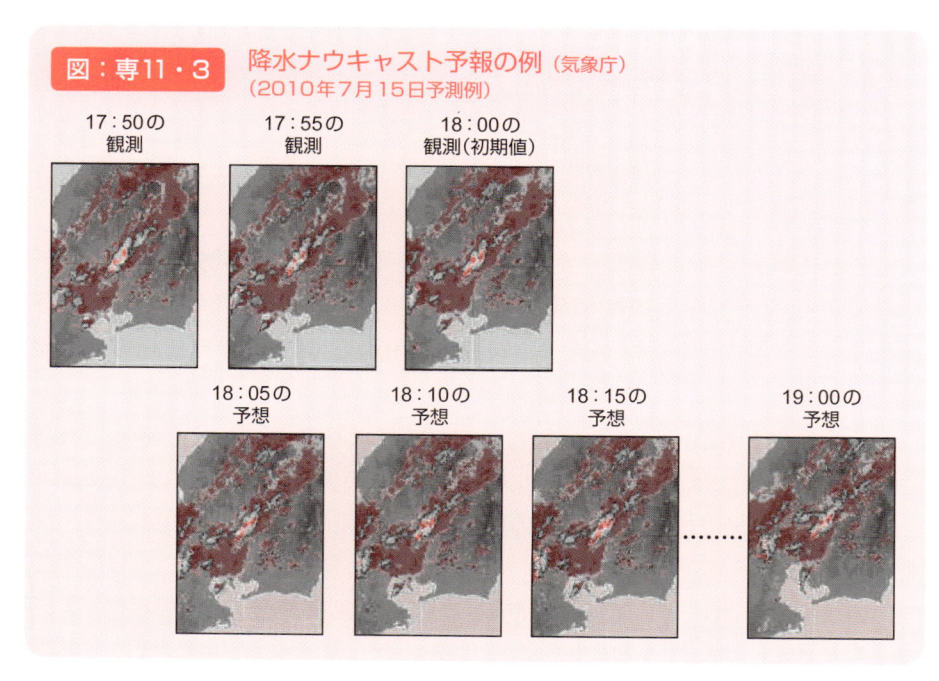

図：専11・3 降水ナウキャスト予報の例（気象庁）
（2010年7月15日予測例）

17:50の観測　17:55の観測　18:00の観測（初期値）

18:05の予想　18:10の予想　18:15の予想　……　19:00の予想

　予測を更新し、ほぼリアルタイムに近い降雨の状況を予測に反映させています。このため、積乱雲のように急速に発達・衰弱する現象も初期値に取り込んで予報に反映できるのです。

　図：専11・3は降水ナウキャストの発表例であり、降水短時間予報と同じように気象庁のホームページで見ることができます。なお、ホームページの降水ナウキャストでは、気象レーダーによる5分ごとの降水強度分布観測と、降水ナウキャストによる5分ごとの60分先までの降水強度分布予測を連続的に表示しています（2011年3月23日から）。

2-2　竜巻発生確度ナウキャストと雷ナウキャスト

　気象庁は、竜巻や雷については気象情報や雷注意報、竜巻注意情報で注意を呼びかけています（専門知識編12章参照）。

　発達した積乱雲の下では、急な強い雨、激しい突風、落雷等の激しい現象が発生します。このような現象に的確に対応するには、刻々と変化する気象

豆テストQ　降水短時間予報の初期時刻に発達期の積乱雲があれば、メソ数値予報モデルで積乱雲の発達・衰弱を予測できるので、降水短時間予報ではその積乱雲がもたらす降水量を精度よく予測できる。

状況に基づいて即時的に行う予報であるナウキャストが有効です。気象庁では平成22年5月27日から、発達した積乱雲に伴う激しい突風を予報する竜巻発生確度ナウキャストと、雷を予報する雷ナウキャストの発表を開始しました。これにより、気象情報や注意報に、竜巻発生確度ナウキャストと雷ナウキャストを組み合わせて有効活用ができるようになりました。

竜巻発生確度ナウキャストは、竜巻などの激しい突風の発生する可能性を判定し、10km四方の格子単位で60分先までの10分刻みの移動予測を10分ごとに行い、図表示で提供するものです。竜巻などの激しい突風が発生する可能性は、表：専11・1のように**2階級の発生確度**で表示されます。

竜巻発生確度ナウキャストの利用方法は次の通りです。

① 事前に竜巻の発生が予想される場合には、半日〜1日前に予告的な気象情報が発表されるので、「竜巻などの激しい突風」への注意を呼びかけます。この段階では、竜巻発生確度ナウキャストには何も表示されません。

② 竜巻が発生する可能性のある数時間前には雷注意報が発表されます。この時点で竜巻発生確度ナウキャストの監視を強めるのが効果的です。

③ 竜巻が発生しやすい（または発生している可能性がある）気象状況になると、竜巻発生確度ナウキャストで発生確度1や確度2が現れます。発生確度2が現れた地域（県など）には竜巻注意情報を発表します。

④ 竜巻注意情報が発表された場合には、竜巻発生確度ナウキャストをあわせて利用し、危険な地域や今後の予測を詳細に把握します。

なお、発生確度1の段階で竜巻が発生することや、発生確度1や2となら

表：専11・1　竜巻発生確度ナウキャストの階級

発生確度1	竜巻などの激しい突風が発生する可能性がある。予報の適中率は1〜5%程度と発生確度2の地域よりは低いが、捕捉率60〜70%程度と見逃しが少ない。
発生確度2	竜巻などの激しい突風が発生する可能性があり、注意が必要である。予報の適中率は5〜10%程度、捕捉率は20〜30%程度である。発生確度2となっている地方（県など）には竜巻注意情報を発表する。

豆テストA　✕　メソ数値予報モデルでは個々の積乱雲の位置や降水量を予測できないので、降水短時間予報の初期値に積乱雲の降水が反映されていても、それによる降水量の正確な予測はできない。

ずに竜巻が発生してしまうこともあります。

雷ナウキャストは、雷監視システムによって検出される雷実況やレーダー観測による雷雲解析を合わせて、1kmの格子単位で雷解析を行い、60分先まで10分刻みの予測を10分ごとに行い、図表示で提供するものです。なお、雷ナウキャストは、雷の激しさおよび雷の可能性を、表：専11・2の通り**4つの活動度階級**で表現されます。

雷ナウキャストの利用方法は次の通りです。

① 広範囲で激しい落雷が予想される場合には、半日～1日前に予告的な気象情報が発表され、「大気の状態が不安定」「落雷に注意」などと言及されます。1日3回発表される天気予報で雷が予想される場合は「雷を伴う」という表現が使われます。この段階では雷ナウキャストには何も表示されません。

② 雷の発生が予測される数時間前には、雷注意報が発表されます。この時点で雷ナウキャストの監視を強めるのが効果的です。

③ 雷注意報の発表中に雨雲が発達を始めると雷ナウキャストで「活動度1」が現れます。この範囲内では、1時間程度以内に発雷の可能性があります。

④ 実際に雷が発生、または直後に雷が発生する可能性が高い状況になった場合には、「活動度2～4」が現れます。雷ナウキャストにより、雷の激しさや、近づく（遠ざかる）などの予測を詳細に把握することができます。

なお、活動度が表示されていない地域でも雷雲が急発達して落雷が発生する場合があります。

表：専11・2 雷ナウキャストの活動度階級

活動度1（雷可能性あり）	現在は雷は発生していないが、今後落雷の可能性がある。
活動度2（雷あり）	雷光が見えたり雷鳴が聞こえる。落雷の可能性が高くなっている。
活動度3（やや激しい雷）	落雷がある。
活動度4（激しい雷）	落雷が多数発生。

豆テストQ：降水ナウキャストは熱雷のように急激に発達する降水に対応するために、5分間の降水の強度を1時間先まで予測し、5分ごとに更新している。

Chapter 11
降水短時間予報

ここで学んだこと

- ナウキャストは1時間先や3時間先程度までを予測する短時間予報である。
- 降水ナウキャストは、対流系の降水に対応するために、1kmメッシュで5分刻みに1時間先までの降水強度分布を予測し、5分ごとに更新される。
- 竜巻発生確度ナウキャストは、10kmメッシュで10分ごとに1時間先まで、竜巻などの激しい突風が発生する可能性が2階級の発生確度で表示される。
- 雷ナウキャストは、1kmメッシュで10分ごとに1時間先までの雷の活動度が4階級で表示される。

理解度checkテスト

Q1 気象庁が発表している降水短時間予報は、実況の降水量分布から主に補外により求めた降水量予測(以下、補外予測という)と、メソ数値予報で計算した降水量予測(以下、数値予測という)を、それぞれの予測精度に応じた重み付けして足し合わせた6時間先までの予報である。この降水短時間予報について述べた次の文(a)~(d)の正誤について、下記の①~⑤の中から正しいものを一つ選べ。

(a) 補外予測の精度は、一般に初期時刻から1~3時間では数値予測より高いが、その後は急激に落ちることが多いため、数値予測を取り入れることによって精度の低下を防いでいる。

(b) 補外予測で予測される強い降水域と数値予測で予測される強い降水域がずれている場合、重み付けして足し合わせることによって降水の強さが弱められる傾向がある。

(c) 降水短時間予報では、地形の影響による降水の強化・衰弱は考慮されているものの、新たな降水域の発生は予測できない。

(d) 降水短時間予報における1時間雨量が1mm程度の弱い降水域は、補外予測の

豆テストA ○ 記述の通り。降水ナウキャストは、急速に発達する積乱雲などの降水に対応するために、1kmメッシュで5分間の降水強度(単位はmm/h)を分布図形式で予測している。

降水域と数値予測の降水域を足し合わせるため、それぞれの降水域よりも広がる傾向がある。

- ① (a)のみ誤り
- ② (b)のみ誤り
- ③ (c)のみ誤り
- ④ (d)のみ誤り
- ⑤ すべて正しい

> **ヒント**
> 実況補外型予測（EX6）とメソ数値予報モデル（MSM）は予測法が異なるので、降水域や降水強度は一致しないのが普通です。

Q2 降水短時間予報と降水ナウキャストについて述べた次の文(a)～(d)の正誤について、下記の①～⑤の中から正しいものを一つ選べ。

(a) 30分毎に更新される降水短時間予報では、熱雷のような急激に発達する降水系を把握できない場合があるので、5分毎に更新される降水ナウキャストも併せて利用するのがよい。

(b) 降水短時間予報では、実況補外型予測とメソ数値予報モデルの降水量予測に最適な重みをつけて両者を結合し、予報期間後半の予報精度の低下を軽減している。

(c) 降水短時間予報では、降水域の移動ベクトルの算出にパターンマッチングの手法に加えメソ数値予報モデルが予測した風などを用いているので、台風のような回転性を持つ降水域の動きの表現が可能である。

(d) 降水短時間予報や降水ナウキャストは気象レーダーの観測結果を用いて作成されるため、気象レーダーの観測結果に上空エコーなどの非降水エコーが含まれていると、その後の予報が影響を受ける場合がある。

- ① (a)のみ誤り
- ② (b)のみ誤り
- ③ (c)のみ誤り
- ④ (d)のみ誤り
- ⑤ すべて正しい

> **豆テストQ** 降水ナウキャストでは、降水短時間予報と同様に、地形による降水の増減を計算している。

Chapter 11 降水短時間予報

解答と解説

Q1 解答③ （平成17年度第1回専門・問7）

(a) 正しい。補外予測の急速な精度の低下を、数値予測との結合によって防ぎ、6時間先までの予報を行っています。

(b) 正しい。補外予測と数値予測は独立した予測法なので、普通、それぞれの降水域や降水強度は一致しません。このため両者を結合すると、それぞれの強い降水強度は弱められて表現されます。

(c) 誤り。補外予測は、手法上、初期時刻にない降水域を新たに作り出せないのですが、数値予測が初期値にない降水域を新たに予測できるので、結合した降水短時間予報では、新たな降水域を予測できることになります。問題文の後半の記述が誤っています。

(d) 正しい。(b)の問題文の解説と同じく、補外予測と数値予測の降水域がずれている場合に、結合により強さは弱まり、弱い降水域は広がります。

Q2 解答⑤ （平成21年度第2回専門・問12改）

(a) 正しい。変化の激しい熱雷の降水予想は、降水6時間予報では把握できないことがあるので、降水ナウキャストの併用が有効です。

(b) 正しい。実況補外型予測が有効なのは一般に1〜3時間先までなので、降水短時間予報では、メソ数値予報モデルの降水予測を結合して、6時間先までの予報を作成しています。

(c) 正しい。降水域の移動速度は、実況補外型予測では主としてパターンマッチング法で求めるので、この手法では回転性の動きは表現できないことがありますが、メソ数値モデルの風予測を併用することで表現可能となっています。

(d) 正しい。降水短時間予報や降水ナウキャストの初期値データは、レーダーエコー強度分布が基本になっています。このため非降水エコーが含まれると、どちらの予報にも影響します。

豆テストA　✕　降水ナウキャストでは、降水短時間予報とは異なり、地形による降水の増減を計算していない。

これだけは必ず覚えよう！

・実況補外型予測が有効なのは3時間先までなので、降水短時間予報では、メソ数値予報モデルの降水予測を結合して、6時間先までの予報を作成している。
・降水短時間予報では、地形の影響による降水の強化・衰弱が考慮されており、新たな降水域も予測できる。
・実況補外型予測とメソ数値予報モデルは予測法が異なるので、降水短時間予報では、それぞれの強い降水強度は弱められ、弱い降水域は広がる。

コラム

「天気予報の歴史」

　気象測器が発明される以前には、雲や風や湿っぽさなどから、「観天望気」の方法で気象の予測が行われていました。17世紀になって温度計や気圧計が発明され、気象要素の観測値を用いて、天気予報の基礎となる地上天気図が作られるようになりました。ブランデス（1820年）がヨーロッパ各地の観測記録を集めて、約40年前の天気図を発表したのが世界で最初です。

　近代的な天気予報の業務化は、フランス政府により1863年から始まりました。クリミア戦争中に暴風雨で戦艦が沈没した原因調査を行ったルベリエが、連続した天気図から低気圧に伴う暴風雨が原因であることを明らかにし、各地の気圧観測値の収集と天気図作成による暴風雨の予報システムを提案したのがもとになりました。日本でもこの20年後の1883年（明治16年）から暴風警報が、その翌年から天気予報が発表されるようになりました。

　その後、地上天気図に加え、1940年代から世界的に行われるようになったラジオゾンデ観測による高層天気図も用いることにより、大気現象の立体構造が明らかにされ、大気の時間変化が流体力学や熱力学の法則で説明できるようになりました。これらの法則を用い、現在の大気状態から将来の状態を計算して天気予報に利用する数値予報の考えが生まれ、リチャードソンが初めて試みました（1922年）。この試みは、大気状態を表す観測値に含まれるノイズが原因で失敗に終わりましたが、その後、各種の観測手法の高度化による大気の理解や計算技術の進歩により、1950年代以降には、数値予報と呼ばれる予報技術が大きく進展し、現在ではこの手法が天気予報の基本となっています。

豆テストQ　一般向けの警報には、気象、高潮、波浪、洪水の4つがあり、このうち気象警報には、暴風雨、大雪、暴風雪の3つがある。

Chapter 12
防災気象情報

出題傾向と対策

◎毎回1～2問が出題されている。
◎災害の防止・軽減のためのいろいろな防災気象情報の発表・通知の仕組みを確認しておこう。

1 防災気象情報

1-1 防災気象情報とは

　自然災害を防ぐ手段は2つに大別できます。ひとつは、洪水災害を防ぐための治山治水事業や、耐震建築のように自然の破壊力に耐えられるように設備・施設を強化することです。この手段は一般に多大の経費を必要とします。
　もうひとつは、人や船舶・航空機の緊急避難のように、気象情報や災害に関する知識を活用して応急的な対策をたてることで被害の軽減を図ることです。災害の応急対策のための予報やこれに関連した情報が**防災気象情報**です。

1-2 警報と注意報

　天気現象に関連して災害の発生するおそれがある場合、各都道府県の地方気象台は各種の**注意報**を発表します。さらに、重大な災害の発生するおそれがあるときは**警報**を発表します。警報・注意報の種類は、一般向けのものとして、「気象」「高潮」「波浪」「洪水」の4つがあります。このうち気象警報は、「大雨」「大雪」「暴風」「暴風雪」に分けて発表されます。気象注意報は、「大雨」「大雪」「強風」「風雪」の現象に加え、注意報だけが発表される現象として、「濃霧」「雷」「乾燥」「雪崩」「着雪」「着氷」「霜」「低温」「融雪」があります。

> 豆テスト A ✗ 航空機向けや船舶向けなど以外の一般向けに発表される警報は、気象、高潮、波浪、洪水の4つだが、気象警報に暴風雨警報はなく、大雨、大雪、暴風、暴風雪の4つである。

なお、法令には「地面現象警報・注意報」および「浸水警報・注意報」も定められていますが、現在のところ標題としては用いずに、気象警報・注意報の大雨警報・注意報や大雪警報・注意報の本文中で警戒や注意が述べられます。地面現象とは、大雨・大雪に伴って起きる山崩れ・がけ崩れ・土石流・地滑りなどの現象を指します。

　警報や注意報は、防災上の効果を考えてできるだけ区域を細分して発表するのが望ましいので、各都道府県の地方気象台は、原則として担当する**府県予報区**（全国の各気象台が担当する予報区のこと）の個別の市町村（東京都の特別区を含む）を対象として発表しています（この予報区を**二次細分予報区**と呼び、平成22年5月27日から実施）。

　なお、ラジオやテレビで多くの人々に一斉に重要な内容を簡潔かつ効果的に伝えられるよう、「市町村をまとめた地域」の名称を用いて、警戒を要する地域を発表する場合もあります。

　警報・注意報とも、各都道府県の地方気象台は担当する府県予報区について気象と災害の関連を調査し、関係する防災機関と協議のうえで発表基準を定めており、この基準に達することが予想された場合に警報・注意報が発表されます。各気象台の基準値は気象庁のホームページで公開されています。

　なお、大雨警報を発表する際には、警戒を要する災害が標題だけでもわかるように、「大雨警報（土砂災害）」「大雨警報（浸水害）」のように警報名にあわせて発表されます。また、地震や火山噴火などにより状況が変化したときには、一時的に発表基準を変えて運用されます。

　災害の発生するおそれがなくなれば、警報・注意報は解除されます。複数の現象について発表する場合は、たとえば、「大雨・暴風・洪水警報、雷注意報」のような形で連記されます。その後状況が変わって、たとえば「洪水警報、強風注意報」に切り替えられた場合には、大雨・暴風警報と雷注意報は解除され、新たに強風注意報が発表されたことを意味します。

　以上は一般の利用に適合する注意報・警報ですが、このほか、船舶や航空機の安全を支援するものがあります。さらに水防法で定められた河川については、国土交通省や都道府県と共同で「指定河川洪水予報」を発表していま

豆テストQ　気象注意報には、大雨、大雪、強風、強風雪のほかに、濃霧、雷、乾燥、雪崩、着雪、着氷、霜、低温、融雪がある。

Chapter 12
防災気象情報

す。これらについては本章の3節、4節で述べます。

1-3 警報・注意報の通知

　防災上きわめて重要な警報は、気象業務法で通知が義務づけられており、警報の種類によってそれぞれ通知先が決まっています。

　警報事項の通知（警報の発表・切り替え・解除）を受けた東日本・西日本電信電話株式会社、警察庁および都道府県の機関は、その通知された事項を直ちに関係市町村長に通知し、さらに、通知を受けた市町村長はそのことを住民および所在の官公署へ周知するように努めることが定められています。

　また、海上保安庁の機関は航海中および入港中の船舶に、国土交通省の機関は航行中の航空機に周知するように努めなければならず、日本放送協会の機関は直ちにその通知された事項を放送するように義務づけられています。日本放送協会以外の報道機関には、気象庁との協力が求められています。

　警報事項の伝達は、民間気象会社など予報業務の許可を受けた者についても気象業務法で、「当該予報業務の目的および範囲に係る気象庁の警報事項を当該予報業務の利用者に迅速に通知するように努めなければならない」と定められています。

1-4 気象情報

　災害をもたらすような現象は、一般に局地的でスケールが小さいものです。その代表例は「集中豪雨」です。気象災害をもたらすもうひとつの代表的な現象である台風は、スケールはかなり大きく局地的とはいえませんが、台風に伴う雨域はレインバンドの集合であり、レインバンドの幅は数十km程度で、地形の影響と相まってしばしば局地的な豪雨をもたらします。台風による災害は、豪雨のほか、暴風およびそれに伴う高潮などによって引き起こされます。この暴風も、特に陸上の吹き方は局地的です。

　災害を防止するには、このような局地的でスケールの小さい現象を正確に予報し、それに基づいて時間的・地域的にできるだけ細かく予想した警報が発表される必要があります。しかし一般に、気象予報は先行時間が長くなる

豆テストA　○ 気象注意報は、記述通りの13種類である。

と精度が悪くなります。たとえば集中豪雨の発生域を24時間前に予想することはきわめて難しいのですが、2、3時間前でならば降水短時間予報などでかなり発生域を特定することができます。しかしながら、精度の高い短時間の警報だけでは防災対策は不十分であり、準備に時間のかかる対策には、精度は高くなくても先行時間の長い気象情報も必要です。

気象情報は、気象災害が起こる可能性がある場合や社会的に影響の大きい天候が予想される場合に発表され、全般気象情報、地方気象情報、府県気象情報があります。

全般気象情報は、おおむね2つ以上の地方予報区にまたがる現象を対象とし、気象庁が発表します。**地方気象情報**は、対象とする現象は全般気象情報とほぼ同じで、2つ以上の府県にまたがる現象を対象に、地方予報区担当気象台が発表します。**府県気象情報**は、府県予報区担当気象台がその担当予報区内に災害が発生する可能性がある場合に発表します。それぞれの気象情報は、たとえば、「強風と大雪に関する関東甲信地方気象情報」のように気象現象名をつけて発表されます。

顕著な現象が起こると予想されたときに発表される先行時間の長い気象情報は、予想精度に限界があることから領域をしぼるのは難しいので、広い範囲の領域に対して現象発生の可能性を事前に予告する内容になっています。たとえば、九州北部地域に大雨情報が発表されたとしても、地域内の特定の地点に着目すれば、必ずしも豪雨に見舞われるわけではありません。

このほか、気象情報には、注意報や警報を補完する役割をもつものもあります。たとえば、大雨現象が府県予報区に接近してきて大雨注意報から大雨警報が発表されたときに、注意報や警報の内容だけでは十分に知らせることのできない現象の変化や量的要素（雨量、時刻、地域など）の現状や見込み、防災上の注意などを逐次具体的に解説します。さらに、特別な情報として記録的短時間大雨情報、土砂災害警戒情報、竜巻注意情報があります。

記録的短時間大雨情報は、各気象台が大雨警報を発表して警戒を呼びかけているとき、担当の予報区内に数年に一度しか現れないような1時間雨量が観測されたときに発表されます。過去の事例から、このような場合には重大

河川が増水し、低地に浸水するなどの重大な災害が起こるおそれがある場合には、浸水警報が発表される。

Chapter 12
防災気象情報

な災害に結びつくことが多いからです。それぞれの予報区で発表基準が決められています。なお、土砂災害警戒情報については本章の5節で述べます。

<u>竜巻注意情報</u>は府県気象情報のひとつであり、「今まさに竜巻、ダウンバーストなどの激しい突風をもたらすような発達した積乱雲が存在しうる気象状況である」という現況を速報する情報で、<u>雷注意報を補足する情報として発表するもの</u>です（平成20年3月26日から発表開始）。情報の名称は「竜巻」とありますが、竜巻だけでなく、発達した積乱雲に伴って発生する突風（ダウンバーストやガストフロント）も対象になっており、防災機関や報道機関へ伝達するとともに、気象庁ホームページで発表されます。

竜巻注意情報が発表されるのは、
①気象ドップラーレーダーによるメソサイクロンの検出
②気象レーダーによるエコー強度・エコー頂高度の観測状況
③数値予報資料によって計算した竜巻発生に寄与の高い指標（パラメータ）
の3つを総合判断し、竜巻、ダウンバーストなどの激しい突風をもたらす発達した積乱雲が存在しうる気象状況であるとみなされた場合です。

<u>竜巻注意情報の有効時間は、発表時刻から約1時間であり、さらに継続が必要な場合は改めて情報を発表する</u>ことになっています。

これらの気象情報の通知は、警報・注意報の通知に準じて、防災機関との協議のうえ気象業務法で定められたルートで一般市民に知らせることになっています。

ここで学んだこと

- 気象災害の応急対策や予防のための防災気象情報には、警報・注意報のほかに気象情報がある。
- 気象情報は、気象災害が起こる可能性がある場合や社会的に影響の大きい天候が予想される場合に発表される。
- 気象情報には、全般気象情報・地方気象情報・府県気象情報のほか、記録的短時間大雨情報、土砂災害警戒情報、竜巻注意情報がある。

豆テストA ✗ 浸水警報・注意報は原則として気象警報・注意報に含めて、たとえば「大雨警報（浸水害）」のように発表される。これは地面現象警報・注意報についても同様である。

2 台風情報

2-1 台風の実況情報

　気象庁本庁が発表する台風に関する気象情報は、台風が発生したときや、台風が日本に影響を及ぼすおそれがあるとき、またはすでに影響を及ぼしているときに、通常は3時間ごとに発表されます。情報はすべて詳細な文章で記述され、台風の実況と予想などを示した**位置情報**と、防災上の注意事項などを示した**総合情報**があります。これらの情報は、同時に発表される**図情報**よりも詳細な内容になっており、ラジオやテレビのアナウンサーが言葉で伝えたり、新聞記事として掲載したりすることを目的に発表されます。

　一方、各地の気象台が発表する台風に関する気象情報もあります。これは、気象庁本庁が発表した情報をもとに、担当する地域の特性や影響などを加味して発表するものです。

　台風情報のうち、台風の実況の内容は、台風の中心位置、進行方向と速度、中心気圧、最大風速（10分間平均）、最大瞬間風速、**暴風域**、**強風域**です。次項で述べる台風進路予報図（図：専12・1）の中では、現在の台風の中心位置を示す×印を中心とした赤色の太実線の円は暴風域で、風速（10分間平均）25m/s以上の暴風が吹いているか、地形の影響などがない場合に吹く可能性のある範囲を示しており、いつ暴風が吹いてもおかしくない領域です。その外側の大きな円は強風域で、風速が15m/s以上の強風が吹いているか、吹く可能性のある範囲を示します。進行方向と速度、中心気圧、最大風速（10分間平均）、最大瞬間風速は、実況情報文の中に記されています。日本列島に大きな影響を及ぼす台風が接近しているときには、1時間ごとに現在の中心位置などの実況情報が発表されます。

2-2 台風の予報情報

　台風の予報の内容は、72時間先までの各予報時刻の台風の中心位置（予

豆テストQ 警報・注意報の発表基準は、気象庁が都道府県ごとに決め、発表は府県予報区ごとに行う。

Chapter 12
防災気象情報

図：専12・1　台風72時間進路予報図の例

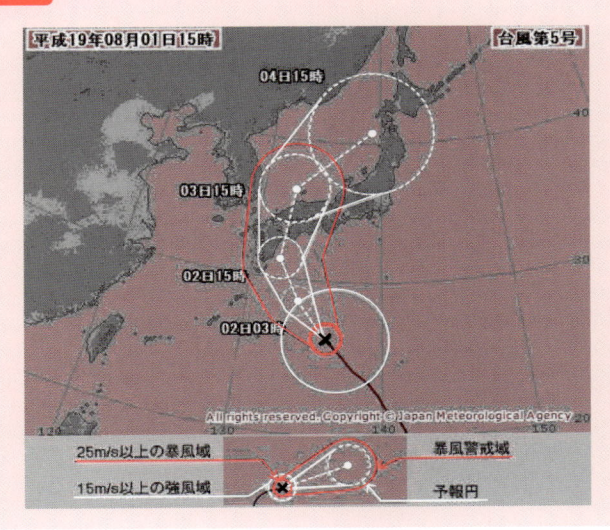

報円）、中心気圧、最大風速、最大瞬間風速、暴風警戒域です。図：専12・1に示した進路予報図の例では、破線の円は**予報円**で、台風の中心が到達すると予想される範囲を示しています。予報した時刻にこの円内に台風の中心が入る確率は**70%**です。予報円の中心を結んだ白色の破線は、台風が進む可能性の高いコースを示していますが、必ずしもこの線に沿って進むわけでないことに注意が必要です。

　予報円の外側を囲む**赤色**の細実線は**暴風警戒域**であり、台風の中心が予報円内に進んだ場合に72時間先までに暴風域に入るおそれのある範囲全体を示しています。なお、台風の動きが遅い場合には、12時間先の予報を省略することがあります。また、暴風域や暴風警戒域のない台風の場合には、予報円と強風域のみの表示になります。

　台風情報で発表する台風の最大風速と最大瞬間風速は、台風によって吹く可能性のある風の最大値であって、地形の影響や竜巻などの局所的な気象現象などに伴い、一部の観測所では観測値がこれらの値を超える場合があります。

豆テスト A　✕　警報・注意報の発表基準は、地方気象台が担当する府県予報区について、関係する防災機関と協議して決め、警報・注意報は二次細分予報区（ほぼ市町村単位）ごとに発表する。

図：専12・2　台風の5日間の進路予報図の例

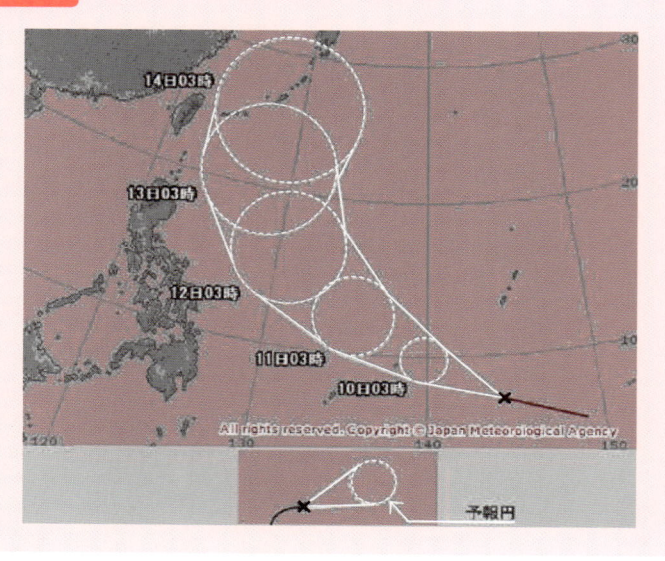

　日本列島に大きな影響を及ぼす台風が接近している時には、1時間ごとの実況情報と同時に、観測時刻の1時間後、そして24時間先までの3時間刻みの中心位置などの予報も発表されます。

　さらに、3日（72時間）先も引き続き台風であると予想される場合には5日（120時間）先までの進路予報も発表されます（平成21年4月22日から実施）。この場合、4日（96時間）先、5日（120時間）先の台風進路予報図では、図：専12・2の例に示すように予報円のみで、暴風域、強風域、暴風警戒域は示されません。

　5日先までの台風の進路予報を利用すると、3日先までの予報を利用する場合に比べ台風に備える態勢を築く必要があるかどうかを早く判断できます。

　なお、3日（72時間）先までの間に、気象庁が行う全般海上警報の対象領域の外に台風が出る予想の場合や、北緯40度以北に達してさらに北上する予想の場合、あるいは過去の知見から台風ではなくなる可能性が高い場合には、4日先（96時間）先または5日（120時間）先の予報は行いません。

豆テストQ　記録的短時間大雨情報は、大雨警報が発表されているかいないかにかかわらず、数年に1度程度発生する激しい1時間雨量が観測されたときに発表される。

2-3　暴風域に入る確率

　市町村などをまとめた地域などには「**暴風域に入る確率**」も発表されています。72時間先までの3時間ごとの値と24時間ごとの積算値が発表されます。値の増加が最も大きな時間帯に暴風域に入る可能性が高く、値の減少が最も大きな時間帯に暴風域から抜ける可能性が高くなります。確率の数値の大小よりも、むしろ変化傾向やピークの時間帯に注目して利用する情報です。

　地域ごとの確率に加え、確率の分布図も発表されています。台風の進行方向では、台風が近づくにつれて確率が高くなってきますが、確率が低くてもその後発表される予報でどう変わるかに注意が必要です。

> **ここで学んだこと**
> - 台風に関する気象情報は、文章で記述された位置情報と総合情報が、通常は3時間ごとに発表される。
> - 台風の実況情報の内容は、台風の中心位置、進行方向と速度、中心気圧、最大風速、最大瞬間風速、暴風域、強風域である。
> - 暴風域は風速（10分間平均）が25m/s以上の地域、強風域は風速15m/s以上の地域である。

3　海上警報と航空気象予報・警報

3-1　全般海上警報と地方海上警報

　船舶の安全を支援するための海上警報には、北太平洋西部海域を対象とした**全般海上警報**と日本の沿岸の海域を対象とした**地方海上警報**があります。全般海上警報は国際的に定められたもので、気象庁は、東は東経180度、西は東経100度、南は緯度0度、北は北緯60度の線に囲まれた海域を担当しています。地方海上警報は、日本の沿岸から約300海里（560km）以内を12の海域に細分し、それぞれの担当気象官署から発表されます。

豆テストA　✗　記録的短時間大雨情報は、大雨警報の発表されている場合に限り発表される。

図：専12・3 全般海上予報区

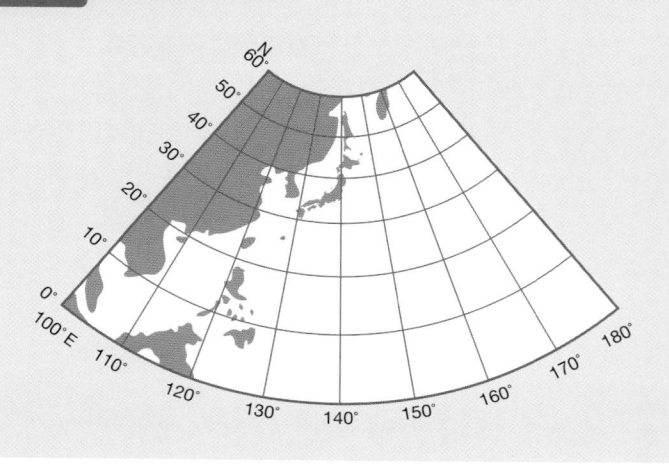

図：専12・4 地方海上予報区

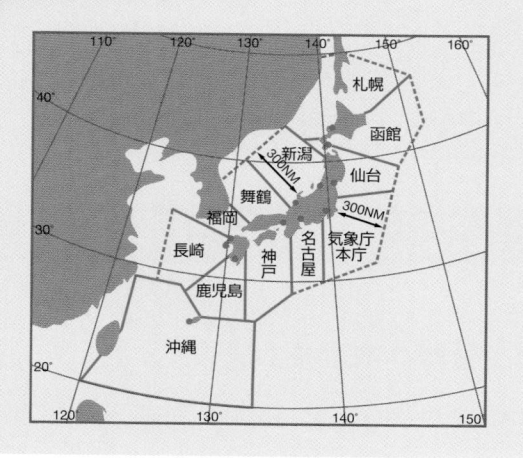

　海上警報は、向こう24時間以内に予想される最大風速によって、一般警報、海上強風警報、海上暴風警報、海上台風警報、警報なしの5種類に分けられています。このうち一般警報は、海上風警報と海上濃霧警報に細分され、警報なしは海上警報なしと海上警報解除に細分されています。専門知識編8章

豆テストQ　竜巻注意情報の有効時間は、発表から1時間である。

Chapter 12
防災気象情報

の表：専8・2（p.318）に警報の記号とともに発表基準が示されています。

　海上警報の発表は原則として随時ですが、警報作成には広域の地上天気図が大きな役割を果たすので、実際には天気図作成時刻に合わせて6時間ごとの1日4回です。しかし日本近海に暴風が予想される場合はこの中間の時刻に臨時警報が発表されるので、船舶は3時間ごとに海上警報を受けとることになります。

3-2 航空気象予報・警報

　航空気象予報は航空機の安全を支援するための予報・警報で、海上警報と同じく特定の利用者向けのものです。予報対象領域は、飛行場と空域に大別されます。

　飛行場予報・警報は、国内の主要空港にある航空気象官署が、それぞれの飛行場から半径おおむね9kmの円内の地上およびその直上の空域を対象に担当しています。飛行場予報の内容は、離着陸の安全に関係の深い気象要素である風向風速、視程、雲量、雲底高度および大気現象です。このほか、空港の施設や航空機に重大な気象災害が発生するおそれのある場合には、飛行場警報が発表されます。警報の種類は、強風、暴風、台風、大雨、大雪、高潮であり、各警報の基準は飛行場ごとに定められています。

　空域予報には、国内向けに4航空気象官署が発表する「**空域悪天情報**」と国際向けに成田空港の航空気象官署が発表する「**シグメット情報**」があり、それぞれ担当範囲が決められています。

　空域悪天予想図には、乱気流、積乱雲域、ジェット気流軸、圏界面高度、熱帯低気圧、地上前線などが表示され、航空機の安全や快適な航行に利用されています。

　シグメット情報は、国際的に定められた監視空域に雷電、並み以上の強い乱気流や着氷、火山の噴煙などが観測または予測されたときに発表されます。また、国際・国内の主要航空路上の風、気温、悪天などを予想する「航空路予報」も行われています。

豆テストA ○ 記述の通り。継続が必要な場合には改めて発表される。

> **ここで学んだこと**
> - 海上警報には、全般海上警報と地方海上警報がある。
> - 海上警報には、一般警報、海上強風警報、海上暴風警報、海上台風警報、警報なし、の5段階がある。
> - 航空気象予報・警報には、飛行場予報・警報と空域予報がある。

4 指定河川洪水予報と流域雨量指数

4-1 指定河川洪水予報

　気象庁は、水防活動の利用に適した気象、高潮、洪水の予報・警報に加え、水防法で定められた国土交通大臣の指定した河川については国土交通省と共同して、都道府県知事の指定した河川については都道府県と共同して、予報や警報を行います。これらの指定河川の洪水予報は、河川の水位または流量を示して、気象庁と国土交通省または都道府県と共同で、河川名をつけて発表されます。

　指定河川洪水予報を発表する際の標題には、「はん濫注意情報」「はん濫警戒情報」「はん濫危険情報」「はん濫発生情報」の4つがあり、河川名を付して「○○川はん濫注意情報」「△△川はん濫警戒情報」のように発表されます。はん濫注意情報が洪水注意報に相当し、はん濫警戒情報、はん濫危険情報、はん濫発生情報が洪水警報に相当します。

　指定河川洪水予報以外の水防活動用の気象予報や警報は、一般の利用に適合する予報・警報をもって代えるとされており、一般の警報や注意報とは別に、水防活動用の警報・注意報が発表されることはありません。この場合、河川は特定されず、水位や流量の予測も行われません。

4-2 流域雨量指数

　一般の洪水警報・注意報を含めて、これまで洪水警報・注意報の発表基準

> **豆テストQ**　台風の中心が予報時刻に進路予報図の予報円に入る確率は70％であり、予報円の外側を囲む赤色の実線は暴風警戒域である。

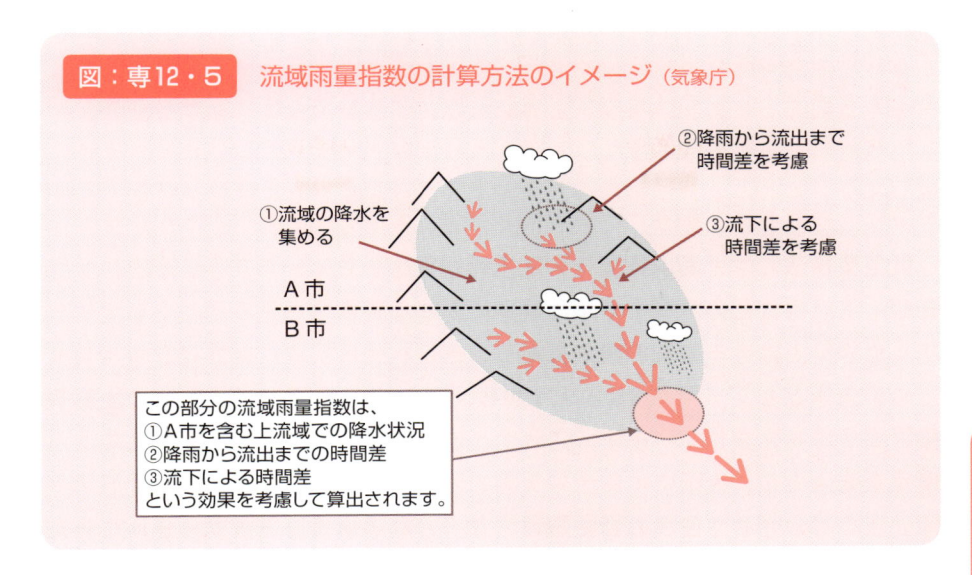

Chapter 12
防災気象情報

図：専12・5 流域雨量指数の計算方法のイメージ（気象庁）

①流域の降水を集める
②降雨から流出まで時間差を考慮
③流下による時間差を考慮

A市
B市

この部分の流域雨量指数は、
①A市を含む上流域での降水状況
②降雨から流出までの時間差
③流下による時間差
という効果を考慮して算出されます。

は1時間、3時間、24時間の雨量を指標に用いていましたが、平成20年5月からは24時間雨量に代え、流域の雨量に基づいて計算した**流域雨量指数**が導入されました。これにより水害発生の危険性がより高い精度で捉えられるようになりました。

　流域雨量指数の計算は、次節で述べる土壌雨量指数と同様に、解析雨量と降水短時間予報を用いてタンクモデルから流出量を計算し、さらに傾斜に沿って集まる水の量を指数化したものです。図：専12・5は流域雨量指数の計算方法のイメージ図です。

ここで学んだこと
・気象庁は、国土交通大臣による指定河川には国土交通省と共同で、都道府県知事による指定河川には都道府県と共同で、河川名をつけて洪水予報を発表する。
・気象庁の洪水警報・注意報は、流域雨量指数を基準にして発表される。

豆テストA　○　記述の通り。進路予報図の暴風警戒域は、台風の中心が予報円内に進んだ場合に72時間先までに暴風域に入るおそれのある範囲である。

5 土砂災害警戒情報と土壌雨量指数

5-1 土砂災害警戒情報

　気象業務法には地面現象警報・注意報が定められていますが、現在は大雨警報・注意報などの本文中で地面現象に対する警戒や注意が述べられています。土砂災害は近年増加の傾向にあり、市民へ土砂災害に対する警戒を促すための方策として、平成19年9月から、気象庁と都道府県が共同で土砂災害警戒情報を発表しています。これは、都道府県と気象庁がそれぞれ有する情報を総合化し、大雨による土砂災害のおそれがある場合に、市町村長の避難勧告などの発令や住民の自主避難の参考となるよう、警戒対象地域に市町村名を記して、共同で発表するものです。

5-2 土壌雨量指数

　気象庁の土砂災害に関する情報の基礎となるのは、降水が土壌中にどの程度蓄えられているかを把握するために開発された土壌雨量指数です。
　図：専12・6は、土壌雨量指数のイメージとその計算の流れを示しています。大雨による土砂災害の発生は、土壌中に含まれる水分量と深い関係があります。降った雨が土壌中に水分量としてどれだけ貯まっているかを、これまでに降った雨（解析雨量）と今後数時間に降ると予想される雨（降水短時間予報）などの雨量データからタンクモデルという手法で指数化しています。地表面を5km四方の格子に分けて、それぞれの格子で計算します。
　大雨によって発生する土砂災害（土石流・がけ崩れなど）は土壌中の水分量が多いほど発生の可能性が高く、また、何日も前に降った雨が影響している場合もあります。土壌雨量指数は、これらをふまえた土砂災害の危険性を示す新たな指標であり、各地気象台が発表する土砂災害警戒情報と大雨警報・注意報の発表基準として使用されています。
　土壌雨量指数を計算するタンクモデルは、土砂災害発生の危険性把握を目

> 豆テスト Q　気象庁が担当する全般海上予報区の対象海域は、東経100度から東経180度、緯度0度から北緯90度の範囲である。

Chapter 12
防災気象情報

図：専12・6　土壌雨量指数の計算方法のイメージ（気象庁）

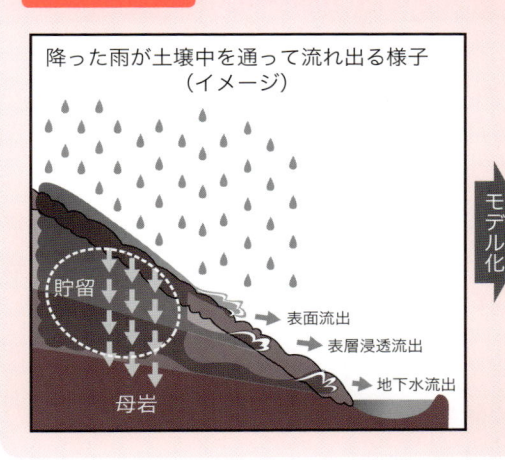

降った雨が土壌中を通って流れ出る様子（イメージ）
貯留
表面流出
表層浸透流出
地下水流出
母岩

モデル化

各タンクの貯留量の合計が土壌雨量指数
降水
第1タンク　貯留　表面流出
浸透
第2タンク　貯留　表層浸透流出
浸透
第3タンク　貯留　地下水流出
浸透

的としたもので、地中に貯まった雨水を正確に推計するものではないため、次の点について注意が必要です。
①全国一律のパラメータを用いており、個々の傾斜地における植生、地質、風化などは考慮していない。
②比較的表層の地中をモデル化したもので、深層崩壊や大規模な地滑りなどにつながる地中深い状況を対象としたものではない。

また、土砂災害の危険性を判断するときには次の点への留意が必要です。
①すでに相当の降雨があった後にさらに大雨がある場合が最も危険である。
②同じ雨量の場合、短期間に集中するほうが危険である。
③雨がやんだ後や小降りになったときにも土砂災害は発生する。

ここで学んだこと
・市町村長の避難勧告や住民の自主避難の参考となるよう、気象庁と都道府県は市町村名を記して土砂災害警戒情報を共同で発表する。
・土砂災害警戒情報の基礎となる土壌雨量指数は、タンクモデルの手法で土壌中の水分量を指数化したものである。

豆テストA　✕　対象海域の東西の範囲は記述通りだが、南北は緯度0度から北緯60度までである。なお、地方海上予報区は日本の沿岸から約300海里（560km）以内が12の海域に分けられている。

6 新しい防災気象情報「高温注意情報」

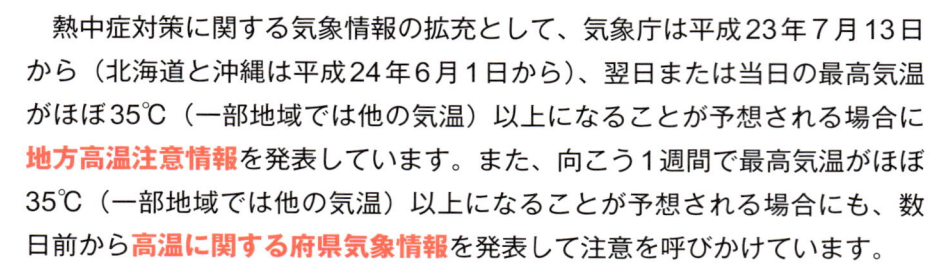

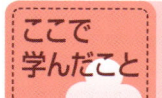

　熱中症対策に関する気象情報の拡充として、気象庁は平成23年7月13日から（北海道と沖縄は平成24年6月1日から）、翌日または当日の最高気温がほぼ35℃（一部地域では他の気温）以上になることが予想される場合に**地方高温注意情報**を発表しています。また、向こう1週間で最高気温がほぼ35℃（一部地域では他の気温）以上になることが予想される場合にも、数日前から**高温に関する府県気象情報**を発表して注意を呼びかけています。

ここで学んだこと
・気象庁は熱中症への注意を呼びかけるために、地方高温注意情報と高温に関する府県気象情報を発表している。

理解度checkテスト

Q1 気象庁が行う予報、注意報、警報について述べた次の文章(a)〜(d)の正誤について、下記の①〜⑤の中から正しいものを一つ選べ。

(a) 磯釣りや海水浴などの沿岸部での活動に対しては、海上警報で災害に対する注意・警戒を呼びかける。

(b) 大雨注意報・警報は随時発表される予報であり、その有効時間は12時間と定められている。

(c) 現在、気象警報として発表している警報は大雨、大雪、暴風、暴風雪の4種類である。

(d) 水防法の規定により、国土交通大臣と気象庁長官が共同で洪水予報を行っている河川は、気象庁が発表する洪水注意報・警報の対象には含まれない。

① (a)のみ正しい　　　　　④ (d)のみ正しい
② (b)のみ正しい　　　　　⑤ すべて誤り
③ (c)のみ正しい

豆テストQ 洪水注意報・警報の発表基準は、1時間、3時間、24時間の雨量を指標にしている。

Chapter 12 防災気象情報

> **ヒント**
> （d）気象庁が行う一般の利用に適合する予報・警報には洪水注意報・警報も含まれており、これらは二次細分予報区ごとに発表される。

Q2 気象庁の台風に関する予想図、進路予報などの台風情報について述べた次の文章（a）～（d）の正誤について、下記の①～⑤の中から正しいものを一つ選べ。

(a) 台風情報は、台風が日本に近づくと短い時間間隔で発表される。台風に備えるには、最新の予報を利用することが大切である。

(b) 予報対象時刻に、予報円の中に台風の中心が入る確率は約90％である。

(c) 暴風警戒域の範囲が24時間後に比べ48時間後の方が広くても、台風の暴風域が広がる予想であるとは限らない。

(d) 台風が日本列島を北上する場合、他の条件が同じであれば、南に開いた湾では、台風が湾の西側を通ると予想されるときの方が東側を通ると予想されているときより、高潮に対して一層の警戒が必要である。

① （a）のみ誤り　　　　　④ （d）のみ誤り
② （b）のみ誤り　　　　　⑤ すべて正しい
③ （c）のみ誤り

> **ヒント**
> （c）暴風域と暴風警戒域の違いを考えよう。

解答と解説

Q1 解答③　（平成13年度第2回専門・問12）

(a) 誤り。地方海上警報は、沿岸から300海里（NM）以内の海域の船舶を対象に発表するものであり、磯釣り・海水浴などの沿岸活動に対しては、一般の

> **豆テスト A**　✗　現在の発表基準には、24時間雨量に代え、流域の雨量に基づいて計算した流域雨量指数が導入されている。

利用に適合する波浪警報・注意報を沿岸の海域（20海里以内）に発表します。
(b) 誤り。大雨警報・注意報を含めた気象庁の警報・注意報は、随時に発表される予報ですが、<u>有効性は解除されるまで継続</u>されます。また、<u>新たな警報・注意報が発表されたときには、以前のものは無効となり、新しいものが有効となります</u>。
(c) 正しい。気象警報として分類されているのは問題文の4つの警報です。このほかの警報として、洪水・波浪・高潮警報が発表されます。
(d) 誤り。気象庁が発表する一般の利用に適合する洪水警報・注意報は、<u>予報区内のすべての河川に対して発表</u>し、このうち指定河川については水防活動の利用に適合する洪水警報・注意報を、国土交通大臣あるいは都道府県知事と共同で発表します。

Q2 解答②　（平成14年度第2回専門・問14）

(a) 正しい。台風情報に限らず、すべての予報・情報は最新のものを利用しなければなりません。
(b) 誤り。予報円内に台風の中心が入る確率は70％に定められています。
(c) 正しい。暴風警戒域は予報円の中に台風が進んだときに暴風域に入ると考えられる領域のことであり、予報円の外側に描かれる円で表されます。24時間予報円より48時間予報円のほうが大きいので、48時間予報の暴風警戒域のほうが大きくなりますが、暴風域が広がるとは限りません。
(d) 正しい。台風の進行方向の右側では左側より強い風が吹くので、台風が北上する場合には、台風進路の東側では強い南寄りの風が吹き、南に開いた湾では南よりの風の吹き寄せ効果が強まり、高潮に対する厳重な警戒が必要です。

> 豆テストQ　土砂災害警戒情報は気象庁と都道府県が共同で発表しており、この情報で気象庁が基礎としているのは土壌雨量指数である。

Chapter 12
防災気象情報

これだけは必ず覚えよう！

- 警報の種類は、気象（大雨、大雪、暴風、暴風雪の4種）、地面現象、津波（大津波・津波）、高潮、波浪、浸水、洪水であり、地面現象警報と浸水警報は標題とはせず、気象警報に含めて発表される。
- 注意報の種類は、気象（大雨、大雪、強風、風雪、雷、濃霧、霜、雪崩、融雪、着氷、着雪、乾燥、低温の13種）、波浪、高潮、洪水、津波、地面現象、浸水。
- 警報・注意報は二次細分予報区ごとに発表される。
- 警報・注意報の発表基準は、二次細分予報区ごとに地方気象台が関係する防災機関と協議して定めている。また、地震や火山噴火などで状況が変化したときには、一時的に発表基準を変えて運用する。
- 注意報・警報の有効時間は、解除されるか、新たな注意報・警報に切り替わるまで継続する。
- 台風の中心が予報した時刻に予報円内に入る確率は70％である。
- 地形の影響などにより、台風情報で発表される最大風速と最大瞬間風速を超える強い風が吹く場合がある。
- 水防法による指定河川についての洪水警報・注意報は、国土交通省あるいは都道府県と気象庁が共同で発表する。
- 土砂災害警戒情報は、都道府県と気象庁が警戒対象地域に市町村名を記して共同で発表する。

4種類の気象警報：大雨、大雪、暴風、暴風雪

豆テスト A：記述の通り。土壌雨量指数は、降水が土壌中にどの程度貯まっているかを把握するために開発された「タンクモデル」という手法で指数化したものである。

Chapter 13
気象災害

出題傾向と対策
◎かつては毎回1問は出題されていたが、最近では他分野の問題の枝問として問われることが多い。
◎大規模現象や中小規模現象などの章にある災害関連の記述に注意する。

1 気象災害とは

1-1 気象災害の分類

　一般に気象現象が主な要因となって人的・物的な被害をもたらすことを**気象災害**といいます。各種気象要素と気象災害の種類は、次ページの表：専13・1のように分類されます。これは気象庁が気象災害を分析するための統計用の分類です。気象が直接の原因ではなくても、火災のように人為的なミスで始まった災害が、異常乾燥や強風といった気象条件によって大災害にまで拡大するタイプのものも含まれています。

　種類は多岐にわたりますが、気象災害には数分〜数日という短期間で災害が発生するタイプと、災害が発生するまでに数週間〜数か月かかるタイプとがあります。

1-2 気象災害の特徴

　気象災害の発生や拡大は、気象と人間・社会活動とのかかわり合いではじめて現れるものであり、被害の形態は時代とともに変化しています。第2次世界大戦直後の昭和20年代は、大雨による河川の氾濫、台風による船舶遭難や高潮による被害が顕著でした。その後、経済の成長とともに河川堤防や防潮堤などの構築・改修が進んだことに加え、気象レーダーや気象衛星など

> 1年のうち平常時の潮位が最も高いのは夏から秋にかけてなので、この時期に台風に襲われると高潮害が発生しやすい。

Chapter 13 気象災害

表：専13・1　各種気象要素と気象災害の種類（気象庁）

気象・海象・水象の要素	気象災害の種類 総称	気象災害の種類 細分名
風	風害	強風害、塩風害、塩雪害、乾風害、風食、大火、風塵、砂ぼこり害、乱気流害
雨	大雨害（水害）	洪水害、浸水害、湛水害、土石流害、山崩れ害、崖崩れ害、地すべり害、泥流害、落石害
雨	長雨害	長雨害（湿潤害）
雨	少雨害	干害（干ばつ）、渇水、塩水害（干塩害）、火災
雨	風雨害	陸（海）上視程不良害、暴風雨害
雪	大雪害	積雪害、雪圧害（積雪荷重害）、雪崩害、着雪害、融雪害、落雪害
雪	着雪害	電線着雪害
雪	融雪害	融雪洪水害、なだれ害、浸水害、湛水害、山崩れ害、崖崩れ害、地すべり害、落石害
雪	風雪害	陸（海）上視程不良害、ふぶき害、暴風雪害
氷	着氷害	着氷害、船体着氷害
氷	雨氷害	雨氷害
氷	海氷害	海氷害、船体着氷害
雷	雷害（雷災）	落雷害、大雨害、ひょう害、風害
ひょう	ひょう害	ひょう害
霜	霜害（凍霜害）	霜害（凍霜害）、着霜害
気温	低温害	凍害（冬）：凍結害、凍土害、植物凍害（寒害）、凍傷 冷害（夏）：冷害
気温	高温害	夏季：酷暑害、日射病 冬季：暖冬害
湿度	異常乾燥 高湿害	火災、乾燥害（植物枯死・呼吸器疾患） 腐敗、腐食害
霧	霧害	濃霧害、陸（海）上視程不良害、煙塵害
煙霧	濃煙霧害	大気汚染害、スモッグ害、陸（海）上視程不良害
波浪	波浪害	海上波浪害、沿岸波浪害
潮位	高潮害 異常潮害	高潮害、浸水害（海水）、塩水害 浸水害（海水）、塩水害、副振動害
赤潮	赤潮害	赤潮害
水温	水温異常害	水温異常害
その他	その他	大気汚染害、騒音害、爆発害

豆テスト A ○ 日本付近の潮位は9月頃が最高で、最も低い3月頃に比べ30〜40cmほど高いので、この時期に台風に襲われると高潮の被害が発生しやすい。

による近代的な気象観測網の整備によって予報精度の向上があったことに加え、災害対策基本法の制定で防災情報伝達システムが確立されたことで、特に台風による被害が減少しました。

しかし急速な都市化で、土壌・植生はアスファルトやコンクリートで覆われ、降水が地中に浸透しにくい環境が増えたため、<u>短時間強雨による中小河川の氾濫が多発する</u>ようになりました。また、宅地や道路建設などで斜面の造成地が拡大し、<u>がけ崩れ・土砂崩れなどの土砂災害が増加</u>する傾向にあります。近年では、<u>短時間の強雨や中小河川の氾濫による水が、都市の高度利用で増えた低地の地下空間に流れ込むといった新しい災害</u>も報告されています。

1-3 主な気象現象と気象災害

日本付近で生じる気象現象とこれに伴う気象災害を表：専13・2に示します。これらには種類によって発生しやすい時期や場所があります。

短期間で災害が発生するタイプでは、竜巻、雷雨、台風、集中豪雨など、主にメソスケールの現象が原因となっています。これらの現象にはいずれも積乱雲がかかわっています。台風や集中豪雨の維持には持続的な暖湿気流の供給が必要なので、これらの災害が発生しやすいのは暖候期です。

表：専13・2　主な気象現象と気象災害

気象現象	気象災害
温帯低気圧／前線	風害、大雨害、長雨害（梅雨期・秋雨期）、大雪害、雷害、波浪害（特に、中心付近や前線通過付近）
台風／熱帯低気圧	風害（塩風害も含む）、大雨害、雷害、波浪害、高潮害（中心から遠いところでも強雨、うねりによる被害がある）
シベリア高気圧	風害（北日本・日本海側の風雪、太平洋側の乾燥したおろし風）、大雪害・雷（気団変質による）、波浪害
オホーツク海高気圧	長雨害（梅雨の長期化）、低温害（東北地方太平洋側のやませ）
太平洋高気圧	雷害、少雨害（干ばつ、渇水）、高温害（夏の酷暑）
移動性高気圧	低温害、霜害（夜間の放射冷却）

豆テストQ　晩春から初夏にかけての霜害を「はや霜」といい、秋の霜害を「おそ霜」という。

Chapter 13
気象災害

　大雨災害は、水害と土砂災害に大きく分けられます。**水害**はさらに次のように4種に分類できます。

①**洪水害**：堤防の決壊や河川の水が堤防を越えたりすることによる氾濫。
②**浸水害**：用水溝や下水溝があふれたり、増水によって排水が阻まれたりして起こる災害。
③**湛水(たんすい)害**：浸水後、水が引かないままの状態が続く災害。
④**強雨害**：強雨時の肥料や表層土壌が流れ出ることによる災害。

　一方、**土砂災害**は次のように4種に分けられます

①**山崩れ害**：山の斜面が崩れ落ちることによる災害。
②**がけ崩れ害**：急斜面や人工的な崖の崩壊による災害。
③**土石流害**：土砂や岩石が多量の水分を伴って流れ出ることによって起こる災害。
④**地滑り害**：斜面が比較的ゆっくり滑り落ちることによる災害。

　降雨による土砂災害には次のような特徴があります。
①地面が水分を含んでいるときに新たに強い雨が降ると発生しやすい。
②長雨の後では、わずかな雨でも山・がけ崩れが起こりやすい。
③雨が止んだあとでも山・がけ崩れの心配がなくなるものではない。

　台風による災害については次の点に留意する必要があります。
①**大雨による洪水、浸水、土砂災害**：台風の雨は長時間ほぼ同じ場所で降り続くことが多く、台風から離れた場所でも大雨になることがある。
②**暴風による被害**：高潮・高波の原因にもなる。
③**高潮害**：気圧低下による海面上昇＋強風による吹き寄せ効果、湾の向きと風向の関係、天文潮位変化との重なり具合などに注意が必要である。
④**波浪害**：波の高さは、風向風速、吹走距離（風が強く吹きわたる距離）、吹続時間（風が吹き続ける時間）などで決まり、うねりも影響する。
⑤**塩害**：強風が海から内陸に吹き込むときに植物や電力施設に被害を及ぼす。

　図：専13・1に高潮・高波災害の起こるメカニズムを模式図で示します。気圧低下による**吸い上げ効果**は1hPaについて約1cmの潮位上昇をもたらします。台風の強い風が海岸に向かって吹く場合の**吹き寄せ効果**により、

× 晩春から初夏に降りる霜は通常の霜の時期よりも遅いので「晩霜（遅霜）」といい、秋に降りる霜は通常より早いので「早霜（はや霜）」という。

海面の高さは風速の2乗に比例して高くなります。V字型の湾の場合には、湾の奥でさらに海面が高くなります。

高潮は、通常潮位が満潮か干潮か、大潮か小潮かにも影響されます。また、吹走距離が長く、吹続時間が長いと高波も発生し、海岸の堤防を越えて海水が堤防内に入り被害が発生します。

図：専13・1 高潮・高波のメカニズム模式図

（図中：波による打ち上げ／風による吹き寄せ／気圧低下による吸い上げ／通常潮位／防波堤）

　災害が発生するまでに数週間～数か月かかるタイプの冷害、長雨、日照不足、干ばつなどは、気圧配置にかかわる大規模スケールの現象が原因となっています。たとえば、勢力の強いオホーツク海高気圧が初夏から盛夏にかけて長期間停滞すると、**やませ**（冷湿な北東気流）が持続しやすく、北日本の太平洋側を中心に低温傾向となり、冷害が発生します。また、夏の太平洋高気圧が勢力を増して日本付近を持続的に覆うようになると、高温傾向が続き、さらに台風の接近・上陸を妨げるので降水量が著しく減少し、少雨害（干ばつ・渇水）が発生します。

ここで学んだこと

- 急速な都市化により、短時間強雨による中小河川の氾濫や地下空間への浸水害などの都市災害が増えている。
- 短期間で発生するタイプの気象災害は、主に積乱雲（メソスケール現象）が原因となっている。
- 発生するまでに数週間～数か月かかるタイプの災害は、気圧配置にかかわる大規模現象が原因となっている。

豆テストQ 風圧は風速の2乗に比例するので、風害を防ぐには、台風の最大瞬間風速を考慮した対策が必要である。

Chapter 13
気象災害

Q1
日本の自然災害について述べた(a)～(c)の文の正誤に関する記述のうち次の①～⑤の中から正しいものを一つ選べ。

(a) 夏は太平洋高気圧に覆われて晴れる日が多く、冬よりも空気が乾燥するが、火災の危険性は火を使うことが多い冬の方が大きい。

(b) 日本の河川は、地形が急峻なため勾配が急で流れが速い。しかも流路が短く出水までの時間が短いため、短時間の強雨でも洪水となることがある。

(c) 大雨が降ると、急傾斜地や崖が多い地域では土砂災害が起こる可能性が高くなるが、近年、居住域の拡大などにより丘陵地や急傾斜地に人間活動の場が及んでいるため、土砂災害による被害が多くなっている。

① すべて正しい
② (a)と(b)が正しい
③ (b)と(c)が正しい
④ (a)と(c)が正しい
⑤ すべて誤っている

Q2
日本の気象災害について述べた次の文章(a)～(d)の正誤について、下記の①～⑤の中から正しいものを一つ選べ。

(a) 大雨などの現象がなくても、融雪により地滑りや崖崩れ、洪水などの災害が発生することがある。

(b) 風は地形の影響を強く受けることから、強風による災害の発生は場所による差が大きい。

(c) 春や秋のよく晴れた夜間の放射冷却現象により発生する霜の災害は、地形によって冷気のたまり易いような所では大きくなる。

(d) 台風まで発達していない熱帯低気圧でも、強風や大雨による災害をもたらすことがある。

豆テストA ○ 記述の通り。空気密度をρ、風速をv、重力加速度をgとすると、風圧は、$0.5\rho v^2/g$で表される。

① （a）のみ誤り　　　④ （d）のみ誤り
② （b）のみ誤り　　　⑤ すべて正しい
③ （c）のみ誤り

解答と解説

Q1　解答③　（平成10年度第2回専門・問15）

（a）誤り。日本の盛夏の特徴は冬より高温多湿であり、空気が乾燥するとの記述は誤りです。
（b）正しい。洪水をもたらす日本の河川の特徴が記されています。
（c）正しい。日本の近年の居住地開発状況と土砂災害の増加の原因が述べられています。

Q2　解答⑤　（平成13年度第1回専門・問13）

（a）正しい。融雪量が多いと、大雨時と同様に、地盤が多量の水分を含んで脆弱化して土砂災害が起こりやすくなり、また、融雪水で河川が増水して洪水の危険性が高まります。
（b）正しい。地上付近の風の強弱は地形の影響が大きく、強風による災害は場所により大きく異なります。
（c）正しい。夜間の放射冷却現象は、晴れた日で風が弱く、盆地の冷気がたまりやすいところに発生し、春や秋には晩霜や早霜により、農作物に被害をもたらします。
（d）正しい。北西太平洋域においては、熱帯低気圧のうち中心付近の最大風速が34kt（17.2m/s）以上になったものを台風と呼びます。このため、台風まで発達しない熱帯低気圧でも大雨災害をもたらすことがあり、（b）の解説で述べたように地上付近の風の強弱は地形の影響が大きく、熱帯低気圧でも場所によって強風による災害が起きることがあります。

豆テストQ　冬の日本海側では、寒気の吹き出しで生じた積乱雲によって雷が発生することがあるが、雷による被害はほとんどない。

Chapter 13
気象災害

これだけは必ず覚えよう！

- 台風の吸い上げ効果では気圧低下1hPaについて約1cmの潮位高をもたらし、吹き寄せ効果では風速の2乗に比例して潮位が高くなる。
- 夏にオホーツク海高気圧が長期間停滞すると、やませ（冷湿な北東気流）により北日本の太平洋側を中心に冷害が発生することがある。
- 太平洋高気圧が日本付近を持続的に覆うようになると、台風の接近・上陸を妨げるので降水量が減少し、干ばつや渇水が発生することがある。

コラム

「過去の気象災害の事例」

　2001年から2011年までに甚大な気象災害が生じた気象現象として、気象庁が災害速報を作成したものは、全部で45事例あります。そのうち、2011年8月30日～9月6日の台風第12号による災害速報事例の概要を紹介します。

　8月25日9時にマリアナ諸島の西の海上で発生し、発達しながらゆっくり北上し、28日には強風半径500kmを超えて大型の台風となり、30日には中心気圧965hPa、最大風速35m/sの大型で強い台風となりました。その後、暴風域を伴ったまま北上して3日10時前に高知県東部に上陸しました。上陸後はゆっくりと北上して四国・中国地方を縦断し、4日未明に日本海に進み、5日15時に日本海中部で温帯低気圧となりました。台風が大型で動きが遅かったため、長時間にわたって台風周辺の非常に湿った空気が流れ込み、西日本から北日本にかけて、山沿いを中心に広い範囲で記録的な大雨となりました。

　8月30日17時からの総降水量は、紀伊半島を中心に広い範囲で1000mmを超え、奈良県上北山村上北山で総降水量が1808.5mmとなるなど、総降水量が年間降水量平年値の6割に達したところもあり、紀伊半島の一部の地域では解析雨量で2000mmを超えるなど、四国地方から北海道にかけての多くの地点で観測史上1位を更新し、記録的な大雨となりました。このため、土砂災害、浸水、河川のはん濫等により、和歌山県、奈良県、三重県などで死者49名、行方不明者55名となり、四国地方から北海道にかけての広い範囲で床上・床下浸水などの住家被害、田畑の冠水などの農林水産業への被害、鉄道の運休などの交通障害が発生しました。（被害状況は、平成23年9月7日15時現在の消防庁の情報による）

専門知識編

豆テストA　✕　夏よりも落雷数は少ないが、いわゆる「一発雷」が多く、これによって被害が生じる。なお、寒気の吹き出しによって生じる積乱雲の雲底は、夏の積乱雲の雲底よりも低い。

Chapter 14
予報精度の評価

出題傾向と対策
◎毎回1問出題されている。
◎天気予報や注意報・警報の精度の客観的な評価法に基づいて計算できるようにしておく。

1 天気予報の精度評価

　天気予報の情報としての価値は、実際の天気現象に対してどれだけの精度をもっているかを検証・評価して、はじめて認められます。しかし、天気の予測結果には本質的に誤差が含まれているので、天気予報の適中率が100%であることは不可能です。したがって、予報を有効に利用するには、予報の精度を前もって知っておき、精度を考慮することが大事です。

　精度の評価は、客観的な方法でなければなりません。そのような評価法としては、発表された気象予報を、特別な予報技術を必要としない持続予報や気候値予報と比較してどの程度改善されたかを検証・評価する方法などがあります。

　持続予報とは、現在の状態がそのまま持続するとして行う予報です。たとえば、今日が「晴れ」だったならば明日も「晴れ」が持続すると予報し、今日の最高気温が33℃だったならば明日も33℃が持続すると予報するものです。**気候値予報**とは、気候値（平年値）に基づいて行う予報です。たとえば、予報対象日の平年値の最高気温が31℃ならば、31℃として予報するものです。

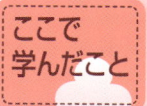

> **ここで学んだこと**
> ・発表された予報を、特別な予報技術を要しない持続予報や気候値予報と比較することで予報精度を評価できる。

豆テストQ 梅雨期は雨の日が多いので、降水の有無のカテゴリー予報の適中率は高くなる。

Chapter 14 予報精度の評価

2 評価の方法

　気象庁が発表する予報には、カテゴリー予報（降水の有無についての予報）、量的予報、確率予報があり、予報精度の検証方法および評価方法がそれぞれ定められています。

2-1　カテゴリー予報の評価

　カテゴリー予報は、「曇り時々雨」、「気温が高い」などというように、気象現象の状態や性質を言葉で表現する予報です。カテゴリー予報の精度評価は、予報と実況のそれぞれの「現象あり」「現象なし」の回数から、表：専14・1のような**2×2分割表**を作成し、その表中の数値から適中率、見逃し率、空振り率、スレットスコアなどの指数を算出して総合的に行います。

　カテゴリー予報には、いろいろな予報要素がありますが、最も関心が強くて重要度の高いのは天気であり、なかでも特に重要なのは、雨が降るか降らないかの予報です。天気予報では、「曇りのち一時雨」、「雨のち曇り」のような短文形式で表現されますが、晴れ・曇りの区分や地域的な降雨時間を決めることは難しいので、雨の予報については客観的に評価しています。

　その方法は、特定時間内の「降水（1mm以上）の有無」について評価するものです。天気の予報文の中に、「雨または雪」という表現があれば「降水あり」の予報とし、その表現がない場合と「ところにより一時雨」という予報の場合は「降水なし」の予報として、2つのカテゴリー予報に変換することで実況との比較を行います。したがって、<u>「曇りのち一時雨」と「雨のち曇り」とは検証評価では同等に扱われます</u>。

　表：専14・1から予報精度を評価するためのスコアは次のように定義されます。「**適中**」は、降水あり（降水なし）と予報を発表して実際にも降水があった（降水がなかった）場合をいい、「**見逃し**」は、降水の予報を発表しなかったが実際には降水があった場合をいい、「**空振り**」は、降水の予報を発表したが実際には降水がなかった場合をいいます。

豆テスト A　✗　適中率は、予報・実況とも「降水あり」の回数と、予報・実況とも「降水なし」の回数を全予報数（全実況数）で割った値なので、現象の発現頻度とは関係ない。

表：専14・1 降水の有無の2×2分割表

		予報				合計	
		降水あり		降水なし			
実況	降水あり	A	6	B	2	$A+B$	8
	降水なし	C	4	D	18	$C+D$	22
合計		$A+C$	10	$B+D$	20	$A+B+C+D$	30

$A+B+C+D=N$ とすると、適中率、見逃し率、空振り率は次のように算出できます。

(1) 適中率 $= \dfrac{A+D}{N} = \dfrac{6+18}{30} = 0.8$ （80%）

　　適中率の値の範囲：0〜1、最適値：1

(2) 見逃し率 $= \dfrac{B}{N} = \dfrac{2}{30} = 0.067$ （6.7%）

　　見逃し率の値の範囲：0〜1、最適値：0

(3) 空振り率 $= \dfrac{C}{N} = \dfrac{4}{30} = 0.133$ （13.3%）

　　空振り率の値の範囲：0〜1、最適値：0

2-2 スレットスコア

スレットスコアは、気象学的にみて現象の発生が少なく、発生を予想することの意味が大きい現象に対する予報精度を評価する場合に用いられます。したがって、「予報なし・実況なし」の場合は適中しても意味がないので除きます。たとえば冬の太平洋側の降水や雷のように、発生頻度が低い現象の予報精度の評価に用いられます。

a. 現象「あり」の予報で、「予報なし・実況なし」の場合を除外した適中率。

$$\dfrac{A}{A+B+C} = \dfrac{A}{N-D} = \dfrac{6}{6+2+4} = \dfrac{6}{12} = 0.5$$

　　スレットスコアの値の範囲：0〜1、最適値：1

> **豆テストQ** スレットスコアとは、気象学的にみて現象の発生が少なく、発生を予想することの意味が大きい現象に対するカテゴリー予報の精度評価に用いられる。

b. 現象「なし」の予報で、「予報あり・実況あり」の場合を除外した適中率。

$$\frac{D}{B+C+D} = \frac{D}{N-A} = \frac{18}{2+4+18} = \frac{18}{24} = 0.75$$

スレットスコアの値の範囲：0～1、最適値：1

　スレットスコアは、数値が大きいほど精度がよいことを表します。定義式でAが大きいほどよく当たったことになることから、予報精度を評価するのに適したスコアであるとされています。完全予報の場合のスレットスコアは1、すべて外れた場合は0になります。

　現象「なし」の予報でのスレットスコアは上記の逆になり、たとえば冬の日本海側のように降水なしの発生頻度が低い現象の精度評価に用いられます。

2-3 注意報・警報の精度評価

　降水の有無のように毎日必ず発表される予報と、大雨注意報や大雨警報のように、ある現象が起きると予想される場合にのみ発表される予報とでは、評価の方法が違います。注意報や警報に対する精度評価は、通常、実況値がそれぞれの「発表基準値に達した」か「発表基準値に達しない」かによって区分した、予報対実況の２×２分割表で行います（表：専14・2）。

　この分割表の実況欄にある「現象」とは、注意報・警報の基準値に達した大雨や強風のことを指します。表：専14・1の２×２分割表との違いは、実況の「現象なし」と予報の「発表なし」の欄が空白になっていることです。

　適中は、注意報・警報の発表期間内に予想した現象が基準値以上で発現の

表：専14・2　注意報・警報の２×２分割表

		注意報・警報		合　計
		予報を発表した	予報を発表しない	
実況	基準値以上の現象の発現あり	A　20	B　5	A+B　25
	基準値以上の現象の発現なし	C　15		
	合　計	A+C　35		

○ たとえば、冬の太平洋側の降水のように、発生頻度の低い現象の予報精度の評価に用いられる。

あった場合をいいます。**見逃し**は、基準値以上の現象の発現があったときに注意報・警報が発表されていなかった場合をいい、**空振り**は、注意報・警報の発表期間内に予想した現象が発現しなかった（基準値以上の現象がなかった）場合をいいます。また、**捕捉**は、基準値以上の現象が発現したときに注意報・警報が発表されていた場合をいいます。表：専14・2で、Aは捕捉回数・適中回数、Bは見逃し回数、Cは空振り回数を意味します。

注意報・警報の精度を評価するための指数は次のように定義されています。

(1) 適中率 $= \dfrac{A}{A+C} = \dfrac{20}{35} = 0.57$

　　適中率の値の範囲：0～1、最適値：1

(2) 見逃し率 $= \dfrac{B}{A+B} = \dfrac{5}{25} = 0.2$

　　見逃し率の値の範囲：0～1、最適値：0

(3) 空振り率 $= \dfrac{C}{A+C} = \dfrac{15}{35} = 0.43$

　　空振り率の値の範囲：0～1、最適値：0

(4) 捕捉率 $= 1 -$ 見逃し率 $= 1 - \dfrac{B}{A+B} = \dfrac{A}{A+B} = \dfrac{20}{25} = 0.8$

　　捕捉率の値の範囲：0～1、最適値：1

2-4　量的予報の精度評価

天気予報に付加されている最低・最高気温、日最大風速、日最小湿度などの量的な予報は、「予報値－実況値」を「誤差」として評価します。量的予報では、誤差を最小限にすることがよい予報となります。

気温予報などの予報値と実況値の差があまりなく、ほぼ連続的に分布する量的予報の精度を表す指標として用いられるのが、**平均誤差**（バイアス）と**2乗平均平方根誤差**（**RMSE**）です。

(1) 平均誤差（バイアス） $= \dfrac{\Sigma(F_i - A_i)}{N}$

　　平均誤差の値の範囲：$-\infty \sim +\infty$、最適値：0

豆テスト Q　注意報・警報の精度評価をするための捕捉率は、「1－見逃し率」である。

Chapter 14
予報精度の評価

ここで、F_iは予報値、A_iは実況値、Nは予報回数です。

予報値から実況値を差し引いた予報誤差の合計を予報回数で割ったものが平均誤差であり、予報値と実況値の系統的な偏り（バイアス）の大きさを表します。計算された誤差の絶対値は、正の誤差と負の誤差が打ち消し合う場合は小さくなるので、数値が小さいほど予報精度がよいとはいえません。

(2) 2乗平均平方根誤差（RMSE）＝ $\sqrt{\dfrac{\Sigma(F_i-A_i)^2}{N}}$

2乗平均平方根誤差の値の範囲：0〜＋∞、最適値：0

ここで、F_iは予報値、A_iは実況値、Nは予報回数です。

予報値から実況値を差し引いた予報誤差を2乗し、その値の合計を予報回数で割ったものの平方根が、2乗平均平方根誤差です。これは、予報の標準的な誤差幅を表すもので、数値が小さいほど予報精度がよくなります。

ここで、注意すべきことは、平均誤差が0でも、RMSEの数値が0、または小さいとは限らないことです。

表：専14・3は、8日間の気温の予報値と実況値、表：専14・4はそれぞれの日の予報誤差と、その2乗の値を表にしたものです。

これに基づいて平均誤差と2乗平均平方根誤差を求めてみます。

表：専14・3　8日間の気温の予報値と実況値　（単位は℃）

	1日	2日	3日	4日	5日	6日	7日	8日
予報値	15	18	15	17	12	13	16	18
実況値	14	15	17	18	12	12	15	16

表：専14・4　予報誤差と2乗値

	1日	2日	3日	4日	5日	6日	7日	8日
予報誤差	1	3	−2	−1	0	1	1	2
2乗値	1	9	4	1	0	1	1	4

豆テスト A　○　注意報・警報の見逃し率は発表基準以上の現象の発現があったときに発表していなかった割合であり、捕捉率は発表基準以上の現象が発現したときに発表していた割合である。

$$\text{平均誤差} = \frac{\Sigma(F_i - A_i)}{N} = \frac{1+3-2-1+0+1+1+2}{8} = \frac{5}{8} \fallingdotseq 0.63$$

$$\text{RMSE} = \sqrt{\frac{\Sigma(F_i - A_i)^2}{N}}$$

$$= \sqrt{\frac{1+9+4+1+0+1+1+4}{8}} = \sqrt{\frac{21}{8}} = \sqrt{2.625} \fallingdotseq 1.62$$

注：2乗平均平方根誤差の略称のRMSEは、Root Mean Square Errorの略語。

2-5　確率予報（降水確率予報）の精度評価

　降水確率予報での予報精度は、たとえば40％という予報を発表した場合に、実際に40％の割合で出現していたかどうかについて、過去の事例から統計的に確かめることで行われます。これを誤差の統計とし、精度を評価する方法として**ブライアスコア**（BrS）があり、次式で計算されます。

$$\text{BrS} = \frac{\Sigma(E-P)^2}{N}$$

ブライアスコアの値の範囲：0～1、最適値：0

表：専14・5　8日間の降水確率予報と実況

	1日	2日	3日	4日	5日	6日	7日	8日
予報	0%	30%	60%	100%	30%	30%	50%	50%
実況	0	0	1	1	1	0	1	1

表：専14・6　換算値、予報誤差とその2乗値

	1日	2日	3日	4日	5日	6日	7日	8日
換算値	0	0.3	0.6	1.0	0.3	0.3	0.5	0.5
予報誤差	0	0.3	−0.4	0	−0.7	0.3	−0.5	−0.5
2乗値	0.0	0.09	0.16	0.0	0.49	0.09	0.25	0.25

豆テストQ：気温などの量的予報の精度評価に用いられる平均誤差は、その値が小さいほど誤差は小さい。

Chapter 14
予報精度の評価

ここで、Eは降水の実況（降水あり＝1、降水なし＝0）、Pは降水確率（小数で表現、たとえば確率100％は1.0、確率70％は0.7）、Nは予報回数です。

表：専14・5は8日間の降水確率予報とそれぞれの実況で、表：専14・6は確率予報を小数表示に換算したものです。

これに基づいてブライアスコアを計算してみます。

$$BrS = \frac{0.0 + 0.09 + 0.16 + 0.0 + 0.49 + 0.09 + 0.25 + 0.25}{8}$$

$$= \frac{1.33}{8} ≒ 0.166$$

注：ブライアスコアの略称のBrSは、Brier Scoreの略語で、提唱者のG. W. Brierにちなんだもの。

2-6　降水確率予報の気候値予報からの改善率

上記8日間の気候値による降水率（この8日間に1mm以上の降水があった回数を長期平均したもの）が0.250だとすると、気候値予報からの改善率は、次のように計算できます。

$$改善率 = \frac{気候値の降水率－予報BrS}{気候値の降水率} = \frac{0.250 - 0.166}{0.250} = 0.336$$

平年のこの時期での8日間の気候的な降水率と比較して、予報の降水確率は約34％改善されていると考えられます。

ここで学んだこと

- カテゴリー予報の精度評価は、的中率、見逃し率、空振り率、捕捉率などで行われる。
- スレットスコアは、気象学的にみて現象の発生が少なく、発生を予想することの意味が大きい現象に対する予報精度の評価に用いられる。
- 量的予報の精度評価は、平均誤差、2乗平均平方根誤差（**RMSE**）で行われる。
- 確率予報の精度評価は、ブライアスコアによって行われる。

豆テストA ✗ 平均誤差（バイアス）は、予報値と実況値の差の単純平均なので、プラスとマイナスの誤差が打ち消しあう場合は数値が小さくなるので、数値が小さいほど誤差が小さいとはいえない。

理解度 check テスト

Q1 気象庁では、降水の有無に関する予報の評価方法として「降水あり」と「降水なし」の2種類について、予報に対する実況の2×2の分割表を作成して、適中率、見逃し率、空振り率、スレットスコア等を計算している。下表はある地域の1か月（30日）間の毎日の天気予報のうち、降水の有無に関する予報と実況である。この事例について、適中率、見逃し率、およびスレットスコアを正しく計算しているものを、下記の①〜⑤の中から一つ選べ。ただし、小数点以下を四捨五入している。

		予報	
		降水あり	降水なし
実況	降水あり	10	2
	降水なし	6	12

	適中率	見逃し率	スレットスコア
①	73	7	83
②	73	7	56
③	73	20	83
④	33	20	56
⑤	33	20	83

Q2 気象庁では、気温の予報について、実況と比較して精度を検証するとともに、持続予報との比較を行って、予報の有効性を評価している。下表は、ある月の2日から5日までの前日発表された日最高気温の予報値と1日から5日までの実況値を示したものである。このうち、2日から5日までの期間における予報値のRMSE（平均2乗誤差の平方根）と、持続予報値のRMSEの組み合わせとして正しいものを、

豆テスト Q　量的予報の精度評価に用いられる2乗平均平方根誤差は、その数値が小さいほど誤差が小さいことを意味する。

Chapter 14
予報精度の評価

下記の①～⑤の中から一つ選べ。

	1日	2日	3日	4日	5日
予報値（℃）	－	29	31	32	34
実況値（℃）	28	30	30	31	33

	予報値 RMSE（℃）	持続予報値 RMSE（℃）
①	0.7	1.5
②	1.0	1.5
③	0.7	2.5
④	1.0	2.5
⑤	1.0	3.5

解答と解説

Q1 解答② （平成17年度第1回専門・問14）

降水の有無の予報における適中率、見逃し率、「降水あり」のスレットスコアを定義に従ってそれぞれ求めると、次のようになります。

$$適中率 = \frac{10+12}{10+2+6+12} = \frac{22}{30} \fallingdotseq 0.73 \,（73\%）$$

$$見逃し率 = \frac{2}{10+2+6+12} = \frac{2}{30} \fallingdotseq 0.07 \,（7\%）$$

$$スレットスコア = \frac{10}{10+2+6} = \frac{10}{18} \fallingdotseq 0.56 \,（56\%）$$

したがって②が正解です。

Q2 解答② （平成18年度第2回専門・問14）

持続予報は、予報時点と同じ気象状態が予報対象期間中も持続するとする予報で、本問では、予報を行う日の日最高気温（実況値）が翌日の日最高気温（予報値）

> 豆テストA ○ 2乗平均平方根誤差（RMSE）は、予報値と実況値の差の2乗の平均の平方根であり、値が小さいほど誤差が小さい。

になります。たとえば、1日に2日の予報をする場合は、1日の最高気温の実況値28℃が2日の最高気温の予報値28℃となります。持続予報値を入れると、次表のようになります。

	1日	2日	3日	4日	5日
予報値(℃)	ー	29	31	32	34
持続予報値(℃)	ー	28	30	30	31
実況値(℃)	28	30	30	31	33

$$予報値のRMSE = \sqrt{\frac{(29-30)^2+(31-30)^2+(32-31)^2+(34-33)^2}{4}}$$

$$= \sqrt{\frac{4}{4}} = \frac{2}{2} = 1.0$$

$$持続予報値のRMSE = \sqrt{\frac{(28-30)^2+(30-30)^2+(32-31)^2+(31-33)^2}{4}}$$

$$= \sqrt{\frac{9}{4}} = \frac{3}{2} = 1.5$$

したがって②が正解です。

これだけは必ず覚えよう！

・降水の有無の評価法と注意報・警報の評価法が違うことを認識しよう。
・適中率、見逃し率、空振り率、捕捉率、スレットスコアの求め方を記憶しておこう。
・F_i：予報値、A_i：実況値、N：予報回数とすると、

$$平均誤差 = \frac{\Sigma(F_i - A_i)}{N}$$

$$2乗平均平方根誤差 = \sqrt{\frac{\Sigma(F_i - A_i)^2}{N}}$$

・E：実況（1か0）、P：降水確率（小数表示）

$$ブライアスコア = \frac{\Sigma(E - P)^2}{N}$$

実技の基礎編

Chapter 1

実技試験への対応

1 実技試験の科目

　気象予報士は、気象庁が提供する数値予報資料などの高度な予測データを適切に利用できる技術者です。その資格としては、気象学およびそれに関連する分野についての十分な基礎知識と一般的な気象現象に関する知識をもち、気象庁が提供するデータや予報支援資料のもっている意味を理解でき、自らの予報を発表するにあたって気象庁が発表する警報、注意報などの防災情報との整合性をとることに関する法律的な知識をもっていることです。

　実技試験では、学科試験で問われるこれらについての基礎的な知識を応用し、気象予報士として予報業務を中心とした仕事をするうえで欠かせない基本的な技能、すなわち天気予報をするために必要な実務的な技能が問われます。現在、実技試験の科目は次の3つとされています。

(1) **気象概況およびその変動の把握**：この科目は、実況天気図や予想天気図等の資料を用いた気象概況、今後の推移、特に注目される現象についての予想上の着眼点等、とされています。したがって、気象庁の発表する資料からこれらの情報を的確に読み解く技能が備わっているかどうかが問われます。

(2) **局地的な気象の予想**：この科目は、予報利用者の求めに応じて局地的な気象予想を実施するうえで必要な予想資料等を用いた解析と予想の手順等、とされています。したがって、局地的な気象予想を実施するうえで必要な予想資料を用いた解析と、その予想を実際に行える技能が備わっているかどうかが問われます。

(3) **台風等の緊急時における対応**：この科目は、台風の接近等、災害の発生が予想される場合に、気象庁の発表する警報等と自らの発表する予報等の整合を図るために注目すべき事項等、とされています。したがって、気

象庁の予報官と同じ目線での実況監視資料などを用いた実況把握や、予想上の着眼点などを的確に読み解くといった技能が求められるので、これらに関連して予想される気象状態や想定される防災事項などが問われます。

2 問題に用いられる天気図・予想図・資料など

　実技試験は実技1と実技2に分かれ、それぞれの問題に15〜20程度の資料が用意されます。また、それぞれの試験時間は75分です。この限られた時間内に多くの資料を使いこなして解答しなければなりません。

　ここでは最近の実技試験から問題に用いられる天気図、予想図、資料などを紹介します。これらのいくつかは表示形式が違う場合もありますが、気象庁ホームページなどで閲覧することができます。また、天気図の読み方や解釈の要点は専門知識編8章を参照してください。

2-1　実況図

(1) 天気図

① **地上天気図**：この天気図は問題で必ず用いられるので、全般海上警報や国際式天気図記入方式での地上気象観測結果など、天気図に記入された情報を正しく読み取れる必要があります（出題例：実技編2章の例題1）。

② **地上実況図**：これは地上気象観測結果が国際式天気図記入方式で記入された天気図であり、特定地点の気象要素の読み取りや、等圧線や等温線、天気分布などを解析させるといった出題があります。

③ **高層天気図**：300hPa、500hPa、700hPa、850hPaの各天気図（図：実2・2、図：実2・3参照）。

(2) 解析図

① 500hPa高度・渦度解析図（図：実2・13上参照）
② 850hPa気温・風、700hPa鉛直流解析図（図：実2・13下参照）
③ 相当温位・風解析図（850hPa、925hPa、950hPa）
④ 特定経度線における気象要素の鉛直断面解析図：気象要素は、気温、露点

温度、風向風速、圏界面や極大風の高度などで、特定経度線は東経130度と東経140度です。ただし問題のシナリオによっては、これ以外の経度線や気象要素によるものが作成される場合もあります。

(3) 波浪図

①沿岸波浪実況図（p.223の図：専2・3参照）

2-2　予想図

①地上気圧・風・降水量12・24・36・48時間予想図（図：実2・14下参照）

②850hPa気温・風、700hPa鉛直流12・24・36・48時間予想図（図：実2・9下参照）

③500hPa高度・渦度12・24・36・48時間予想図（図：実2・14上参照）

④500hPa気温、700hPa湿数12・24・36・48時間予想図（図：実2・9上参照）

⑤850hPa相当温位・風12・24・36・48時間予想図（図：実2・17参照）

　以下の予想図は問題のシナリオに応じて用いられる資料です。見慣れないといった戸惑いや不安を感じるかもしれませんが、前出の予想図がきちんと読めればそれほど難しいものではありません。

⑥沿岸波浪12・24・36・48時間予想図

⑦地上気圧・風・降水量予想図：降水量については、前1時間、前3時間などがあります。また、予想先行時間は3時間、9時間、30時間、45時間、72時間、192時間のほかに、これらの時間の中間の時間のものもあります（図：実1・1参照）。

⑧気圧面（975hPa、950hPa、925hPa、850hPaなど）の気象要素の予想図：気象要素は、気温、湿数、風、SSI（ショワルターの安定指数）などです。また、予想先行時間は3時間、9時間、30時間、45時間、72時間、192時間のほかに、これらの中間の時間のものもあります（図：実1・2参照）。

⑨特定経度線における気象要素の鉛直断面予想図：気象要素は、気温、相当温位、相対湿度、風向風速、鉛直p速度などです（図：実1・3、図：実1・4参照）。

Chapter 1
実技試験への対応

図：実1・1　地上気圧・風・前3時間降水量30時間および33時間予想図

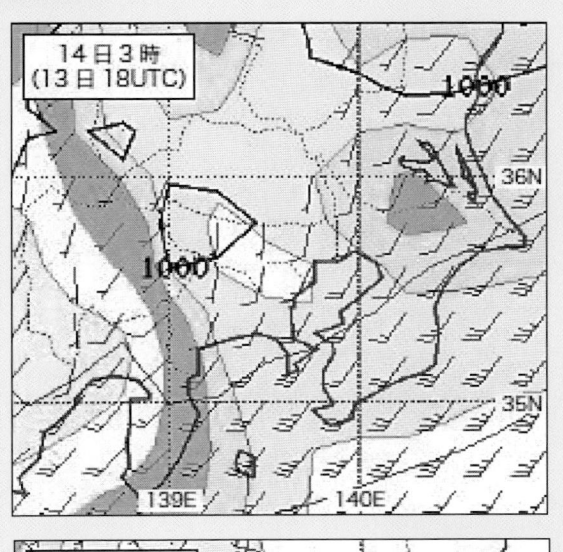

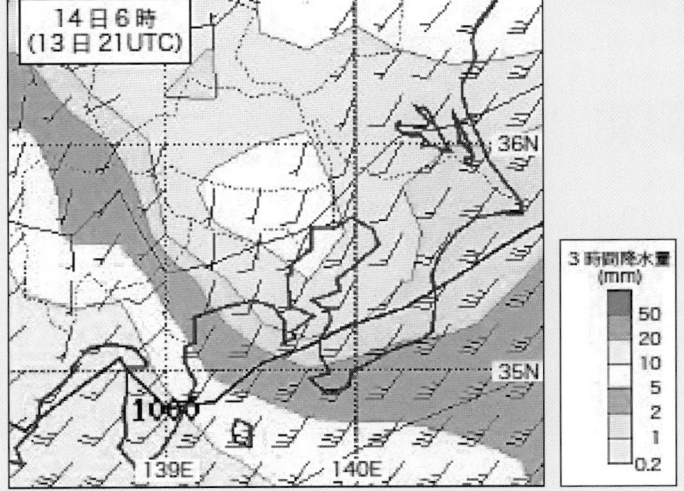

実線：気圧（hPa）
矢羽：風向・風速（ノット）（短矢羽：5ノット、長矢羽：10ノット、旗矢羽：50ノット）
塗りつぶし域：予想時間前3時間降水量（凡例の通り）
初期時刻：XX年2月12日21時（12UTC）

図：実1・2 秋田の925hPa気温・露点温度・風12時間〜42時間時系列予想図

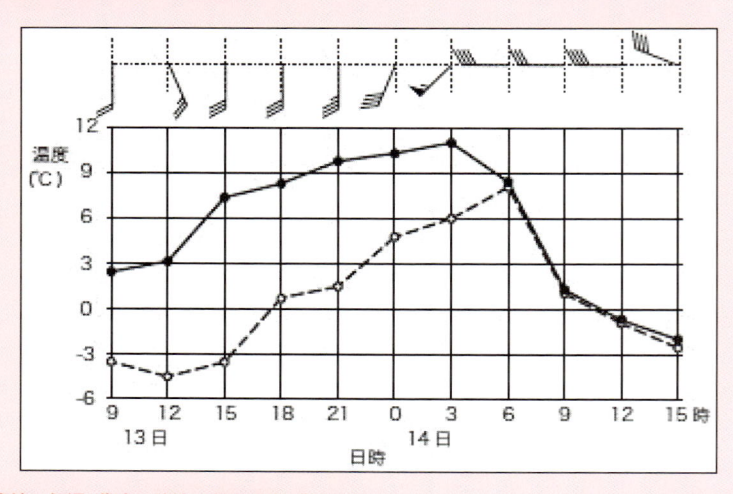

実線：気温（℃）、破線：露点温度（℃）
矢羽：風向・風速（ノット）（短矢羽：5ノット、長矢羽：10ノット、旗矢羽：50ノット）
初期時刻：XX年2月12日21時（12UTC）

図：実1・3 風・鉛直p速度の30時間鉛直断面予想図

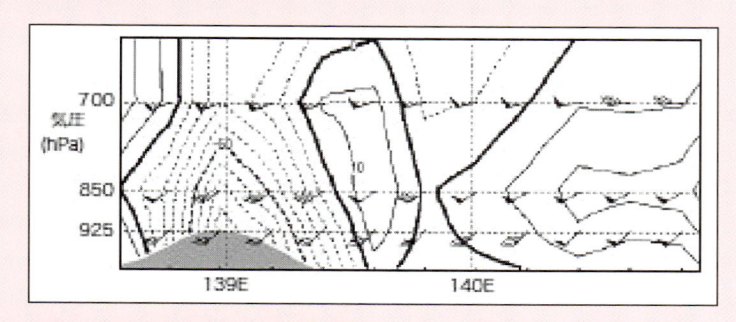

実線：鉛直p速度（hPa/h）、破線：鉛直流
矢羽：風向・風速（ノット）（短矢羽：5ノット、長矢羽：10ノット、旗矢羽：50ノット）
グレー塗りつぶし域：地形
初期時刻：XX年2月12日21時（12UTC）

Chapter 1
実技試験への対応

図：実1・4　黄海の低気圧の中心付近をほぼ南北に通る気温の鉛直断面図

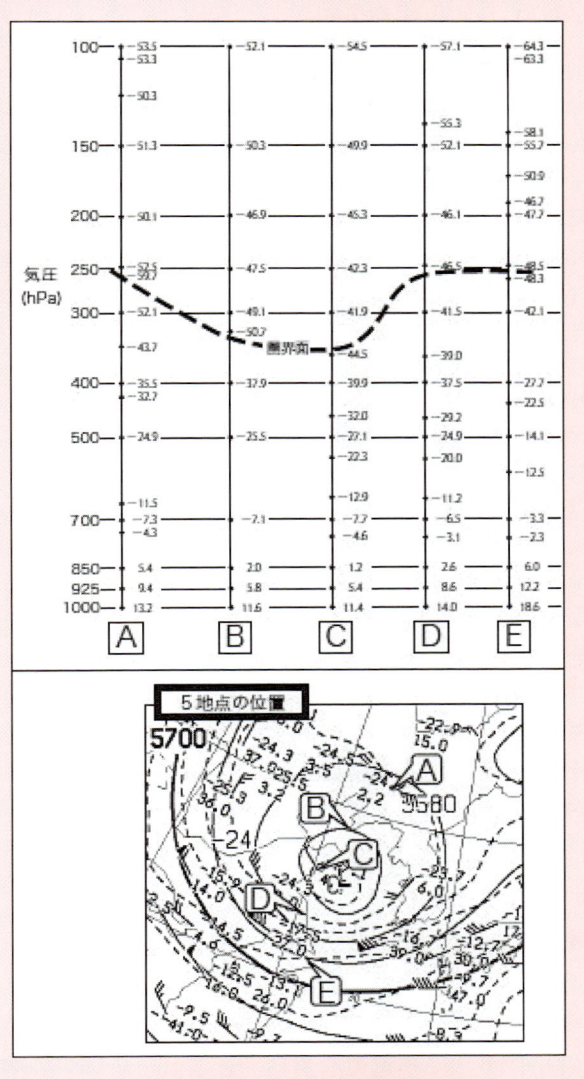

XX年5月12日21時（12UTC）
数値：気温（℃）、太破線：対流圏界面

2-3　資料

これまでに紹介した実況図や予想図のほかに、問題のシナリオに応じて作成される資料があります。

①気象衛星画像（赤外画像、可視画像、水蒸気画像）：このうち赤外画像はほぼ毎回のように問題に用いられています（実技編2章の例題1、図：実2・4参照）。

②気象レーダーエコー合成図（p.230の図：専3・2参照）

③ウィンドプロファイラによる高度別水平風時系列図：これは最近よく問題に用いられています（図：実1・5参照）。

④アメダスによる気温、降水量、風向風速の分布図

⑤解析雨量図（p.231の図：専3・3参照）

⑥海面水温分布図（図：実2・5参照）

⑦台風経路図

⑧台風進路予想図（p.377の図：専12・1参照）

⑨一定期間の降水量を積算した分布図（図：実1・6参照）

⑩特定地点の気象要素の時系列図（実況・予想）：気象要素は、気温、相対湿度、風向風速、降水量などです（図：実1・7参照）。

⑪特定地点の気温・露点温度の状態曲線：これはいわゆるエマグラムです（図：実1・8参照）。

⑫特定地点の風向風速、相当温位の鉛直分布図

⑬特定沿岸の天文潮位、潮位偏差予想図（図：実1・9参照）

⑭特定地点の数値予報による天気予報ガイダンス、降水量、雨量指数（表：実1・1、表：実1・2参照）。

⑮警報・注意報発表の状況（表）、特定地点における警報・注意報発表基準（表）（表：実1・3参照）

⑯数値予報モデルの地形図：地形図は地形性降水やフェーン現象といった局地的な気象解析や予想に不可欠な資料で、これらに関する問題に用いられます（図：実1・10参照）。

⑰地上気温と相対湿度による降水の型判別図

Chapter 1
実技試験への対応

図：実1・5　市来の高層風時系列図

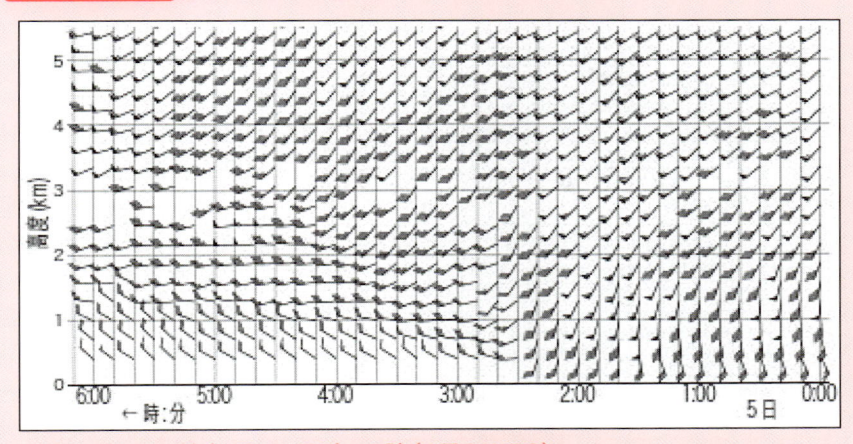

XX年3月5日0時（4日15UTC）〜6時（4日21UTC）
矢羽：風向・風速（ノット）（短矢羽：5ノット、長矢羽：10ノット、旗矢羽：50ノット）

図：実1・6　アメダスの降水量を積算した15時間降水量図

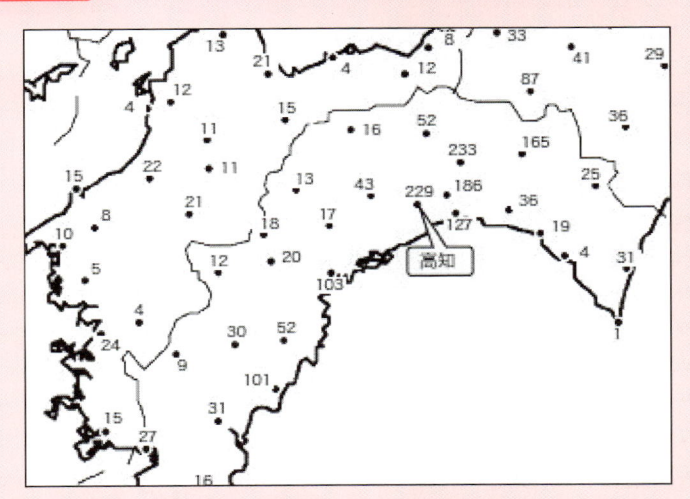

XX年3月15日24時（15UTC）
数値：前15時間降水量（mm）

実技編

図：実1・7 高田の気温・湿度・地上風時系列図

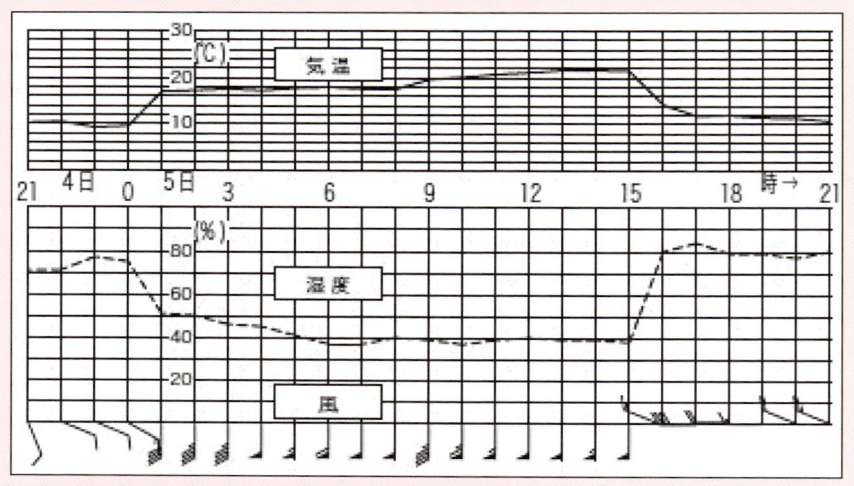

XX年3月4日21時（12UTC）～5日21時（12UTC）
数値：気温（℃）
破線：湿度（%）
矢羽：風向・風速（m/s）（短矢羽：1m/s、長矢羽：2m/s、旗矢羽：10m/s）

コラム

「予報資料に慣れておく」

　実際に予報作業で参照する天気図などの予報資料から必要な情報を読み取ると言った基本的な技能（たとえば、気象衛星画像による雲形判定、ウィンドプロファイラ高層風時系列図による前線面解析、気層における温度移流の判定など）については、近年、学科試験（専門知識）でも出題される傾向にあります。

　実技試験に臨む段階では、これらについては知識として「知っている」というレベルではなく、これらの解析作業が「できる」というレベルに達している必要があります。

　解析作業は繰り返し練習することで必ずできるようになります。まずは、天気図などの予報資料を見慣れておくことです。

Chapter 1
実技試験への対応

図：実1・8　米子と福岡の状態曲線

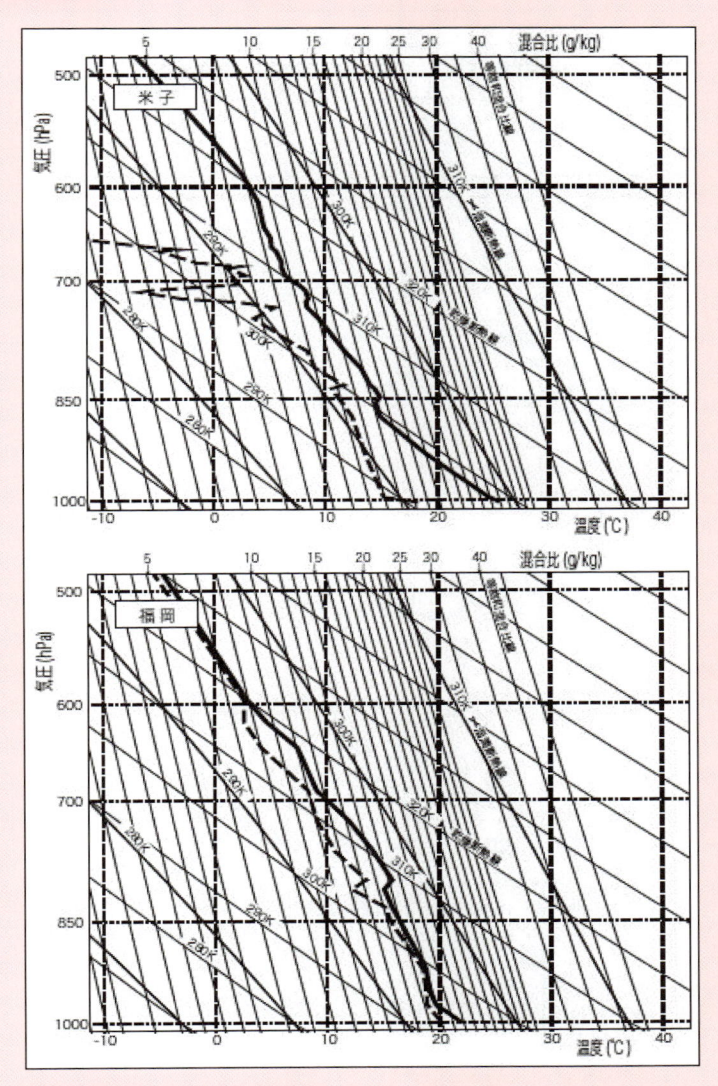

XX年7月6日9時（00UTC）
実線：気温（℃）、破線：露点温度（℃）

図：実1・9　天文潮位・潮位偏差1時間〜15時間予想図

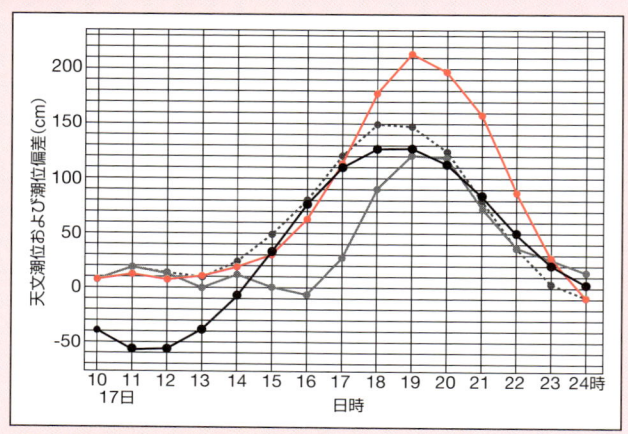

黒　　線：天文潮位（cm）、東京湾平均海面（TP）からの高さ
赤　　線：中央の進路をとる場合の予想潮位偏差（cm）
灰色線：右寄りの進路をとる場合の予想潮位偏差（cm）
点　　線：左寄りの進路をとる場合の予想潮位偏差（cm）
初期時刻　XX年9月17日9時（00UTC）

図：実1・10　数値予報モデルの地形図

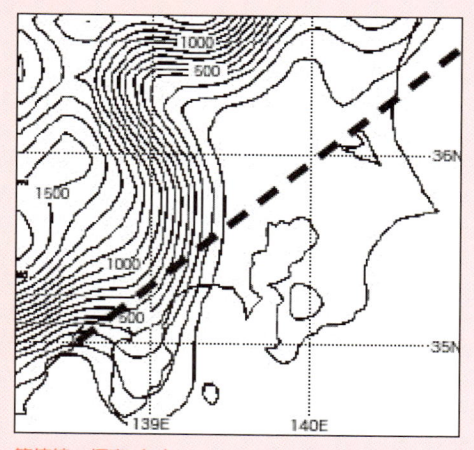

等値線：標高（m）

Chapter 1
実技試験への対応

表：実1・1 東京の気温ガイダンスと天気の予想

日時	16日	17日			
	21時	0時	3時	6時	9時
気温(℃)	4.7	3.9	2.7	2.6	2.8
天気	雨		雨か雪		雨か雪

初期時刻　XX年4月15日21時（12UTC）

表：実1・2 高知市の降水量と雨量指数

時	10	11	12	13	14	15	16	17	18	19	20	21	22	23	24
前1時間降水量(mm)	4.0	11.0	16.0	31.5	17.0	11.5	22.5	37.0	20.0	0.5	0.5	10.0	38.5	5.0	3.5
前3時間降水量(mm)	5.0	15.5	31.0	58.6	64.5	60.0	51.5	71.0	79.5	57.5	21.0	11.0	49.0	53.5	47.0
土壌雨量指数	30	40	60	106	130	138	150	165	190	185	170	180	195	200	195
流域雨量指数	3	3	4	8	11	12	14	16	18	18	17	17	17	17	16

XX年5月13日10時（01UTC）～24時（15UTC）

表：実1・3 高知市における警報・注意報発表基準

		雨量基準		雨量指数基準	
		前1時間降水量	前3時間降水量	土壌雨量指数	流域雨量指数
大雨警報	平坦地	70mm以上		201以上	
	平坦地以外		110mm以上		
大雨注意報	平地	40mm以上	70mm以上	140以上	
	山地	50mm以上	90mm以上		
洪水警報	平坦地	70mm以上			37以上
	平坦地以外		110mm以上		
洪水注意報	平地	40mm以上	70mm以上		11以上
	山地	50mm以上	90mm以上		

3 試験のテーマと出題傾向

　実技試験の問題は、気象災害を引き起こす台風や発達する温帯低気圧、日本付近の気圧配置などを主要テーマに、前節で述べたような実際の事例に基づくさまざまな資料を提示し、1節で述べた科目に沿った内容で構成されています。

　主要テーマは、発達する温帯低気圧（南岸低気圧、日本海低気圧、二つ玉低気圧）、台風、梅雨前線、冬型の気圧配置、寒冷渦、北東気流、太平洋高気圧縁辺流などです。発達する温帯低気圧をテーマとした問題は、第1回からの試験全体の6割程度を占めており、これに台風、寒冷渦、梅雨前線の順で続きます。

　実技試験では、学科試験の出題形式では問えない気象現象についての気象学的な基礎知識の総合的な学問的理解力が試されます。そのために、主要テーマを対象とする気象現象の実態を、実況資料や予報資料などから的確に読み取って大気の静的不安定の状態などを分析し、風や降水などの今後の推移を把握する技能を試す問題が出題されます。

　したがって、一般知識編と専門知識編で学んだ、たとえば渦度移流と鉛直p速度、鉛直安定度（たとえば、CAPEやCIN、SSI）と対流不安定、暖気の移流や上昇、寒気の移流や下降などの模式（図）的な説明が、実際の天気図上ではどのように見えるかを理解し、天気図やエマグラムなどの資料を見ただけで、これらの現象をしっかり捉えることができなければなりません。

　また、天気予報をするうえで重要な気象現象とそのライフサイクルなどの気象学的な事項や、防災上の留意事項などの基本的な知識を身につけておく必要があります。具体的には、たとえば次のような事項です。

①温帯低気圧はどうして発達するのか。
②積乱雲はどうして発達するのか。
③大雨はどうして起こるのか。
④台風はどのような構造になっているのか。
⑤寒冷低気圧やポーラーローの構造や通過に伴う激しい気象現象。

Chapter 1
実技試験への対応

　最近の出題傾向として、予想作業で欠かせない天気図解析（たとえば、前線解析やジェット気流の解析）や、実況の気象要素の等値線解析、あるいは台風や気圧の谷、温帯低気圧の動静を分析（追跡）させる問題がよく出題されています。

　これらの解析操作に関連することは、慣れていないと試験時間を浪費してしまいますので、過去問題や2節で例示したような気象資料に慣れておき、自ら作業する訓練を積んで、なるべく短時間に手早く解析できるようにしておく必要があります。

4 出題パターンとその対策

　実技試験の出題方式には、おおまかに次の3つがあります。
　　　①穴埋め問題　　　②記述の問題　　　③作図の問題
　このうち①と②では、選択肢から適当な語句または数値を選んで解答させる場合があります。

4-1　穴埋め問題

　穴埋め問題は、文章中の空欄に入る適切な語句または数値を記入する形式であり、2節で挙げたような資料に基づいて気象現象を総合的に理解する技能が試されます。指定された資料から空欄に適合する情報を読み取ってそのまま解答する、読み取った数値を指定した単位に換算して解答する、あるいは資料を解析操作して解答するなど、内容はさまざまですが、学科試験の知識で必ず解答できる問題です（出題例：実技編2章の例題1(1)）。

　ただし、たとえば空欄に該当する現象が積乱雲の場合、文章に「（　　　）雲」とある場合は（積乱）と解答しなければ不正解になる、といったケアレスミスを誘うような出題がみられます。

　穴埋め問題の配点は各1点（多くても2点）で低いですが、解答するのに迷うものは比較的少ないので、確実に得点したいところです。

実技編

4-2 記述問題

　記述問題は、指定された資料で設問について解析・検討した結果を、指定の字数で記述する形式です。穴埋め問題と同様に、指定された資料から該当する情報を読み取ってそのまま解答するほか、読み取った数値を指定された単位に換算して解答し、さらにその理由を指定の字数で記述するものがあります。

　問題では、「解答における字数に関する指示はおおむねの目安であり、それより若干多くても少なくてもよい」とされています。その文字数は、解答に含まれるキーワードや、キーワードを含む表現の文字数におおよそ見合う数が指定され、解答欄は指定字数よりも15～25字ほど多く用意されています。

　したがって、指定字数のほぼ±5字程度を目安にして解答します。これより少ない場合は、解答すべきことが不足しています。また、問われていないことや無関係なことを解答に含めてはいけません。専門用語を使い、出題意図に最も適したキーワードを含む表現を使って解答をまとめるようにします。

4-3 作図問題

　作図問題は、エマグラム解析、等圧線や等温線などの等値線解析、前線解析、天気分布などの解析、強風軸（ジェット気流）の解析、シアラインや収束線の解析などを実際に行わせるものです。

　作図問題は配点が比較的高いので、問題で指示される解析結果を描く線の種類（実線、破線、二重線など）やその太さ、解答範囲などに注意し、丁寧に作図することが大事なポイントになります。

　なお、前線解析では、前線の種類（温暖、寒冷、閉塞、停滞）を表す前線記号の要否にも注意が必要です（出題例：実技編2章の例題3（2））。

5 解析操作

　作図問題で行う解析操作は、予報作業における基本的かつ必須の技能です。

Chapter 1
実技試験への対応

　問題に用いられる各種資料を使って解析操作を繰り返し練習しましょう。そうすれば、学科試験の一般知識・専門知識を基礎として、各種気象実況図、天気図・解析図・予想図などの気象要素や気象現象の見方・読み方・描き方、低気圧・前線・台風などの各種擾乱の構造およびその発達・衰弱機構、それらに伴って起こる大気構造の変化などが、自然にイメージできるようになります。

　この練習は、できるだけ時間をかけ、しかも丁寧に行うようにします。練習に使用する資料（特に天気図・解析図・予想図）は、はじめは拡大コピーして記入された細かな情報をしっかり読み取れるようにし、慣れてきたら試験問題と同じサイズで練習するとよいでしょう。

　学科試験の段階では、一般知識・専門知識の各科目の解析操作に関係する部分について、その基礎的な知識の暗記に時間を費やしがちですが、実際に手を動かして解析操作に慣れておくと、実技試験の段階で必要とされる気象現象を総合的に理解する技能の習得に大いに役立ちます。

　以下、いくつかの解析操作について、その要点を述べます。

5-1　前線解析

　解析する前線の種類（温暖・寒冷・閉塞・停滞）の構造的な特徴（一般知識編6章3節および4節参照）をイメージしながら、以下の解析操作の手順を忠実に守って解析します。

(1) 850hPa等温線（等相当温位線）が込んだところ（集中帯）に着目して、その暖気側の縁（「南縁」ともいう）を前線の位置と決め、風の水平シアや上昇流域、湿潤域にも着目して位置を微調整します。また、低気圧が閉塞段階にある場合の閉塞点の位置は、等温線（等相当温位線）集中帯の南縁が寒気側に折れ曲がったところに決めます。そこは、500hPa渦度分布図では強風軸に対応する渦度0線のほぼ真下で、700hPaの上昇流極大域や降水量（予想）極大域付近にあたります。

(2) 850hPaの前線を決めたら、その位置を基に下記に留意して地上の前線を描きます。ここでうまく描けない場合は、850hPaの前線の位置に問

題があるので見直す必要があります。
① 前線面は地上から上層にかけて寒気側に傾斜するので、地上の前線は850hPaの前線より暖気側に位置しています。
② 前線はトラフなので、地上のトラフにほぼ沿って描かれます。
③ 地上風の水平シアや降水量（予想）域も考慮します。

(3) 850hPaの等温線（等相当温位線）の集中帯に折れ曲がりがみられるときは、前線の折れ曲がり（これを「**キンク**」という）を作ります。

(4) 停滞前線は、前線を移動させる風が弱いために気圧傾度がゆるく（等圧線の間隔が広く）、また等圧線が前線に平行している場合に生じます。

(5) 梅雨前線は気温傾度が小さいために等温線の集中はみられませんが、下層での水蒸気量の水平傾度が大きくなっています。したがって、850hPaの等相当温位線集中帯に着目して、その南縁に850hPaの前線を描き、それを基に地上前線を決めます。

5-2 エマグラム解析

エマグラム解析については、学科試験で問われる基本的な知識（一般知識編2章参照）をもとに、実際にエマグラムを使ってショワルターの安定指数（SSI）を求めて大気安定度を判定する、あるいは以下の項目について記述させる問題が出題されます。
① 安定度の判定（大気の静的不安定、潜在不安定、対流不安定、SSI）
② 逆転層・等温層・安定層　←転移層（前線）との関係
③ 湿潤層（湿数3℃以下）　←雲層に対応する
④ 逆転層（移流逆転層（前線性逆転層）、沈降性逆転層、接地逆転層）

安定度の判定や逆転層などの解説図は、実際に自分で描いてみると理解が深まります。

5-3 ウィンドプロファイラによる断面図解析

ウィンドプロファイラ観測による水平風の鉛直断面時系列図では、以下の各項目を判定、あるいは解析する問題が出題されます。(1)は学科試験での

出題と同様の内容で（専門知識編4章参照）、(2)は前線面の解析です。その判定や解析結果を基に考察して解答させる問題が出題されます。
(1) 気層内での温度移流の判定
　①暖気移流：気層内で下層から上層にかけて風向の時計回りの変化（これを「風向順転」という）がみられます。
　②寒気移流：気層内で下層から上層にかけて風向の反時計回りの変化（これを「風向逆転」という）がみられます。
(2) 前線面の通過の判定とその解析
　①前線面の通過：寒冷・温暖前線面の通過に伴い風向が急変します。
　②前線面を挟んでみられる風向シアに着目して解析します。
　　a 寒冷前線面：南成分の風と北成分の風による風向シアに着目。
　　b 温暖前線面：東成分の風と西成分の風による風向シアに着目。

5-4　気象衛星画像解析

　これについては次の2点が出題の要点で、学科試験での出題と同様の内容です（専門知識編5章参照）が、そのように雲形を判別した理由や、発達する温帯低気圧の各段階（発生期・発達期・最盛期・衰弱期）にみられる雲の特徴との関連などを記述させる問題が出題されます（出題例：実技編2章の例題1(1)と(2)）。
(1) 重要な雲パターン、赤外・可視画像の組み合わせによる雲形判別とその解釈。たとえば、バルジ、テーパリングクラウド、クラウドクラスター、ドライスロット、シーラスストリーク、筋状雲。
(2) 水蒸気画像の特徴とその解釈。特に暗域が意味するもののほか、明域、ドライサージ、バウンダリー、ジェット気流。

　これらの要点については、どのような大気の状態で発生したものなのかという視点で、天気図や解析図、さらにはウィンドプロファイラ観測による水平風の鉛直断面時系列図、気象レーダーエコー図などの観測資料と関連づけて解釈する技能を備えておく必要があります。

Chapter 2

例題と解答解説

⓪ 実技試験への準備

　試験問題は次の文章から始まり、これに、提示される資料の一覧表が続きます。

> 　次の資料を基に以下の問題に答えよ。ただし、UTCは協定世界時を意味し、問題文中の時刻は特に断らない限り中央標準時（日本時）である。中央標準時は協定世界時に対して9時間進んでいる。なお、解答における字数に関する指示は概ねの目安であり、それより若干多くても少なくてもよい。

　提示された資料は、各設問に必要なものが合わせて15〜20程度あるので、ちょっと多いと感じるでしょうし、どの資料を見たらよいのだろうかと迷うかもしれません。しかし、問題の文章で参照すべき資料が指定され、「その資料から読み取れる○○について検討して答えよ」といった形で出題されることが多いので、それを手掛かりに問題を解くことができます。

　問題は主要テーマにおける実際の予報作業の流れを模したストーリー仕立てになっていて各設問が関連しているので、前問で解答したことや、次問の問題文がその問題を解く手掛かりになります。つまり、問題文や提示された資料に、その問題の正解のヒント、あるいは正解そのものが含まれているのです。したがって、問題文で述べられていることを理解し、提示された資料の読み方やそれを解釈する技能が備わっていれば、学科試験で求められる知識で十分に解くことができます。実技試験はハードルが高いと感じるのは、記述や作図の問題のせいかもしれません。

　気象予報士試験は学科試験に合格しないと実技試験は採点してもらえないシステムになっていることや、実技は学科の上に成り立っているのでまず学

科の知識を十分に備えることが第一と説明されるためか、実技試験対策は学科試験に合格してから始めるものだと思われるかもしれません。しかし、学科の知識が十分に備わっていないうちは、天気図の読み方や解析操作などの練習をしてはならないというものではありません。むしろ、学科試験の段階からそれらを通して天気図などの資料に慣れ親しむことが、学科の知識のより深い理解につながるのです。

　記述の問題では、問われていることに関係するキーワードやキーワードを含む表現を適切に使って解答する必要があります。これについての対策は、過去問題を通して実際の出題に慣れることです。その際、気象業務支援センターの解答例を丸暗記するのではなく、その解答例がどのようにして導かれたものなのか、たとえば問題に用いられる資料のどの情報を読み取るとそういう結論に至るのかといったことについて、解答例の解説を読みながら問題に用いられる資料をひとつひとつ丁寧に確認することです。こうすることで実技試験に必要な論理的な思考方法が自然に身についてきます。また、先に述べたように、学科試験の段階で天気図などの読み方や解析操作に慣れ親しんでいれば、それほど苦労することはありません。

　この章では、過去問題からいくつかを例題として取り上げ、学科試験の知識との関連や答案をまとめるときのポイントなどについて簡単に説明します。

例題1　各種実況資料による実況の把握に関する問題

　図：実2・1は地上天気図、図：実2・2、図：実2・3は高層天気図、図：実2・4は気象衛星赤外画像であり、いずれもXX年5月22日21時（12UTC）のものである。また、図：実2・5は22日の海面水温分布図である。これらを用いて以下の問いに答えよ。（平成22年度第2回（実技1）より抜粋）

(1) 図：実2・1〜図：実2・4を用いて、次の文章の空欄（①）〜（⑩）に入る適切な語句または数値を記入せよ。

図：実2・1　地上天気図

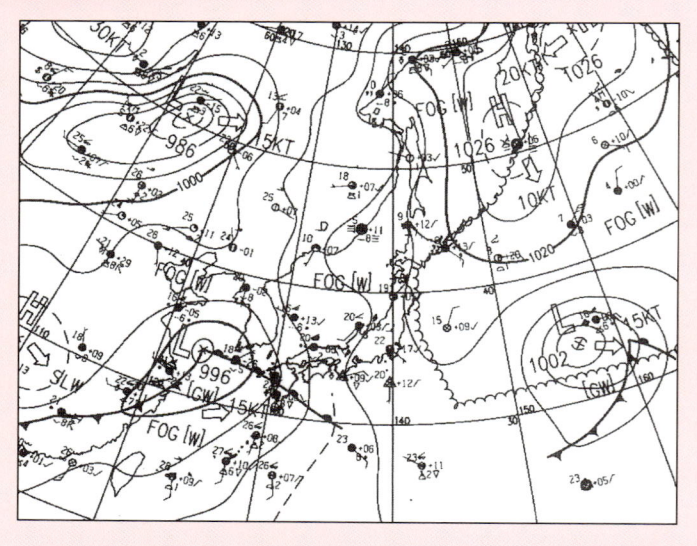

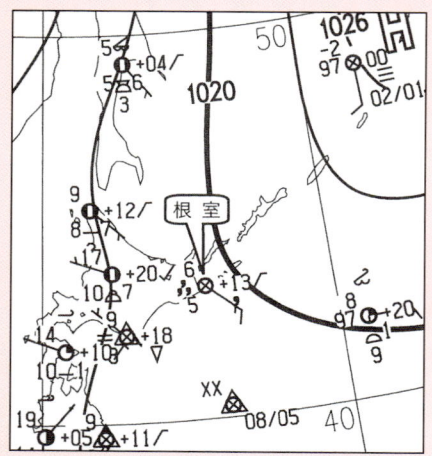

XX年5月22日21時（12UTC）
実線：気圧（hPa）
矢羽：風向・風速（ノット）（短矢羽：5ノット、長矢羽：10ノット、旗矢羽：50ノット）

Chapter 2
例題と解答解説

図：実2・2　300hPa・500hPa高層天気図

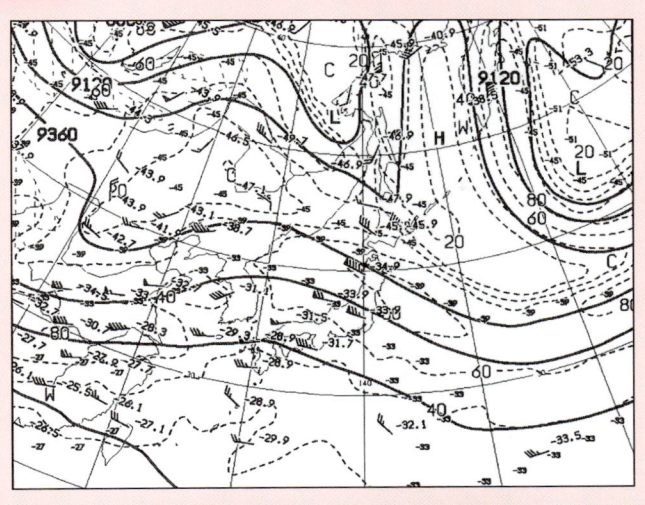

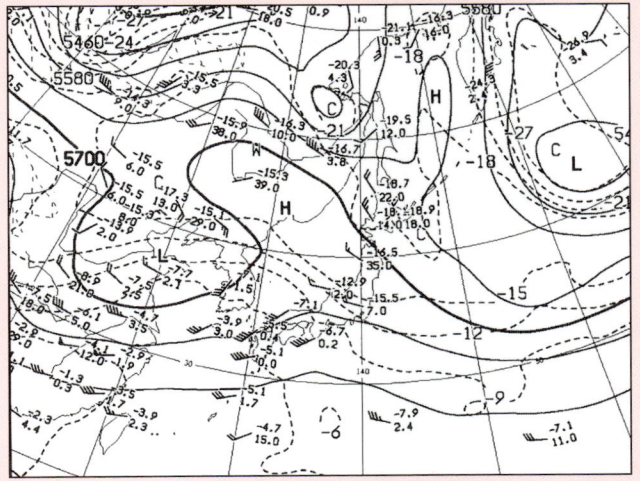

300hPa天気図（上）XX年5月22日21時（12UTC）
実線：高度（m）、破線：風速（ノット）
矢羽：風向・風速（ノット）（短矢羽：5ノット、長矢羽：10ノット、旗矢羽：50ノット）

500hPa天気図（下）XX年5月22日21時（12UTC）
実線：高度（m）、破線：気温（℃）
矢羽：風向・風速（ノット）（短矢羽：5ノット、長矢羽：10ノット、旗矢羽：50ノット）

図：実2・3 700hPa・850hPa高層天気図

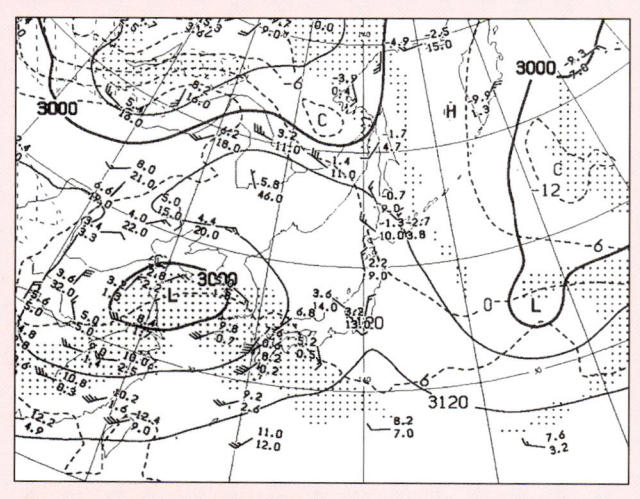

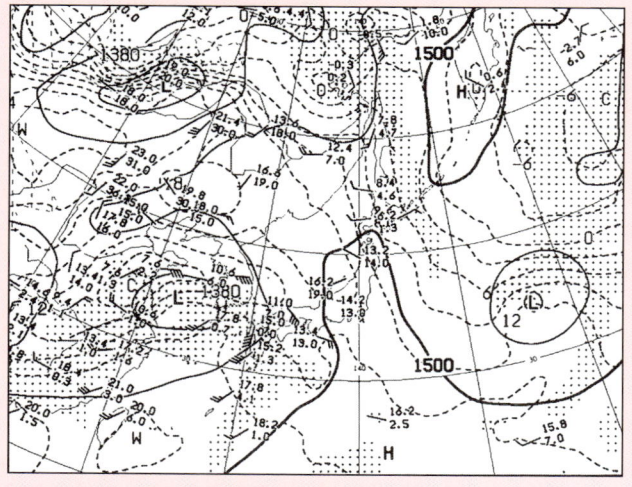

700hPa天気図（上）XX年5月22日21時（12UTC）
実線：高度（m）、破線：気温（℃）（網掛け域：湿数≦3℃）
矢羽：風向・風速（ノット）（短矢羽：5ノット、長矢羽：10ノット、旗矢羽：50ノット）
850hPa天気図（下）XX年5月22日21時（12UTC）
実線：高度（m）、破線：気温（℃）（網掛け域：湿数≦3℃）
矢羽：風向・風速（ノット）（短矢羽：5ノット、長矢羽：10ノット、旗矢羽：50ノット）

Chapter 2

例題と解答解説

図：実2・4　気象衛星赤外画像

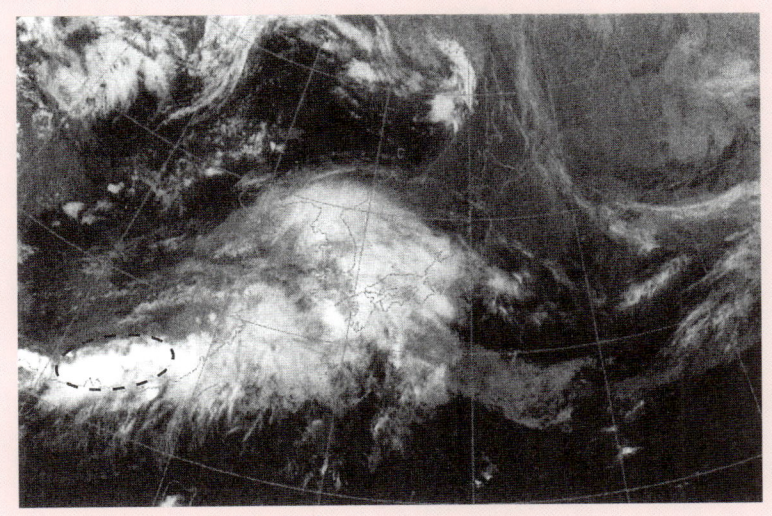

XX年5月22日21時（12UTC）

　地上天気図によると、黄海に低気圧があり、（①）へ（②）ノットで進んでいる。中心から伸びる（③）前線が四国の南海上に達し、（④）前線が上海の南を通り華南に達している。高層天気図によると、これに対応する500hPaの低気圧の中心は山東半島付近にあり、低気圧性循環の軸は高度が高くなるほど（⑤）方向に傾いている。また、気象衛星赤外画像によると黄海北部から朝鮮半島付近には、バルジと呼ばれる（⑥）に盛り上がった雲域がある。これは、低気圧が（⑦）しつつあることを示唆している。現在、この低気圧に関して（⑧）警報が発表されている。一方、地上天気図のカムチャツカ半島の南端付近には高気圧があって、（⑨）へ（⑩）ノットで進み、千島から北日本方面に張り出している。

(2) 図：実2・4において破線の楕円で示す領域における代表的な雲の種類を十種雲形の中から一つ答えよ。また、この赤外画像の領域における雲

域の形状と輝度温度について15字程度で述べよ。

(3) 北海道の東海上における気象状況に関する以下の問いに答えよ。
① 図：実2・1における根室（北海道）の気温と図：実2・5におけるその沿岸部の海面水温をそれぞれ整数値で答えよ。
② 図：実2・1では北海道の東海上に海上濃霧警報が発表されているが、①の解答に着目して、この霧が次のa〜eのどれに分類されるかを記号で答えよ。また、その霧の発生要因を40字程度で述べよ。

　　a 放射霧　　b 移流霧　　c 蒸気霧　　d 前線霧　　e 上昇霧

図：実2・5　海面水温分布図

XX年5月22日
実線：海面水温（℃）

ヒント
(2) 設問（1）空欄④で解答した前線を図：実2・4に描き入れると、破線の楕円で示す領域が寒冷前線付近にあることがわかるので、赤外画像で見られる寒冷前線付近に発生する対流性の雲の特徴（専門知識編5章4節）を考えよう。
(3)② 相対的に暖かい空気が温度の低い海面によって冷やされて発生する霧は？

Chapter 2 例題と解答解説

解答と解説

(1) 解答

① 東北東　② 15　③ 温暖　④ 寒冷　⑤ 北西
⑥ 北　⑦ 発達　⑧ 海上強風　⑨ 南　⑩ 10

解説

　地上天気図に記入された高・低気圧の移動、前線の種類、気圧の谷の軸の傾き、気象衛星赤外画像のバルジ状の雲の性質および全般海上警報に関する問題で、これに関連する学科の知識は一般知識編6章3-3、4節と専門知識編5章、8章、12章3-1にあります。

　地上天気図（図：実2・1）に記入された高・低気圧の移動方向は白抜き矢印で示され、矢印の先が向いた方角（方位）が移動方向となります。方位の読み取りは、定規を使って次の要領で行います。

　まず、白抜き矢印の始点に定規を当て、周囲の経度線を参考に南北方向の線を引き、それに直交するように東西方向の線を引きます。これで矢印の始点の周囲が4等分され、これらをさらに2等分すれば北東、南東、南西、北西の方向が決まります。16方位で読み取らなければならないので、このくらい丁寧に作業すべきです（空欄①と⑨）。移動速度は白抜き矢印の近くにある数値です（空欄②と⑩）。

　黄海の低気圧とこれに対応する500hPa、700hPaおよび850hPaの低気圧の中心を図：実2・1〜図：実2・4からトレーシングペーパーに写し取ってみると、各低気圧の中心の位置が地上から500hPaにかけて北西にずれていることがわかります（空欄⑤）。この低気圧性循環の軸は西傾して300hPaのトラフに続いています。また、温帯低気圧の寒気側で凸状に（高気圧性曲率をもって）雲域が膨らむ状態をバルジといい、気象衛星画像で発達する温帯低気圧にみられる特徴的な雲のひとつです（空欄⑥と⑦）。

　全般海上警報は風や濃霧について船舶の安全航行のために発表される警報で、よく出題されるので、その種類と発表基準、および発表される状況をしっかり覚えておく必要があります（空欄⑧）。

　この問題の文章には地名や海域名が入っていて、それを順番に列挙すると、黄海、四国の南、上海、華南、山東半島、黄海北部、朝鮮半島、カムチャツカ半島、千島、北日本となります。これらは気象用語（気象庁）で定義されています。地名や海域名をすべて丸暗記する必要はありませんが、主な地名や海域名がどのあたりにあるのか、さらには主な山脈・山地の名称とその斜面がどの方角を向いているかを地図帳などで確認しておくとよいでしょう。

さて、この穴埋め問題は容易に解くことができたと思いますが、図：実2・1～図：実2・4を用いて、XX年5月22日21時（12UTC）の日本付近の状況について説明しなさいと出題されたらどうしますか。その解答例は空欄（①）～（⑩）を埋めた文章です。天気図などの実況資料を見慣れると、このような文章も書けるようになるでしょう。さらに範囲を広げて図をみると、カムチャツカ半島の南端付近の高気圧は、背の高い高気圧であることがわかります。また、カムチャツカ半島の南東に寒冷渦があります。このほかにも気づくことがあると思います。寒帯前線ジェット気流に対応する強風軸の解析など、これらの図はいろいろな解析操作の練習に使えます。

（2） 解答

種類：積乱雲
雲域の形状と輝度温度：団塊状で、輝度温度が低い。（13字）

解説

　この問題に関連する学科の知識は専門知識編5章4節にあります。普通、赤外画像と可視画像を組み合わせて雲の種類を判別しますが、この問題では指定された領域の雲域を赤外画像から判断します。指定された領域は、ごつごつした感じで白く輝いてみえますので、対流性の雲で雲頂高度が高い（輝度温度が低い）ことを示しています。

（3） 解答

① 気温：6℃　海面水温：4℃　　② 分類：b
発生要因：冷たい海面上に相対的に暖かく湿った空気が移動し、下から冷やされて飽和したため。（39字）

解説

　この問題に関連する学科の知識は一般知識編3章4節および専門知識編8章1節にあります。
　まず、国際式で記入された地上気象観測結果は、正しく読めるようにしておく必要があります。設問①で気温と海面水温の高さが逆転してしまうと、設問②も違った解答になってしまいます。

設問①の解答から海面上の空気は海面水温より暖かいことがわかるので、この海域に発生した霧は蒸気霧には該当しません。また、海上での現象なので放射霧と上昇霧も該当しません。さらに図：実2・1よりこの海域は高気圧圏内なので前線霧も該当しません。したがって、消去法により移流霧となります。

空気が湿っていないと霧は発生しにくいし、霧が発生するときは相対湿度が100％に近いので、「湿った空気」と「飽和」がキーワードになります。また、解答例では、気温が海面水温より高いことを「相対的に暖かい」と表現しています。この「相対的に〜」という表現は、実技試験の解答例でよくみかけますので、使えるようにしておくとよいでしょう。

例題2　前線通過前後の大気の鉛直構造の特徴に関する問題

　図：実2・6、図：実2・7は500hPa高度・渦度（上）、地上気圧・降水量・風（下）の12時間および24時間予想図、図：実2・8は850hPa風・相当温位の12時間〜48時間予想図、図：実2・9は500hPa気温、700hPa湿数（上）、850hPa気温・風、700hPa鉛直流（下）の24時間予想図である。また、図：実2・10は高知（高知県）の風・気温・相対湿度（上）、風・鉛直流（下）の鉛直分布の0時間〜48時間時系列予想図、図：実2・11は高知と高松（香川県）の3時間降水量ガイダンスの9時間〜48時間時系列図である。予想図の初期時刻はいずれもXX年5月22日21時（12UTC）である。これらを用いて以下の問いに答えよ。なお、高知と高松の位置は図：実2・11に示してある。（平成22年度第2回（実技1）より抜粋し、一部改変）

(1) 図：実2・10には前線通過を示す特徴が見られる。このうち、地上の温暖前線の通過を示す特徴が表れている時間帯を図に記入された6時間毎の時刻を用いて答えよ。また、そのように判断した根拠を、900hPa以下の高度における風向と気温の変化に着目して30字程度で述べよ。

図：実2・6 500hPa・地上12時間予想図

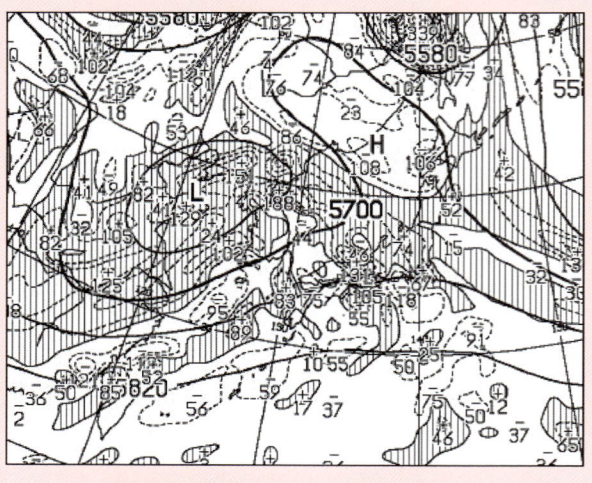

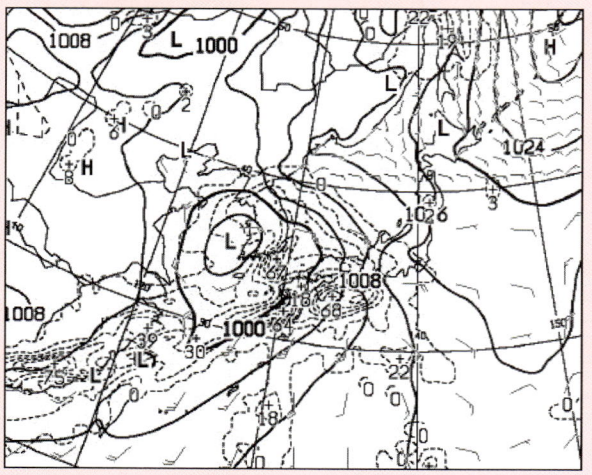

500hPa高度・渦度12時間予想図（上）
太実線：高度（m）、破線および細実線：渦度（10^{-6}/s）（網掛け域：渦度＞0）
地上気圧・降水量・風12時間予想図（下）
実線：気圧（hPa）、破線：予想時刻前12時間降水量（mm）
矢羽：風向・風速（ノット）（短矢羽：5ノット、長矢羽：10ノット、旗矢羽：50ノット）
初期時刻　XX年5月22日21時（12UTC）

Chapter 2
例題と解答解説

図：実2・7　500hPa・地上24時間予想図

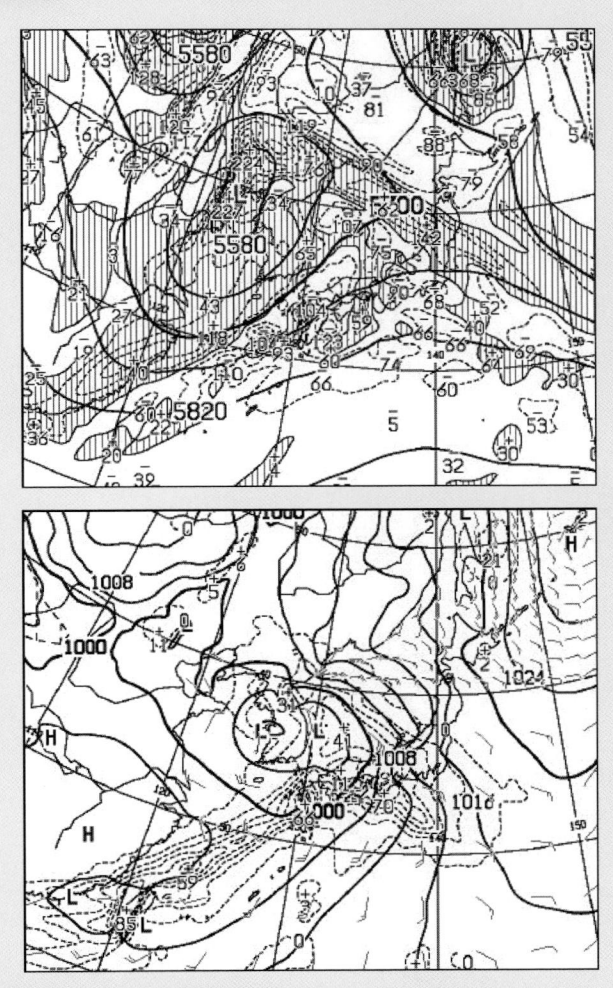

500hPa高度・渦度24時間予想図（上）
太実線：高度（m）、破線および細実線：渦度（10^{-6}/s）（網掛け域：渦度＞0）
地上気圧・降水量・風24時間予想図（下）
実線：気圧（hPa）、破線：予想時刻前12時間降水量（mm）
矢羽：風向・風速（ノット）（短矢羽：5ノット、長矢羽：10ノット、旗矢羽：50ノット）
初期時刻　XX年5月22日21時（12UTC）

図：実2・8　850hPa12時間〜48時間予想図

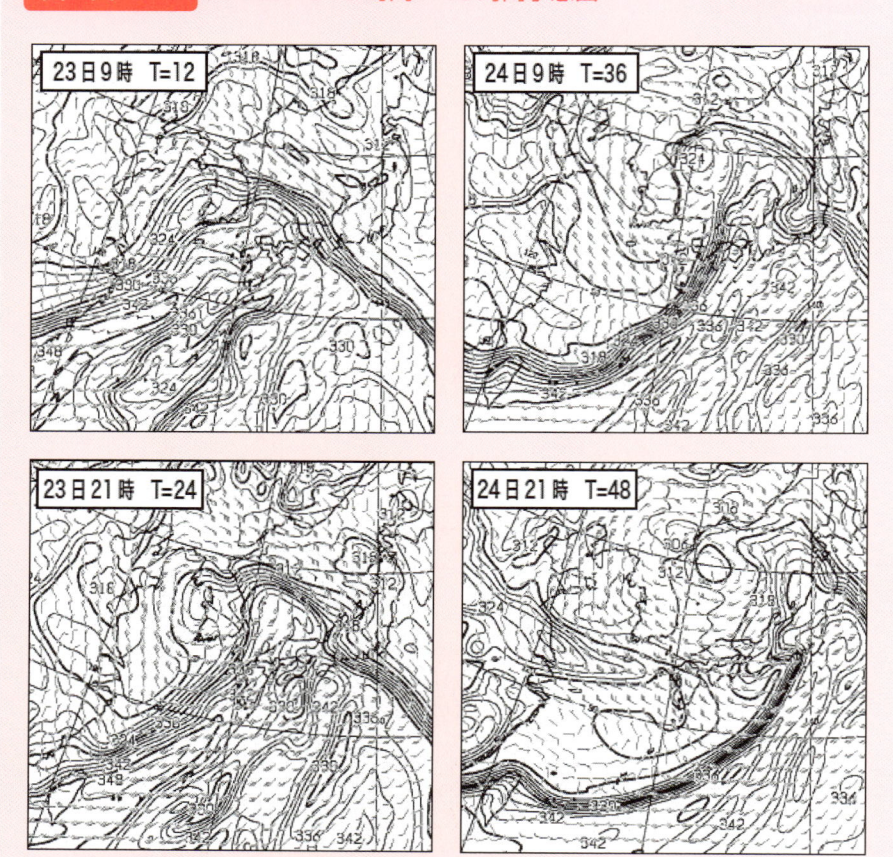

| 23日9時　T=12 | 24日9時　T=36 |
| 23日21時　T=24 | 24日21時　T=48 |

矢羽：風向・風速（ノット）（短矢羽：5ノット、長矢羽：10ノット、旗矢羽：50ノット）
実線：相当温位（K）
T＝で示す数値は予想時間
初期時刻　XX年5月22日21時（12UTC）

Chapter 2 例題と解答解説

図：実2・9　500hPa・700hPa・850hPa 24時間予想図

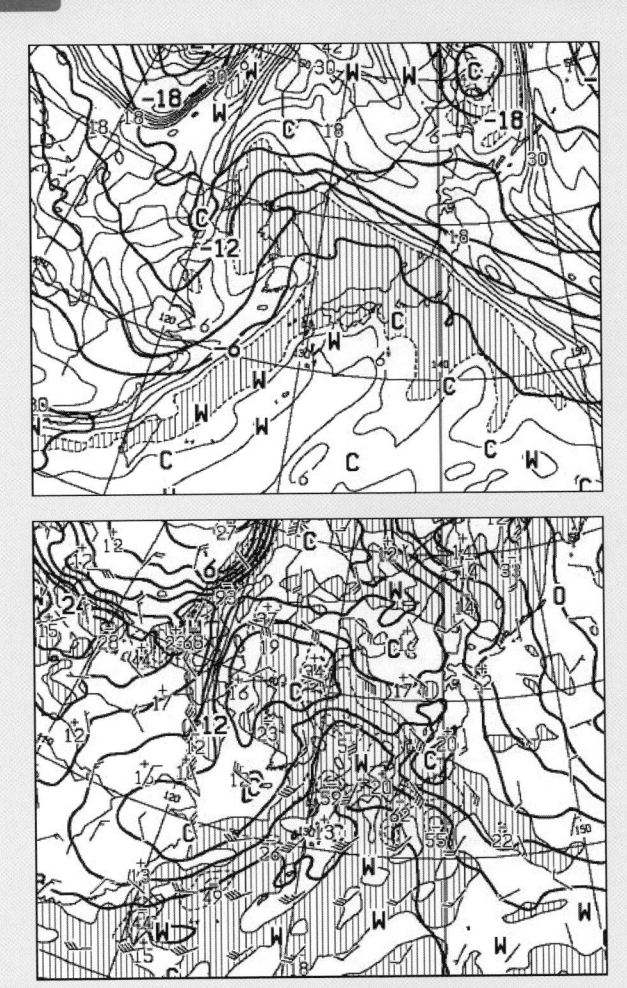

500hPa気温、700hPa湿数24時間予想図（上）
　太実線：500hPa気温（℃）、破線および細実線：700hPa湿数（℃）（網掛け域：湿数≦3℃）
850hPa気温・風、700hPa鉛直流24時間予想図（下）
　太実線：850hPa気温（℃）、破線および細実線：700hPa鉛直p速度（hPa/h）（網掛け域：上昇流）
　矢羽：850hPa風向・風速（ノット）（短矢羽：5ノット、長矢羽：10ノット、旗矢羽：50ノット）
初期時刻　XX年5月22日21時（12UTC）

図：実2・10　0時間〜48時間時系列予想図

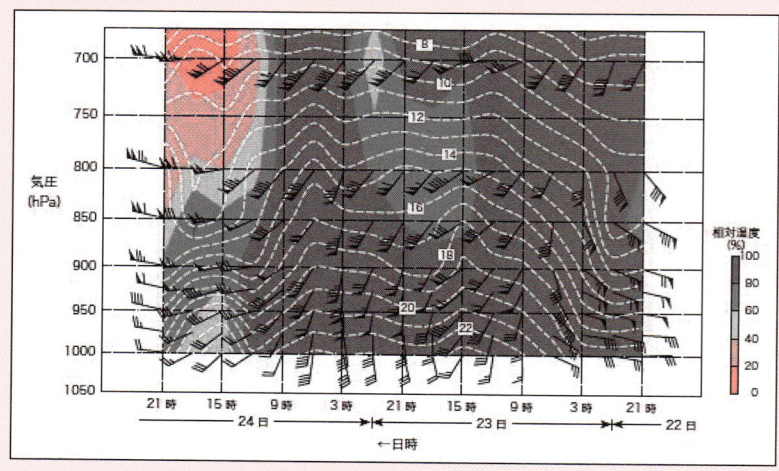

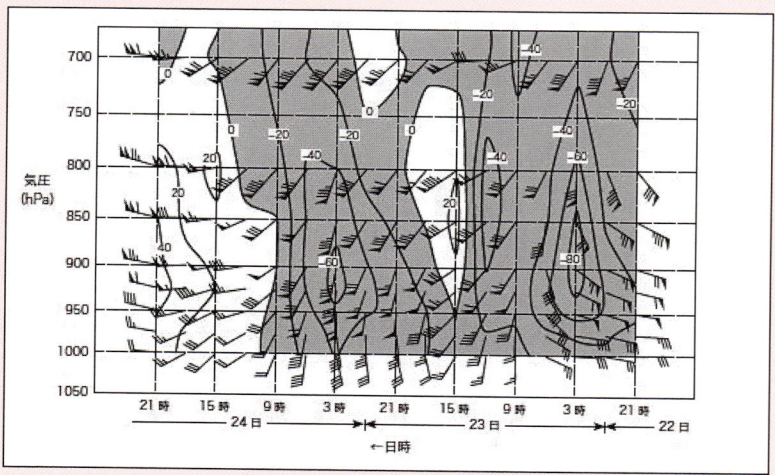

高知の風・気温・相対湿度の鉛直分布の0時間〜48時間時系列予想図（上）
矢羽：風向・風速（ノット）（短矢羽：5ノット、長矢羽：10ノット、旗矢羽：50ノット）
破線：気温（℃）、塗りつぶし域：相対湿度（凡例のとおり）
高知の風・鉛直流の鉛直分布の0時間〜48時間時系列予想図（下）
矢羽：風向・風速（ノット）（短矢羽：5ノット、長矢羽：10ノット、旗矢羽：50ノット）
実線：鉛直p速度（hPa/h）
初期時刻　XX年5月22日21時（12UTC）

Chapter 2
例題と解答解説

図：実2・11 3時間降水量ガイダンスの9時間〜48時間時系列予想図

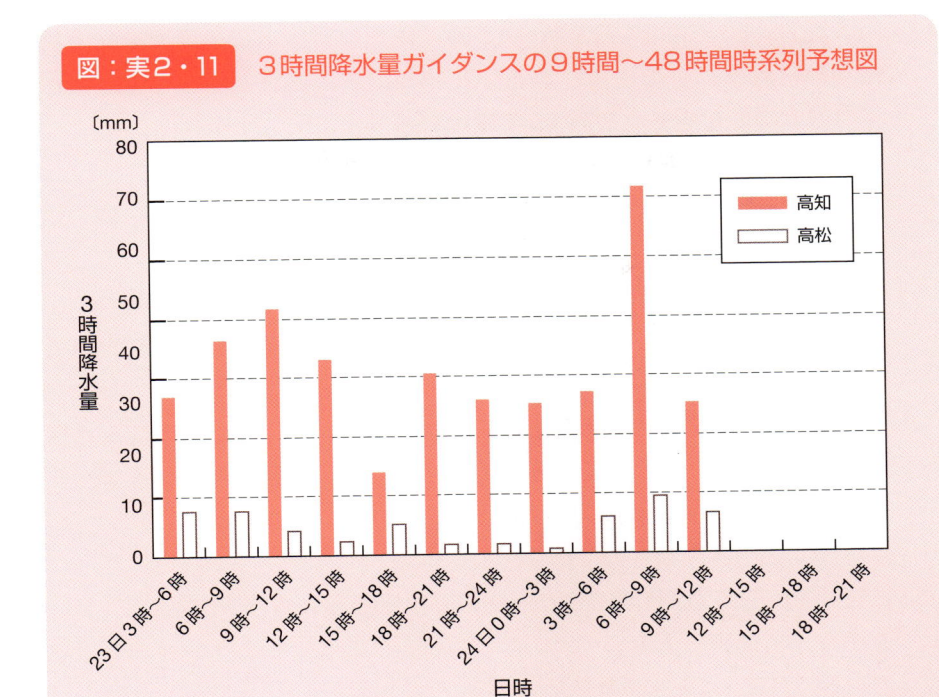

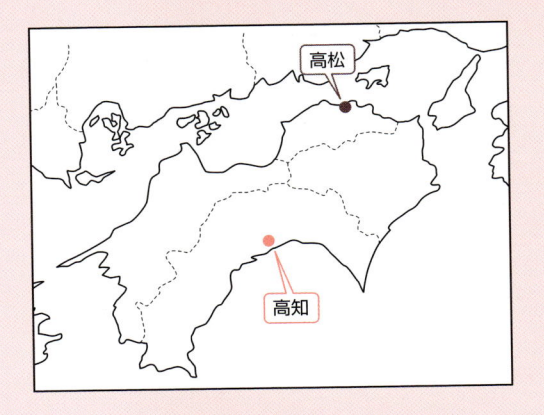

高知と高松の3時間降水量ガイダンスの9時間〜48時間時系列図
初期時刻　XX年5月22日21時（12UTC）

実技編

443

(2) 図：実2・10では24日9時～15時に地上の寒冷前線の通過を示す特徴がみられる。その根拠となる900hPa以下の高度における鉛直流と相対湿度の変化をそれぞれ15字程度で述べよ。

(3) 図：実2・11における高知の予想降水量の推移に関する以下の問いに答えよ。
　①23日3時～24日6時の間、30mm前後の3時間降水量が予想されている。この降水は前線・低気圧のどのような部分で降ることが予想されているか、図：実2・10を参考に簡潔に答えよ。
　②23日15時～18時の3時間には、前後の時間帯と比較して予想降水量が減少している。図：実2・8の12時間および24時間予想図を参考にして、降水量の減少に対応する850hPaの相当温位の変化について20字程度で述べよ。
　③24日6時～9時の3時間に約70mmの降水量の極大値が予想されている。この降水は前線・低気圧のどのような部分で降ることが予想されているか、図：実2・10を参考に簡潔に答えよ。

(4) 図：実2・11では、高松では高知に比べて全体的に降水量が少なく予想されている。その理由を、高松周辺の地域に吹き込む下層風の風向と地形に着目して30字程度で述べよ。

> **ヒント**
> (3) ①と③「前線・低気圧のどのような部分」としては、温暖前線、寒冷前線、低気圧の中心付近、低気圧の暖域などがあげられる。
> ② 図：実2・8で高知周辺の850hPa相当温位の変化を検討しよう。
> (4) 図：実2・8によると、降水が予想される時間帯には温暖な南西風が卓越しており、高知と高松の間には四国山地が横たわっていることを思い出そう。

Chapter 2
例題と解答解説

解答と解説

（1） 解 答

時間帯：23日3時～23日9時
根拠：風向が東～南東から南～南西に変化し、気温が上昇するため。（28字）

解説

この問題に関連する学科の知識は一般知識編6章にあります。
問題文は「温暖前線が通過した時間帯を答え、そのように答えた理由を述べよ」となっていますが、これを「900hPa以下の高度における風向と気温の変化に着目すると、地上の温暖前線の通過を示す特徴が表れていて、それにより通過した時間帯がわかる」と読み替えると解答しやすいでしょう。
一般に、地上で温暖前線が通過する際に、風向は東または南東から南または南西に変わり、気温は上昇します。図：実2・10によると、23日3時～9時の間に、地上に近い1000hPaでは風向が東から南に変化しています。ここでは900hPa以下の気層について答えるので、「風向は東～南東から南～南西に変化する」となります。○○～△△の風は風向について幅をもたせた表現で、風向変化は「～」を用いず、○○の風から△△の風へ変化すると「から」を用いて表現します。
なお、温暖前線の通過前の時間帯をみると、1000hPaから高度が増すにつれて風向が時計回りに変化（これを「風向順転」という）し、この気層内では暖気移流となっていることがわかります。

（2） 解 答

鉛直流：上昇流から下降流に変化する。（14字）
相対湿度：急速に低下して乾燥する。（12字）

解説

この問題に関連する学科の知識は一般知識編6章にあります。
一般に地上の寒冷前線が通過する際に、風向は南または南西から西または北西に変わり、気温が下降します。また、寒気が下降してくるので、前線通過後は上昇流場から下降流場となり、湿った空気から乾燥した空気に変わることが多い。ただし、これは冬期の日本海側の地方には当てはまりません。
この問題も前問（1）と同じように、「24日9時～15時の間の900hPa以下の

高度における鉛直流と相対湿度の変化をそれぞれ述べよ」と読み替えてみると、解答例のようになります。

一方、問題文にある寒冷前線が通過したとされる時間帯では風向の変化が小さく、気温は下降するが再び上昇しており、24日15時以降も寒気移流を示す風向の変化がみられません。実技試験では「あれっ、なんか変！」と思える出題もありますが、前述のように読み替えると解答しやすいでしょう。

(3) 解答

① 低気圧の暖域
② 高知付近では相当温位が一時的に低下する。（20字）
③ 寒冷前線

解説

この問題に関連する学科の知識は一般知識編6章および専門知識編8章にあります。

23日3時〜24日6時は、前問（1）と（2）でみたように、温暖前線通過後から寒冷前線通過前の時間帯なので、高知付近は低気圧の暖域内にあります（設問①）。図：実2・8によると、23日9時の高知付近の相当温位は336K以上ですが、23日21時では高知付近の南東に330K以下の低相当温位域がみられます。つまり、高知付近では低相当温位の大気が流入することにより、降水量が減少すると考えることができます。なお、この設問では「この時間帯の降水量の減少は850hPaの相当温位の変化と関係がある」と読むと解答しやすくなるでしょう（設問②）。設問③は解答例のとおり。

(4) 解答

四国山地の降水で水蒸気量が減少し、また上昇流が弱まるため。（29字）

解説

この問題に関連する学科の知識は一般知識編2章にあります。

一般に、下層は天気図でいう850hPa、中層は700hPaと500hPa、上層は300hPaを指します。例題2では図：実2・10があるので、1000hPa〜850hPaの間の気層の風を下層風と考えます。高知と高松で降水量が予想されている時間

帯は、下層風がほぼ一様な南寄りで、これは四国山地にほぼ正対する風向です。つまり、四国山地の南斜面での強制上昇により降水が強まるため、四国山地の風上側では降水量が多くなります。

一方、高松は四国山地の風下側にあります。ここで「風下側で下降流」としてしまうと、フェーン現象のように降水はなくなってしまいます。しかし、高松でも降水量は予想されているので上昇流が存在します。したがって、風上側で多量の降水となるため、風下側へ届く水蒸気量が減り、上昇流が弱まると考えます。なお、図：実2・9（下）によると、高松付近の700hPaでは上昇流場で湿潤域（湿数3℃以下）になっています。

コラム

「時系列図の時間軸や風速記号には要注意」

図：実2・10と図：実2・11の時系列予想図において、前者では時間が右から左へ進み、後者では逆に左から右へ進んでいます。このように時系列図の時間軸の向きは図によって違うので、注意が必要です。

また、風向風速を示す矢羽は、普通は短矢羽5ノット、長矢羽10ノット、旗矢羽50ノットですが、ときには短矢羽1m/s、長矢羽2m/s、旗矢羽10m/s、となっている場合があります。

天気図などの資料を見るときには、日付と時刻、そして凡例を必ず確認しましょう。

例題3　低気圧と前線の解析に関する問題

図：実2・12は地上天気図、図：実2・13は高層解析図であり、いずれもXX年7月14日21時（12UTC）のものである。図：実2・14〜図：実2・16は500hPa高度・渦度（上）、地上気圧・降水量・風の12時間、24時間および36時間予想図（下）である。図：実2・17は850hPa風・相当温位の12時間および24時間予想図である。予想図の初期時刻はいずれもXX年7月14日21時（12UTC）である。これらを用いて低気圧と前線に関する以下の問いに答えよ。（平成22年度第1回（実技1）より抜粋し、一部改変）

(1) 初期時刻に中国東北区にある地上低気圧の予想に関する以下の問いに答えよ。

① 図：実2・12および図：実2・14（下）〜図：実2・16（下）を用いて、初期時刻から36時間後までの間で低気圧の中心気圧が最も低くなると予想される日時（日本時間）と、その時の中心気圧を答えよ。

② 図：実2・12、図：実2・13および図：実2・14〜図：実2・16を用いて、初期時刻から①で解答した時刻までの、地上低気圧の中心と500hPaトラフとの相対的な位置の変化の予想を45字程度で述べよ。

図：実2・12 地上天気図

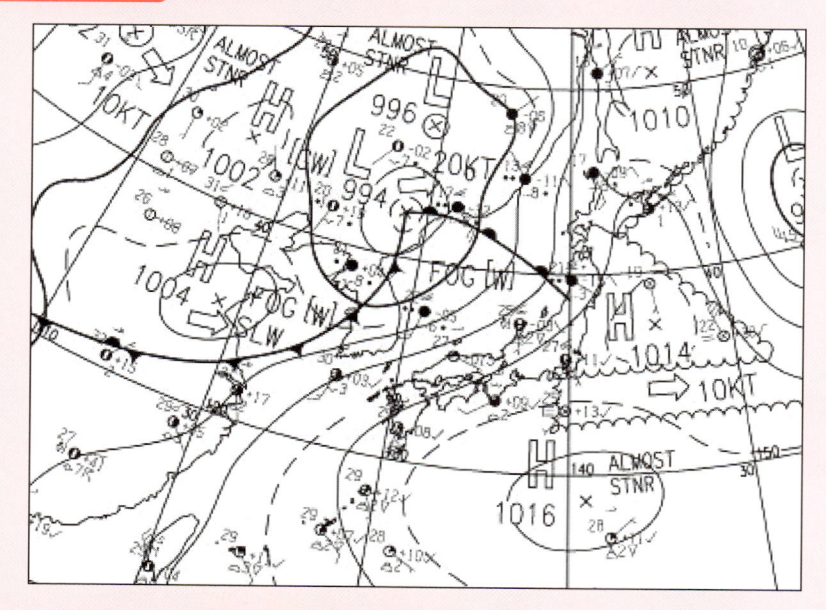

初期時刻　XX年7月14日21時（12UTC）
実線：気圧（hPa）
矢羽：風向・風速（ノット）（短矢羽：5ノット、長矢羽：10ノット、旗矢羽：50ノット）

Chapter 2
例題と解答解説

図：実2・13　高層解析図

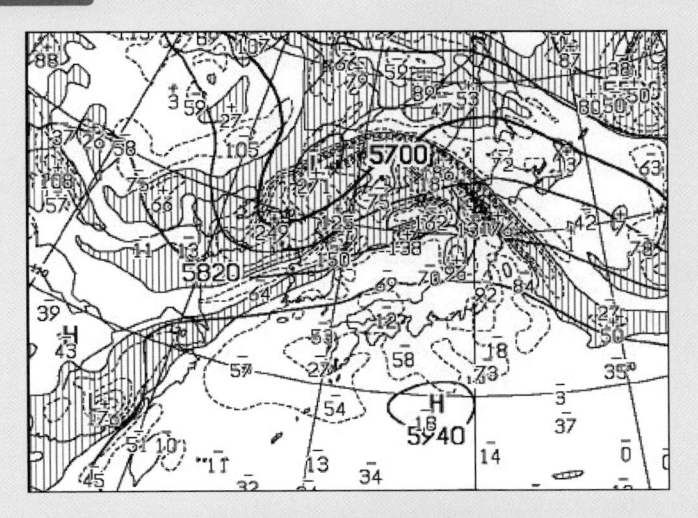

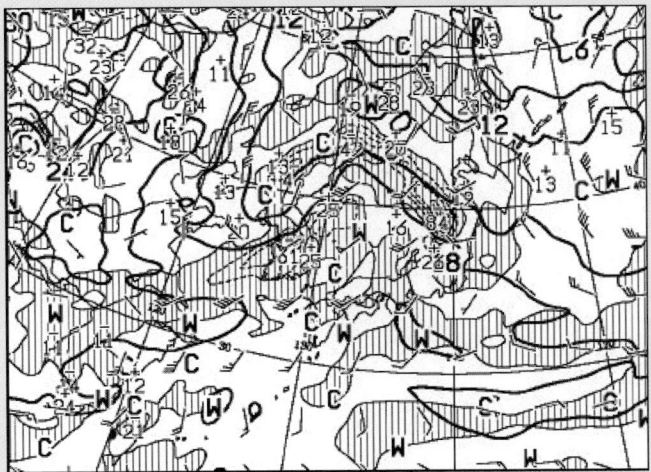

500hPa高度・渦度解析図（上）　XX年7月14日21時（12UTC）
太実線：高度(m)、破線および細実線：渦度(10^{-6}/s)（網掛け域：渦度＞0）
850hPa気温・風、700hPa鉛直流解析図（下）　XX年7月14日21時（12UTC）
太実線：850hPa気温(℃)、破線および細実線：700hPa鉛直p速度(hPa/h)（網掛け域：上昇流）
矢羽：850hPa風向・風速（ノット）（短矢羽：5ノット、長矢羽：10ノット、旗矢羽：50ノット）

図：実2・14　500hPa・地上12時間予想図

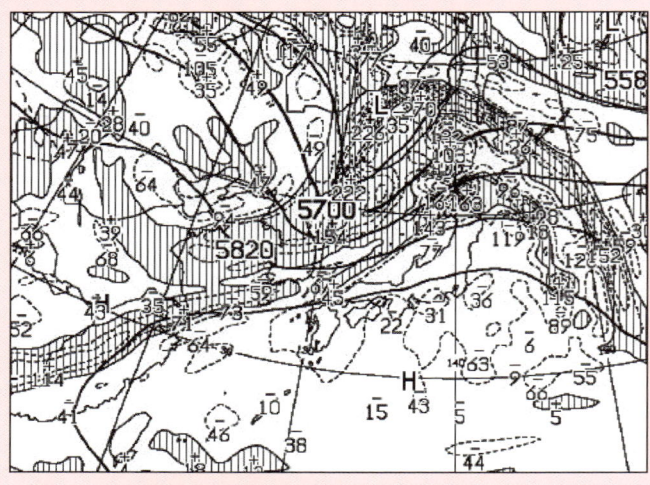

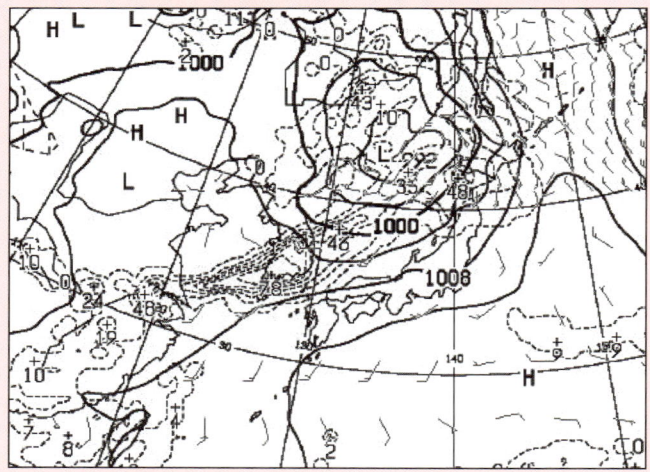

500hPa高度・渦度12時間予想図（上）
太実線：高度(m)、破線および細実線：渦度(10^{-6}/s)（網掛け域：渦度＞0）
地上気圧・降水量・風12時間予想図（下）
実線：気圧(hPa)、破線：予想時間前12時間降水量(mm)
矢羽：風向・風速（ノット）（短矢羽：5ノット、長矢羽：10ノット、旗矢羽：50ノット）
初期時刻　XX年7月14日21時（12UTC）

Chapter 2
例題と解答解説

図：実2・15　500hPa・地上24時間予想図

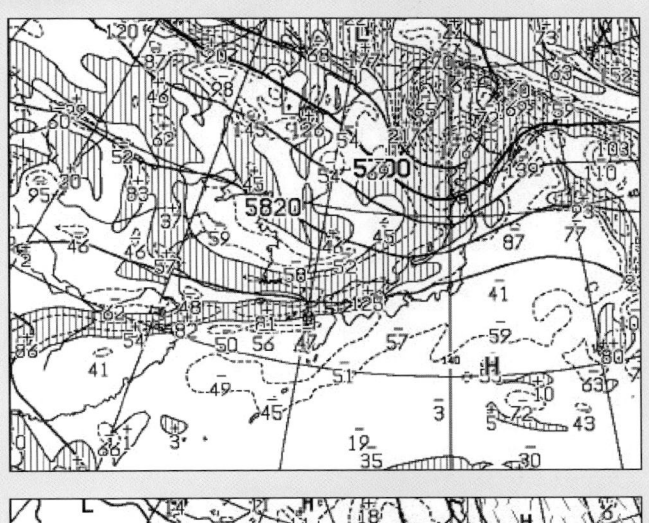

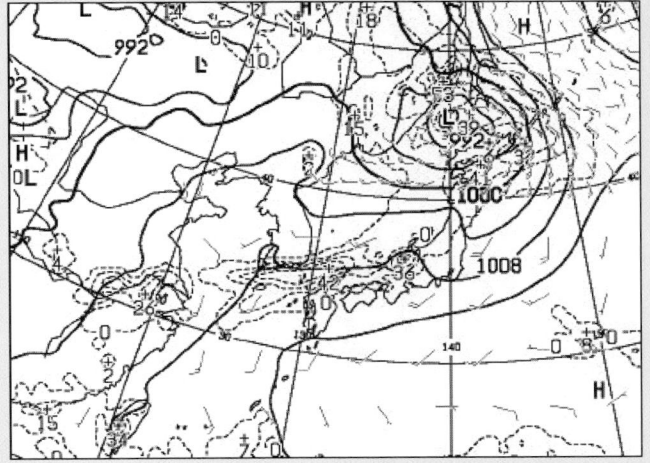

500hPa高度・渦度24時間予想図（上）
太実線：高度(m)、破線および細実線：渦度(10^{-6}/s)（網掛け域：渦度＞0）
地上気圧・降水量・風24時間予想図（下）
実線：気圧(hPa)、破線：予想時間前12時間降水量(mm)
矢羽：風向・風速（ノット）（短矢羽：5ノット、長矢羽：10ノット、旗矢羽：50ノット）
初期時刻　XX年7月14日21時（12UTC）

実技編

図：実2・16 500hPa・地上36時間予想図

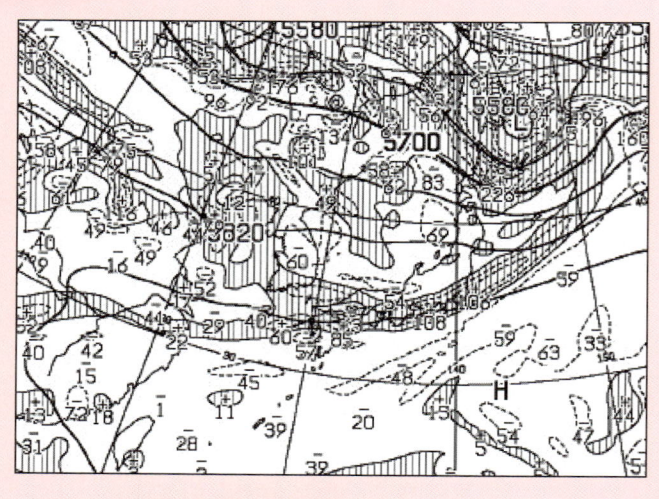

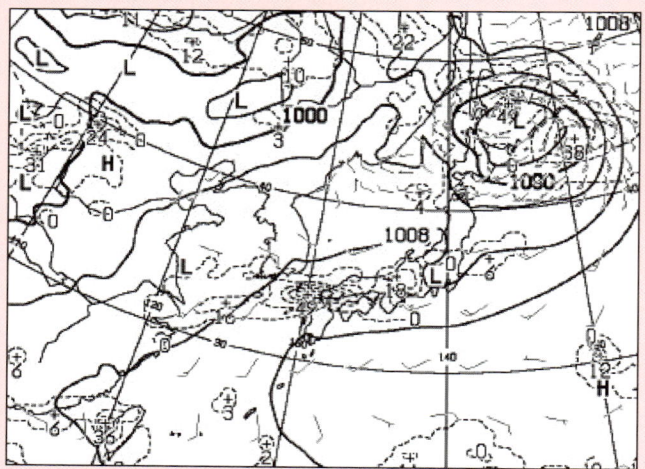

500hPa高度・渦度36時間予想図（上）
太実線：高度(m)、破線および細実線：渦度(10^{-6}/s)（網掛け域：渦度＞0）
地上気圧・降水量・風36時間予想図(下)
実線：気圧（hPa）、破線：予想時間前12時間降水量（mm）
矢羽：風向・風速（ノット）（短矢羽：5ノット、長矢羽：10ノット、旗矢羽：50ノット）
初期時刻 XX年7月14日21時（12UTC）

Chapter 2
例題と解答解説

（2）図：実2・17を用いて前線に関する以下の問いに答えよ。
　①24時間後に予想される850hPaにおける前線の位置を、解答用紙（図：実2・18）の図の太線の枠内に、それぞれの前線記号を付して描画せよ。なお、解答用紙の図には予め低気圧の中心位置を×印で示してある。

図：実2・17　850hPa12時間・24時間予想図

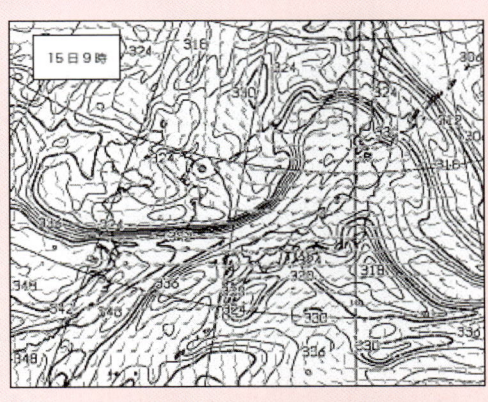

850hPa風・相当温位12時間および24時間予想図
実線：相当温位（K）
矢羽：風向・風速（ノット）（短矢羽：5ノット、長矢羽：10ノット、旗矢羽：50ノット）
初期時刻　XX年7月14日21時（12UTC）

実技編

453

図：実2・18　解答用紙

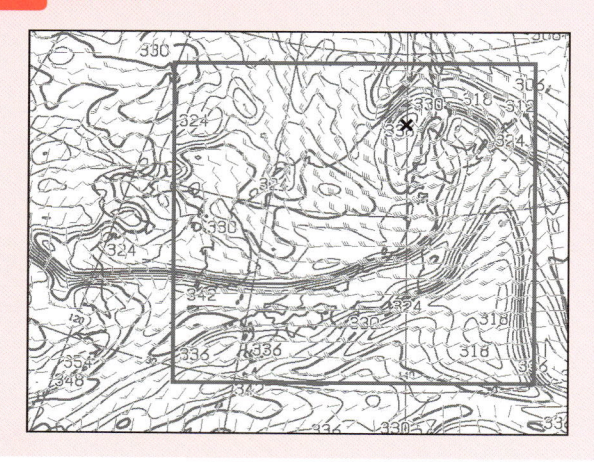

② ①で描画した前線のうち、北緯40度以南における東経140度付近の前線の位置は、これを決める際に用いた気象要素分布のどのような所と対応しているかを15字程度で述べよ。

解答と解説

解答

(1) ① 15日21時　988hPa
② トラフは初め低気圧中心の西側にあるが、中心気圧が最も低くなる時刻にはほぼ一致する。（41字）

解説

　この問題に関連する学科の知識は専門知識編8章にあります。
　地上天気図および地上の予想図の等圧線は4hPaごとに引かれているので、低気圧の中心から離れた等圧線の数値を読みやすいところから、低気圧の中心に向かって等圧線の数値を順に読んでいきます。その結果は以下の通りです（設問①）。

日時	14日21時	15日9時	15日21時	16日9時
中心気圧	994hPa	992hPa	988hPa	996hPa

Chapter 2
例題と解答解説

　問題で用いられる天気図や解析図、予想図は、（問題によっては例外もありますが）ほぼ同一縮尺で作られています。図：実2・12～図：実2・16もほぼ同一縮尺ですからトレーシングペーパーを利用できます。初期時刻から24時間後（15日21時）までの500hPaのトラフを、等高度線の曲率が大きく、正渦度の大きいところに解析し、各時刻の地上低気圧の位置をトレーシングペーパーに写し取り、500hPaのトラフを解析した天気図に重ねてみると、時間の経過とともに500hPaのトラフと地上低気圧の相対的な距離が縮まって、中心気圧が最も低くなる頃に500hPaのトラフが地上低気圧に追いつくことがわかります（設問②）。
　この問題では「相対的な位置の変化」が問われているので、たとえば「西傾していた気圧の谷の軸（渦軸）が時間経過とともにほぼ鉛直となる」という解答は、解答例と同じこと（現象）を説明していますが、題意に即した解答ではありません。

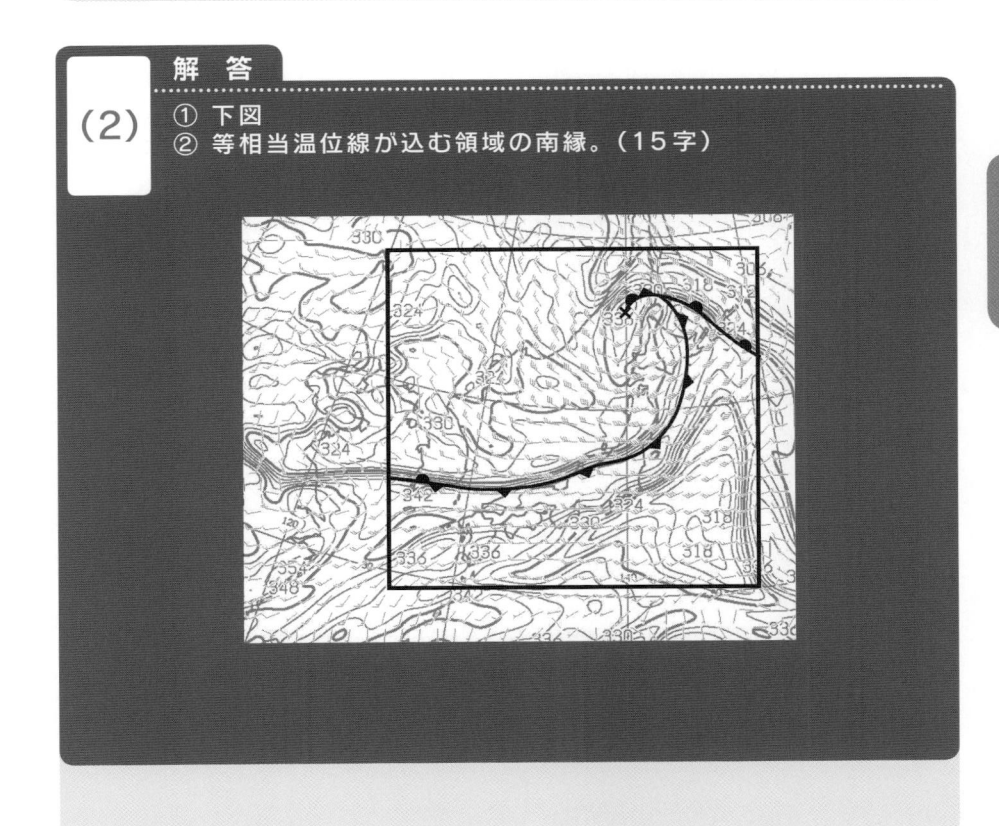

解答

(2)
① 下図
② 等相当温位線が込む領域の南縁。（15字）

解説

　この問題に関連する学科の知識は専門知識編8章にあります。また、前線解析の要点は実技編1章5-1にあります。

　図：実2・17は850hPaの風・相当温位分布図なので、前線は等相当温位線の込んだ部分（集中帯）をみつけ、その南縁に解析します（設問②）。

　低気圧の中心付近からオホーツク海南部を通って北海道の東へ至る集中帯（これを集中帯Aとする）と、朝鮮半島南部から山陰沖を通って東北地方南部へ至る集中帯（これを集中帯Bとする）が顕著で、ここに前線が解析できそうです。低気圧周辺では、相当温位330K以下の大気が、低気圧の南から回りこむように中心の東側へ流入し、この低気圧は閉塞段階にあるとみられます。集中帯Bから三陸沖を通って北海道へ伸びる相当温位傾度の大きい部分が、集中帯Aとつながるところに閉塞点を決めます。低気圧の中心から閉塞点まで集中帯Aの南側の高相当温位のところに閉塞前線を解析し、閉塞点からさらに南東へ333Kの等相当温位線に沿って温暖前線を解析します。一方、閉塞点から南へ、339Kの等相当温位線に沿って寒冷前線を解析しますが、山陰沖から西では前線が東西に寝てしまい、風も前線を挟んで西寄りの風向と変化がないので、この付近から西では停滞前線とします（設問①）。

　実技編1章5-1で、前線解析は解析操作手順を忠実に守ればできると述べましたが、過去問題などの前線解析の問題の解説を読みながら、解答例のように前線を描けるまで何度も練習し、前線解析の勘所をつかむようにしましょう。

　なお、図：実2・17(下)で集中帯Bの南に顕著な集中帯（これを集中帯Cとする）がみられますが、その南側は低相当温位域となっており、太平洋高気圧の乾燥した大気を表しています。また、集中帯Bと集中帯Cに挟まれた西日本から東日本にかけては高相当温位域となっています。

　試験本番では問題を解くことに集中しなければなりませんが、実技試験の対策として過去問題の天気図などの資料を見るときには、その問題では問われていないことについても、解析し、学科試験での知識を生かして資料から読み取り、検討してみてください。この問題では図：実2・17の850hPaの風・相当温位分布図しかありませんが、もし図：実2・13のような850hPaの風・気温分布図があれば、それと組み合わせることで、850hPaの乾燥域と湿潤域を読み取ることができる場合があります。相当温位 $\theta_e ≒$ 温位 $\theta + \kappa \times$ 混合比 w（κ：比例定数、850hPaで2.6）と近似できますので、気温傾度が小さい場合は、相当温位の傾度は混合比の傾度に比例します。したがって、気温分布がほぼ一様なところに等相当温位線の集中帯が存在する場合、そこは乾燥域と湿潤域の境界になっています。

参考文献

浅井冨雄「ローカル気象学（気象の教室2）」東京大学出版会、1996
浅井冨雄ほか「大気科学講座2 雲や降水を伴う大気」東京大学出版会、1981
浅井冨雄ほか「基礎気象学」朝倉書店、2000
浅野正二「大気放射学の基礎」朝倉書店、2010
阿保敏広「高層気象観測業務の解説」気象業務支援センター、2001
伊東譲司・下山紀夫「天気予報のつくりかた」東京堂出版、2007
大野久雄「雷雨とメソ気象」東京堂出版、2001
小倉義光「一般気象学（第2版）」東京大学出版会、1999
気象衛星センター技術報告「3.8μm帯画像の解析と利用」気象業務支援センター、2005
気象衛星センター技術報告「気象衛星画像の解析と利用」気象業務支援センター、2000
気象衛星センター技術報告「近赤外画像を用いた夜間の霧および下層雲の検出」気象業務支援センター、1999
気象衛星センター技術報告「雲解析情報図における雲解析の方法」気象業務支援センター、1998
気象業務支援センター編「平成20年版気象業務関係法令集」気象業務支援センター、2007
気象庁「気象ガイドブック2012」気象業務支援センター、2012
気象庁予報部編「気象庁非静力学モデルⅡ」気象業務支援センター、2008
気象庁予報部編「全球モデルの課題と展望」気象業務支援センター、2009
岸本賢司「水蒸気画像の見方について」天気：Vol.44,No.5,日本気象学会、1997
白木正規「百万人の天気教室」成山堂書店、2003
立平良三「気象予報による意思決定」東京堂出版、1999
立平良三「気象レーダーのみかた」東京堂出版、2006
天気予報技術研究会編、新田尚監修「新版 最新天気予報の技術」東京堂出版、2011
天気予報技術研究会編「気象予報士試験学科演習」オーム社、2002
東京理科大学生涯学習センター「大気の熱力学・力学 徹底攻略」ナツメ社、2006
二宮洸三「気象がわかる数と式」オーム社、2000
二宮洸三ほか編「図解 気象の大百科」オーム社、1997
二宮洸三「気象予報の物理学」オーム社、1998
二宮洸三「数値予報の基礎知識」オーム社、2004
新田尚ほか編「気象ハンドブック（第3版）」朝倉書店、2005
新田尚監修「気象予報士試験標準テキスト 学科編」オーム社、2009
日本気象学会「新教養の気象学」朝倉書店、1998
長谷川隆司ほか「天気予報の技術」オーム社、2000
長谷川隆司ほか「気象衛星画像の見方と使い方」オーム社、2006
播磨屋敏生ほか「地球の理」学術図書出版社、2002
股野宏志「大気の運動と力学」東京堂出版、1997
安田延壽「基礎大気科学」朝倉書店、1994
山岸米二郎「気象学入門」オーム社、2011

index

2乗平均平方根誤差（RMSE） ……… 402
3.8μm画像 …………………… 251, 255
4次元変分法 ……………………… 277
CDO（台風中心付近の雲域） …… 148, 271
MOS ……………………………… 345
VAD法 …………………………… 233
$Z-R$関係 ………………………… 228

あ 行

秋雨前線 ………………………… 339
暖かい雨 ………………………… 66
アナバ風（滑昇風） ……………… 138
亜熱帯高圧帯（サブハイ） ……… 111, 115
亜熱帯ジェット気流（Js） ……… 113
アメダス ………………………… 217
アルベド ………………………… 80
暗域 ……………………………… 258
アンサンブル数値予報モデル ……… 294
アンサンブル予報 ………………… 290
移動性高気圧 ……………… 336, 340
移流効果 ………………………… 279
ウィーンの変位則 ………………… 76
ウィンドプロファイラ …………… 241
ウォーカー循環 …………………… 168
渦度 ……………………………… 98
うねり …………………………… 222
雲形 ……………………… 71, 214
雲頂高度 ………………………… 49
雲底高度 ………………………… 47
運動方程式 ……………………… 279
雲量 ……………………………… 214
エーロゾル（凝結核） …… 16, 63, 172
エクマン層 ……………… 102, 287
エマグラム ……………………… 44
エマグラム解析 ………………… 426
エルニーニョ …………………… 168
エンゼルエコー ………………… 229
エンソ（ENSO） ………………… 169
鉛直p速度 ……………………… 281
オープンセル ……………… 131, 267
オゾン層 ……………………… 18, 21

オゾンホール …………………… 169
帯状対流雲 ……………………… 267
おろし …………………………… 139
温位 ……………………………… 41
温室効果 ………………………… 85
温室効果気体 ……………… 16, 164, 250
温帯低気圧 ……………… 116, 122
温低化 …………………………… 149
温度風 …………………………… 95

か 行

海塩粒子 ………………………… 63
解析雨量図 ……………………… 231
海面エコー ……………………… 229
海面更正 ………………………… 211
海陸風 …………………………… 137
確率予報 ……………… 297, 350, 404
可視画像 ………………………… 252
可視光 …………………………… 77
ガストフロント（突風前線） …… 133
カタバ風（滑降風） ……………… 138
カテゴリー予報 ……………… 353, 399
雷 ………………………………… 133
雷監視システム（ライデン） …… 218
雷ナウキャスト ………………… 366
カルマン渦 ……………………… 268
カルマンフィルター（KLM） …… 346
過冷却水 ………………………… 34
寒気移流 ………………… 96, 122
乾燥貫入 ………………………… 259
乾燥大気の静的安定度 …………… 51
乾燥断熱減率 …………………… 40
乾燥断熱線 ……………………… 45
寒帯前線ジェット気流（Jp） …… 113
寒冷渦 …………………………… 266
寒冷低気圧 ……………………… 266
気圧 ……………………… 29, 211, 318
気圧傾度 ………………………… 88
気圧傾度力 ……………………… 88
気圧の尾根（リッジ） …………… 116
気圧の谷（トラフ） ……… 116, 122, 260

気候値予報	398
技術上の基準	179
気象衛星	248
気象衛星画像解析	427
気象業務法	177
気象情報	374
気象ドップラーレーダー	232
気象予報士	187
季節予報	298
気体定数	27
気団	117
気団変質	334
逆転層	55
客観解析	276
キャノピー層	102
極循環	110
局地的気象監視システム（ウィンダス）	242
極夜渦	159
巨大単一細胞型ストーム	135
霧の種類	71
記録的短時間大雨情報	374
雲バンド	135, 146, 266
雲列	266
クラウドクラスター	121, 135, 266
クローズドセル	131, 268
傾圧大気	122
傾圧不安定波	116, 122
系統的な誤差	277
傾度風	91
警報	178, 192, 371
結合予測（MRG）	361
顕熱	31
高温注意情報	386
黄砂現象	173
格子点値（GPV）	276
格子点モデル	283
降水エコー	229
降水確率	305, 350
降水セル	132
降水短時間予報	359
降水ナウキャスト	363
降水バンド	135
降雪量	213
高層天気図	322, 411
国際式天気	216
黒体	76
国内式天気	216
コスト/ロス・モデル	352
コリオリパラメータ	89
コリオリ力	89
混合比	35
コンマ雲低気圧	264

さ 行

災害対策基本法	194
里雪型	335
サブグリッドスケールの現象	286
差分画像	255
山岳波	141
酸性雨	171
散乱	79
散乱日射	214
散乱日射量	81
シークラッター	229
シーラスストリーク	262
持続予報	398
湿球温位	44
湿球温度	38
実況補外型予測（EX6）	359
湿潤空気	27
湿潤大気の静的安定度	52
湿潤断熱減率	41
湿潤断熱線	45
湿数	38
湿舌	121, 339
質量保存の法則	281
視程	217, 318
指定河川洪水予報	382
週間天気予報	297, 304
収束	97

自由大気 ……………………………… 102
自由対流高度（LFC）………………… 48
終端落下速度 ……………………… 65, 68
秋霖 …………………………………… 339
シュテファン・ボルツマンの法則 …… 76
準2年周期振動 ……………………… 159
条件付き不安定 ……………………… 52
上層渦 ………………………………… 261
状態曲線 ……………………………… 47
状態方程式 …………………………… 26
消防法 ………………………………… 200
初期値 ………………………………… 359
初期値化（イニシャリゼーション）… 277
ショワルター安定指数（SSI）………… 53
信頼度 ………………………………… 351
吸い上げ効果 ………………………… 393
水蒸気圧 ……………………………… 34
水蒸気画像 ……………………… 251, 253
水蒸気保存則 ………………………… 281
水蒸気密度 …………………………… 35
水防警報 ……………………………… 198
水防法 ………………………………… 197
数値予報 ……………………………… 274
数値予報予想図 ……………………… 325
スーパーセル型ストーム …………… 135
スコールライン ……………………… 135
筋状雲 …………………………… 131, 267
スパイラルバンド …………………… 146
スプレッド …………………………… 291
スペクトルモデル …………………… 284
スレットスコア ……………………… 400
西高東低型気圧配置 ………………… 334
静止気象衛星 ………………………… 248
静水圧平衡 …………………………… 28
成層圏 …………………………… 20, 158
成層圏突然昇温 ……………………… 159
晴天エコー …………………………… 229
晴天乱気流 …………………………… 263
静力学平衡 …………………………… 28
静力学方程式 ………………………… 28

赤外画像 ……………………………… 253
赤外放射 ……………………………… 77
積雪量 ………………………………… 213
積乱雲 …………………………… 71, 132, 257
積乱雲の集団 ………………………… 121
絶対安定 ……………………………… 52
絶対渦度 ……………………………… 100
接地層 …………………………… 102, 287
背の低い高気圧 ……………………… 334
切離低気圧 …………………………… 125
ゼロ浮力高度（LZB）………………… 49
全雲量 ………………………………… 319
全球数値予報モデル（GSM）………… 292
旋衡風 ………………………………… 92
潜在不安定 …………………………… 53
前線 …………………………… 117〜121
前線解析 ……………………………… 425
前線波動（キンク）…………………… 269
全天日射 ……………………………… 214
全天日射量 ……………………… 81, 214
潜熱 …………………………………… 31
全般海上警報 …………………… 316, 379
層厚（シックネス）…………………… 30
相対渦度 ……………………………… 100
相対湿度 ……………………………… 37
相当温位 ……………………………… 42
組織化されたマルチセル型雷雨 …… 135

た 行

第一推定値 …………………………… 276
大気境界層 …………………………… 102
大気光象 ……………………………… 214
大気じん象 …………………………… 214
大気水象 ……………………………… 214
大気電気象 …………………………… 214
大気の安定・不安定 ………………… 50
大気の子午面循環 …………………… 109
大気の窓領域 …………………… 80, 251
第二種条件付不安定（CISK）………… 149
台風情報 ……………………………… 376
台風の大きさ ………………………… 152

台風の強さ	152
台風の眼	146
太陽高度角	78
太陽定数	77
太陽放射	77
対流雲	71, 257
対流凝結高度（CCL）	49
対流圏	19
対流圏界面	19
対流混合層	102
対流不安定	54
対流有効位置エネルギー（CAPE）	49
対流抑制（CIN）	49
ダウンバースト	133
高潮	394
多重セル型雷雨	135
脱ガス	18
竜巻	136
竜巻注意情報	375
竜巻発生確度ナウキャスト	365
暖気移流	96, 122
暖気核	146
短期予報	292, 297
暖候期予報	309
断熱変化（断熱過程）	40
短波放射	77
断面図解析	426
地球温暖化	164
地球温暖化係数	165
地球放射	77
地形エコー	229
地形性巻雲	263
地形性降水	360
地衡風	90
地上実況図	320, 411
地上天気図	316, 411
地上風	93
チベット高気圧	310
地方海上警報	379
中間圏	21
中層大気	156
長期予報	307
長波放射	77
直達日射量	81, 214
冷たい雨	68
テーパリングクラウド（にんじん状雲）	265
テレコネクション	169
転移層	117
天気	216
天気ガイダンス	344
天気翻訳	344
電離層	22
動径速度	232
東西指数（ゾーナルインデックス）	312
等飽和混合比線	45
登録検定機関	180
土砂災害警戒情報	384
土壌雨量指数	384
ドップラー効果	232, 241
ドボラック法	148, 271
ドライスロット	126, 259, 270
トランスバースライン	263

な行

波状雲	264
南方振動	169
日照時間	214, 218
ニューラルネットワーク（NRN）	346
熱圏	21
熱帯収束帯（ITCZ）	111
熱力学第一法則	39, 281
熱力学方程式	281

は行

梅雨前線	120
バウンダリー	259
波高	221
発散	97
発雷確率	352
ハドレー循環	110
パラメタリゼーション	286

バルジ	263	飽和相当温位	43
波浪実況図	223, 224	飽和断熱減率	41
ヒートアイランド現象	170	ポーラーロー	264
日傘効果	81	北東気流	269, 338
比湿	36	ポテンシャル不安定	54
非静力学方程式	278, 280	ボラ	139
氷晶	66		

ま 行

風浪（風波）	222	ミー散乱	79
フェーン	139, 337	明域	258
フェレル循環	110	メソサイクロン	136
吹き寄せ効果	393	メソスケール（中小規模）現象	130
フックパターン	270	メソスケール数値予報モデル（MSM）	
物理過程	286, 288		293
ブライアスコア	351, 404	持ち上げ凝結高度（LCL）	47

や 行

ブライトバンド	229	やませ	338, 394
プラネタリー波	113	山谷風	138
プランクの法則	76	山雪型	335
プリミティブ方程式	278	有義波高	221
プリミティブモデル	280	予報円	377
ブロッキング高気圧	339	予報解析サイクル	277
平均エコー強度	227	予報業務	178
閉塞点	120	予報業務の許可	182

ら 行

平年平均図	309	雷雨性高気圧（メソハイ）	133
平年偏差	309	雷雲	132
壁雲	146	ラジオゾンデ	239
ベナール型対流	130	ラニーニャ	168
ベナール型対流雲	268	乱渦	104
偏差図	309	乱流	104
偏西風	112, 116	理想気体	26
偏西風波動	116	流域雨量指数	383
偏東風	111	レイリー散乱	79
ボイル・シャルルの法則	281	レーダーエコー合成図	230
貿易風	111	レーダー方程式	227
防災気象情報	371	連続の式	280
放射	75	ロスビー波	113
放射平衡	82	露点温度	38, 211, 318

わ 行

暴風域	376	惑星渦度	100
暴風警戒域	377		
飽和水蒸気圧	33		
飽和水蒸気密度	33		

《編著者紹介》

東京理科大学生涯学習センター　気象予報士試験対策講座
東京理科大学では「東京理科大学生涯学習センター」において、一般の人々を対象に、教養講座、専門知識のリフレッシュ講座、各種資格取得のための講座などを継続的に開催しており、「気象予報士試験対策講座」はそのひとつ。本書の執筆陣は同講座の担当講師。

執筆者紹介（執筆順）

児島　紘（こじま　ひろし）
東京理科大学名誉教授。理学博士。
1967年東京理科大学大学院理学物理専攻修士課程修了。
【一般知識編1、3、10章担当】

永野勝裕（ながの　かつひろ）
東京理科大学理工学部講師。理学博士。
1996年東京理科大学大学院理工学研究科物理学専攻博士課程満期退学。
【一般知識編2、5章担当】

白木正規（しらき　まさのり）
元気象大学校長。東京理科大学などの非常勤講師。理学博士。
1969年京都大学理学研究科地球物理学専攻修了。
【一般知識編4、7章、専門知識編3、6、10、11、12、13章担当】

長谷川隆司（はせがわ　たかし）
元気象庁気象研究所長。現在東京理科大学理学部非常勤講師。気象予報士。
1963年東京理科大学理学部物理学科卒業。
【一般知識編6、8、9、11章、専門知識編1、2、4、7、8、9、14章担当】

伊東譲司（いとう　じょうじ）
元気象庁予報部予報課予報官。東京理科大学非常勤講師。気象予報士。
1974年東京理科大学理学部Ⅱ部物理学科卒業。
【専門知識編5章担当】

佐々木　恒（ささき　こう）
一般社団法人日本気象予報士会監事。東京理科大学非常勤講師。気象予報士。
1983年東京理科大学理工学部物理学科卒業。
【実技編1、2章担当】

編集協力●小宮　隆
編集担当●山路和彦（ナツメ出版企画）

ナツメ社Webサイト
http://www.natsume.co.jp
書籍の最新情報（正誤情報を含む）は
ナツメ社Webサイトをご覧ください。

らくらく一発合格！　'13－'14年版
ひとりで学べる
気象予報士試験　完全攻略テキスト
2012年8月8日　初版発行

編著者	気象予報士試験対策講座
発行者	田村正隆
発行所	株式会社ナツメ社
	東京都千代田区神田神保町1-52 ナツメ社ビル1F（〒101-0051）
	電話　03(3291)1257（代表）　FAX　03(3291)5761
	振替　00130-1-58661
制　作	ナツメ出版企画株式会社
	東京都千代田区神田神保町1-52 ナツメ社ビル3F（〒101-0051）
	電話　03(3295)3921（代表）
印刷所	ラン印刷社

ISBN978-4-8163-5251-5　　　　　　　　　　　　　Printed in Japan
〈定価はカバーに表示してあります〉
〈落丁・乱丁本はお取り替えします〉